21 世纪高等工科教育数学系列课程教材

高 等 数 学

下 册

刘响林　陈庆辉　主　编

李向红　范瑞琴　赵　晔　副主编

U0317027

中国铁道出版社有限公司

CHINA RAILWAY PUBLISHING HOUSE CO., LTD.

内 容 简 介

本系列教材为大学工科各专业公共课教材,共四册:《高等数学(上下册)》《线性代数与几何》《概率论与数理统计(第二版)》。编者根据工科数学教改精神,在多个省部级教学改革研究成果的基础上,结合多年的教学实践编写而成,书中融入了许多新的数学思想和方法,改正、吸收了近年教学过程中发现的问题和经验.本书为《高等数学·下册》,内容包括多元函数微分学、重积分、曲线积分与曲面积分、无穷级数、常微分方程等,书末附有部分习题参考答案.

本书适合作为普通高校工科各专业高等数学课程的教材,也适合作为大专、函授、夜大、自考教材.

图书在版编目(CIP)数据

高等数学:上下册/刘响林,陈庆辉主编.—北京:
中国铁道出版社有限公司,2019.8
21世纪高等工科教育数学系列课程教材
ISBN 978-7-113-26111-5

Ⅰ.①高… Ⅱ.①刘… ②陈… Ⅲ.①高等数学-
高等学校-教材 Ⅳ.①O13

中国版本图书馆 CIP 数据核字(2019)第 162666 号

书　　名：**高等数学　下册**
作　　者：刘响林　陈庆辉

策　　划：李小军　　　　　　　　　　编辑部电话：010 - 83550579
责任编辑：李小军　田银香
封面设计：刘　颖
责任校对：张玉华
责任印制：郭向伟

出版发行：中国铁道出版社有限公司(100054,北京市西城区右安门西街 8 号)
网　　址：http://www.tdpress.com/51eds/
印　　刷：三河市兴博印务有限公司
版　　次：2019 年 8 月第 1 版　2019 年 8 月第 1 次印刷
开　　本：787 mm×1092 mm　1/16　印张：15　字数：359 千
书　　号：ISBN 978 - 7 - 113 - 26111 - 5
定　　价：65.00 元(上下册)

21世纪高等工科教育数学系列课程教材

编 委 会

前　言

　　本系列教材是作者在多从事年教学改革、教学研究和教学实践的基础上，广泛征求意见，按照国家教育部 2012 年关于《工科类本科数学基础课程教学基本要求》（修改版）编写而成的．其总体结构、编写思想和特点、难易程度把握等方面，有所创新，并得到了教学检验．本系列教材包括《高等数学（上下册）》《线性代数与几何》《概率论与数理统计（第二版）》等四册．

　　本书是《高等数学·下册》．编写中力求做到：渗透现代数学思想，淡化计算技巧，加强应用能力培养．内容编排上，从实际问题出发—建立数学模型—抽象出数学概念—寻求数学处理方法—解决实际问题．目的是，提高学生对数学的学习兴趣，培养数学建模意识，使学生较好地掌握高等数学知识，提高数学应用能力．教材中努力体现以下特色：

　　1. 突出微积分学的基本思想和基本方法，使学生在学习过程中能够整体把握和了解各部分内容之间的内在联系．例如，把微分学视为对函数的微观（局部）性质的研究，而把积分学概括为对函数的宏观（整体）性质的研究；把定积分作为一元函数积分学的主体，不定积分仅仅作为定积分的辅助工具，这样既突出了定积分与不定积分的联系，又节省了教学时数；多元函数微分学中强调"一阶微分形式不变性"，使得多元函数（尤其是各变量之间具有嵌套关系的隐函数）的偏导与微分的计算问题程式化，大大提高学生的学习效率；在定积分、重积分、曲线积分、曲面积分等积分学的应用中，采用"微元法"思想，使学生更容易理解与掌握．

　　2. 尽可能使分析与代数相结合，相互渗透，建立新的课程体系．我们将空间解析几何部分编入《线性代数与几何》一书中．在多元函数微积分学、常微分方程等内容中，充分运用向量、矩阵等代数知识，使表述更简洁．

　　3. 尽可能采用现代数学的思维方式，广泛使用现代数学语言、术语和符号，为学生进一步学习现代数学知识奠定必要的基础．内容阐述上尽量遵循深入浅出、从具体到抽象、从特殊到一般等原则，语言上做到描述准确、通俗流畅，并具有启发性．

　　4. 重视数学应用能力培养，淡化某些计算技巧．本书注重学生对数学概念的理解和应用，在每章末都配有一节应用举例，阐述这些数学模型的建立、求解等，以不断提高学生应用现代数学的语言、术语、符号表达思想的能力.

5. 渗透数学文化，培养学生学习数学的兴趣. 本书在每章配有历史上著名数学家的简史介绍，帮助学生了解数学历史上所发生的事件，以激发学生学习兴趣.

6. 备有内容丰富、层次多样的习题. 为适应不同层次教学的需要，本书根据每一节内容的要求，由浅入深地配有一定量的习题. 在每一章的最后配有综合性较强的综合习题，其中包括历届考研题，以满足有考研意向的学生的需要.

书中带有"＊"号的内容为选学内容.

本书由刘响林、陈庆辉任主编，李向红、范瑞琴、赵晔任副主编. 本书面向工科院校，适合作为土木工程、机械工程、电气自动化工程、计算机工程、交通工程、工程管理、经济管理等本科专业的教材或教学参考书，教学中与《线性代数与几何》配套使用.

本系列教材是在石家庄铁道大学领导的关心和支持下，在编委会全体成员的努力和其他同事的帮助下完成的. 许多对高等数学有丰富教学经验的老师都提出了宝贵意见和建议，在此一并表示感谢.

由于编者水平有限，难免有错误和不当之处，敬请读者批评、指正.

编　者

2019 年 6 月

目 录

第4章 多元函数微分学

在上册第1章、第2章中,我们讨论了一元函数及其极限、连续概念,并作了微分法及其应用研究. 在实际问题中,我们还会大量遇到某一个变量的变化依赖于多个变量的情形,即所谓的多元函数问题,并且仍需要讨论它们的微分法及其应用问题. 这就是本章研究的主要问题.

我们将会看到,多元函数的研究会比一元函数复杂得多,但我们将尽可能地借用一元函数的结果研究它们. 研究过程多以二元函数为例,绝大多数结果可以直接推广到三元及以上函数.

4.1 多元函数的基本概念

4.1.1 区域

我们先给出研究多元函数时常用的几个重要概念.

1. 邻域

在 xOy 平面中,与点 $P_0(x_0, y_0)$ 距离小于 $\delta(\delta > 0)$ 的点 $P(x, y)$ 的全体,称为以点 P_0 为中心,δ 为半径的邻域,简称**点 P_0 的 δ 邻域**,记为 $U(P_0, \delta)$,即

$$U(P_0, \delta) = \left\{ P \,\middle|\, |PP_0| < \delta \right\}$$

或

$$U(P_0, \delta) = \left\{ (x, y) \,\middle|\, \sqrt{(x-x_0)^2 + (y-y_0)^2} < \delta \right\}.$$

几何上,$U(P_0, \delta)$ 是以 P_0 为中心,δ 为半径的圆内部点的全体(见图 4.1).

在上面定义的邻域中去掉中心点 P_0 后,称为**点 P_0 的 δ 去心邻域**,记为 $\mathring{U}(P_0, \delta)$,即

$$\mathring{U}(P_0, \delta) = \{ P \mid 0 < |PP_0| < \delta \}.$$

注:在不需要强调邻域半径的场合,邻域半径 δ 可以省略不写.

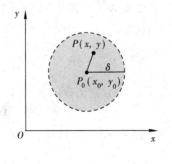

图 4.1

2. 区域

设 E 是平面上的一个点集,P 是平面上的一个点. 若存在点 P 的某一邻域 $U(P)$ 使 $U(P) \subset E$,则称 P 为 E 的**内点**;若点集 E 的点都是内点,则称 E 为**开集**;若点 P 的任何邻域内都既有属于 E 的点,也有不属于 E 的点,则称 P 为 E 的**边界点**;E 的边界点的全体称为 E 的**边界**;开集连同它的边界称为**闭集**.

若集合 E 内的任何两点都可以用完全含在 E 内的折线连接起来, 则称 E 为**连通**的. 连通的开集称为**开区域**或**区域**. 开区域连同它的边界称为**闭区域**.

例如, 集合 $E = \{(x,y) \mid 0 < x^2 + y^2 < 1\}$: E 内的每一点都是 E 的内点, 从而 E 是开集; E 是连通的, 所以 E 是(开)区域; 原点及圆周 $x^2 + y^2 = 1$ 上的点都是 E 的边界点, 它们共同构成 E 的边界. 由几何特点可知, E 是一个特殊的环形域.

3. 聚点

设 E 是平面上的一个点集, P 是平面上的一个点. 若点 P 的任一邻域内总有异于 E 的点, 则称 P 是 E 的**聚点**.

例如, 上面所说的环形域 E 中的每一点都是 E 的聚点, 且不属于 E 的原点及圆周上的点(即所有边界点)也都是 E 的聚点.

又如, 数列 $0.9, 0.99, 0.999, \cdots$ 有唯一聚点 1; 数列 $1, -1, 1, -1, \cdots$ 有两个聚点 1 和 -1; 二维数列 $\left(\dfrac{1}{2}, 1\right), \left(\dfrac{1}{2^2}, 1\right), \cdots$ 有聚点 $(0, 1)$.

4. 有界集 无界集

设 E 为平面点集. 若存在 $M > 0$, 使 E 中的一切点 P 与某一定点 P_0 的距离 $|P_0 P|$ 不超过 M, 即
$$|P_0 P| \leqslant M \quad (P \in E),$$
则称 E 为**有界点集**, 否则称 E 为**无界点集**.

从几何上来看, 有界平面点集可以含在某一圆形区域内, 而无界平面点集则不能含在任何圆形区域内. 例如, 点集 $\{(x,y) \mid (x-1)^2 + (y-1)^2 < 1\}$ 是有界(开)区域, 而 $\{(x,y) \mid x + y \geqslant 0\}$ 是无界闭区域.

通常, 将 $n(n \in \mathbf{Z}^+)$ 元数组 $(x_1, x_2, \cdots, x_n)$ 的全体称为 n **维空间**, 并记为 $\mathbf{R}^n$. 当 $n \geqslant 3$ 时, 以上结果也都可以直接推广到 n 维空间 $\mathbf{R}^n$ 中.

4.1.2 多元函数的定义

定义 4.1   设 D 是平面上一个非空点集. 如果对于每一个点 $P(x,y) \in D$, 变量 z 按照一定的法则总有确定的实数值和它对应, 则称 z 是变量 x, y 的**二元函数**(或称为**点 P 的函数**), 记为
$$z = f(x,y) \quad (\text{或 } z = f(P), z = z(x,y) \text{ 等}).$$
称点集 D 为该函数的**定义域**, x, y 为**自变量**, z 为**因变量**. 称数集
$$V = \{z \mid z = f(x,y) \ (x,y) \in D\}$$
为函数 $f(x,y)$ 的**值域**.

设函数 $z = f(x,y) \ (x,y) \in D$, 称点集
$$\{(x,y,z) \mid z = f(x,y) \ (x,y) \in D\}$$
为函数 $z = f(x,y)$ 的**图形**(或**图像**). 一般来说, 二元函数的图形是空间直角坐标系 $Oxyz$ 中的一张曲面. 例如, 函数 $z = -ye^{-x^2-y^2}$ 与 $z = xy$ 的图形分别是如图 4.2 和图 4.3(马鞍面)所示的曲面.

类似地定义 n 元函数 $u = f(x_1, x_2, \cdots, x_n)$, 也可简记为 $u = f(P)$.

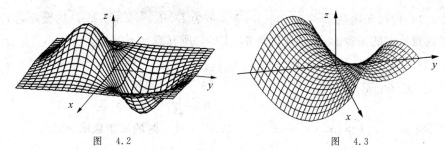

图 4.2 图 4.3

一般地,将多于一个自变量的函数统称为**多元函数**. 多元函数在实际问题中是大量存在着的. 例如,圆柱体的体积 V 依赖于底半径 R 和高 H,即 $V = \pi R^2 H$,这是一个二元函数;又如,空间中每一点在某一时刻的温度 T 由其位置坐标 x, y, z 和时间 t 所确定,即 $T = f(x, y, z, t)$,这是一个四元函数.

多元函数定义域的确定要比一元函数复杂些,但确定方法类似. 对于用表达式给出的函数,其定义域指的是使表达式有意义的点的全体,即**自然定义域**;对于有实际意义的函数,按使实际问题有意义来确定其定义域,如在上面的两个例题中,V 的定义域是 $R > 0, H > 0$,而 T 的定义域是 $-\infty < x, y, z < +\infty, t \geqslant 0$.

例 4.1 函数 $z = x^2 + y^2$ 的定义域为 $\mathbf{R}^2$,其图形是以 z 轴为对称轴的旋转抛物面.

例 4.2 函数 $z = \sqrt{a^2 - x^2 - y^2}$ 的定义域为 $D: x^2 + y^2 \leqslant a^2$,显然当 $a \neq 0$ 时,D 是 xOy 平面上的一个圆形闭区域. 函数的图形是上半球面.

例 4.3 函数 $z = \sqrt{y - x^2}$ 的定义域为 $D: y \geqslant x^2$,即 D 是 xOy 平面上以 y 轴为对称轴的抛物线及其上方点全体的集合(见图 4.4).

例 4.4 函数 $f(x, y) = \dfrac{xy}{x^2 - y^2}$ 的定义域为 $D: y \neq \pm x$,即 D 是 xOy 平面上除去直线 $y = x$ 和 $y = -x$ 以外的部分.

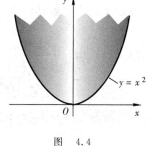

图 4.4

例 4.5(多值函数) 由球心在原点,半径为 a 的球面方程 $x^2 + y^2 + z^2 = a^2$ 确定了

$$z = \pm \sqrt{a^2 - x^2 - y^2},$$

称为**多值函数**,由它给出了两个单值二元函数

$$z = \sqrt{a^2 - x^2 - y^2}, \quad z = -\sqrt{a^2 - x^2 - y^2}.$$

它们的定义域均为圆形闭区域 $D: x^2 + y^2 \leqslant a^2$,它们的图形分别对应空间直角坐标系中以原点为中心,以 a 为半径的上半球面和下半球面.

为了叙述方便,我们也可以定义**多元初等函数**的内容,它是指多个自变量与常数、一元初等函数经过有限次四则运算或复合而构成的能用一个式子表示的函数.

4.1.3 多元函数的极限

一元函数 $y = f(x)$ 在一点 x_0 处的极限,考察的是当 x 无限趋近 x_0 时,函数值 $f(x)$ 的变化情况. 同样的,讨论二元函数 $z = f(x, y)$ 在一点 $P_0(x_0, y_0)$ 处的极限,将考察当点 $P(x, y)$ 无限趋近 $P_0(x_0, y_0)$ 时,函数值 $f(x, y)$ 的变化情况.

定义 4.2 设二元函数 $z = f(x,y)$ 的定义域为 D，$P_0(x_0, y_0)$ 是 D 的聚点，A 为常数. 如果对于任意给定的正数 ε，总存在正数 δ，使得对所有满足不等式

$$0 < |P_0P| = \sqrt{(x-x_0)^2 + (y-y_0)^2} < \delta$$

的点 $P(x,y) \in D$，都成立

$$|f(x,y) - A| < \varepsilon,$$

则称 A 为函数 $f(x,y)$ 当 $(x,y) \to (x_0, y_0)$（或 $P \to P_0$）时的**二重极限**，记作

$$\lim_{\substack{x \to x_0 \\ y \to y_0}} f(x,y) = A \quad (\lim_{(x,y) \to (x_0, y_0)} f(x,y) = A)$$

或

$$\lim_{P \to P_0} f(P) = A \quad (f(P) \to A \,(P \to P_0)).$$

二重极限有着与一元函数极限相似的性质和运算法则，这里不再一一列举.

二重极限的计算，通常可以利用一元函数求极限的方法实现，有时还需要将两个自变量的某个表达式视为一元变量加以处理.

例 4.6 计算下列各极限：

(1) $\lim\limits_{\substack{x \to 0^+ \\ y \to 0^+}} \dfrac{x^2 - xy}{\sqrt{x} - \sqrt{y}}$；

(2) $\lim\limits_{\substack{x \to 0 \\ y \to 0}} \dfrac{\ln(1 + x^2 y^2)}{x^2 + y^2}$；

(3) $\lim\limits_{\substack{x \to 0 \\ y \to 0}} (x^2 + y^2)\ln(x^2 + y^2)$.

解 (1) $\lim\limits_{\substack{x \to 0^+ \\ y \to 0^+}} \dfrac{x^2 - xy}{\sqrt{x} - \sqrt{y}} = \lim\limits_{\substack{x \to 0^+ \\ y \to 0^+}} \dfrac{x(\sqrt{x} - \sqrt{y})(\sqrt{x} + \sqrt{y})}{\sqrt{x} - \sqrt{y}} = \lim\limits_{\substack{x \to 0^+ \\ y \to 0^+}} x(\sqrt{x} + \sqrt{y})$

$$= 0.$$

(2) 因为当 $x \to 0, y \to 0$ 时，$\ln(1 + x^2 y^2) \sim x^2 y^2$，且

$$0 \leqslant \frac{|xy|}{x^2 + y^2} \leqslant \frac{1}{2},$$

所以

$$\lim_{\substack{x \to 0 \\ y \to 0}} \frac{\ln(1 + x^2 y^2)}{x^2 + y^2} = \lim_{\substack{x \to 0 \\ y \to 0}} \frac{x^2 y^2}{x^2 + y^2} = \lim_{\substack{x \to 0 \\ y \to 0}} xy \frac{xy}{x^2 + y^2} = 0.$$

(3) 令 $u = x^2 + y^2$，则

$$\lim_{\substack{x \to 0 \\ y \to 0}} (x^2 + y^2)\ln(x^2 + y^2) = \lim_{u \to 0^+} u \ln u = \lim_{u \to 0^+} \frac{\ln u}{\dfrac{1}{u}} = \lim_{u \to 0^+} \frac{\dfrac{1}{u}}{-\dfrac{1}{u^2}}$$

$$= 0.$$

由于二重极限定义中描述的点 $P(x,y)$ 无限趋于 $P_0(x_0, y_0)$ 等价于点 P 沿 D 内任何路径无限趋于 P_0，所以，函数 $f(x,y)$ 在 P_0 以 A 为极限等价于当点 P 沿 D 内任何路径无限趋于 P_0 时，$f(x,y)$ 的极限都存在且等于 A.

显然，我们不能用这种方式求二元函数的极限，但却可以由沿某一路径的极限不存在或沿某两条路径的极限不相等来判断极限的不存在（后者也被称为两路径判别法）.

例 4.7(两路径判别法)　讨论函数

$$f(x,y) = \begin{cases} \dfrac{xy}{x^2+y^2} & \text{当 } x^2+y^2 \neq 0 \\ 0 & \text{当 } x^2+y^2 = 0 \end{cases}$$

在点$(0,0)$处极限的存在性.

解　如图 4.5 所示,当$(x,y) \to (0,0)$时,函数$f(x,y)$沿不同路径的极限不是完全相同的.因此,可以用两路径判别法说明函数在点$(0,0)$处的极限不存在.

因$f(x,y)$在$(0,0)$处沿$y=0$(即x轴)的极限

$$\lim_{\substack{y=0 \\ x \to 0}} f(x,y) = \lim_{x \to 0} \frac{x \cdot 0}{x^2 + 0^2} = 0,$$

又因$f(x,y)$在$(0,0)$处沿$y=x$的极限

$$\lim_{\substack{y=x \\ x \to 0}} f(x,y) = \lim_{x \to 0} \frac{x \cdot x}{x^2 + x^2} = \frac{1}{2},$$

因此,$\lim\limits_{\substack{x \to 0 \\ y \to 0}} f(x,y)$不存在.

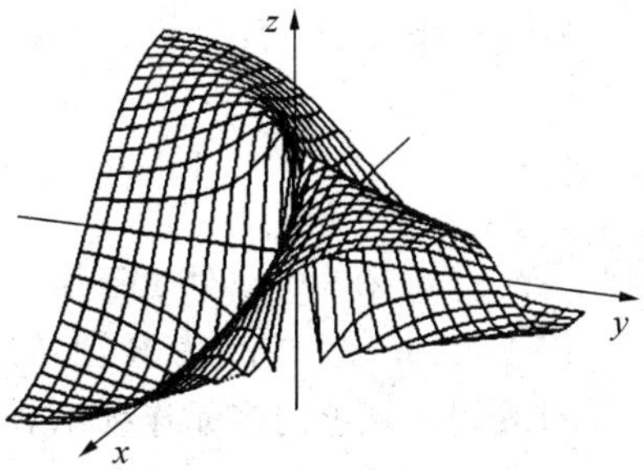

图　4.5

显然,上面例题中选择路径的方法不是唯一的.也可以利用函数的极限随过原点直线的斜率变化来说明二重极限不存在.即:因为

$$\lim_{\substack{y=kx \\ x \to 0}} f(x,y) = \lim_{x \to 0} \frac{x \cdot kx}{x^2 + (kx)^2} = \frac{k}{1+k^2} \quad (k \in \mathbf{R}),$$

所以二重极限$\lim\limits_{\substack{x \to 0 \\ y \to 0}} f(x,y)$不存在.

类似定义三元及三元以上函数的极限.

4.1.4　多元函数的连续性

定义 4.3　设二元函数$z = f(x,y)$的定义域为D,点$P_0(x_0,y_0) \in D$.如果对于D内的点$P(x,y)$,有

$$\lim_{P \to P_0} f(P) = f(P_0),$$

则称函数$f(x,y)$在点$P_0(x_0,y_0)$处连续.

如果$f(x,y)$在区域D上每一点处都连续,则称函数$f(x,y)$**在区域D上连续.**

记

$$\Delta z = f(x_0 + \Delta x, y_0 + \Delta y) - f(x,y),$$

称为函数$z = f(x,y)$在点$P_0(x_0,y_0)$的**全增量.**

容易证明函数$z = f(x,y)$在点$P_0(x_0,y_0)$连续也就是

$$\lim_{\substack{\Delta x \to 0 \\ \Delta y \to 0}} \Delta z = 0.$$

类似定义三元及三元以上函数的连续.多元初等函数的连续性有着与一元初等函数类似的如下结论:

多元初等函数的连续性:多元初等函数在其定义区域上是连续的.所谓定义区域是指包含在定义域内的开区域或闭区域.

例 4.8(分段函数的连续性) 讨论函数

$$f(x,y) = \begin{cases} \dfrac{2xy^2}{x^2+y^2} & \text{当 } x^2+y^2 \neq 0 \\ 0 & \text{当 } x^2+y^2 = 0 \end{cases}$$

的连续性.

解 由于当 $x^2+y^2 \neq 0$ 时函数 $f(x,y)$ 是由初等表达式给出的,所以,函数 $f(x,y)$ 在 xOy 坐标面上除点 $(0,0)$ 外处处连续.

又由不等式 $\left| \dfrac{2xy}{x^2+y^2} \right| \leqslant 1$,得

$$\lim_{\substack{x \to 0 \\ y \to 0}} f(x,y) = \lim_{\substack{x \to 0 \\ y \to 0}} \frac{2xy}{x^2+y^2} y = 0 = f(0,0),$$

因此,$f(x,y)$ 在 $(0,0)$ 处也连续.

综上可知,$f(x,y)$ 为 $\mathbf{R}^2$ 上的连续函数.

有界闭区域上的多元连续函数,有着与一元连续函数相类似的性质.

性质 1(最大值和最小值定理) 有界闭区域 D 上的多元连续函数至少取得它在 D 上的最大值和最小值各一次.

性质 2(有界性定理) 有界闭区域 D 上的多元连续函数在 D 上有界.

性质 3(介值定理) 有界闭区域 D 上的多元连续函数至少取得介于其最大值与最小值之间的每一个值各一次.

习 题 4.1

1. 确定函数的定义域:

(1) $f(x,y) = \sqrt{x^2 - y^2}$;

(2) $f(x,y) = \ln(4 - x^2 - y^2)(x^2 + y^2 - 1)$;

(3) $f(x,y) = \sqrt{\ln \dfrac{4}{x^2 + y^2}} + \sqrt{x^2 + y^2 - 4}$,

(4) $f(x,y,z) = \sqrt{\ln(2 - x^2 - y^2 - z^2)}$.

2. 已知函数 $f(x,y) = x^2 + y^2 - xy\tan \dfrac{x}{y}$,试求 $f(tx,ty)$.

3. 若 $f\left(x+y, \dfrac{y}{x}\right) = x^2 - y^2$,求 $f(x,y)$.

4. 求下列各极限:

(1) $\lim\limits_{\substack{x \to 1 \\ y \to 1}} \dfrac{2xy}{x^3 + y^3}$;

(2) $\lim\limits_{\substack{x \to 0 \\ y \to 0}} \dfrac{2 - \sqrt{xy + 4}}{xy}$;

(3) $\lim\limits_{\substack{x \to 0^+ \\ y \to 0^+}} (1 + xy)^{\frac{1}{\sin xy}}$;

(4) $\lim\limits_{\substack{x \to 0 \\ y \to 2}} \dfrac{\sin xy}{x}$.

5. 求下列函数的间断点:

(1) $z = \sin \dfrac{1}{x^2 + y^2}$;

(2) $z = \dfrac{xy}{2 - x^2 - y^2}$.

4.2　偏　导　数

我们知道,一元函数的导数刻画了函数对自变量的变化率. 对于多元函数,同样需要研究函数关于每个自变量或沿某条射线的变化率,称前者为**偏导数**,后者为**方向导数**.

4.2.1　偏导数的概念及其计算

1. 偏导数的定义

> **定义 4.4**　设函数 $z = f(x, y)$ 在点 (x_0, y_0) 的某一邻域内有定义. 如果极限
>
> $$\lim_{\Delta x \to 0} \frac{f(x_0 + \Delta x, y_0) - f(x_0, y_0)}{\Delta x}$$
>
> 存在,则称此极限为**函数 $z = f(x, y)$ 在点 (x_0, y_0) 处对 x 的偏导数**,记为 $f'_x(x_0, y_0)$,即
>
> $$f'_x(x_0, y_0) = \lim_{\Delta x \to 0} \frac{f(x_0 + \Delta x, y_0) - f(x_0, y_0)}{\Delta x}. \tag{4.1}$$
>
> 也可记为 $z'_x\big|_{(x_0, y_0)}$,$\dfrac{\partial z}{\partial x}\Big|_{(x_0, y_0)}$ 或 $\dfrac{\partial f}{\partial x}\Big|_{(x_0, y_0)}$ 等.
>
> 类似定义**函数 $z = f(x, y)$ 在点 (x_0, y_0) 处对 y 的偏导数**为
>
> $$f'_y(x_0, y_0) = \lim_{\Delta y \to 0} \frac{f(x_0, y_0 + \Delta y) - f(x_0, y_0)}{\Delta y}. \tag{4.2}$$
>
> 也可记为 $z'_y\big|_{(x_0, y_0)}$,$\dfrac{\partial z}{\partial y}\Big|_{(x_0, y_0)}$ 或 $\dfrac{\partial f}{\partial y}\Big|_{(x_0, y_0)}$ 等.
>
> 如果函数 $z = f(x, y)$ 在区域 D 内每一点 (x, y) 处对 x 的偏导数
>
> $$f'_x(x, y) = \lim_{\Delta x \to 0} \frac{f(x + \Delta x, y) - f(x, y)}{\Delta x}$$
>
> 都存在,则称 $f'_x(x, y)$ 为 $z = f(x, y)$ **对 x 的偏导(函)数**,也记为 z'_x,$\dfrac{\partial z}{\partial x}$ 或 $\dfrac{\partial f}{\partial x}$ 等.
>
> 类似定义 $z = f(x, y)$ **对 y 的偏导(函)数**
>
> $$f'_y(x, y) = \lim_{\Delta y \to 0} \frac{f(x, y + \Delta y) - f(x, y)}{\Delta y},$$
>
> 也记为 $z'_y(x, y)$,$\dfrac{\partial z}{\partial y}$ 或 $\dfrac{\partial f}{\partial y}$ 等.

由偏导数的定义可以直接得到计算偏导数的方法:当求关于某个自变量的偏导函数时,只需将另外的自变量视为常数,按一元函数求导法对该自变量求导数就即可;当计算一个点处的偏导数时,用定义或偏导函数计算.

偏导数的概念和计算,可以直接推广到三元及三元以上的函数.

例 4.9　求函数 $f(x, y) = 2x^2 + y + 3xy^2 - x^3 y^4$ 在点 $(1, 1)$ 处的偏导数.

解　先求出偏导函数,再求点 $(1, 1)$ 处的导数. 因为

$$f'_x(x, y) = 4x + 3y^2 - 3x^2 y^4, \quad f'_y(x, y) = 1 + 6xy - 4x^3 y^3;$$

所以

$$f'_x(1, 1) = 4, \quad f'_y(1, 1) = 3.$$

例 4.10（一个变量取定值的偏导数） 设 $f(x,y)=x\cos(1-y)+(y-1)\arcsin\sqrt{\dfrac{x}{y}}$，求 $f_x'(x,1)$.

解 先将 $y=1$ 代入到函数表达式中，再求对 x 的（偏）导数. 因为
$$f(x,1)=x,$$
所以
$$f_x'(x,1)=1.$$

例 4.11（轮换对称函数的偏导数） 设 $u=x^2y^2z^2\sin xyz+\mathrm{e}^{xyz}$，求偏导数.

解 将 y,z 视为常数，求对 x 的偏导数，得
$$\frac{\partial u}{\partial x}=2xy^2z^2\sin xyz+x^2y^2z^2\cos xyz\cdot yz+\mathrm{e}^{xyz}\cdot yz,$$
由于函数关于 x,y,z **轮换对称**（即任意互换两个变量，函数不变），故
$$\frac{\partial u}{\partial y}=2x^2yz^2\sin xyz+x^2y^2z^2\cos xyz\cdot xz+\mathrm{e}^{xyz}\cdot xz,$$
$$\frac{\partial u}{\partial z}=2x^2y^2z\sin xyz+x^2y^2z^2\cos xyz\cdot xy+\mathrm{e}^{xyz}\cdot xy.$$

例 4.12（偏导存在但不连续） 设函数
$$f(x,y)=\begin{cases}\dfrac{xy}{x^2+y^2} & \text{当 } x^2+y^2\neq0,\\[2mm] 0 & \text{当 } x^2+y^2=0\end{cases},$$
求 $f_x'(0,0)$，$f_y'(0,0)$，并说明它在 $(0,0)$ 处是否连续.

解 由偏导数定义得函数在 $(0,0)$ 处对 x 的偏导数为
$$f_x'(0,0)=\lim_{\Delta x\to0}\frac{f(0+\Delta x,0)-f(0,0)}{\Delta x}=\lim_{\Delta x\to0}\frac{\dfrac{(0+\Delta x)\cdot0}{(0+\Delta x)^2+0^2}-0}{\Delta x}=0.$$
同样有
$$f_y'(0,0)=0.$$

又由例 4.7 可知，该函数在点 $(0,0)$ 处的极限不存在，从而在点 $(0,0)$ 处不连续.

可见，与一元函数不同，多元函数不能由在一点的偏导数存在确定其在该点连续. 反过来，多元函数仍不能由一点连续确定其在该点的偏导数存在. 例如，二元函数 $z=\sqrt{x^2+y^2}$ 在点 $(0,0)$ 连续，但在该点的偏导数不存在.

2. 偏导数的几何意义

设函数 $z=f(x,y)$ 的图形是如图 4.6 所示的曲面，xOy 坐标面上点 (x_0,y_0) 对应着曲面上点 $M_0(x_0,y_0,z_0)$. 由偏导数定义可知，$f_x'(x_0,y_0)$ 是平面 π_1 内一元函数 $f(x,y_0)$ 在点 x_0 的导数. 也就是说，在几何上 $f_x'(x_0,y_0)$ 是平面 π_1 内曲线 L_1 上点 M_0 处切线 T_1 对 x 轴的斜率（见图 4.7(a)），

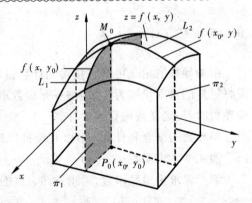

图 4.6

即

$$f_x'(x_0, y_0) = \tan\alpha.$$

类似地,偏导数 $f_y'(x_0, y_0)$ 就是平面 π_2 内一元函数 $f(x_0, y)$ 对应的曲线 L_2 上点 M_0 处的切线 T_2 对 y 轴的斜率(见图 4.7(b)),即

$$f_y'(x_0, y_0) = \tan\beta.$$

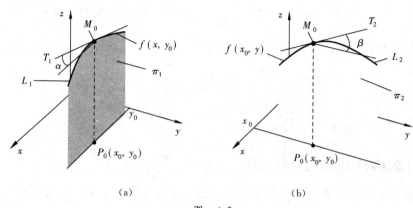

(a)　　　　　　　　　　　(b)

图　4.7

上述几何意义清楚地表明,二元函数 $f(x, y)$ 在点 (x_0, y_0) 处的两个偏导数存在与否,只与该点某邻域内过该点且平行于坐标轴的两条直线段上的函数值有关,而与邻域内其他点处的函数值无关. 因此,当函数在一点的偏导数存在时,函数在该点未必有极限或连续.

4.2.2　高阶偏导数

设二元函数 $z = f(x, y)$ 在区域 D 上的偏导数 $f_x(x, y)$,$f_y(x, y)$ 存在,则它们仍是 x, y 的二元函数. 如果这两个偏导函数的偏导数也存在,则称它们是函数 $z = f(x, y)$ 的**二阶偏导数**. 二元函数的二阶偏导数有四个,以不同的形式记为

$$z_{xx}''(x, y) = \frac{\partial^2 z}{\partial x^2} = \frac{\partial}{\partial x}\left(\frac{\partial z}{\partial x}\right), \qquad z_{xy}''(x, y) = \frac{\partial^2 z}{\partial x \partial y} = \frac{\partial}{\partial y}\left(\frac{\partial z}{\partial x}\right),$$

$$z_{yx}''(x, y) = \frac{\partial^2 z}{\partial y \partial x} = \frac{\partial}{\partial x}\left(\frac{\partial z}{\partial y}\right), \qquad z_{yy}''(x, y) = \frac{\partial^2 z}{\partial y^2} = \frac{\partial}{\partial y}\left(\frac{\partial z}{\partial y}\right),$$

或将记号中的"z"换为"f",也可略省"$'$",其中 $\dfrac{\partial^2 z}{\partial x \partial y}$ 与 $\dfrac{\partial^2 z}{\partial y \partial x}$ 称为**混合偏导数**.

类似定义三阶及三阶以上的偏导数. 这些统称为**高阶偏导数**.

某些高阶混合偏导数的相等有着规律性的结果,利用它们可以使高阶偏导数的计算量大为减少. 这里不加证明地给出二元函数的两个二阶混合偏导数相等的结论.

> **定理 4.1(混合偏导数定理)**　若函数 $z = f(x, y)$ 的两个二阶混合偏导数在点 (x, y) 处连续,则在点 (x, y) 处它们相等. 即
>
> $$\frac{\partial^2 z}{\partial x \partial y} = \frac{\partial^2 z}{\partial y \partial x}.$$

由定理可知,若 $f_{xy}''(x, y)$,$f_{yx}''(x, y)$ 在一个区域 D 上连续,则它们在 D 上相等.

利用这个结论可以处理三阶或三元以上的高阶混合偏导数的相等问题. 例如,对于三元

函数 $u = u(x,y,z)$，若 $\dfrac{\partial u}{\partial x}$ 的两个二阶混合偏导数 $\dfrac{\partial^3 u}{\partial x^2 \partial y}$ 与 $\dfrac{\partial^3 u}{\partial x \partial y \partial x}$ 连续，则有

$$\frac{\partial^3 u}{\partial x^2 \partial y} = \frac{\partial^3 u}{\partial x \partial y \partial x}.$$

例 4.13（二阶偏导数） 求函数 $z = x^4 + y^4 - 4x^2 y^2 + \sin xy$ 的二阶偏导数.

解 $\dfrac{\partial z}{\partial x} = 4x^3 - 8xy^2 + \cos xy \cdot y,$ $\qquad \dfrac{\partial z}{\partial y} = 4y^3 - 8x^2 y + \cos xy \cdot x,$

$$\frac{\partial^2 z}{\partial x^2} = 12x^2 - 8y^2 - \sin xy \cdot y^2,$$

$$\frac{\partial^2 z}{\partial y \partial x} = \frac{\partial^2 z}{\partial x \partial y} = \frac{\partial}{\partial y}\left(\frac{\partial z}{\partial x}\right) = -16xy - \sin xy \cdot xy + \cos xy,$$

$$\frac{\partial^2 z}{\partial y^2} = 12y^2 - 8x^2 - \sin xy \cdot x^2.$$

例 4.14（交换偏导数次序） 设函数 $z = xy + \dfrac{e^y}{y^2 + 1}$，求 $\dfrac{\partial^2 z}{\partial y \partial x}$.

解 所求二阶混合偏导数是先对 y 后对 x 的，显然按这种次序计算比较麻烦. 因此，可以利用函数的两个二阶混合偏导数连续，从而相等进行计算：

$$\frac{\partial z}{\partial x} = y,$$

$$\frac{\partial^2 z}{\partial y \partial x} = \frac{\partial^2 z}{\partial x \partial y} = \frac{\partial}{\partial y}\left(\frac{\partial z}{\partial x}\right) = \frac{\partial}{\partial y}(y) = 1.$$

例 4.15 设 $u = \dfrac{1}{r}$，$r = \sqrt{x^2 + y^2 + z^2}$. 证明函数 u 满足三维拉普拉斯（Laplace）[1]方程

$$\frac{\partial^2 u}{\partial x^2} + \frac{\partial^2 u}{\partial y^2} + \frac{\partial^2 u}{\partial z^2} = 0.$$

称 $\dfrac{1}{r}$ 为三维拉普拉斯方程的**基本解**.

证 函数的一阶、二阶偏导数分别为

$$\frac{\partial u}{\partial x} = \frac{\mathrm{d}u}{\mathrm{d}r} \frac{\partial r}{\partial x} = -\frac{1}{r^2} \frac{x}{r} = -x \frac{1}{r^3},$$

$$\frac{\partial^2 u}{\partial x^2} = -\frac{1}{r^3} + \frac{3x}{r^4} \frac{x}{r} = \frac{3x^2 - r^2}{r^5},$$

由于函数 u 关于 x,y,z 具有轮换对称性，所以又有

$$\frac{\partial^2 u}{\partial y^2} = \frac{3y^2 - r^2}{r^5}, \qquad \frac{\partial^2 u}{\partial z^2} = \frac{3z^2 - r^2}{r^5}.$$

因此，有

$$\frac{\partial^2 u}{\partial x^2} + \frac{\partial^2 u}{\partial y^2} + \frac{\partial^2 u}{\partial z^2} = \frac{3(x^2 + y^2 + z^2) - 3r^2}{r^5} = 0.$$

---

[1] 拉普拉斯（P. S. Laplace），1749—1827，法国数学家、天文学家.

习　题　4.2

1. 根据偏导数的几何意义,求曲线 $\begin{cases} z = x^2 + y^2 \\ y = 1 \end{cases}$ 上点$(1,1,2)$处的切线方程.

2. 求下列函数的偏导数:

(1) $\dfrac{1}{2}\ln(x^2 + y^2) + \arctan\dfrac{y}{x}$;　　　　(2) $z = \ln\tan xy$;

(3) $u = x^{\frac{y}{z}}$;　　　　　　　　　　　(4) $u = \arctan(x - y)^z$;

(5) $u = x^{y^z}$;　　　　　　　　　　　　(6) $u = x^y y^z z^x$.

3. 设 $u = \arctan\dfrac{x^3 + y^3}{x - y}$,求证 $x\dfrac{\partial u}{\partial x} + y\dfrac{\partial u}{\partial y} = \sin 2u$.

4. 设 $f(x,y) = x + (y^2 - 1)\arctan\sqrt{\dfrac{x}{y}}$,求 $f_x(x, 1)$.

5. 设 $f(x,y,z) = xy^2 + yz^2 + zx^2$. 求 $f''_{xx}(0,0,1)$,$f''_{xz}(1,0,2)$,$f''_{yz}(0,-1,0)$ 及 $f'''_{zzx}(2,0,1)$.

6. 求 $u = \arcsin\dfrac{x}{\sqrt{x^2 + y^2}}$ 的偏导数. 并指出在$(x,0)(x \neq 0)$处,u关于y的偏导数是否存在?

7. 求下列函数的二阶偏导数:

(1) $z = x^4 + y^4 - 2x^2 y^2$;　　　　　　　(2) $z = \arctan\dfrac{y}{x}$;

(3) $z = \mathrm{e}^{xy} + \sin(x + y)$;　　　　　　(4) $z = \dfrac{\cos x^2}{y}$.

8. 证明函数 $u = \ln\dfrac{1}{\rho}$　$(\rho = \sqrt{x^2 + y^2})$ 是二维拉普拉斯方程$\dfrac{\partial^2 u}{\partial x^2} + \dfrac{\partial^2 u}{\partial y^2} = 0$ 的解(称为**基本解**). 另外,$u = \mathrm{e}^{ny}\cos nx$($n$ 是常数)也是方程的解.

9. 验证:$r = \sqrt{x^2 + y^2 + z^2}$ 满足$\dfrac{\partial^2 r}{\partial x^2} + \dfrac{\partial^2 r}{\partial y^2} + \dfrac{\partial^2 r}{\partial z^2} = \dfrac{2}{r}$.

10. 设 $u = xyz\mathrm{e}^{x+y+z}$,求$\dfrac{\partial^2 u}{\partial x^2}$,$\dfrac{\partial^2 u}{\partial y^2}$ 及$\dfrac{\partial^2 u}{\partial z^2}$.

11. 设函数 $z = z(x,y)$ 具有三阶连续偏导数,证明:$\dfrac{\partial^3 z}{\partial y\partial x\partial y} = \dfrac{\partial^3 z}{\partial x\partial y^2}$.

4.3　全　微　分

4.3.1　全微分的概念

与一元函数引入微分的意义类似,我们引入二元函数的全微分,它作为全增量的等价无穷小,在数学理论的研究和应用上起着重要作用.

在讨论函数的连续性时,我们给出过函数 $z = f(x,y)$ 在点(x,y)的全增量
$$\Delta z = f(x + \Delta x, y + \Delta y) - f(x,y).$$
为了以下讨论方便,再引出函数 $z = f(x,y)$ 在点(x,y)处的两个偏增量记号:

z 对 x 的偏增量:$\Delta_x z = f(x + \Delta x, y) - f(x,y)$;

z 对 y 的偏增量:$\Delta_y z = f(x, y + \Delta y) - f(x,y)$.

定义 4.5(全微分) 若函数 $z = f(x, y)$ 在点 $P(x, y)$ 的某一邻域内的全增量 Δz 可以表示为

$$\Delta z = A(x, y)\Delta x + B(x, y)\Delta y + o(\rho), \tag{4.3}$$

其中，$A(x, y), B(x, y)$ 与 $\Delta x, \Delta y$ 无关，$\rho = \sqrt{(\Delta x)^2 + (\Delta y)^2}$，则称函数 $z = f(x, y)$ 在点 $P(x, y)$ 处**可微分**(简称**可微**). 将 Δz 的线性主部

$$A(x, y)\Delta x + B(x, y)\Delta y$$

称为函数 $z = f(x, y)$ 在点 $P(x, y)$ 处的**全微分**，记为 dz，即

$$dz = A(x, y)\Delta x + B(x, y)\Delta y. \tag{4.4}$$

式(4.4)右端的第一项称为**对 x 的偏微分**，第二项称为**对 y 的偏微分**.

若函数 $f(x, y)$ 在区域 D 内每一点处都可微，则称 $f(x, y)$ **在 D 内可微分**，或称 $f(x, y)$ 是 D 内的**可微函数**.

4.3.2 可微的条件

定理 4.2(可微的必要条件一) 若函数 $z = f(x, y)$ 在点 (x, y) 可微，则 $f(x, y)$ 在点 (x, y) 处连续.

证 由假设 $f(x, y)$ 在点 (x, y) 处可微知，在点 (x, y) 的某邻域内有

$$\Delta z = A(x, y)\Delta x + B(x, y)\Delta y + o(\rho) \quad (\rho = \sqrt{(\Delta x)^2 + (\Delta y)^2}).$$

故有

$$\lim_{\substack{\Delta x \to 0 \\ \Delta y \to 0}} \Delta z = \lim_{\substack{\Delta x \to 0 \\ \Delta y \to 0}} [A(x, y)\Delta x + B(x, y)\Delta y + o(\rho)] = 0.$$

由函数连续定义，即 $f(x, y)$ 在 (x, y) 处连续.

定理 4.3(可微的必要条件二) 若函数 $z = f(x, y)$ 在点 (x, y) 可微，则 $f(x, y)$ 在点 (x, y) 处的偏导数存在，且

$$\frac{\partial z}{\partial x} = A(x, y), \quad \frac{\partial z}{\partial y} = B(x, y),$$

从而 $z = f(x, y)$ 在 (x, y) 处的全微分

$$dz = \frac{\partial z}{\partial x}\Delta x + \frac{\partial z}{\partial y}\Delta y. \tag{4.5}$$

证 由 $f(x, y)$ 在点 (x, y) 处可微知，在点 (x, y) 的某邻域内有

$$\Delta z = A(x, y)\Delta x + B(x, y)\Delta y + o(\rho) \quad (\rho = \sqrt{(\Delta x)^2 + (\Delta y)^2}).$$

在上式中取 $\Delta y = 0$，得到 z 对 x 的偏增量

$$\Delta_x z = A(x, y)\Delta x + B(x, y) \cdot 0 + o(|\Delta x|),$$

即

$$f(x + \Delta x, y) - f(x, y) = A(x, y)\Delta x + o(|\Delta x|).$$

由此得到

$$\lim_{\Delta x \to 0} \frac{f(x + \Delta x, y) - f(x, y)}{\Delta x} = A(x, y) + \lim_{\Delta x \to 0} \frac{o(|\Delta x|)}{|\Delta x|} \frac{|\Delta x|}{\Delta x} = A(x, y),$$

即

$$\frac{\partial z}{\partial x} = A(x,y).$$

同理得到

$$\frac{\partial z}{\partial y} = B(x,y).$$

将上面的两个结果代入全微分定义式(4.4)，便得

$$dz = \frac{\partial z}{\partial x}\Delta x + \frac{\partial z}{\partial y}\Delta y.$$

由定理 4.3 及可微定义可以给出二元函数 $z = f(x,y)$ 在点 (x_0,y_0) 处可微的充分必要条件是

$$\lim_{\rho \to 0^+} \frac{\Delta z - [f_x'(x_0,y_0)\Delta x + f_y'(x_0,y_0)\Delta y]}{\rho} = 0. \tag{4.6}$$

例 4.16(偏导数存在但不可微)　讨论函数

$$f(x,y) = \begin{cases} \dfrac{xy}{\sqrt{x^2+y^2}} & \text{当 } x^2+y^2 \neq 0 \\ 0 & \text{当 } x^2+y^2 = 0 \end{cases}$$

在点 $(0,0)$ 处的连续性及可微性.

解　记 $z = f(x,y)$，则

$$\Delta z = f(\Delta x,\Delta y) - f(0,0) = \frac{\Delta x \cdot \Delta y}{\sqrt{(\Delta x)^2+(\Delta y)^2}} - 0 = \frac{\Delta x \cdot \Delta y}{\sqrt{(\Delta x)^2+(\Delta y)^2}}.$$

由 $0 \leqslant |\Delta x \cdot \Delta y| \leqslant (\Delta x)^2+(\Delta y)^2$ 得

$$0 \leqslant |\Delta z| \leqslant \frac{\frac{(\Delta x)^2+(\Delta y)^2}{2}}{\sqrt{(\Delta x)^2+(\Delta y)^2}} = \frac{1}{2}\sqrt{(\Delta x)^2+(\Delta y)^2}.$$

由 $\lim\limits_{\substack{\Delta x \to 0 \\ \Delta y \to 0}}\sqrt{(\Delta x)^2+(\Delta y)^2} = 0$ 得

$$\lim_{\substack{\Delta x \to 0 \\ \Delta y \to 0}}\Delta z = 0.$$

因此，$f(x,y)$ 在点 $(0,0)$ 连续.

按偏导数定义算得

$$f_x'(0,0) = f_y'(0,0) = 0.$$

由原点 $(0,0)$ 处沿直线 $y = x$ 有 $\Delta y = \Delta x$，及上面 Δz 的表达式有

$$\lim_{\substack{\rho \to 0^+ \\ \Delta y = \Delta x}} \frac{\Delta z - [f_x'(0,0)\Delta x + f_y'(0,0)\Delta y]}{\rho} = \lim_{\substack{\Delta x \to 0 \\ \Delta y = \Delta x}} \frac{\dfrac{\Delta x \cdot \Delta y}{\sqrt{(\Delta x)^2+(\Delta y)^2}} - (0+0)}{\sqrt{(\Delta x)^2+(\Delta y)^2}}$$

$$= \lim_{\Delta x \to 0}\frac{(\Delta x)^2}{(\Delta x)^2+(\Delta x)^2}$$

$$= \frac{1}{2} \neq 0.$$

可见，$f(x,y)$ 在点 $(0,0)$ 处不满足式 (4.6). 故 $f(x,y)$ 在点 $(0,0)$ 处不可微.

注：由定理 4.2、定理 4.3 可知，连续及偏导数存在是可微的必要条件；又由例 4.16 表明，连续且偏导数存在却构不成可微的充分条件.

那么，有没有判断可微的简单方法呢？答案由下面的定理给出.

定理 4.4(可微的充分条件) 若函数 $z = f(x,y)$ 的偏导数 $f_x'(x,y)$，$f_y'(x,y)$ 在点 $P(x,y)$ 处连续，则 $f(x,y)$ 在点 $P(x,y)$ 处可微.

证 由函数在一点的连续定义可知，题设即

$$\lim_{\substack{\Delta x \to 0 \\ \Delta y \to 0}} f_x'(x + \Delta x, y + \Delta y) = f_x'(x,y),$$

$$\lim_{\substack{\Delta x \to 0 \\ \Delta y \to 0}} f_y'(x + \Delta x, y + \Delta y) = f_y'(x,y).$$

由此得到 f_x'，f_y' 在点 P 的某邻域 $U(P)$ 内存在，且有

$$f_x'(x + \Delta x, y + \Delta y) = f_x'(x,y) + a_1 \quad (\lim_{\substack{\Delta x \to 0 \\ \Delta y \to 0}} a_1 = 0),$$

$$f_y'(x + \Delta x, y + \Delta y) = f_y'(x,y) + a_2 \quad (\lim_{\substack{\Delta x \to 0 \\ \Delta y \to 0}} a_2 = 0).$$

对于 $U(P)$ 内的任意点 $(x + \Delta x, y + \Delta y)$，应用一元函数微分中值定理，可得全增量

$$\begin{aligned}
\Delta z &= f(x + \Delta x, y + \Delta y) - f(x,y) \\
&= [f(x + \Delta x, y + \Delta y) - f(x, y + \Delta y)] + [f(x, y + \Delta y) - f(x,y)] \\
&= f_x'(x + \theta_1 \Delta x, y + \Delta y)\Delta x + f_y'(x, y + \theta_2 \Delta y)\Delta y \quad (0 < \theta_1, \theta_2 < 1) \\
&= [f_x'(x,y) + \varepsilon_1]\Delta x + [f_y'(x,y) + \varepsilon_2]\Delta y \quad (\lim_{\substack{\Delta x \to 0 \\ \Delta y \to 0}} \varepsilon_1 = 0, \ \lim_{\substack{\Delta x \to 0 \\ \Delta y \to 0}} \varepsilon_2 = 0) \\
&= f_x'(x,y)\Delta x + f_y'(x,y)\Delta y + (\varepsilon_1 \Delta x + \varepsilon_2 \Delta y).
\end{aligned}$$

将右端前两项移到左端，再两端同除以 ρ 后求极限得

$$\lim_{\rho \to 0^+} \frac{\Delta z - [f_x'(x,y)\Delta x + f_y'(x,y)\Delta y]}{\rho} = \lim_{\rho \to 0^+} \left(\varepsilon_1 \frac{\Delta x}{\rho} + \varepsilon_2 \frac{\Delta y}{\rho}\right) = 0.$$

由式 (4.6) 知，这就证明了函数 $z = f(x,y)$ 在点 $P(x,y)$ 处可微.

分别令 $z = x$ 和 $z = y$，可对应得到 $\mathrm{d}x = \Delta x$，$\mathrm{d}y = \Delta y$，并称 $\mathrm{d}x$，$\mathrm{d}y$ 分别为**自变量** x，y **的微分**. 于是表示全微分的式 (4.5) 又可以表示为

$$\mathrm{d}z = \frac{\partial z}{\partial x}\mathrm{d}x + \frac{\partial z}{\partial y}\mathrm{d}y. \tag{4.7}$$

由于二元函数的全微分等于它的两个偏微分之和，所以我们把这种性质称为**二元函数全微分符合叠加原理**.

上述关于二元函数全微分的定义、可微分条件和叠加原理等，可以类似地推广到三元和三元以上的多元函数.

例 4.17(偏导数连续是可微的充分但非必要条件) 讨论函数

$$f(x,y) = \begin{cases} (x^2 + y^2)\sin\dfrac{1}{x^2 + y^2} & \text{当 } x^2 + y^2 \neq 0 \\ 0 & \text{当 } x^2 + y^2 = 0 \end{cases}$$

在点 $(0,0)$ 处的可微性及偏导数的连续性.

解 记 $z = f(x,y)$，则由偏导数定义得

$$f'_x(0,0) = f'_y(0,0) = 0.$$

由此得到

$$\lim_{\rho \to 0^+} \frac{\Delta z - [f'_x(0,0)\Delta x + f'_y(0,0)\Delta y]}{\rho} = \lim_{\rho \to 0^+} \frac{\rho^2 \sin\frac{1}{\rho^2} - 0}{\rho} = 0,$$

即函数 z 在点 $(0,0)$ 处可微.

但由导数值 $f'_x(0,0) = 0$，而导数的极限值

$$\lim_{\substack{x \to 0 \\ y \to 0}} f'_x(x,y) = \lim_{\substack{x \to 0 \\ y \to 0}} \left(2x\sin\frac{1}{x^2+y^2} - \frac{2x}{x^2+y^2}\cos\frac{1}{x^2+y^2} \right) \neq 0$$

可知，偏导数 $f'_x(x,y)$ 在点 $(0,0)$ 处不连续；类似可得偏导数 $f'_y(x,y)$ 在点 $(0,0)$ 处也不连续.

这个例子说明，偏导数连续只是可微的一个充分条件，并不是必要条件.

例 4.18 求函数 $z = \sin x^y$ 在点 $(x,2)$ 处 $\Delta y = 0.01$ 的全微分.

解 由于

$$\frac{\partial z}{\partial x} = \cos x^y \cdot yx^{y-1}, \qquad \frac{\partial z}{\partial y} = \cos x^y \cdot x^y \ln x.$$

所以，由式 (4.5) 得

$$\begin{aligned}
\mathrm{d}z \Big|_{\substack{y=2 \\ \Delta y = 0.01}} &= \cos x^y \cdot yx^{y-1} \Big|_{y=2} \Delta x + \cos x^y \cdot x^y \ln x \Big|_{y=2} \cdot 0.01 \\
&= 2x\cos x^2 \Delta x + 0.01x^2 \cos x^2 \cdot \ln x.
\end{aligned}$$

例 4.19 求函数 $u = xy^2z^3$ 的全微分.

解 由于

$$\frac{\partial u}{\partial x} = y^2z^3, \qquad \frac{\partial u}{\partial y} = 2xyz^3, \qquad \frac{\partial u}{\partial z} = 3xy^2z^2,$$

所以，将式 (4.7) 推广到三元函数得

$$\mathrm{d}u = \frac{\partial u}{\partial x}\mathrm{d}x + \frac{\partial u}{\partial y}\mathrm{d}y + \frac{\partial u}{\partial z}\mathrm{d}z = y^2z^3\,\mathrm{d}x + 2xyz^3\,\mathrm{d}y + 3xy^2z^2\,\mathrm{d}z.$$

例 4.20 要用厚为 8 cm 的铁皮制作一个外形尺寸为底半径 4 m、高 8 m 的正圆柱形容器，问大概要用多少吨板材 (密度取 7.8 g/cm³).

解 设正圆柱容器的底半径为 r(m)，高为 h(m)，则正圆柱体的体积

$$V = \pi r^2 h.$$

依题设有 $r = 4$，$h = 8$，且由于给出的是外部尺寸，因此，铁皮厚度产生了底半径及高的改变量 $\Delta r = -0.08$，$\Delta h = -0.16$. 于是，由 V 可微得圆柱体的体积改变量

$$\begin{aligned}
\Delta V \approx \mathrm{d}V \Big|_{\substack{r=4,\,h=8 \\ \Delta r=-0.08,\Delta h=-0.16}} &= (V'_r\Delta r + V'_h\Delta h) \Big|_{\substack{r=4,\,h=8 \\ \Delta r=-0.08,\Delta h=-0.16}} \\
&= (2\pi rh\,\Delta r + \pi r^2\,\Delta h) \Big|_{\substack{r=4,\,h=8 \\ \Delta r=-0.08,\Delta h=-0.16}} \\
&= \pi(-2 \times 4 \times 8 \times 0.08 - 4^2 \times 0.16) = -7.68\pi \\
&\approx -24.13.
\end{aligned}$$

由此得到圆锥形容器的质量近似为 $24.13 \times 7.8 \approx 188.214$. 故大概需要用 188 t 板材.

习 题 4.3

1. 求函数 $z = \mathrm{e}^{xy}$ 当 $x = 1$，$y = 1$，$\Delta x = 0.15$，$\Delta y = 0.1$ 时的全微分.

2. 求下列函数的全微分：

   (1) $z = x^2 y + \dfrac{x}{y^2}$；

   (2) $z = \sqrt{\ln(xy)}$；

   (3) $z = \mathrm{e}^{\frac{x}{y}}$；

   (4) $\dfrac{x^2 - y^2}{x^2 + y^2}$；

   (5) $z = \sin(xy) + \cos^2(xy)$；

   (6) $u = a^{xyz}$ $(a > 0, a \neq 1)$.

3. 设有一无盖圆柱形容器，容器的壁与底的厚度均为 $0.1\ \mathrm{cm}$，内高为 $20\ \mathrm{cm}$，内半径为 $4\ \mathrm{cm}$. 求容器外壳体积的近似值.

4.4 多元复合函数的求导法

4.4.1 链式法则

与一元复合函数链式求导法则类似，我们将建立多元复合函数的链式求偏导数法则，这样，就可以解决那些不适合先代入中间变量再求复合函数偏导数的问题.

首先给出一个自变量，两个中间变量的复合函数的求导数情形.

> **定理 4.5** 设复合函数 $z = f(u,v)$，$u = \varphi(x)$，$v = \psi(x)$. 若 $\varphi(x)$，$\psi(x)$ 在点 x 处可导，而 $f(u,v)$ 在 x 相应的点 (u,v) 处可微，则复合函数 $z = f(\varphi(x), \psi(x))$ 在点 x 处可导，且
> $$\frac{\mathrm{d}z}{\mathrm{d}x} = \frac{\partial f}{\partial u}\frac{\mathrm{d}u}{\mathrm{d}x} + \frac{\partial f}{\partial v}\frac{\mathrm{d}v}{\mathrm{d}x}. \tag{4.8}$$

证 由 $f(u,v)$ 在 x 相应的点 (u,v) 处可微知

$$\Delta z = \frac{\partial f}{\partial u}\Delta u + \frac{\partial f}{\partial v}\Delta v + o(\rho) \quad (\rho = \sqrt{(\Delta u)^2 + (\Delta v)^2}).$$

两边同除以 Δx，得

$$\frac{\Delta z}{\Delta x} = \frac{\partial f}{\partial u}\frac{\Delta u}{\Delta x} + \frac{\partial f}{\partial v}\frac{\Delta v}{\Delta x} + \frac{o(\rho)}{\rho}\frac{\rho}{|\Delta x|}\frac{|\Delta x|}{\Delta x}.$$

由定理的假设知，上式前两项中 $\dfrac{\partial f}{\partial u}$，$\dfrac{\partial f}{\partial v}$ 与 Δx 无关，$\lim\limits_{\Delta x \to 0}\dfrac{\Delta u}{\Delta x} = \dfrac{\mathrm{d}u}{\mathrm{d}x}$，$\lim\limits_{\Delta x \to 0}\dfrac{\Delta v}{\Delta x} = \dfrac{\mathrm{d}v}{\mathrm{d}x}$，并由此得到第三项中 $\dfrac{\rho}{|\Delta x|} = \sqrt{\left(\dfrac{\Delta u}{\Delta x}\right)^2 + \left(\dfrac{\Delta v}{\Delta x}\right)^2}$ 在 x 处局部有界，又 $\dfrac{|\Delta x|}{\Delta x}$ 有界，$\lim\limits_{\Delta x \to 0}\dfrac{o(\rho)}{\rho} = 0$，可得当 $\Delta x \to 0$ 时右端第三项的极限为零. 因此，上式两端取极限得

$$\lim_{\Delta x \to 0}\frac{\Delta z}{\Delta x} = \frac{\partial f}{\partial u}\lim_{\Delta x \to 0}\frac{\Delta u}{\Delta x} + \frac{\partial f}{\partial v}\lim_{\Delta x \to 0}\frac{\Delta v}{\Delta x} + 0,$$

即

$$\frac{\mathrm{d}z}{\mathrm{d}x} = \frac{\partial f}{\partial u}\frac{\mathrm{d}u}{\mathrm{d}x} + \frac{\partial f}{\partial v}\frac{\mathrm{d}v}{\mathrm{d}x}.$$

称上式为复合函数 $z = f(\varphi(x), \psi(x))$ 的**全导数**.

定理 4.5 可以推广到两个以上的中间变量情形.

例 4.21　设 $u = \sin x + \sin y^2 - \arctan z$，$x = \mathrm{e}^t$，$y = t$，$z = t^2$，求全导数 $\dfrac{\mathrm{d}u}{\mathrm{d}t}$.

解　复合函数 u 由三个中间变量 x, y, z，一个自变量 t 组成. 对式(4.8)推广，得

$$\frac{\mathrm{d}u}{\mathrm{d}t} = \frac{\partial u}{\partial x}\frac{\mathrm{d}x}{\mathrm{d}t} + \frac{\partial u}{\partial y}\frac{\mathrm{d}y}{\mathrm{d}t} + \frac{\partial u}{\partial z}\frac{\mathrm{d}z}{\mathrm{d}t}$$

$$= \cos x \cdot \mathrm{e}^t + \cos y^2 \cdot 2y \cdot 1 + \left(-\frac{1}{1+z^2}\right) \cdot 2t$$

$$= \mathrm{e}^t \cos \mathrm{e}^t + 2t\cos t^2 - \frac{2t}{1+t^4}.$$

定理 4.5 可以推广到两个自变量的情况.

> **定理 4.6**　设复合函数 $z = f(u, v), u = \varphi(x, y), v = \psi(x, y)$. 若 φ, ψ 在点 (x, y) 处的偏导数存在，而 f 在 (x, y) 相应的点 (u, v) 处可微，则复合函数 $z = f(\varphi(x, y), \psi(x, y))$ 在点 (x, y) 处的偏导数存在，且
>
> $$\frac{\partial z}{\partial x} = \frac{\partial f}{\partial u}\frac{\partial u}{\partial x} + \frac{\partial f}{\partial v}\frac{\partial v}{\partial x}, \tag{4.9}$$
>
> $$\frac{\partial z}{\partial y} = \frac{\partial f}{\partial u}\frac{\partial u}{\partial y} + \frac{\partial f}{\partial v}\frac{\partial v}{\partial y}. \tag{4.10}$$

由于二元复合函数 $f(\varphi(x, y), \psi(x, y))$ 对 x 求偏导数时视 y 为常数，所以，将式(4.8)中的导数记号改写为偏导数记号得到式(4.9)；类似得到式(4.10). 这两式称为多元复合函数求偏导数的**链式规则**.

对于多个中间变量及多个自变量的复合函数求偏导数，先利用函数、中间变量以及自变量的层次图写出链式规则，再计算偏导数的方法是非常有效的. 例如，将定理 4.6 中复合函数与变量间的关系如图 4.8 用路径表示出来，当求复合函数 z 对 x 的偏导数 $\dfrac{\partial z}{\partial x}$ 时，先沿路径 $z \to u$

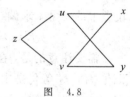

图　4.8

$\to x$ 按照一元函数链式求导法则求对 x 的偏导数，再沿 $z \to v \to x$ 求对 x 的偏导数，最后将两条路径上的结果相加，就完成了式(4.9)给出的计算；类似可以完成式(4.10)表示的对 y 的偏导数.

例 4.22　设 $z = \mathrm{e}^u \cos v$，$u = xy$，$v = x + y$，求 $\dfrac{\partial z}{\partial x}$ 和 $\dfrac{\partial z}{\partial y}$.

解　由复合函数求偏导数公式，得

$$\frac{\partial z}{\partial x} = \frac{\partial z}{\partial u}\frac{\partial u}{\partial x} + \frac{\partial z}{\partial v}\frac{\partial v}{\partial x} = \mathrm{e}^u \cos v \cdot y + \mathrm{e}^u(-\sin v) \cdot 1$$

$$= \mathrm{e}^{xy}\left[y\cos(x + y) - \sin(x + y)\right],$$

$$\frac{\partial z}{\partial y} = \frac{\partial z}{\partial u}\frac{\partial u}{\partial y} + \frac{\partial z}{\partial v}\frac{\partial v}{\partial y} = \mathrm{e}^u \cos v \cdot x + \mathrm{e}^u(-\sin v) \cdot 1$$

$$= \mathrm{e}^{xy}\left[x\cos(x + y) - \sin(x + y)\right].$$

定理 4.6 可以推广到更多自变量或更多中间变量的复合函数求偏导数，也可推广到更多层复合函数情形.

例 4.23 设 $u = \mathrm{e}^{x^2+y^2-z^2}$，而 $z = x^2\cos y$．求 $\dfrac{\partial u}{\partial x}$ 和 $\dfrac{\partial u}{\partial y}$．

解 记 $f(x,y,z) = \mathrm{e}^{x^2+y^2-z^2}$，并将 $f(x,y,z)$ 中的 x,y 也视为中间变量，即引入中间变量函数 $x = x, y = y$，如图 4.9 所示，则按链式公式求得

$$\frac{\partial u}{\partial x} = \frac{\partial f}{\partial x}\frac{\partial(x)}{\partial x} + \frac{\partial f}{\partial z}\frac{\partial z}{\partial x} = \frac{\partial f}{\partial x} \cdot 1 + \frac{\partial f}{\partial z}\frac{\partial z}{\partial x}$$

$$= \mathrm{e}^{x^2+y^2-z^2} \cdot 2x + \left[\mathrm{e}^{x^2+y^2-z^2} \cdot (-2z)\right] \cdot 2x\cos y$$

$$= 2x(1 - 2z\cos y)\mathrm{e}^{x^2+y^2-z^2},$$

$$\frac{\partial u}{\partial y} = \frac{\partial f}{\partial y} + \frac{\partial f}{\partial z}\frac{\partial z}{\partial y} = (2y + 2zx^2\sin y)\mathrm{e}^{x^2+y^2-z^2}.$$

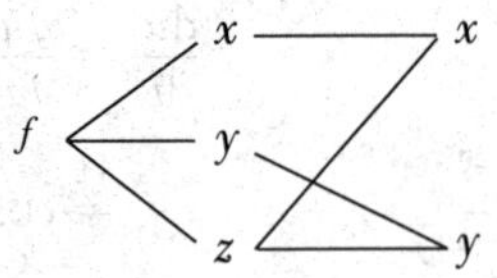

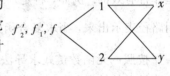

图 4.9

注：① 在上面 u 对 x 求偏导数的式子中，右端第一项中的 $\dfrac{\partial f}{\partial x}$ 不能再使用左端出现过的记号 $\dfrac{\partial u}{\partial x}$，因为它们表示的意义不同；

② 若将中间变量代入结果会比较复杂，则可以不代入．

求形如 $z = f\left(xy, \dfrac{x}{y}\right)$ 等复合函数的偏导数，通常称为求**抽象函数的偏导数**．在计算这个复合函数的偏导数时，可以视复合关系为

$$z = f(u,v), \ u = xy, \ v = \frac{y}{x},$$

利用链式公式求其偏导数．但为了表达简单起见，在求抽象函数的偏导数时，并不设中间变量 u,v，习惯上是用 f_1' 表示对 $f(u,v)$ 的第一个位置上的变量 u 求偏导数，用 f_2' 表示对第 2 个位置上的变量 v 求偏导数等．即

$$f_1' = f_u'(u,v), \ f_2' = f_v'(u,v), \ f_{11}'' = f_{uu}''(u,v), \ f_{12}'' = f_{uv}''(u,v)，等等.$$

需要注意的是，在求抽象函数的高阶偏导数时，上面出现的记号 f_1'，f_2' 等仍是中间变量 u,v 的函数，在继续求偏导数时它们与 f 的地位是完全一样的，如图 4.10 所示．这一点对正确计算高阶偏导数非常关键．

采用了上面的简化记号后，求复合函数的偏导数就不方便写出链式公式了．因此，为了增加可读性，最好先将按链式公式得到的偏导数结果按对应位置写出来，然后再视具体情况进行化简．

图 4.10

例 4.24 设 $z = f\left(xy, \dfrac{x}{y}\right)$，其中 f 具有二阶连续偏导数．求 $\dfrac{\partial z}{\partial x}$，$\dfrac{\partial^2 z}{\partial x\partial y}$．

解 $\dfrac{\partial z}{\partial x} = f_1' \cdot y + f_2' \cdot \dfrac{1}{y}$，

$$\frac{\partial^2 z}{\partial x\partial y} = (f_1')_y' \cdot y + f_1' \cdot 1 + (f_2')_y' \cdot \frac{1}{y} + f_2' \cdot \frac{-1}{y^2}$$

$$= \left(f_{11}'' \cdot x + f_{12}'' \cdot \frac{-x}{y^2}\right)y + f_1' + \left(f_{21}'' \cdot x + f_{22}'' \cdot \frac{-x}{y^2}\right)\frac{1}{y} + f_2' \frac{-1}{y^2}$$

$$= xyf_{11}'' - \frac{x}{y^3}f_{22}'' + f_1' - \frac{1}{y^2}f_2'. \quad (因为 f_{12}'' = f_{21}'')$$

例 4.25　设 $u(x,y)$ 具有二阶连续偏导数. 证明：极坐标形式的拉普拉斯方程

$$\frac{\partial^2 u}{\partial r^2} + \frac{1}{r}\frac{\partial u}{\partial r} + \frac{1}{r^2}\frac{\partial^2 u}{\partial \theta^2} = 0$$

在直角坐标系下为

$$\frac{\partial^2 u}{\partial x^2} + \frac{\partial^2 u}{\partial y^2} = 0.$$

证　由直角坐标与极坐标变换 $\begin{cases} x = r\cos\theta \\ y = r\sin\theta \end{cases}$，得复合函数 $u = u(x,y) = u(r\cos\theta, r\sin\theta)$.

所以

$$\frac{\partial u}{\partial r} = \frac{\partial u}{\partial x}\frac{\partial x}{\partial r} + \frac{\partial u}{\partial y}\frac{\partial y}{\partial r} = \frac{\partial u}{\partial x}\cdot\cos\theta + \frac{\partial u}{\partial y}\cdot\sin\theta,$$

$$\frac{\partial^2 u}{\partial r^2} = \left(\frac{\partial^2 u}{\partial x^2}\cdot\cos\theta + \frac{\partial^2 u}{\partial x\partial y}\cdot\sin\theta\right)\cdot\cos\theta + \left(\frac{\partial^2 u}{\partial y\partial x}\cdot\cos\theta + \frac{\partial^2 u}{\partial y^2}\cdot\sin\theta\right)\cdot\sin\theta$$

$$= \frac{\partial^2 u}{\partial x^2}\cdot\cos^2\theta + \frac{\partial^2 u}{\partial x\partial y}\cdot 2\sin\theta\cos\theta + \frac{\partial^2 u}{\partial y^2}\cdot\sin^2\theta,$$

$$\frac{\partial u}{\partial \theta} = \frac{\partial u}{\partial x}\frac{\partial x}{\partial \theta} + \frac{\partial u}{\partial y}\frac{\partial y}{\partial \theta} = \frac{\partial u}{\partial x}\cdot(-r\sin\theta) + \frac{\partial u}{\partial y}\cdot r\cos\theta,$$

$$\frac{\partial^2 u}{\partial \theta^2} = \left[\frac{\partial^2 u}{\partial x^2}\cdot(-r\sin\theta) + \frac{\partial^2 u}{\partial x\partial y}\cdot r\cos\theta\right]\cdot(-r\sin\theta) + \frac{\partial u}{\partial x}\cdot(-r\cos\theta) +$$

$$\left[\frac{\partial^2 u}{\partial y\partial x}\cdot(-r\sin\theta) + \frac{\partial^2 u}{\partial y^2}\cdot r\cos\theta\right]\cdot r\cos\theta + \frac{\partial u}{\partial y}\cdot(-r\sin\theta)$$

$$= \frac{\partial^2 u}{\partial x^2}\cdot r^2\sin^2\theta + \frac{\partial^2 u}{\partial x\partial y}\cdot(-2r^2\sin\theta\cos\theta) + \frac{\partial^2 u}{\partial y^2}\cdot r^2\cos^2\theta -$$

$$\frac{\partial u}{\partial x}\cdot r\cos\theta - \frac{\partial u}{\partial y}\cdot r\sin\theta.$$

将上面的偏导数结果代入极坐标方程的左端,化简后得到直角坐标方程的左端(略).

4.4.2　全微分形式不变性

利用全微分公式及复合函数的链式法则给出一个以后常用的形式：设 $u = u(x,y)$, $v = v(x,y)$ 在 (x,y) 处可微, 函数 $z = f(u,v)$ 在对应的点 (u,v) 处可微, 则由复合函数 $z = f(u(x,y),v(x,y))$ 求导法得

$$\mathrm{d}z = \frac{\partial z}{\partial x}\mathrm{d}x + \frac{\partial z}{\partial y}\mathrm{d}y = \left(\frac{\partial f}{\partial u}\frac{\partial u}{\partial x} + \frac{\partial f}{\partial v}\frac{\partial v}{\partial x}\right)\mathrm{d}x + \left(\frac{\partial f}{\partial u}\frac{\partial u}{\partial y} + \frac{\partial f}{\partial v}\frac{\partial v}{\partial y}\right)\mathrm{d}y$$

$$= \frac{\partial f}{\partial u}\left(\frac{\partial u}{\partial x}\mathrm{d}x + \frac{\partial u}{\partial y}\mathrm{d}y\right) + \frac{\partial f}{\partial u}\left(\frac{\partial v}{\partial x}\mathrm{d}x + \frac{\partial v}{\partial y}\mathrm{d}y\right).$$

由 $\mathrm{d}u$, $\mathrm{d}v$ 的计算公式便得

$$\mathrm{d}z = \frac{\partial f}{\partial u}\mathrm{d}u + \frac{\partial f}{\partial v}\mathrm{d}v.$$

可见,无论函数 $z = f(u,v)$ 中的 u 和 v 是自变量, 还是中间变量, 它的全微分都由上式给出, 这一特性称为**一阶全微分形式不变性**.

习　题　4.4

1. 求下列函数的偏导数:

　　(1) 设 $z = u^2 v - uv^2$, 而 $u = x\cos y$, $v = x\sin y$, 求 $\dfrac{\partial z}{\partial x}$, $\dfrac{\partial z}{\partial y}$;

　　(2) 设 $z = u^2 \ln v$, 而 $u = \dfrac{x}{y}$, $v = 3x - 2y$, 求 $\dfrac{\partial z}{\partial x}$, $\dfrac{\partial z}{\partial y}$.

2. 求下列函数的全导数 $\dfrac{\mathrm{d}z}{\mathrm{d}t}$:

　　(1) 设 $z = \arctan(xy)$, 而 $y = \mathrm{e}^x$.

　　(2) 设 $z = \mathrm{e}^{x-2y}$, 而 $x = \sin t$, $y = t^3$;

　　(3) 设 $z = \arcsin(x - y)$, 而 $x = 3t$, $y = 4t^3$;

　　(4) 设 $z = \sin(3x - y)$, $x^3 + 2y = 2t^3$, $x - y^2 = t^2 + 3t$.

3. 求下列函数的偏导数(设 f 具有一阶连续偏导数):

　　(1) $z = f(x^2 - y^2, \mathrm{e}^{xy})$;　　　　　　　　(2) $u = f(x + y + z, x^2 + y^2 + z^2)$.

4. 设 $z = f(x, y)$ 在 $(1,1)$ 处具有一阶连续偏导, 且 $f(1,1) = 1$, $\dfrac{\partial f}{\partial x}\Big|_{(1,1)} = 2$, $\dfrac{\partial f}{\partial y}\Big|_{(1,1)} = 3$, $\varphi(x) = f(x, f(x,x))$. 求 $\dfrac{\mathrm{d}}{\mathrm{d}x}\varphi^3(x)\Big|_{x=1}$.

5. 设 $z = \dfrac{f(xy)}{x} + y\varphi(x + y)$, f 和 φ 具有二阶连续导数, 求 $\dfrac{\partial^2 z}{\partial x \partial y}$.

6. 求下列函数的二阶偏导数(设 f 具有二阶连续偏导数):

　　(1) $z = f(x^2 + y^2)$;　　　　　　　　(2) $z = f\left(x, \dfrac{x}{y}\right)$;

　　(3) $z = f(xy^2, x^2 y)$;　　　　　　　　(4) $z = f(\sin x, \cos y, \mathrm{e}^{x+y})$.

7. 设 $u = f(x, y)$ 的有二阶连续偏导数, 而 $x = \dfrac{s - \sqrt{3}t}{2}$, $y = \dfrac{\sqrt{3}s + t}{2}$, 证明:

$$\left(\dfrac{\partial u}{\partial x}\right)^2 + \left(\dfrac{\partial u}{\partial y}\right)^2 = \left(\dfrac{\partial u}{\partial s}\right)^2 + \left(\dfrac{\partial u}{\partial t}\right)^2; \qquad \dfrac{\partial^2 u}{\partial x^2} + \dfrac{\partial^2 u}{\partial y^2} = \dfrac{\partial^2 u}{\partial s^2} + \dfrac{\partial^2 u}{\partial t^2}.$$

4.5　隐函数的求导法

在一元隐函数求导法中, 并没有明确指出隐函数存在导数的条件. 这里, 我们将利用二元函数的偏导数讨论一元隐函数导数的存在性. 另外, 也给出多元隐函数及由方程组确定的多个隐函数的导数或偏导数存在定理.

4.5.1　由方程确定的隐函数的导数或偏导数存在定理

定理 4.7(一个函数一个自变量)　设函数 $F(x, y)$ 在点 $P_0(x_0, y_0)$ 的某邻域内具有连续的偏导数, 且 $F(x_0, y_0) = 0$, $F'_y(x_0, y_0) \neq 0$, 则方程 $F(x, y) = 0$ 在点 $P_0(x_0, y_0)$ 的某一邻域内唯一确定了一个单值、连续且具有连续导数的函数 $y = y(x)$, 它满足 $y_0 = y(x_0)$, 且

$$\dfrac{\mathrm{d}y}{\mathrm{d}x} = -\dfrac{F'_x}{F'_y}. \tag{4.11}$$

　　在定理条件下,关于存在单值、连续且具有连续导数的隐函数的证明从略. 这里仅推导其求导数公式.

　　设由方程 $F(x,y)=0$ 在 P_0 的某邻域内确定了函数 $y=y(x)$ 具有一阶连续导数,且 $F_y\neq 0$,则在该邻域内有恒等式

$$F(x,\ y(x))\equiv 0.$$

根据复合函数求导法则,两边对 x 求全导数,得

$$F_x'+F_y'\frac{\mathrm{d}y}{\mathrm{d}x}=0.$$

于是,在该邻域内有

$$\frac{\mathrm{d}y}{\mathrm{d}x}=-\frac{F_x'}{F_y'}.$$

　　应当指出的是:当用推导公式的方法求导数时,要将方程 $F(x,y)=0$ 中的 y 视为 x 的函数;而用定理中的导数公式时,要把 $F(x,y)$ 看成二元函数(即把 x,y 看成 F 的自变量)计算 F_x',F_y'. 但不论哪种方法,计算结果中的 y 都是 x 的函数,即 x 与 y 仍满足方程 $F(x,y)=0$,因此,结果也可以用方程确定的关系代换.

　　例 4.26　设 $x^2+y^2=1$,求 $\dfrac{\mathrm{d}y}{\mathrm{d}x}$,$\dfrac{\mathrm{d}^2y}{\mathrm{d}x^2}$.

　　解　记 $F(x,y)=x^2+y^2-1$,则 $F_x'=2x$,$F_y'=2y$,故

$$\frac{\mathrm{d}y}{\mathrm{d}x}=-\frac{F_x'}{F_y'}=-\frac{x}{y}\ (\text{其中 }y\text{ 是 }x\text{ 的隐函数}).$$

$$\frac{\mathrm{d}^2y}{\mathrm{d}x^2}=\frac{\mathrm{d}}{\mathrm{d}x}\left(-\frac{x}{y}\right)=-\frac{1\cdot y-x\cdot y'}{y^2}=-\frac{1\cdot y-x\cdot\left(-\dfrac{x}{y}\right)}{y^2}=-\frac{y^2+x^2}{y^3}$$

$$=-\frac{1}{y^3}\ (\text{由题设}:x^2+y^2=1).$$

　　定理 4.8(一个函数两个自变量)　设函数 $F(x,y,z)$ 在点 $M_0(x_0,\ y_0,z_0)$ 的某邻域内具有连续的偏导数,且 $F(M_0)=0$,$F_z'(M_0)\neq 0$,则方程 $F(x,y,z)=0$ 在点 M_0 的某一邻域内唯一确定了一个单值、连续且具有连续偏导数的函数 $z=z(x,y)$,它满足 $z_0=z(x_0,y_0)$,并且有

$$\frac{\partial z}{\partial x}=-\frac{F_x'}{F_z'},\quad \frac{\partial z}{\partial y}=-\frac{F_y'}{F_z'}. \tag{4.12}$$

　　与定理 4.6 的处理方法相同,这里也仅推导其求偏导数公式. 设 $F(x,y,z(x,y))\equiv 0$,两边对 x 求偏导数,得

$$F_x'+F_z'\frac{\partial z}{\partial x}=0,$$

移项,得

$$\frac{\partial z}{\partial x}=-\frac{F_x'}{F_z'}.$$

　　类似推导定理中的第二个公式.

　　需要注意的是,使用定理 4.7 中公式求偏导数时,要把 $F(x,y,z)$ 中的 x,y,z 都当成自变量,而结果中的 z 仍是 x,y 的函数,即满足 $F(x,y,z)=0$.

例 4.27 设 $e^{x+y+z} - xyz = e$，求 $\dfrac{\partial z}{\partial x}$，$\dfrac{\partial z}{\partial y}$.

解 记 $F(x,y,z) = e^{x+y+z} - xyz - e$，由 $F(x,y,z)$ 关于 x,y,z 轮换对称，得

$$F_x' = e^{x+y+z} - yz, \quad F_y' = e^{x+y+z} - xz, \quad F_z' = e^{x+y+z} - xy.$$

由定理 4.7 得到

$$\frac{\partial z}{\partial x} = -\frac{e^{x+y+z} - yz}{e^{x+y+z} - xy},$$

$$\frac{\partial z}{\partial y} = -\frac{e^{x+y+z} - xz}{e^{x+y+z} - xy}.$$

4.5.2 由方程组确定的多个隐函数的(偏)导数存在定理

通常，由方程组 $\begin{cases} F(x,y,z) = 0 \\ G(x,y,z) = 0 \end{cases}$ 可以确定两个一元隐函数，如 $y = y(x), z = z(x)$；而由

方程组 $\begin{cases} F(x,y,u,v) = 0 \\ G(x,y,u,v) = 0 \end{cases}$ 可确定两个二元隐函数，如 $u = u(x,y), v = v(x,y)$，等等.

为了方便给出这些隐函数的偏导数存在定理，我们引入**函数 $\varphi(x,y)$，$\psi(x,y)$ 的雅可比**
(Jacobi)[1] 行列式

$$J = \frac{\partial(\varphi, \psi)}{\partial(x,y)} = \begin{vmatrix} \varphi_x' & \varphi_y' \\ \psi_x' & \psi_y' \end{vmatrix}.$$

利用雅可比行列式，可以给出由方程组确定的多个隐函数的偏导数存在定理.

> **定理 4.9(两个方程一个自变量)** 设函数 $F(x,y,z)$，$G(x,y,z)$ 在点 $M_0(x_0,y_0,z_0)$ 的
> 某邻域内具有连续偏导数，又 $F(M_0) = 0$，$G(M_0) = 0$，且 F 和 G 对于 y,z 的雅可比行列式
> 在 M_0 处的值
>
> $$J\big|_{M_0} = \frac{\partial(F,G)}{\partial(y,z)}\bigg|_{M_0} \neq 0,$$
>
> 则方程组 $\begin{cases} F(x,y,z) = 0 \\ G(x,y,z) = 0 \end{cases}$ 在点 M_0 的某邻域内唯一确定一对单值、连续且具有连续导数的一
> 元函数 $y = y(x), z = z(x)$，它们满足 $y_0 = y(x_0)$，$z_0 = z(x_0)$，且
>
> $$\frac{dy}{dx} = -\frac{1}{J}\frac{\partial(F,G)}{\partial(x,z)} = -\frac{\begin{vmatrix} F_x' & F_z' \\ G_x' & G_z' \end{vmatrix}}{\begin{vmatrix} F_y' & F_z' \\ G_y' & G_z' \end{vmatrix}},$$
>
> $$\frac{dz}{dx} = -\frac{1}{J}\frac{\partial(F,G)}{\partial(y,x)} = -\frac{\begin{vmatrix} F_y' & F_x' \\ G_y' & G_x' \end{vmatrix}}{\begin{vmatrix} F_y' & F_z' \\ G_y' & G_z' \end{vmatrix}}.$$

在定理条件下，关于存在单值、连续且偏导数连续的隐函数的证明从略，这里仅简单地推

---

① 雅可比(Jacobi)，1804 — 1851，德国数学家.

导求导数公式. 由方程组

$$\begin{cases} F(x,y(x),z(x)) \equiv 0 \\ G(x,y(x),z(x)) \equiv 0 \end{cases}$$

中各方程两边对 x 求全导数, 得

$$\begin{cases} F'_x + F'_y \dfrac{\mathrm{d}y}{\mathrm{d}x} + F'_z \dfrac{\mathrm{d}z}{\mathrm{d}x} = 0 \\ G'_x + G'_y \dfrac{\mathrm{d}y}{\mathrm{d}x} + G'_z \dfrac{\mathrm{d}z}{\mathrm{d}x} = 0 \end{cases}.$$

由定理的条件知, 关于未知量 $\dfrac{\mathrm{d}y}{\mathrm{d}x}$ 和 $\dfrac{\mathrm{d}z}{\mathrm{d}x}$ 的线性方程组的系数行列式

$$J = \frac{\partial(F,G)}{\partial(y,z)}$$

在点 M_0 的某邻域内不等于零. 于是, 由克莱姆(Cramer)法则给出上面方程组的解, 即定理中雅克比行列式形式的求导数公式.

定理 4.10(两个方程两个自变量)　设函数 $F(x,y,u,v)$, $G(x,y,u,v)$ 在点 $M_0(x_0,y_0,u_0,v_0)$ 的某邻域内具有连续偏导数, 且 $F(M_0) = 0$, $G(M_0) = 0$, 又有

$$J\big|_{M_0} = \frac{\partial(F,G)}{\partial(u,v)}\bigg|_{M_0} \neq 0,$$

则方程组 $\begin{cases} F(x,y,u,v) = 0 \\ G(x,y,u,v) = 0 \end{cases}$ 在 M_0 的某邻域内唯一确定一对单值、连续且具有连续偏导数的函数 $u = u(x,y)$, $v = v(x,y)$, 满足 $u_0 = u(x_0,y_0)$, $v_0 = v(x_0,y_0)$, 且

$$\frac{\partial u}{\partial x} = -\frac{1}{J}\frac{\partial(F,G)}{\partial(x,v)} = -\frac{\begin{vmatrix} F'_x & F'_v \\ G'_x & G'_v \end{vmatrix}}{\begin{vmatrix} F'_u & F'_v \\ G'_u & G'_v \end{vmatrix}}, \qquad \frac{\partial u}{\partial y} = -\frac{1}{J}\frac{\partial(F,G)}{\partial(y,v)} = -\frac{\begin{vmatrix} F'_y & F'_v \\ G'_y & G'_v \end{vmatrix}}{\begin{vmatrix} F'_u & F'_v \\ G'_u & G'_v \end{vmatrix}},$$

$$\frac{\partial v}{\partial x} = -\frac{1}{J}\frac{\partial(F,G)}{\partial(u,x)} = -\frac{\begin{vmatrix} F'_u & F'_x \\ G'_u & G'_x \end{vmatrix}}{\begin{vmatrix} F_u & F_v \\ G_u & G_u \end{vmatrix}}, \qquad \frac{\partial v}{\partial y} = -\frac{1}{J}\frac{\partial(F,G)}{\partial(u,y)} = -\frac{\begin{vmatrix} F'_u & F'_y \\ G'_u & G'_y \end{vmatrix}}{\begin{vmatrix} F'_u & F'_v \\ G'_u & G'_v \end{vmatrix}}.$$

证明从略.

以上给出的四个隐函数的导数或偏导数存在定理, 还可以推广到更多元或更多个方程的情况.

隐函数的导数或偏导数存在定理在理论研究中有着非常重要的作用, 但对于计算题, 既可以用定理中的公式, 也可以用推导公式的方法进行计算, 尤其是求由方程组确定的隐函数的导数或偏导数时, 用推导公式的方法进行计算常常比较简单.

例 4.28(直接法)　设 $\begin{cases} x = \mathrm{e}^u + u\sin v \\ y = \mathrm{e}^u - u\cos v \end{cases}$, 求 $\dfrac{\partial u}{\partial x}$, $\dfrac{\partial u}{\partial y}$, $\dfrac{\partial v}{\partial x}$, $\dfrac{\partial v}{\partial y}$.

解　方程组的每个方程两端对 x 求偏导数, 得

$$\begin{cases} 1 = e^u \dfrac{\partial u}{\partial x} + \dfrac{\partial u}{\partial x}\sin v + u\cos v\,\dfrac{\partial v}{\partial x} \\ 0 = e^u \dfrac{\partial u}{\partial x} - \dfrac{\partial u}{\partial x}\cos v + u\sin v\,\dfrac{\partial v}{\partial x} \end{cases},$$

即

$$\begin{cases} (e^u + \sin v)\,\dfrac{\partial u}{\partial x} + u\cos v\,\dfrac{\partial v}{\partial x} = 1 \\ (e^u - \cos v)\,\dfrac{\partial u}{\partial x} + u\sin v\,\dfrac{\partial v}{\partial x} = 0 \end{cases}.$$

由克莱姆法则得到

$$\frac{\partial u}{\partial x} = \frac{\begin{vmatrix} 1 & u\cos v \\ 0 & u\sin v \end{vmatrix}}{\begin{vmatrix} e^u + \sin v & u\cos v \\ e^u - \cos v & u\sin v \end{vmatrix}} = \frac{\sin v}{e^u(\sin v - \cos v) + 1},$$

$$\frac{\partial v}{\partial x} = \frac{\begin{vmatrix} e^u + \sin v & 1 \\ e^u - \cos v & 0 \end{vmatrix}}{\begin{vmatrix} e^u + \sin v & u\cos v \\ e^u - \cos v & u\sin v \end{vmatrix}} = \frac{\cos v - e^u}{u[e^u(\sin v - \cos v) + 1]}.$$

再将原方程组中每个方程两端对 y 求偏导数，得

$$\begin{cases} 0 = e^u \dfrac{\partial u}{\partial y} + \dfrac{\partial u}{\partial y}\sin v + u\cos v\,\dfrac{\partial v}{\partial y} \\ 1 = e^u \dfrac{\partial u}{\partial y} - \dfrac{\partial u}{\partial y}\cos v + u\sin v\,\dfrac{\partial v}{\partial y} \end{cases}.$$

仍由克莱姆法则得出

$$\frac{\partial u}{\partial y} = \frac{\begin{vmatrix} 0 & u\cos v \\ 1 & u\sin v \end{vmatrix}}{\begin{vmatrix} e^u + \sin v & u\cos v \\ e^u - \cos v & u\sin v \end{vmatrix}} = \frac{-\cos v}{e^u(\sin v - \cos v) + 1},$$

$$\frac{\partial v}{\partial y} = \frac{\begin{vmatrix} e^u + \sin v & 0 \\ e^u - \cos v & 1 \end{vmatrix}}{\begin{vmatrix} e^u + \sin v & u\cos v \\ e^u - \cos v & u\sin v \end{vmatrix}} = \frac{\sin v + e^u}{u[e^u(\sin v - \cos v) + 1]}.$$

例 4.29（逆变换存在定理） 设函数 $x = x(u,v)$，$y = y(u,v)$ 在点 (u_0, v_0) 的某一邻域内连续、有连续偏导数，且

$$\frac{\partial(x,y)}{\partial(u,v)}\bigg|_{(u_0,v_0)} \neq 0.$$

证 方程组 $\begin{cases} x = x(u,v) \\ y = y(u,v) \end{cases}$ 在由 $x_0 = x(u_0, v_0)$，$y_0 = y(u_0, v_0)$ 确定的点 (x_0, y_0) 的某一邻域内唯一确定一对单值、连续且具有连续偏导数的反函数

$$u = u(x,y), \quad v = v(x,y).$$

证 记 $F(x,y,u,v) = x - x(u,v)$，$G(x,y,u,v) = y - y(u,v)$，则由

$$\begin{cases} F(x,y,u,v) = x - x(u,v) = 0 \\ G(x,y,u,v) = y - y(u,v) = 0 \end{cases}$$

及题设得

$$J\Big|_{(x_0,y_0,u_0,v_0)} = \frac{\partial(F,G)}{\partial(u,v)}\Big|_{(x_0,y_0,u_0,v_0)} = \begin{vmatrix} 0 - x_u & 0 - x_v \\ 0 - y_u & 0 - y_v \end{vmatrix}_{(u_0,v_0)}$$

$$= \frac{\partial(x,y)}{\partial(u,v)}\Big|_{(u_0,v_0)} \neq 0.$$

故由定理 4.9 可知, 上面方程组在 (u_0,v_0,x_0,y_0) 的某邻域内唯一确定一对满足 $x_0 = x(u_0,v_0)$, $y_0 = y(u_0,v_0)$, 单值、连续且具有连续偏导数的反函数

$$u = u(x,y), \quad v = v(x,y).$$

因此, 命题得证.

4.5.3　一阶全微分形式不变性的应用

设 $F(x,y,z)$ 具有一阶连续偏导数, 且 $F_z' \neq 0$, 则由 $F(x,y,z) = 0$ 确定了具有连续偏导数的隐函数 $z = z(x,y)$, 于是有

$$F(x,y,z(x,y)) \equiv 0,$$

对左端利用一阶全微分形式不变性, 并由两端的全微分相等, 得

$$F_x \mathrm{d}x + F_y \mathrm{d}y + F_z \mathrm{d}z = 0,$$

解得

$$\mathrm{d}z = -\frac{F_x'}{F_z'}\mathrm{d}x - \frac{F_y'}{F_z'}\mathrm{d}y.$$

故

$$\frac{\partial z}{\partial x} = -\frac{F_x'}{F_z'}, \quad \frac{\partial z}{\partial y} = -\frac{F_y'}{F_z'}.$$

上面这个求偏导数的方法的优点在于对表达式两端求全微分时, 是将所有变量均视为自变量而进行的, 这样就不用关心变量间的函数关系, 计算起来比较直接. 另外, 这个方法对由方程组确定的隐函数求偏导数也适用. 不过, 这样做未必总是简捷的.

例 4.30　设由方程组 $\begin{cases} x = -u^2 + v + z \\ y = u + vz \end{cases}$ 确定了隐函数 $u = u(x,y,z)$, $v = v(x,y,z)$, 求它们的偏导数.

解　将方程组中每个方程两边求全微分, 得

$$\begin{cases} \mathrm{d}x = -2u\mathrm{d}u + \mathrm{d}v + \mathrm{d}z \\ \mathrm{d}y = \mathrm{d}u + v\mathrm{d}z + z\mathrm{d}v \end{cases},$$

即

$$\begin{cases} 2u\mathrm{d}u - \mathrm{d}v = -\mathrm{d}x + \mathrm{d}z \\ \mathrm{d}u + z\mathrm{d}v = \mathrm{d}y - v\mathrm{d}z \end{cases},$$

解得

$$\begin{cases} \mathrm{d}u = \dfrac{-z\mathrm{d}x + \mathrm{d}y + (z-v)\mathrm{d}z}{2uz+1} \\ \mathrm{d}v = \dfrac{\mathrm{d}x + 2u\mathrm{d}y - (2uv+1)\mathrm{d}z}{2uz+1} \end{cases}.$$

所以，有

$$\frac{\partial u}{\partial x} = \frac{-z}{2uz+1}, \quad \frac{\partial u}{\partial y} = \frac{1}{2uz+1}, \quad \frac{\partial u}{\partial z} = \frac{z-v}{2uz+1},$$

$$\frac{\partial v}{\partial x} = \frac{1}{2uz+1}, \quad \frac{\partial v}{\partial y} = \frac{2u}{2uz+1}, \quad \frac{\partial v}{\partial z} = -\frac{2uv+1}{2uz+1}.$$

可见，当隐函数满足存在定理条件时，用这样的方法求解偏导数是很有效的.

习　题　4.5

1. 求下列隐函数的导数 $\dfrac{\mathrm{d}y}{\mathrm{d}x}$，$\dfrac{\mathrm{d}y}{\mathrm{d}x}\Big|_{\substack{x=1 \\ y=0}}$:

　　(1) $\sin y + \mathrm{e}^x - xy^2 = \mathrm{e}$;　　　　　　　　(2) $\ln\sqrt{x^2+y^2} = \arctan\dfrac{y}{x}$.

2. 求下列隐函数的偏导数 $\dfrac{\partial z}{\partial x}$，$\dfrac{\partial z}{\partial y}$ 及偏导数值 $\dfrac{\partial z}{\partial x}\Big|_{(1,1,1)}$，$\dfrac{\partial z}{\partial y}\Big|_{(1,1,1)}$:

　　(1) $x+2y+z-4\sqrt{xyz}=0$;　　　　　　(2) $\dfrac{x}{z}=1+\ln\dfrac{z}{y}$.

3. 设 $2\sin(x+2y-3z)=x+2y-3z$，求证：$\dfrac{\partial z}{\partial x}+\dfrac{\partial z}{\partial y}=1$.

4. 设 $\Phi(u,v)$ 具有连续偏导数，证明由方程 $\Phi(cx-az,cy-bz)=0$ 所确定的函数 $z=f(x,y)$ 满足

$$a\frac{\partial z}{\partial x}+b\frac{\partial z}{\partial y}=c.$$

5. 设 $x=x(y,z)$，$y=y(x,z)$，$z=z(x,y)$ 都是由方程 $F(x,y,z)=0$ 所确定的具有连续偏导数的函数，证明：

$$\frac{\partial x}{\partial y}\cdot\frac{\partial y}{\partial z}\cdot\frac{\partial z}{\partial x}=-1.$$

6. 设 $z^3-3xyz=a^3$，求 $\dfrac{\partial^2 z}{\partial x\partial y}$.

7. 热力系统的状态方程是 $F(p,V,T)=0$，其中 p 是压强，V 是容积，T 是温度. 试推导关系式：

$$\frac{\partial V}{\partial T}=-\frac{F_T'}{F_V'}=\frac{1}{\dfrac{\partial T}{\partial V}}.$$

并用 F 的偏导数表示 $\dfrac{\partial^2 V}{\partial T^2}$.

8. 设 $\begin{cases} x+y+z=0 \\ x^2+y^2+z^2=1 \end{cases}$，求 $\dfrac{\mathrm{d}x}{\mathrm{d}z}$，$\dfrac{\mathrm{d}y}{\mathrm{d}z}$;

9. 设 $\begin{cases} x^2+y^2+r^2-2s=0 \\ x^3-y^3-r^3+3s=1 \end{cases}$，求 $\dfrac{\partial x}{\partial r}$，$\dfrac{\partial x}{\partial s}$，$\dfrac{\partial y}{\partial r}$，$\dfrac{\partial y}{\partial s}$.

10. 求由下列方程组所确定的函数的偏导数：

　　(1) 设 $\begin{cases} u=f(ux,v+y) \\ v=g(u-x,v^2y) \end{cases}$，其中 f，g 具有一阶连续偏导数，求 $\dfrac{\partial u}{\partial x}$，$\dfrac{\partial v}{\partial x}$;

　　(2) 设 $x=\mathrm{e}^u\cos v$，$y=\mathrm{e}^u\sin v$，$z=uv$，求 $\dfrac{\partial z}{\partial x}$，$\dfrac{\partial z}{\partial y}$.

11. 设 $y=f(x,t)$，而 t 是由方程 $F(x,y,t)=0$ 所确定的 x,y 的函数，f，F 都具有一阶连续导数，证明：

$$\frac{\mathrm{d}y}{\mathrm{d}x}=\frac{\dfrac{\partial f}{\partial x}\dfrac{\partial F}{\partial t}-\dfrac{\partial f}{\partial t}\dfrac{\partial F}{\partial x}}{\dfrac{\partial f}{\partial t}\dfrac{\partial F}{\partial y}+\dfrac{\partial F}{\partial t}}.$$

4.6 微分法在几何上的应用

4.6.1 空间曲线的切线与法平面

1. 由参数方程给出的曲线的切线方程与法平面方程

设空间曲线为 Γ：$x = \varphi(t)$，$y = \psi(t)$，$z = \omega(t)$，$t \in [\alpha, \beta]$. 引入**矢性函数**（也称**向量值函数**）

$$r(t) = \varphi(t)\boldsymbol{i} + \psi(t)\boldsymbol{j} + \omega(t)\boldsymbol{k}\ (= x\boldsymbol{i} + y\boldsymbol{j} + z\boldsymbol{k}), \tag{4.13}$$

其中，$\boldsymbol{i}$，$\boldsymbol{j}$，$\boldsymbol{k}$ 分别为 Ox，Oy，Oz 轴的正向单位向量，则当视 $r(t)$ 为起自于原点的向量时，其终点 (x, y, z) 的轨迹恰为参数方程给定的曲线 Γ. 因此，几何上称此曲线为 $r(t)$ 的**矢端曲线**（如图 4.11）.

设 t_0，$t_0 + \Delta t \in [\alpha, \beta]$，则它们对应曲线 Γ 上两个点

$$M_0 : \begin{cases} x_0 = \varphi(t_0) \\ y_0 = \psi(t_0), \\ z_0 = \omega(t_0) \end{cases}$$

$$M : \begin{cases} x_0 + \Delta x = \varphi(t_0 + \Delta t) \\ y_0 + \Delta y = \psi(t_0 + \Delta t). \\ z_0 + \Delta z = \omega(t_0 + \Delta t) \end{cases}$$

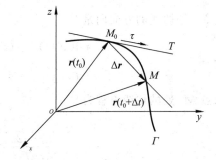

图　4.11

于是 $r(t)$ 相应 Δt 的增量

$$\begin{aligned} \Delta r &= r(t_0 + \Delta t) - r(t_0) = \overrightarrow{M_0 M} \\ &= \Delta x\, \boldsymbol{i} + \Delta y\, \boldsymbol{j} + \Delta z\, \boldsymbol{k}. \end{aligned}$$

设 φ, ψ, ω 可导，则

$$\begin{aligned} \lim_{\Delta t \to 0} \frac{\Delta r}{\Delta t} &= \lim_{\Delta t \to 0} \frac{\Delta x}{\Delta t} \boldsymbol{i} + \lim_{\Delta t \to 0} \frac{\Delta y}{\Delta t} \boldsymbol{j} + \lim_{\Delta t \to 0} \frac{\Delta z}{\Delta t} \boldsymbol{k} \\ &= \varphi'(t_0)\boldsymbol{i} + \psi'(t_0)\boldsymbol{j} + \omega'(t_0)\boldsymbol{k} \end{aligned}$$

存在，称为**矢性函数 $r(t)$ 的导数**，记为 $\dfrac{\mathrm{d}r}{\mathrm{d}t}\Big|_{t = t_0}$. 即

$$\frac{\mathrm{d}r}{\mathrm{d}t}\Big|_{t = t_0} = \varphi'(t_0)\boldsymbol{i} + \psi'(t_0)\boldsymbol{j} + \omega'(t_0)\boldsymbol{k}. \tag{4.14}$$

几何上，导数 $\dfrac{\mathrm{d}r}{\mathrm{d}t}\Big|_{t = t_0}$ 平行于向量 $\overrightarrow{M_0 M}$ 的极限方向（指向 t 增加的方向，即曲线 Γ 的正向）. 因此，它可以作为切线 $M_0 T$ 的方向向量，称其为曲线 Γ 上点 M_0 处的**切向量**. 写成坐标式为

$$\boldsymbol{\tau} = (\varphi'(t_0),\ \psi'(t_0),\ \omega'(t_0)). \tag{4.15}$$

于是，点 M_0 处的切线方程为

$$\frac{x - x_0}{\varphi'(t_0)} = \frac{y - y_0}{\psi'(t_0)} = \frac{z - z_0}{\omega'(t_0)}. \tag{4.16}$$

过点 M_0 且与该点切线垂直的平面称为曲线 Γ 上点 M_0 处的**法平面**. 显然，切向量 $\boldsymbol{\tau}$ 可以作为该平面的法向量. 由此给出点 M_0 处的法平面方程为

$$\varphi'(t_0)(x - x_0) + \psi'(t_0)(y - y_0) + \omega'(t_0)(z - z_0) = 0. \tag{4.17}$$

由 $\mathrm{d}x = \varphi'(t_0)\mathrm{d}t$, $\mathrm{d}y = \psi'(t_0)\mathrm{d}t$, $\mathrm{d}z = \omega'(t_0)\mathrm{d}t$ 可以给出切向量的另一种形式

$$\boldsymbol{\tau} = (\mathrm{d}x, \mathrm{d}y, \mathrm{d}z). \tag{4.18}$$

特别地,曲线 Γ: $x = x, y = y(x), z = z(x)$ 上对应 x_0 的点 $M_0(x_0, y_0, z_0)$ 处的切向量为

$$\boldsymbol{\tau} = (1, y'(x_0), z'(x_0)). \tag{4.19}$$

例 4.31　求螺旋线

$$\begin{cases} x = 2\cos t \\ y = 2\sin t \\ z = \dfrac{1}{2}t \end{cases}$$

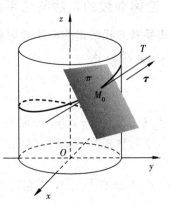

上对应于 $t_0 = \dfrac{9\pi}{4}$ 的点 M_0 处的切线方程和法平面方程.

解　如图 4.12 所示,所给点为

$$M_0\left(\sqrt{2}, \sqrt{2}, \frac{9\pi}{8}\right),$$

取点 M_0 处切线的方向向量

$$\boldsymbol{\tau} = 2(x'(t), y'(t), z'(t))\Big|_{t = \frac{9\pi}{4}}$$

图　4.12

$$= (-2\sqrt{2}, 2\sqrt{2}, 1).$$

得到点 M_0 处的切线方程为

$$\frac{x - \sqrt{2}}{-2\sqrt{2}} = \frac{y - \sqrt{2}}{2\sqrt{2}} = \frac{z - \dfrac{9\pi}{8}}{1},$$

点 M_0 处的法平面方程为

$$-2\sqrt{2}(x - \sqrt{2}) + 2\sqrt{2}(y - \sqrt{2}) + z - \frac{9\pi}{8} = 0$$

或

$$2\sqrt{2}\,x - 2\sqrt{2}\,y - z + \frac{9\pi}{8} = 0.$$

2. 由一般式给出的曲线的切线方程与法平面方程

设曲线由方程组

$$\begin{cases} F(x, y, z) = 0 \\ G(x, y, z) = 0 \end{cases}$$

给出,则当 F, G 在点 M_0 处的雅克比行列式 $J = \dfrac{\partial(F, G)}{\partial(y, z)}\Big|_{M_0} \neq 0$,且在 M_0 的某邻域内满足定理 4.8 的其他条件时,方程组确定了 M_0 某邻域 $U(M_0)$ 内 x 的隐函数 $y = y(x), z = z(x)$,从而确定了 $U(M_0)$ 内过 M_0 的曲线段 $x = x, y = y(x), z = z(x)$. 于是,由式 (4.19) 及定理 4.8 得到点 M_0 处切向量

$$\boldsymbol{\tau} = J(1, y'(x_0), z'(x_0)) = J\left(1, -\frac{1}{J}\frac{\partial(F, G)}{\partial(x, z)}, -\frac{1}{J}\frac{\partial(F, G)}{\partial(y, x)}\right)_{M_0}$$

$$= \left(\begin{vmatrix} F'_y & F'_z \\ G'_y & G'_z \end{vmatrix}, \begin{vmatrix} F'_z & F'_x \\ G'_z & G'_x \end{vmatrix}, \begin{vmatrix} F'_x & F'_y \\ G'_x & G'_y \end{vmatrix}\right)_{M_0}.$$

由三阶行列式按第一行展开的结果知,上式又可表示为

$$\boldsymbol{\tau} = \begin{vmatrix} \boldsymbol{i} & \boldsymbol{j} & \boldsymbol{k} \\ F_x' & F_y' & F_z' \\ G_x' & G_y' & G_z' \end{vmatrix}_{M_0}. \tag{4.20}$$

由此得到点 M_0 处的切线方程为

$$\frac{x - x_0}{\begin{vmatrix} F_y' & F_z' \\ G_y' & G_z' \end{vmatrix}_{M_0}} = \frac{y - y_0}{\begin{vmatrix} F_z' & F_x' \\ G_z' & G_x' \end{vmatrix}_{M_0}} = \frac{z - z_0}{\begin{vmatrix} F_x' & F_y' \\ G_x' & G_y' \end{vmatrix}_{M_0}}, \tag{4.21}$$

点 M_0 处的法平面方程为

$$\begin{vmatrix} F_y' & F_z' \\ G_y' & G_z' \end{vmatrix}_{M_0} (x - x_0) + \begin{vmatrix} F_z' & F_x' \\ G_z' & G_x' \end{vmatrix}_{M_0} (y - y_0) + \begin{vmatrix} F_x' & F_y' \\ G_x' & G_y' \end{vmatrix}_{M_0} (z - z_0) = 0. \tag{4.22}$$

例 4.32 求球面 $x^2 + y^2 + z^2 = 50$ 与圆锥面 $x^2 + y^2 = z^2$ 的交线上点 $M_0(3,4,5)$ 处的切线方程和法平面方程.

解 令 $F(x,y,z) = x^2 + y^2 + z^2 - 50$, $G(x,y,z) = x^2 + y^2 - z^2$, 则

$$F_x' = 2x, \quad F_y' = 2y, \quad F_z' = 2z;$$
$$G_x' = 2x, \quad G_y' = 2y, \quad G_z' = -2z.$$

取切向量

$$\boldsymbol{\tau} = \frac{1}{-40} \begin{vmatrix} \boldsymbol{i} & \boldsymbol{j} & \boldsymbol{k} \\ F_x' & F_y' & F_z' \\ G_x' & G_y' & G_z' \end{vmatrix}_{M_0} = \frac{1}{-40} \begin{vmatrix} \boldsymbol{i} & \boldsymbol{j} & \boldsymbol{k} \\ 6 & 8 & 10 \\ 6 & 8 & -10 \end{vmatrix}$$
$$= (4, -3, 0),$$

得到点 $M_0(3,4,5)$ 处的切线方程为

$$\frac{x-3}{4} = \frac{y-4}{-3} = \frac{z-5}{0} \quad \text{或} \quad \begin{cases} \dfrac{x-3}{4} = \dfrac{y-4}{-3}, \\ z = 5 \end{cases}$$

点 $M_0(3,4,5)$ 处的法平面方程为

$$4(x-3) - 3(y-4) = 0$$

或

$$4x - 3y = 0.$$

顺便指出,题中过点 $M_0(3,4,5)$ 的交线是位于平面 $z = 5$ 上的一个圆周,因此,更适合化为参数式 $x = 5\cos t$, $y = 5\sin t$, $z = 5$ 求切线与法平面的方程.

4.6.2 曲面的切平面与法线

1. 由隐式给出的曲面的切平面方程与法线方程

设曲面 Σ 由方程 $F(x, y, z) = 0$ 给出, $M_0(x_0, y_0, z_0)$ 是其上一点, 在 M_0 处 $F(x,y,z)$ 可微, 且偏导数不全为零.

在 Σ 内任意作一条过点 M_0 的曲线

$$\Gamma: \begin{cases} x = x(t) \\ y = y(t) \quad (\alpha \leqslant t \leqslant \beta), \\ z = z(t) \end{cases}$$

其中各函数在点 M_0 对应的参数值 t_0 处可导,且导数不全为零. 将此曲线方程代入曲面方程,有

$$F(x(t),y(t),z(t)) \equiv 0.$$

由 $F(x,y,z)$ 在 M_0 处可微及 $x(t),y(t),z(t)$ 在 t_0 可导,得

$$F_x'(M_0)x'(t_0) + F_y'(M_0)y'(t_0) + F_z'(M_0)z'(t_0) = 0.$$

记

$$\boldsymbol{n} = (F_x'(M_0),\ F_y'(M_0),\ F_z'(M_0)), \tag{4.23}$$

并由曲线 Γ 上点 M_0 处切向量

$$\boldsymbol{\tau} = (x'(t_0),\ z'(t_0),\ z'(t_0)),$$

可将式(4.23)用这两个向量的数量积表示为

$$\boldsymbol{n} \cdot \boldsymbol{\tau} = 0.$$

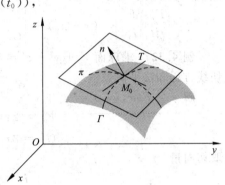

图 4.13

此式表明:非零定向量 $\boldsymbol{n}$ 与曲线 Γ 上点 M_0 处的切线 M_0T 垂直(见图4.13). 由 Γ 的任意性知,$\boldsymbol{n}$ 与所有这样的曲线的切线垂直. 可见,这些切线都在过 M_0 的同一平面内,且 $\boldsymbol{n}$ 恰是这个平面的法向量. 于是,我们称这个平面为曲面 Σ 上点 M_0 处的**切平面**,称 $\boldsymbol{n}$ 为曲面 Σ 上点 M_0 处的**法向量**,称过点 M_0 且与切平面垂直的直线为曲面 Σ 上点 M_0 处的**法线**.

曲面上点 M_0 处切平面与法线方程分别为

$$F_x'(M_0)(x-x_0) + F_y'(M_0)(y-y_0) + F_z'(M_0)(z-z_0) = 0, \tag{4.24}$$

$$\frac{x-x_0}{F_x'(M_0)} = \frac{y-y_0}{F_y'(M_0)} = \frac{z-z_0}{F_z'(M_0)}. \tag{4.25}$$

例 4.33 求球面 $x^2+y^2+z^2=6$ 上点 $(1,1,2)$ 处的切平面方程和法线方程.

解 记 $F(x,y,z) = x^2+y^2+z^2-6$,则有

$$\boldsymbol{n} = (F_x',F_y',F_z')\Big|_{(1,1,2)} = (2,\ 2,\ 4).$$

点 $(1,1,2)$ 处的切平面方程为

$$2(x-1) + 2(y-1) + 4(z-2) = 0,$$

即

$$x+y+2z-6 = 0.$$

点 $(1,1,2)$ 处的法线方程为

$$\frac{x-1}{1} = \frac{y-1}{1} = \frac{z-2}{2}.$$

例 4.34 证明曲面 $z = x + f(y-z)$ 上任意一点处的切平面平行于一条定直线,其中 f 可微.

证 设 $M(x_0,y_0,z_0)$ 是曲面上任意一点,记 $F(x,y,z) = z-x-f(y-z)$,则由 f 可微得该点处切平面的法向量

$$\boldsymbol{n} = (F_x',F_y',F_z')\Big|_{M_0} = (-1,\ -f'(y_0-z_0),\ 1+f'(y_0-z_0)).$$

若取向量 $\boldsymbol{a} = (1,1,1)$,则有

$$\boldsymbol{n} \cdot \boldsymbol{a} = 0,$$

即切平面的法向量 $\boldsymbol{n}$ 垂直于 $\boldsymbol{a}$. 故曲面上任意一点的切平面平行于以 $\boldsymbol{a}$ 为方向向量的定直线.

下面, 我们用几何方法推导曲线用一般式给出时计算切向量的公式. 设 $M_0(x_0, y_0, z_0)$ 是曲线

$$\Gamma: \begin{cases} F(x, y, z) = 0 \\ G(x, y, z) = 0 \end{cases}$$

上一点, 由于曲线 Γ 同时在两个曲面 $F(x, y, z) = 0$ 与 $G(x, y, z) = 0$ 内, 因此, Γ 上点 M_0 处的切线也同时在两个曲面在该点的切平面内, 即切线是该点处两个切平面的交线(见图4.14). 因此, 切线同时垂直于两个曲面的法向量, 故取切向量

$$\boldsymbol{\tau} = \boldsymbol{n}_F \times \boldsymbol{n}_G = \left[(F_x', F_y', F_z') \times (G_x', G_y', G_z') \right] \Big|_{M_0}$$

$$= \begin{vmatrix} \boldsymbol{i} & \boldsymbol{j} & \boldsymbol{k} \\ F_x' & F_y' & F_z' \\ G_x' & G_y' & G_z' \end{vmatrix}_{M_0}. \tag{4.26}$$

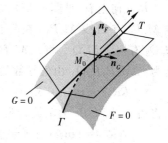

图　4.14

2. 由显式给出的曲面的切平面方程与法线方程

对于由显式 $z = f(x, y)$ 给出的曲面, 令

$$F(x, y, z) = z - f(x, y),$$

则所给曲面方程化为 $F(x, y, z) = 0$, 由

$$F_x' = -f_x, \quad F_y' = -f_y, \quad F_z' = 1,$$

得到曲面 $z = f(x, y)$ 上点 $M_0(x_0, y_0, z_0)$ ($z_0 = f(x_0, y_0)$) 处的法向量为

$$\boldsymbol{n} = (-f_x'(x_0, y_0), -f_y'(x_0, y_0), 1).$$

于是, 点 M_0 处的切平面方程为

$$-f_x'(x_0, y_0)(x - x_0) - f_y'(x_0, y_0)(y - y_0) + z - z_0 = 0, \tag{4.27}$$

点 M_0 处的法线方程为

$$\frac{x - x_0}{-f_x'(x_0, y_0)} = \frac{y - y_0}{-f_y'(x_0, y_0)} = \frac{z - z_0}{1}. \tag{4.28}$$

类似地, 对于用方程 $y = y(z, x)$ 或 $x = (y, z)$ 给出的曲面, 其上点 $M_0(x_0, y_0, z_0)$ 处法向量可以分别表示为

$$\boldsymbol{n} = (-y_x, 1, -y_z) \Big|_{M_0}, \quad \boldsymbol{n} = (1, -x_y, -x_z) \Big|_{M_0}.$$

并据此可以相应地给出点 M_0 处的切平面方程和法线方程.

例 4.35　求 $z = x^2 + y^2$ 上点 $(1, 1, 2)$ 处的切平面方程和法线方程.

解　法向量

$$\boldsymbol{n} = (-z_x, -z_y, 1) \big|_{(1,1,2)} = (-2, -2, 1),$$

点 $(1,1,2)$ 处的切平面方程为

$$-2(x - 1) - 2(y - 1) + z - 2 = 0,$$

即

$$2x + 2y - z - 2 = 0,$$

点 $(1,1,2)$ 处的法线方程为

$$\frac{x - 1}{-2} = \frac{y - 1}{-2} = \frac{z - 2}{1}.$$

3. 全微分的几何意义

设函数 $z = f(x,y)$ 在点 $P_0(x_0,y_0)$ 处可微，则对应曲面 $z = f(x,y)$ 上点 $M_0(x_0,y_0,z_0)$ 处法向量 $\boldsymbol{n} = (-f_x'(P_0), -f_y'(P_0), 1)$，得到点 M_0 处的切平面方程为

$$-f_x'(P_0)(x-x_0) - f_y'(P_0)(x-y_0) + z - z_0 = 0,$$

其中 z 为切平面上点的竖坐标. 利用 $\Delta x = x - x_0, \Delta y = y - y_0$. 将上式前两项移到右端得到

$$z - z_0 = f_x'(P_0)\Delta x + f_y'(P_0)\Delta y.$$

显然，上式左端是 M_0 处切平面上竖坐标的改变量，而右端恰为函数 $z = f(x,y)$ 在点 P_0 处的全微分 $\mathrm{d}z$. 这说明：函数 $z = f(x,y)$ 在点 P_0 处的全微分等于其曲面上对应点 M_0 处切平面上竖坐标的改变量. 称此为**全微分的几何意义**.

从几何上看（见图 4.15），在平面 $y = y_0$ 内曲线 M_0P_2 有切线 M_0P_1，在平面 $x = x_0$ 内曲线 M_0Q_2 有切线 M_0Q_1. 将 $\Box M_0PRQ$ 以 M_0Q 为轴旋转为 $\Box M_0P_1R_1Q$，由偏导数的几何意义得到

$$RR_1 = \tan\alpha \cdot \Delta x = f_x'(P_0)\Delta x,$$

再将后者以 M_0P_1 为轴旋转为 $\Box M_0P_1R_2Q_1$，得

$$R_1R_2 = \tan\beta \cdot \Delta y = f_y'(P_0)\Delta y,$$

综上得到，切平面上改变量

$$RR_2 = RR_1 + R_1R_2 = \mathrm{d}z.$$

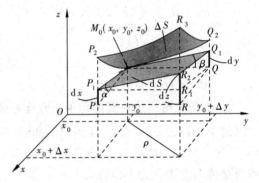

图 4.15

由 $z = f(x,y)$ 在 P_0 可微时 $\Delta z = \mathrm{d}z + o(\rho)$ 及 $\Delta z = RR_3$ 得到 $o(\rho) = R_2R_3$. 于是，$RR_3 = RR_2 + R_2R_3$. 这说明：当 ρ 很小时，RR_3 可用 RR_2 近似，而产生的误差 R_2R_3 是比水平距离 ρ 高阶的无穷小. 从而，点 M_0 处的切平面与曲面贴得很近，使得 小曲面 ΔS 可以用与其在 xOy 面上投影相同的切平面上一小块 $\mathrm{d}S$ 近似代替. 称为"以平代曲".

习 题 4.6

1. 求下列曲线在给定点处的切线及法平面方程：

(1) $x = \dfrac{t}{1+t}$, $y = \dfrac{1+t}{t}$, $z = t^2$ 在对应于 $t = 1$ 的点处；

(2) $x = t - \cos t$, $y = 3 + \sin 2t$, $z = 1 + \cos 3t$ 在 $\left(\dfrac{\pi}{2}, 3, 1\right)$ 处；

(3) $\begin{cases} x^2 + y^2 + z^2 - 3x = 0 \\ 2x - 3y + 5z - 4 = 0 \end{cases}$ 在点 $(1, 1, 1)$ 处.

2. 求下列曲面在给定点处的切平面和法线方程：

(1) $\mathrm{e}^z - z + xy = 3$ 在点 $(2, 1, 0)$ 处；　　　　(2) $z = y + \ln\dfrac{x}{z}$ 在点 $(1, 1, 1)$ 处；

(3) $z = \arctan\dfrac{y}{x}$ 在点 $\left(1, 1, \dfrac{\pi}{4}\right)$ 处.

3. 求曲线 $x = t$, $y = t^2$, $z = t^3$ 上的点，使该点的切线平行于平面 $x + 2y + z = 4$.

4. 求椭球面 $x^2 + 2y^2 + z^2 = 1$ 上平行于平面 $x - y + 2z = 0$ 的切平面方程.

5. 在曲面 $z = xy$ 上求一点，使这点处的法线垂直于平面 $x + 3y + z + 9 = 0$，并写出其法线方程.

6. 试证：曲面 $\sqrt{x} + \sqrt{y} + \sqrt{z} = \sqrt{a}\,(a > 0)$ 上任何点处的切平面在各坐标轴上的截距之和等于 a.

4.7　方向导数与梯度

前面我们研究的函数在一点处的偏导数，是函数在该点处沿平行坐标轴方向的变化率. 很多时候，我们需要知道函数在一个点处沿其他方向的变化率，即所谓的**方向导数**.

下面仍以二元函数的方向导数和梯度研究为主，之后推广到二元以上的函数.

1. 方向导数

引例　假设某座山坡的表面由函数 $z = f(x, y)$ 给出，某登山者在攀登过程中，每到一处都要重新确定一次向上的行进方向，以便选择合适的坡度. 设登山者在点 $M_0(x_0, y_0, z_0)$ 处拟沿水平面内向量 l 所指的方向向上行进，求点 M_0 处在 l 方向上的坡度.

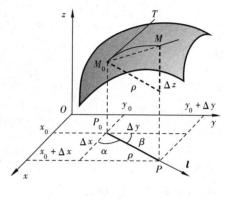

图　4.16

解　设登山者在点 $M_0(x_0, y_0, z_0)$ 沿水平面内向量 l 所指的方向向上行进到另一点 $M(x_0 + \Delta x, y_0 + \Delta y, z_0 + \Delta z)$ 处(见图4.16). 此时，水平方向距离 $\rho = |P_0P|$，上升高度

$$\Delta z = f(P) - f(P_0) = f(x_0 + \Delta x, y_0 + \Delta y) - f(x_0, y_0).$$

显然，极限

$$\lim_{\rho \to 0^+} \frac{\Delta z}{\rho} = \lim_{\rho \to 0^+} \frac{f(x_0 + \Delta x, y_0 + \Delta y) - f(x_0, y_0)}{\rho}$$

就是点 M_0 处在 l 方向上的坡度.

设向量 l 的方向角为 α 和 β，则自变量 x, y 的改变量

$$\Delta x = \rho\cos\alpha, \quad \Delta y = \rho\cos\beta.$$

借此，将坡度进行改写并称为所谓的方向导数.

定义 4.6　设函数 $z = f(x, y)$ 在点 $P_0(x_0, y_0)$ 的某邻域内有定义，l 为以 P_0 为始点的一条射线，l 为与射线同向的非零向量，它的方向角分别为 α 和 β. 若极限

$$\lim_{\rho \to 0^+} \frac{f(x_0 + \rho\cos\alpha, y_0 + \rho\cos\beta) - f(x_0, y_0)}{\rho}$$

存在，其中 $\rho = \sqrt{(\Delta x)^2 + (\Delta y)^2}$，则称此极限为函数 $f(x, y)$ 在点 P_0 处沿方向 l 的**方向导数**（或**变化率**），记为 $\left.\dfrac{\partial f}{\partial l}\right|_{P_0}$（或 $\left.\dfrac{\partial z}{\partial l}\right|_{P_0}$），即

$$\left.\frac{\partial f}{\partial l}\right|_{P_0} = \lim_{\rho \to 0^+} \frac{f(x_0 + \rho\cos\alpha, y_0 + \rho\cos\beta) - f(x_0, y_0)}{\rho}, \tag{4.29}$$

或简记为

$$\left.\frac{\partial f}{\partial l}\right|_{P_0} = \lim_{\rho \to 0^+} \frac{\Delta z}{\rho} = \lim_{\rho \to 0^+} \frac{f(x_0 + \Delta x, y_0 + \Delta y) - f(x_0, y_0)}{\rho}. \tag{4.30}$$

当函数可微时，方向导数的计算可以通过偏导数实现.

定理 4.11(方向导数存在的充分条件) 若函数 $z = f(x, y)$ 在点 $P(x, y)$ 处可微, 则它在该点沿任一方向 l 的方向导数都存在, 且

$$\frac{\partial f}{\partial l} = \frac{\partial f}{\partial x}\cos\alpha + \frac{\partial f}{\partial y}\cos\beta, \tag{4.31}$$

其中 α, β 为 l 的方向角.

证 由函数 $z = f(x, y)$ 在点 $P(x, y)$ 处可微, 有

$$\Delta z = \frac{\partial f}{\partial x}\Delta x + \frac{\partial f}{\partial y}\Delta y + o(\rho).$$

于是

$$\lim_{\rho \to 0^+} \frac{\Delta z}{\rho} = \frac{\partial f}{\partial x}\lim_{\rho \to 0^+}\frac{\Delta x}{\rho} + \frac{\partial f}{\partial y}\lim_{\rho \to 0^+}\frac{\Delta y}{\rho} + \lim_{\rho \to 0^+}\frac{o(\rho)}{\rho}$$

$$= \frac{\partial f}{\partial x}\lim_{\rho \to 0^+}\cos\alpha + \frac{\partial f}{\partial y}\lim_{\rho \to 0^+}\cos\beta + 0$$

$$= \frac{\partial f}{\partial x}\cos\alpha + \frac{\partial f}{\partial y}\cos\beta.$$

由方向导数定义, 得

$$\frac{\partial f}{\partial l} = \frac{\partial f}{\partial x}\cos\alpha + \frac{\partial f}{\partial y}\cos\beta.$$

需要指出的是, 定理中的可微条件是方向导数存在的充分条件, 但不是必要条件. 例如, 函数 $f(x, y) = \sqrt{x^2 + y^2}$ 在点 $(0, 0)$ 处沿任何方向 l 的方向导数

$$\frac{\partial f}{\partial l}\bigg|_{(0,0)} = \lim_{\rho \to 0^+}\frac{f(0 + \rho\cos\alpha, \; 0 + \rho\cos\beta) - f(0, 0)}{\rho} = \lim_{\rho \to 0^+}\frac{\rho}{\rho} = 1$$

都存在, 但由于该点处的两个偏导数 $f_x(0, 0)$, $f_y(0, 0)$ 不存在, 从而函数 $f(x, y)$ 在点 $(0, 0)$ 处并不可微.

另外, 偏导数不是方向导数. 函数 $f(x, y)$ 在一点处对 x 的偏导数与沿 x 轴正向的方向导数相等, 而与沿 x 轴反向的方向导数成反值. 函数 $f(x, y)$ 对 y 的偏导数与沿 y 轴的方向导数有类似的结论.

例 4.36 计算函数 $f(x, y) = xe^{y^2}$ 在点 $(1, -1)$ 处沿从 $A(1, 1)$ 到 $B(4, 5)$ 方向的方向导数.

解 向量 $\boldsymbol{l} = \overrightarrow{AB} = 3\boldsymbol{i} + 4\boldsymbol{j}$, 它的单位向量为

$$\boldsymbol{l}^0 = \frac{3}{5}\boldsymbol{i} + \frac{4}{5}\boldsymbol{j} = (\cos\alpha, \; \cos\beta).$$

由 f 可微及 $f_x'(1, -1) = e^{y^2}\big|_{(1,-1)} = e$, $f_y'(1, -1) = 2xye^{y^2}\big|_{(1,-1)} = -2e$ 得

$$\frac{\partial f}{\partial l}\bigg|_{(1,-1)} = f_x'(1, -1)\cos\alpha + f_y'(1, -1)\cos\beta$$

$$= e \cdot \frac{3}{5} + (-2e) \cdot \frac{4}{5} = -e.$$

例 4.37 设由原点到点 $M(x, y)$ 的向径为 $\boldsymbol{r}$, x 轴到 $\boldsymbol{r}$ 的转角为 $\theta = \frac{5\pi}{12}$, x 轴到射线 l 的

转角为 $\varphi = \dfrac{\pi}{6}$，求点 (x, y) 处的方向导数 $\dfrac{\partial r}{\partial l}$，其中 $r = |r| = \sqrt{x^2 + y^2}$.

解　由题设得射线 l 方向的单位向量为 $l^0 = (\cos\varphi,\ \sin\varphi)$，又

$$\frac{\partial r}{\partial x} = \frac{x}{\sqrt{x^2 + y^2}} = \frac{x}{r} = \cos\theta, \qquad \frac{\partial r}{\partial y} = \frac{y}{\sqrt{x^2 + y^2}} = \frac{y}{r} = \sin\theta.$$

于是由 r 可微得到点 $M(x, y)$ 处的方向导数为

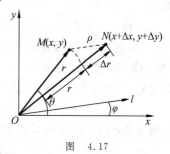

$$
\begin{aligned}
\frac{\partial r}{\partial l} &= \frac{\partial r}{\partial x}\cos\varphi + \frac{\partial r}{\partial y}\sin\varphi \\
&= \cos\theta\cos\varphi + \sin\theta\sin\varphi \\
&= \cos(\theta - \varphi) = \cos\left(\frac{5\pi}{12} - \frac{\pi}{6}\right) = \frac{\sqrt{2}}{2}.
\end{aligned}
$$

该方向导数的几何解释为：当点 N 沿平行射线 l 的直线向

点 M 无限趋近时，极径的改变量 Δr 与 ρ 的比的极限为 $\dfrac{\sqrt{2}}{2}$，即

图　4.17

$$\lim_{\rho \to 0^+} \frac{\Delta r}{\rho} = \frac{\sqrt{2}}{2}\ (见图\ 4.17).$$

2. 梯度

方向导数解决了函数在给定点处沿某个方向的变化率问题. 为了实际应用和理论研究的需要，接下来要解决的问题是：函数在定点处沿哪个方向的变化率最大？最大变化率是多少？

设函数 $z = f(x, y)$ 满足定理 4.10 的条件，则方向导数公式（4.31）可以改写为

$$\frac{\partial f}{\partial l} = \left(\frac{\partial f}{\partial x},\ \frac{\partial f}{\partial y}\right) \cdot (\cos\alpha,\ \cos\beta). \tag{4.32}$$

显然，上式中向量 $\left(\dfrac{\partial f}{\partial x},\ \dfrac{\partial f}{\partial y}\right)$ 只与点 (x, y) 有关，而与向量 l 无关. 对于这个由偏导数构成的特殊向量，我们给出如下定义.

> **定义 4.7**　设函数 $z = f(x, y)$ 在点 $P(x,\ y)$ 处的一阶偏导数连续，则称向量 $\left(\dfrac{\partial f}{\partial x},\ \dfrac{\partial f}{\partial y}\right)$ 为函数 $z = f(x, y)$ 在点 $P(x, y)$ 处的**梯度**，记为 $\mathbf{grad}f$，即
>
> $$\mathbf{grad}f = \left(\frac{\partial f}{\partial x},\ \frac{\partial f}{\partial y}\right). \tag{4.33}$$
>
> 也可记为 $\mathbf{grad}f(x, y)$，$\mathbf{grad}z$，∇f，$\nabla f(x, y)$ 或 ∇z 等.

于是，式（4.32）表示的方向导数又可以用梯度表示，并且还可以给出它们之间的一些明显关系.

> **可微函数的方向导数与梯度的关系：**
>
> （1）函数 $z = f(x, y)$ 在点 (x, y) 处沿方向 l 的方向导数等于梯度在 l 上的投影，即
>
> $$\frac{\partial f}{\partial l} = \mathbf{grad}f \cdot l^0 = |\mathbf{grad}f|\cos\theta, \tag{4.34}$$
>
> 其中，l^0 是 l 的单位向量，θ 是梯度 $\mathbf{grad}f$ 与 l 的夹角.
>
> （2）方向导数沿梯度方向取得最大值，且最大值为梯度的模；方向导数沿梯度的反方向取得最小值，最小值为梯度模的相反值；方向导数沿与梯度垂直方向的值为 0.

例 4.38 设函数 $z = f(x,y) = x^2 + y^2$，完成下列问题：

(1) 求函数 $f(x,y)$ 在点 $P(1,2)$ 处的梯度；

(2) 指出圆周 $x^2 + y^2 = 5$ 上点 $P(1,2)$ 处法线方向与梯度方向间的关系.

解 (1) 由 $f_x = 2x$，$f_y = 2y$ 得点 $P(1,2)$ 处的梯度为

$$\mathbf{grad} f(1,2) = (f_x', f_y')|_{(1,2)} = (2,4).$$

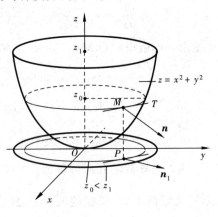

(2) 过点 P 的圆周 $x^2 + y^2 = 5$ 是函数的一条**等值（高）线**，即它是函数值 $z_0 = 5$ 时曲面上的点在水平面上的投影线（见图 4.18）. 记

$$F(x,y) = f(x,y) - z_0 = x^2 + y^2 - 5,$$

则得等高线 $F(x,y) = 0$ 在点 P 处的法向量为

$$\begin{aligned}
\mathbf{n} &= (F_x', F_y')|_{(1,2)} = (f_x', f_y')\big|_{(1,2)} \\
&= (2x, 2y)|_{(1,2)} \\
&= (2,4).
\end{aligned}$$

图 4.18

由于法向量 $\mathbf{n}$ 的两个分量均为正数，所以它是等高线上点 $P(1,2)$ 处的**外法向量**. 与(1)中的梯度比较得到：等高线 $x^2 + y^2 = 5$ 上点 $P(1,2)$ 处的外法向量方向恰为梯度方向.

上例中(2)的结果不是偶然的. 因为当将函数 $z = f(x,y)$ 写成隐函数形式 $f(x,y) - z = 0$ 时，等高线 $f(x,y) - z_0 = 0$ 上点 $P(x_0, y_0)$ 处的法向量 $(f_x', f_y')\big|_{(x_0, y_0)}$ 恰为梯度，称此法向量为**梯度法向量**. 因此，有如下结果.

梯度与等高线的法线间关系：

一阶偏导数连续的函数 $z = f(x,y)$ 在点 P 处的梯度 (f_x', f_y') 的方向，恰为函数的等高线 $f(x,y) = C$ 上该点处法线的一个方向，且指向数值较大的等值线.

上面指出的梯度方向指向数值较大的等高线数，是因为可微函数的方向导数沿梯度方向取得最大值，它为非负值，从而是函数值增大的方向.

由此给出了对引例有用的结论：如果登山者在点 M_0 处拟朝上升最快的方向攀登，他就应该沿该点等高线 $z_0 = f(x,y)$ 上点 (x_0, y_0) 处梯度法向量所指的方向行进.

例 4.39 一只昆虫掉在一块温度分布是 $T = x^2 y^2 (2 < x < 5, 3 < y < 5)$ 的金属板上点 $P(4, \sqrt{3})$ 处，你认为它会以什么方式逃离？逃离路线的方程是什么？

解 由于昆虫掉落的点处温度达到 48℃，所以它会朝着温度下降最快的方向迅速逃离. 由于梯度方向是温度升高最快的方向，所以昆虫在逃离过程中会始终沿着与梯度相反的方向行进. 因此，昆虫逃离路线的切线方向总是与梯度方向平行.

由于梯度 $\mathbf{grad}\, T = (2xy^2, 2x^2 y)$，昆虫逃离的路线的切线方向为 (dx, dy)，所以由两者平行得到逃离路线满足的方程为

$$\frac{dx}{2xy^2} = \frac{dy}{2x^2 y},$$

化简得

$$2x dx - 2y dy = 0,$$

即
$$d(x^2 - y^2) = 0.$$
可见,由方程 $x^2 - y^2 = C$ 确定的函数 $y = y(x)$ 使上方程成立,于是昆虫行进路线的曲线族为
$$x^2 - y^2 = C.$$
由它过点 $P(4, \sqrt{3})$,代入解得 $C = 13$,故昆虫逃离的曲线方程为
$$x^2 - y^2 = 13 \ (x > 0, y > 0).$$

可以类似地定义三元函数 $u = u(x, y, z)$ 在点 $M_0(x_0, y_0, z_0)$ 处沿空间向量 $\boldsymbol{l}$ 的方向导数为

$$\left.\frac{\partial f}{\partial l}\right|_{M_0} = \lim_{\rho \to 0^+} \frac{f(x_0 + \rho\cos\alpha, y_0 + \rho\cos\beta, z_0 + \rho\cos\gamma) - f(x_0, y_0, z_0)}{\rho}, \tag{4.35}$$

其中,α, β, γ 为向量 $\boldsymbol{l}$ 的方向角(见图 4.19).

类似地定义具有一阶连续偏导数的函数 $u = u(x, y, z)$ 的梯度为

$$\mathbf{grad}\, f = \left(\frac{\partial f}{\partial x}, \frac{\partial f}{\partial y}, \frac{\partial f}{\partial z}\right). \tag{4.36}$$

当函数 $u = u(x, y, z)$ 在 $M(x, y, z)$ 处可微时,可以推出沿方向 $\boldsymbol{l}$ 的方向导数为

$$\frac{\partial f}{\partial l} = \frac{\partial f}{\partial x}\cos\alpha + \frac{\partial f}{\partial y}\cos\beta + \frac{\partial f}{\partial z}\cos\gamma. \tag{4.37}$$

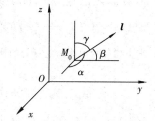

图　4.19

利用梯度,又可以将上式表示的方向导数改写为

$$\frac{\partial f}{\partial l} = \left(\frac{\partial f}{\partial x}, \frac{\partial f}{\partial y}, \frac{\partial f}{\partial z}\right) \cdot (\cos\alpha, \cos\beta, \cos\gamma)$$
$$= \mathbf{grad}\, f \cdot \boldsymbol{l}^0$$
$$= |\mathbf{grad}\, f|\cos\theta, \tag{4.38}$$

其中,θ 是梯度 $\mathbf{grad}\, f$ 与向量 $\boldsymbol{l}$ 的夹角.

函数 $u = f(x, y, z)$ 在点 $M(x, y, z)$ 处的方向导数与梯度、梯度与等值面的法向量间的关系与二元函数完全类似.

例 4.40　设函数 $u = x^2 + y^2 + z^2$,完成下列问题:

(1) 求 u 在点 $M(1, 1, 1)$ 处的梯度,并说明它与过点 M 的等值面的法向量方向间的关系;

(2) 求 u 在点 M 处的最大方向导数.

解　(1) 函数
$$u = f(x, y, z) = x^2 + y^2 + z^2$$
在点 M 处的梯度为
$$\mathbf{grad}\, f(M) = (f'_x(M), f'_y(M), f'_z(M))$$
$$= (2, 2, 2).$$
验知,点 M 在函数 u 的等值面 $u = 3$ 上,即点 M 在球面 $x^2 + y^2 + z^2 = 3$ 上. 由该球面上点 M 处法向量的求法可知,上面的梯度恰为此球面上点 M 处的外法向量. 因此,点 M 处的梯度方向是等值面 $u = 3$ 上点 M 处的外法线方向.

(2) 由于函数 u 在点 M 处沿梯度方向取得方向导数的最大值,且为梯度的模,所以最大

方向导数为

$$\frac{\partial u}{\partial l}\Big|_{M} = |\mathbf{grad}f(M)| = |(2,2,2)|$$
$$= 2\sqrt{3}.$$

三元以上函数的方向导数及梯度的定义类似三元函数,且有相应的关系.

习　题　4.7

1. 求下列各函数在指定方向的方向导数:

(1) $z = x^2 + y^2$ 在点 $(1,2)$ 处沿与 x 轴正向夹角为 $\frac{\pi}{3}$ 的方向;

(2) $z = \mathrm{e}^{x^2+y^2}$ 在点 $(2,1)$ 处沿 $\boldsymbol{l} = (-1,1)$ 方向;

(3) $u = xyz$ 在点 $(5,1,2)$ 处沿从点 $(5,1,2)$ 到点 $(9,4,14)$ 的方向;

(4) $z = 1 - \left(\frac{x^2}{a^2} + \frac{y^2}{b^2}\right)$ 在点 $\left(\frac{a}{\sqrt{2}}, \frac{b}{\sqrt{2}}\right)$ 处沿曲线 $\frac{x^2}{a^2} + \frac{y^2}{b^2} = 1$ 在这点的内法线方向.

2. 求下列各函数在指定点处的梯度:

(1) $z = x^2 y + xy^2$,在点 $(1,2)$ 处; 　(2) $z = (x^2 + y^2 - 1)^{\frac{1}{2}}$,在 $(-1,2)$ 点处;

(3) $z = \ln(x^3 + y^3)$,在点 $(0,1)$ 处; 　(4) $u = \mathrm{e}^{xy^2 z^3}$,在点 $(1,1,1)$ 处.

3. 设向径 $\boldsymbol{r} = (x,y,z)$,r 为 $\boldsymbol{r}$ 的长度,$f(x,y,z) = \frac{1}{r^2}$,证明:$\mathbf{grad}f(x,y,z) = -\frac{2\boldsymbol{r}}{r^4}$.

4. 设 $u = xyz + \lg(xyz)$,求:

(1) 在点 $(1,2,1)$ 处沿 $\boldsymbol{l} = (1,1,1)$ 方向上的方向导数 $\frac{\partial u}{\partial l}$;

(2) 在点 $(1,2,1)$ 处哪个方向上的方向导数等于零?

(3) 在点 $(1,2,1)$ 处哪个方向上的方向导数最大?最大值为多少?

5. 设 n 是曲面 $2x^2 + 3y^2 + z^2 = 6$ 在 $P(1,1,1)$ 处的外法线向量. 求函数 $u = \frac{\sqrt{6x^2 + 8y^2}}{z}$ 在 P 处沿方向 $\boldsymbol{n}$ 的方向导数.

6. 设 u,v 都是 x,y,z 的函数,且各偏导数都存在且连续,证明:

(1) $\mathbf{grad}(u+v) = \mathbf{grad}u + \mathbf{grad}v$; 　(2) $\mathbf{grad}(uv) = v\mathbf{grad}u + u\mathbf{grad}v$;

(3) $\mathbf{grad}(u^2) = 2u\mathbf{grad}u$.

4.8　多元函数的极值

4.8.1　多元函数的极值及应用

对于多元函数的极值问题,我们仍以二元函数为例进行研究.

> **定义 4.8**　设函数 $z = f(x,y)$ 在点 (x_0, y_0) 的某邻域内有定义,对于该邻域内异于 (x_0, y_0) 的点 (x,y):如果都适合不等式
> $$f(x,y) < f(x_0, y_0),$$
> 则称函数 $f(x,y)$ 在点 (x_0, y_0) 取得**极大值** $f(x_0, y_0)$;如果都适合不等式
> $$f(x,y) > f(x_0, y_0),$$
> 则称函数 $f(x,y)$ 在点 (x_0, y_0) 取得**极小值** $f(x_0, y_0)$. 极大值、极小值统称为**极值**,使函数取得极值的点称为**极值点**.

下面我们找出求函数极值点和极值的常用方法.

从图 4.20 中可以看到，函数 $z = -ye^{-x^2-y^2}$ 的图像上有一个最高点和一个最低点，且在这两个点处曲面均有水平切平面，由此得到函数的两个偏导数在这两个极值点处都是零. 于是，我们考虑利用函数的偏导数为零寻找极值点，进而得到极值.

不过，偏导数为零的点处函数未必一定取得极值. 如图 4.21 所示，函数 $z = xy$ 在点$(0,0)$处的两个偏导数都是零，但对应的点$(0,0,0)$却不是曲面的峰点，因此函数 $z = xy$ 在点$(0,0)$ 处既无极大值也无极小值.

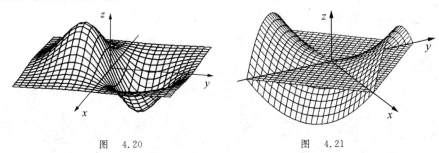

图　4.20　　　　　　　　　　　图　4.21

另外，也有函数极值存在，却不存在偏导数的情况. 例如圆锥曲面 $z = \sqrt{x^2+y^2}$ 在点$(0,0)$ 处取得极小值 0，但它在$(0,0)$ 点的偏导数并不存在.

基于以上情况，与一元函数极值问题类似，我们需要分别给出极值存在的必要条件和充分条件.

> **定理 4.12（极值存在的必要条件）**　设函数 $z = f(x,y)$ 在点(x_0, y_0)处的偏导数存在，且在点(x_0, y_0)处有极值，则它在点(x_0, y_0)处的偏导数必为零，即
> $$f'_x(x_0, y_0) = 0, \quad f'_y(x_0, y_0) = 0.$$

证　不妨设 $z = f(x,y)$ 在点(x_0, y_0)处有极大值，则在(x_0, y_0)的某去心邻域内成立 $f(x,y) < f(x_0, y_0)$. 于是，在此邻域内沿直线 $y = y_0$ 一元函数 $f(x, y_0)$ 满足不等式
$$f(x, y_0) < f(x_0, y_0) \quad (x \neq x_0),$$
即一元函数 $f(x, y_0)$ 在 $x = x_0$ 处取得极大值，再由 $f(x, y_0)$ 在 x_0 可导，得到
$$f'_x(x_0, y_0) = 0.$$

类似地可证 $f'_y(x_0, y_0) = 0$.

与一元函数类似，我们称使函数的所有一阶偏导数为零的点为函数的**驻点**. 由上面提过的函数 $z = xy$ 在点$(0,0)$处的偏导数为零，但不能取得极值知，驻点不一定是极值点. 一般来说，对于驻点，可以用二阶偏导数来判断是否为极值点.

> **定理 4.13（极值存在的充分条件）**　设函数 $z = f(x,y)$ 在点(x_0, y_0)的某邻域内具有二阶连续偏导数，且 $f'_x(x_0, y_0) = 0, f'_y(x_0, y_0) = 0$. 令
> $$A = f''_{xx}(x_0, y_0), \quad B = f''_{xy}(x_0, y_0), \quad C = f''_{yy}(x_0, y_0) = C,$$
> 则：
> （1）当 $\Delta = AC - B^2 > 0$ 时，(x_0, y_0) 是极值点，且若 $A < 0$，则 $f(x_0, y_0)$ 是极大值，若 $A > 0$，则 $f(x_0, y_0)$ 是极小值；
> （2）当 $\Delta = AC - B^2 < 0$ 时，(x_0, y_0) 不是极值点，从而 $f(x_0, y_0)$ 不是极值.

证明从略.

例 4.41 求函数 $f(x,y) = -y\mathrm{e}^{-x^2-y^2}$ 的极值.

解 令

$$\begin{cases} f'_x(x,y) = 2xy\mathrm{e}^{-x^2-y^2} = 0 \\ f'_y(x,y) = (2y^2-1)\mathrm{e}^{-x^2-y^2} = 0 \end{cases},$$

得两个驻点 $\left(0, -\dfrac{\sqrt{2}}{2}\right)$，$\left(0, \dfrac{\sqrt{2}}{2}\right)$.

由二阶偏导函数

$$f''_{xx}(x,y) = 2y\mathrm{e}^{-x^2-y^2} - 4x^2y\mathrm{e}^{-x^2-y^2} = 2y(1-2x^2)\mathrm{e}^{-x^2-y^2},$$

$$f''_{xy}(x,y) = 2x\mathrm{e}^{-x^2-y^2} - 4xy^2\mathrm{e}^{-x^2-y^2} = 2x(1-2y^2)\mathrm{e}^{-x^2-y^2},$$

$$f''_{yy}(x,y) = 4y\mathrm{e}^{-x^2-y^2} - 2y(2y^2-1)\mathrm{e}^{-x^2-y^2} = 2y(3-2y^2)\mathrm{e}^{-x^2-y^2},$$

得在驻点 $\left(0, \dfrac{\sqrt{2}}{2}\right)$ 处：$A = \sqrt{2}\mathrm{e}^{-\frac{1}{2}}$，$B = 0$，$C = 2\sqrt{2}\mathrm{e}^{-\frac{1}{2}}$. 从而

$$AC - B^2 = 4\mathrm{e}^{-1} > 0, \quad A > 0,$$

故函数在驻点 $\left(0, \dfrac{\sqrt{2}}{2}\right)$ 处取得极小值

$$f\left(0, \frac{\sqrt{2}}{2}\right) = -\frac{\sqrt{2}}{2}\mathrm{e}^{-\frac{1}{2}}.$$

由函数是关于 y 的奇函数知另一个驻点为 $\left(0, -\dfrac{\sqrt{2}}{2}\right)$，且该点处取得极大值

$$f\left(0, -\frac{\sqrt{2}}{2}\right) = \frac{\sqrt{2}}{2}\mathrm{e}^{-\frac{1}{2}}.$$

一般来说，求多元函数的最大值或最小值问题是比较困难的，通常可以借助于求极值得到最大值或最小值. 例如,求有界闭区域上连续函数的最大值与最小值时，可以先求出函数在区域内部的驻点或不可导点(如果有的话)处的函数值，然后再求出区域边界上函数的最大值及最小值,这两类函数值中的最大者就是函数在该闭区域上的最大值,最小者就是最小值. 不过，找出函数在区域边界上的最大值和最小值往往也是比较困难的,需要根据区域的特点寻找相适应的办法,如常用的初等方法或再转化为求极值的方法等.

例 4.42 求函数 $f(x,y) = \mathrm{e}^{x^2+y^2}$ 在闭区域 D：$x^2+y^2-2x \leqslant 8$ 上的最小值和最大值.

解 将所给区域化为 D：$(x-1)^2 + y^2 \leqslant 9$，这是一个圆形闭区域. 由于

$$f'_x(x,y) = 2x\mathrm{e}^{x^2+y^2}, \quad f'_y(x,y) = 2y\mathrm{e}^{x^2+y^2},$$

所以，函数在区域内部有驻点 $(0,0)$，且在该驻点处的函数值

$$f(0,0) = 1.$$

为了求函数在边界上的最小值及最大值,将函数化为

$$f(x,y) = \mathrm{e}^{(x-1)^2+y^2} \cdot \mathrm{e}^{2x-1}.$$

因为在区域 D 的边界 $(x-1)^2+y^2 = 9$ 上，函数的第一个因子 $\mathrm{e}^{(x-1)^2+y^2} = \mathrm{e}^9$ 是一个常数，而另一个因子 e^{2x-1} 在 $(-2,0)$、$(4,0)$ 处分别取到最小值 e^{-5} 和最大值 e^7，所以函数在边界上的最小值和最大值分别为

$$f(-2,0) = \mathrm{e}^9 \cdot \mathrm{e}^{-5} = \mathrm{e}^4, \quad f(4,0) = \mathrm{e}^9 \cdot \mathrm{e}^7 = \mathrm{e}^{16}.$$

综上,比较 $(0,0)$,$(-2,0)$,$(4,0)$ 三个点处的函数值可知,函数在闭区域 D 上的最小值和最大值分别为

$$f(0,0) = 1, \quad f(4,0) = \mathrm{e}^{16}.$$

例 4.43 一个递送公司仅接收长方体的箱子,并要求其长和腰围之和不超过 288 cm. 求可以接收的箱子的最大体积.

解 设箱子腰围的相邻边长分别为 x cm、y cm,长为 z cm(见图 4.22),则其体积

$$V = xyz.$$

由于只有当箱子的长与腰围之和达到最大尺寸 288 cm 时,才能得到其最大体积. 故

$$2x + 2y + z = 288.$$

于是

$$V = xy(288 - 2x - 2y) \quad (x > 0, y > 0, x + y < 144).$$

令

$$\begin{cases} V'_x = 288y - 4xy - 2y^2 = 0 \\ V'_y = 288x - 2x^2 - 4xy = 0 \end{cases},$$

即

$$\begin{cases} 144 - 2x - y = 0 \\ 144 - x - 2y = 0 \end{cases},$$

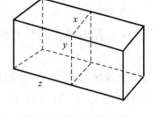

图 4.22

解得 $x = y = 48$,由此得 $z = 96$. 此时体积

$$V = 221\,184.$$

由题意知 V 的最大值一定存在,又 V 的驻点 $(48,48)$ 是唯一的,所以,此处取得最大体积. 故可以接收的箱子的最大体积为 $221\,184\ \mathrm{cm}^3$.

对于三元或三元以上的多元函数,有类似的极值定义及极值存在条件.

4.8.2 条件极值 拉格朗日乘数法

在以上求极值或最大值、最小值的几个例题中,例 4.41 中函数 $f(x,y)$ 的自变量 x,y 间没有关系,有时称这种极值为**无条件极值**或**自由极值**,而例 4.43 中函数 $V = xyz$ 的自变量 x,y,z 之间需要满足条件 $2x + 2y + z = 288$,常称这种条件为**约束条件**,称 $V = xyz$ 为**目标函数**,称这种带有约束条件的极值为**条件极值**.

条件极值和无条件极值之间有时是可以互相转化的,如求例 4.43 时就是这样做的. 但在很多情况下,把条件极值化为无条件极值并不方便. 下面将要介绍的拉格朗日乘数法就是一种被广泛应用的不需要转化的方法.

我们以**目标函数** $z = f(x,y)$ 在**约束条件** $\varphi(x,y) = 0$ 下求极值为例,介绍拉格朗日乘数法.

设二元函数 $z = f(x,y)$ 在点 $P_0(x_0, y_0)$ 处取得极值,在该点的某一邻域内 $f(x,y)$ 与 $\varphi(x,y)$ 都有连续的一阶偏导数,且 $\varphi_y(P_0) \neq 0$. 根据隐函数存在定理,方程 $\varphi(x,y) = 0$ 在 P_0 的某邻域内确定了一个单值、连续且具有连续导数的函数 $y = y(x)$,并且

$$\left. \frac{\mathrm{d}y}{\mathrm{d}x} \right|_{x=x_0} = -\frac{\varphi'_x(P_0)}{\varphi'_y(P_0)}.$$

将 $y = y(x)$ 代入 $z = f(x,y)$ 得一元函数

$$z = f(x, y(x)).$$

由假设 $z = f(x,y)$ 在点 $P_0(x_0,y_0)$ 处取得极值知，此一元函数在 x_0 处取得极值. 利用一元可微函数取得极值的必要条件得到

$$\frac{\mathrm{d}z}{\mathrm{d}x}\bigg|_{x=x_0} = f'_x(P_0) + f'_y(P_0)\frac{\mathrm{d}y}{\mathrm{d}x}\bigg|_{x=x_0} = 0,$$

即 $z = f(x,y(x))$ 在 x_0 取得极值的必要条件为

$$f'_x(P_0) - f'_y(P_0)\frac{\varphi'_x(P_0)}{\varphi'_y(P_0)} = 0.$$

记 $\dfrac{f'_y(P_0)}{\varphi'_y(P_0)} = -\lambda$，代入上式得到 P_0 满足的方程组

$$\begin{cases} f'_x(P_0) + \lambda\varphi'_x(P_0) = 0 \\ f'_y(P_0) + \lambda\varphi'_y(P_0) = 0, \\ \varphi(P_0) = 0 \end{cases}$$

而这个方程组的前两个方程左端正好是函数

$$L(x,y) = f(x,y) + \lambda\varphi(x,y)$$

的两个偏导数在点 P_0 处的值. 可见，从上面方程组解出的 P_0 是函数 $z = f(x,y)$ 的驻点，而 P_0 的横坐标 x_0 是函数 $z = f(x,y(x))$ 的驻点.

将上面的过程加以总结即可给出**拉格朗日乘数法**：

求 $z = f(x,y)$ 在条件 $\varphi(x,y) = 0$ 下的极值时，先构造**拉格朗日函数**

$$L(x,y) = f(x,y) + \lambda\varphi(x,y),$$

其中 λ 为参数，称为**拉格朗日乘数**，再由方程组

$$\begin{cases} L'_x(x,y) = f'_x(x,y) + \lambda\varphi'_x(x,y) = 0 \\ L'_y(x,y) = f'_y(x,y) + \lambda\varphi'_y(x,y) = 0 \\ \varphi(x,y) = 0 \end{cases}$$

解出 $z = f(x,y)$ 的驻点 (x_0,y_0).

拉格朗日乘数法可以推广到两个以上的自变量或多个约束条件的情形. 如：

设 $f(x,y,z)$，$\varphi(x,y,z)$，$\psi(x,y,z)$ 具有一阶连续偏导数，且

目标函数：$u = f(x,y,z)$，

约束条件：$\varphi(x,y,z) = 0$，

$$\psi(x,y,z) = 0.$$

作拉格朗日函数

$$L(x,y,z) = f(x,y,z) + \lambda\varphi(x,y,z) + \mu\psi(x,y,z),$$

且令

$$\begin{cases} L'_x(x,y,z) = f'_x(x,y,z) + \lambda\varphi'_x(x,y,z) + \mu\psi'_x(x,y,z) = 0 \\ L'_y(x,y,z) = f'_y(x,y,z) + \lambda\varphi'_y(x,y,z) + \mu\psi'_y(x,y,z) = 0 \\ L'_z(x,y,z) = f'_z(x,y,z) + \lambda\varphi'_z(x,y,z) + \mu\psi'_z(x,y,z) = 0 \ , \\ \varphi(x,y,z) = 0 \\ \psi(x,y,z) = 0 \end{cases}$$

解出驻点 (x_0, y_0, z_0).

例 4.44(条件极值)　按条件极值重新求解例 4.43.

解　目标函数：$V(x, y, z) = xyz$,

约束条件：$\varphi(x, y, z) = 2x + 2y + z - 288 = 0$.

作拉格朗日函数

$$L(x, y, z) = V(x, y, z) + \lambda\varphi(x, y, z) = xyz + \lambda(2x + 2y + z - 288)$$

$$(x > 0, \ y > 0, \ z > 0, \ 2x + 2y + z \leqslant 288).$$

令

$$\begin{cases} L'_x(x, y, z) = yz + \lambda \cdot 2 = 0 \\ L'_y(x, y, z) = xz + \lambda \cdot 2 = 0 \\ L'_z(x, y, z) = xy + \lambda \cdot 1 = 0 \\ 2x + 2y + z - 288 = 0 \end{cases},$$

解得 $x = y = 48$, $z = 96$. 此时体积

$$V = 48 \times 48 \times 96 = 221\,184.$$

根据题意可知，箱子的最大体积一定存在，且函数 V 有唯一的驻点 $(48, 48, 96)$，所以，此处 V 取得最大值. 故可以接收的箱子的最大体积为 $221\,184 \ \mathrm{cm}^3$.

例 4.45(条件极值)　求半椭球面 $\dfrac{x^2}{a^2} + \dfrac{y^2}{b^2} + \dfrac{z^2}{c^2} = 1 \ (z \geqslant 0)$ 与 xOy 坐标面所围闭曲面内嵌直角平行六面体的最大体积.

解　如图 4.23 所示,有

目标函数：$V = 4xyz$

$\qquad (0 < x < a, \ 0 < y < b, \ 0 < z < c).$

约束条件：$\varphi(x, y, z) = \dfrac{x^2}{a^2} + \dfrac{y^2}{b^2} + \dfrac{z^2}{c^2} - 1$

$\qquad\qquad = 0.$

作拉格朗日函数

$$L = 4xyz + \lambda\left(\dfrac{x^2}{a^2} + \dfrac{y^2}{b^2} + \dfrac{z^2}{c^2} - 1\right)$$

$$(0 < x < a, \ 0 < y < b, \ 0 < z < c).$$

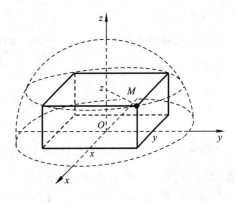

图　4.23

令

$$\begin{cases} L'_x = 4yz + \lambda \cdot \dfrac{2x}{a^2} = 0 \\[2mm] L'_y = 4xz + \lambda \cdot \dfrac{2y}{b^2} = 0 \\[2mm] L'_z = 4xy + \lambda \cdot \dfrac{2z}{c^2} = 0 \\[2mm] \dfrac{x^2}{a^2} + \dfrac{y^2}{b^2} + \dfrac{z^2}{c^2} = 1 \end{cases}.$$

将前三个方程的第二项移到右端，并依次乘以 x、y、z，得到三个左端相等的方程，从而得到它们的右端也相等，由此化简得

$$\frac{x^2}{a^2} = \frac{y^2}{b^2} = \frac{z^2}{c^2}.$$

将它们代入到约束条件解得

$$x = \frac{a}{\sqrt{3}}, \quad y = \frac{b}{\sqrt{3}}, \quad z = \frac{c}{\sqrt{3}}.$$

由于内嵌长方体最大体积一定存在,且驻点唯一,因此当立体的长、宽、高分别为 $\frac{2a}{\sqrt{3}}$,

$\frac{2b}{\sqrt{3}}$, $\frac{c}{\sqrt{3}}$ 时,得到内嵌长方体的最大体积

$$V = \frac{4}{3\sqrt{3}}abc.$$

习　题　4.8

1. 求下列函数的极值:

(1) $f(x,y) = 4(x-y) - x^2 - y^2$;   (2) $f(x,y) = e^{2x}(x + y^2 + 2y)$.

2. 从斜边之长为 l 的一切直角三角形中,求有最大周长的直角三角形.

3. 将周长为 $2l$ 的矩形绕它的一边旋转而构成一个圆柱体. 问矩形的边长各为多少时,才可使圆柱体的体积为最大?

4. 求半径为 a 的球中具有最大体积的内接长方体.

5. 求原点到曲面 $(x-y)^2 - z^2 = 1$ 的最短距离.

6. 抛物面 $z = x^2 + y^2$ 被平面 $x + y + z = 1$ 截成一椭圆,求原点到椭圆的最长与最短距离.

7. 在第一卦限内作椭球面 $\frac{x^2}{a^2} + \frac{y^2}{b^2} + \frac{z^2}{c^2} = 1$ 的切平面,使切平面与三个坐标面所围成的四面体体积最小,求切点坐标与最小体积.

4.9　应用举例

例 4.46　一条鲨鱼在点 $(1,1,1)$ 处发现前面有血时,它将向着血腥味最浓的方向连续游动. 已知海水中血液的浓度 $u = e^{-(2x^2+2y^2+z^2)}$,求鲨鱼游动路线的方程.

解　依题意,鲨鱼在每一位置都将沿着向量 **grad** u 的方向运动. 由于

$$\mathbf{grad}\, u = e^{-(2x^2+2y^2+z^2)}(-4x, -4y, -2z),$$

因此由鲨鱼行进路线的切线向量 $(\mathrm{d}x, \mathrm{d}y, \mathrm{d}z)$ 应该平行于梯度得

$$\frac{\mathrm{d}x}{-4x} = \frac{\mathrm{d}y}{-4y} = \frac{\mathrm{d}z}{-2z}$$

$$\frac{\mathrm{d}x}{x} = \frac{\mathrm{d}y}{y} = \frac{2\mathrm{d}z}{z},$$

求解 $\frac{\mathrm{d}x}{x} = \frac{2\mathrm{d}z}{z}$ 与 $\frac{\mathrm{d}x}{x} = \frac{2\mathrm{d}z}{z}$ 分别得到 $C_1 x = z^2$, $C_2 y = z^2$,由鲨鱼过点 $(1,1,1)$ 得到参数形式的鲨鱼行进路线方程

$$x = z^2, \quad y = z^2, \quad z = z.$$

例 4.47(最小二乘问题)　设已知曲线 $y = f(x)$ 上的 6 个点 (x_i, y_i)：
$$(40, 32), (47, 34), (55, 43), (70, 54), (90, 72), (100, 85).$$
希望由这些点找到一条与曲线 $y = f(x)$ 较为接近的曲线. 观察发现(见图4.24)，这6点的分布接近直线. 于是，可以找一条直线 $y = a_0 + a_1 x$，使这条直线与所有已知点的纵向距离之和达到最小，但考虑到带有绝对值不便运算，因此采用使距离的平方和 $\sum_{i=1}^{6} [(a_0 + a_1 x_i) - y_i]^2$ 达到最小的方法加以实现. 通常称这一方法为**最小二乘法**，找到的曲线称为**拟合曲线**. 求所给点的拟合曲线，并求 $f(120)$ 的近似值.

解　先求二元函数
$$S(a_0, a_1) = \sum_{i=1}^{6} [(a_0 + a_1 x_i) - y_i]^2$$
的最小值点 (a_0, a_1). 为此，令

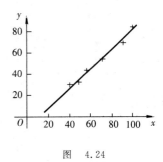

图　4.24

$$\begin{cases} \dfrac{\partial S}{\partial a_0} = 2\sum_{i=1}^{6} [(a_0 + a_1 x_i) - y_i] = 0 \\[2mm] \dfrac{\partial S}{\partial a_1} = 2\sum_{i=1}^{6} [(a_0 + a_1 x_i) - y_i] x_i = 0 \end{cases},$$

得

$$\begin{cases} \left(\sum_{i=1}^{6} 1\right) a_0 + \left(\sum_{i=1}^{6} x_i\right) a_1 = \sum_{i=1}^{6} y_i \\[2mm] \left(\sum_{i=1}^{6} x_i\right) a_0 + \left(\sum_{i=1}^{6} x_i^2\right) a_1 = \sum_{i=1}^{6} x_i y_i \end{cases}.$$

这是一个二元非齐次线性方程组，将所给数据代入得

$$\begin{cases} 6 a_0 + 402 a_1 = 320 \\ 402 a_0 + 29\,834 a_1 = 24\,003 \end{cases},$$

解得唯一驻点 $(-5.880\,8, 0.888)$. 依据问题的实际意义，该驻点对应的直线方程使 S 达到最小，因此所求拟合曲线为直线

$$y = -5.880\,8 + 0.888 x.$$

将 $x = 120$ 代入算得

$$f(120) \approx 100.175.$$

注：若记

$$\boldsymbol{A} = \begin{pmatrix} 6 & \sum\limits_{i=1}^{6} x_i \\[2mm] \sum\limits_{i=1}^{6} x_i & \sum\limits_{i=1}^{6} x_i^2 \end{pmatrix}, \quad \boldsymbol{b} = \begin{pmatrix} \sum\limits_{i=1}^{6} y_i \\[2mm] \sum\limits_{i=1}^{6} x_i y_i \end{pmatrix}, \quad \boldsymbol{x} = \begin{pmatrix} a_0 \\ a_1 \end{pmatrix},$$

则方程组又可写成矩阵形式

$$\boldsymbol{Ax} = \boldsymbol{b},$$

称为**正规(正则)方程**. 这一结果可以推广到拟合曲线为升幂的 n 次多项式函数 $y = a_0 + a_1 x + \cdots + a_n x^n$.

例 4.48(经济应用题)　为销售某一产品，厂方需作两种广告. 当广告费分别为 x, y 时，

销售收入 R 和广告费的关系为：$R = \dfrac{200x}{5+x} + \dfrac{100y}{10+y}$. 若销售产品的利润是收入的一半减去广告费. 问当广告总费用为 55（单位：万元）时，应怎样分配两种广告的费用才能使利润最大？最大利润为多少？

解 由题意知最大利润函数为

$$\Pi(x,y) = \frac{1}{2}\left(\frac{200x}{5+x} + \frac{100y}{10+y}\right) - 55.$$

约束条件：$\varphi(x,y,z) = x + y - 55 = 0$.

作拉格朗日函数

$$L = \frac{100x}{5+x} + \frac{50y}{10+y} - 55 + \lambda(x+y-55) \quad (0 \leqslant x, y \leqslant 55).$$

令
$$
\begin{cases}
L_x' = \dfrac{500}{(5+x)^2} + \lambda = 0 \\
L_y' = \dfrac{500}{(10+y)^2} + \lambda = 0, \\
x + y = 55
\end{cases}
$$

解得 $x = 30$，$y = 25$.

由于最大利润一定存在，且驻点唯一，故当广告费用的分配为 $x = 30$，$y = 25$ 时可以获得最大利润

$$\Pi_{\max} = \Pi(30, 25) = \frac{3000}{35} + \frac{1250}{35} - 55 \approx 66.43.$$

综合习题 4

1. 选择题：

(1) 设 $\left.\dfrac{\partial z}{\partial x}\right|_{(0,0)} = 0.5, \left.\dfrac{\partial z}{\partial y}\right|_{(0,0)} = 2$，则（   ）.

(A) $\mathrm{d}z\big|_{(0,0)} = 0.5\mathrm{d}x + 2\mathrm{d}y$

(B) 当 $(x,y) \to (0,0)$ 时，$f(x,y)$ 的极限存在

(C) $z = f(x,y)$ 在 $(0,0)$ 的某邻域内连续

(D) 曲线 $\begin{cases} z = f(x,y) \\ x = 0 \end{cases}$ 在 $(0,0,z(0,0))$ 处的切线向量为 $(0,1,2)$（或记为 $\{0,1,2\}$）

(2) 下列说法不正确的是（   ）.

(A) 在 D 内恒有 $\dfrac{\partial f}{\partial x} = \dfrac{\partial f}{\partial y} = 0$，则 $f(x,y) \equiv C$（常数）

(B) 在 D 内恒有 $\mathrm{d}f(x,y) = 0$，则 $f(x,y) \equiv C$（常数）

(C) 在 D 内恒有 $\dfrac{\partial f}{\partial l_1} = 0$，$\dfrac{\partial f}{\partial l_2} = 0$，$l_1$, l_2 不共线，则 $f(x,y) \equiv C$（常数）

(D) 在 D 内恒有 $x\dfrac{\partial f}{\partial x} + y\dfrac{\partial f}{\partial y} = 0$，则 $f(x,y) \equiv C$

(3) 函数 $f(x,y) = \arctan\dfrac{x}{y}$ 在点 $(0,1)$ 处的梯度等于（   ）.

(A) $\boldsymbol{i}$ (B) $-\boldsymbol{i}$ (C) $\boldsymbol{j}$ (D) $-\boldsymbol{j}$

(4) 设 $f(x,y)$ 与 $\varphi(x,y)$ 均为可微函数，且 $\varphi_y'(x,y) \neq 0$. 已知 (x_0, y_0) 是 $f(x,y)$ 在约束条件

$\varphi(x,y)=0$ 下的一个极值点,下列选项正确的是(　　).

(A) 若 $f_x{}'(x_0,y_0)=0$,则 $f_y{}'(x_0,y_0)=0$

(B) 若 $f_x{}'(x_0,y_0)=0$,则 $f_y{}'(x_0,y_0)\neq 0$

(C) 若 $f_x{}'(x_0,y_0)\neq 0$,则 $f_y{}'(x_0,y_0)=0$

(D) 若 $f_x{}'(x_0,y_0)\neq 0$,则 $f_y{}'(x_0,y_0)\neq 0$

2. 填空题:

(1) 设 $f(x,y)=(x+y)\varphi(x,y)$,其中 $\varphi(x,y)$ 在 $(0,0)$ 处连续,则 $\mathrm{d}f(0,0)=$ ____.

(2) 在曲线 $x=t,y=-t^2,z=t^3$ 的所有切线中与平面 $x+2y+z=0$ 平行的切线有____条.

(3) 曲线 $\sin xy+\ln(y-x)=x$ 在点 $(0,1)$ 处的切线方程为____.

(4) 设函数 $u(x,y,z)=1+\dfrac{x^2}{6}+\dfrac{y^2}{12}+\dfrac{z^2}{18}$,单位向量 $\boldsymbol{n}^0=\dfrac{1}{\sqrt{3}}(1,1,1)$,则 $\dfrac{\partial u}{\partial n}\Big|_{(1,2,3)}=$ ____.

(5) 设有三元函数 $xy-z\ln y+\mathrm{e}^{xz}=1$,根据隐函数存在定理,存在点 $(0,1,1)$ 的一个邻域,在此邻域内该方程可以确定哪几个具有连续偏导数的隐函数?____

3. 设 $u=f(x,y,z),z=z(x,y)$ 由方程 $\varphi(x^2,\mathrm{e}^y,z)=0$ 确定,$y=\sin x$,其中 φ,f 具有一阶连续偏导,且 $\varphi_z\neq 0$,求 $\dfrac{\mathrm{d}u}{\mathrm{d}x}$.

4. 设 $u=f(x,y,z)$ 有一阶连续偏导数,又 $y=y(x)$ 及 $z=z(x)$ 分别由 $\mathrm{e}^{xy}-xy=2$ 和 $\mathrm{e}^x=\displaystyle\int_0^{x-z}\dfrac{\sin t}{t}\mathrm{d}t$ 所确定. 求 $\dfrac{\mathrm{d}u}{\mathrm{d}x}$.

5. 设函数 $f(u)$ 在 $(0,+\infty)$ 内具有二阶导数,且 $z=f(\sqrt{x^2+y^2})$ 满足等式 $\dfrac{\partial^2 z}{\partial x^2}+\dfrac{\partial^2 z}{\partial y^2}=0$.

(1) 验证 $f''(u)+\dfrac{f'(u)}{u}=0$;

(2) 若 $f(1)=0$,$f'(1)=1$,求函数 $f(u)$ 的表达式.

6. 求旋转椭球面 $3x^2+y^2+z^2=16$ 上点 $(-1,-2,3)$ 处的切平面与 xOy 面的夹角的余弦.

7. 证明曲面 $xyz=a^3(a>0)$ 上任何点处的切平面与坐标平面围成的四面体的体积为常数.

8. 一个徒步旅行者在爬山,山的高度是 $z=1000-2x^2-3y^2$. 当他在点 $(1,1,995)$ 处时,为了尽快地升高,他应当按什么方向移动?如果他在最快速上升的道路上继续前进,证明这条路线在 xOy 平面上的投影是 $y=x^{\frac{3}{2}}$.

9. 求 $f(x,y)=x^2+2y^2-x^2y^2$ 在区域 $D=\{(x,y)\mid x^2+y^2\leqslant 4,y\geqslant 1\}$ 上的最大值和最小值.

10. 已知曲线 $L:\begin{cases}x^2+y^2-2z^2=0\\x+y+3z=5\end{cases}$,求曲线 L 距离 xOy 面最远的点和最近的点.

数学家简介——柯西

柯西(Augustin Louis Cauchy,1789—1857)出生于巴黎,他的父亲路易·弗朗索瓦·柯西是法国波旁王朝的官员,在法国动荡的政治漩涡中一直担任公职. 由于家庭的原因,柯西本人属于拥护波旁王朝的正统派,是一位虔诚的天主教徒. 他在纯数学和应用数学的功力是相当深厚的,很多数学的定理和公式也都以他的名字来称呼,如柯西不等式、柯西积分公式等. 在数学写作上,他是被认为在数量上仅次于欧拉的人,他一生一共撰写了 789 篇论文和几本书,其中有些还是经典之作,不过并不是他所有的创作质量都很高,因此他还曾被人批评高产而轻率. 据说,法国科学院"会刊"创刊的时候,由于柯西的作品实在太多,以至于科学

院要负担很大的印刷费用,超出科学院的预算,因此,科学院后来规定论文最长的只能有四页,所以,柯西较长的论文只得投稿到其他地方.

柯西在幼年时,他的父亲常带他到法国参议院内的办公室,并且在那里指导他进行学习,因此他有机会遇到参议员拉普拉斯和拉格朗日两位大数学家.他们对他的才能十分赏识;拉格朗日认为他将来必定会成为大数学家,但建议他的父亲在他学好文科前不要学数学.

柯西去瑟堡时携带了拉格朗日的解析函数论和拉普拉斯的天体力学,后来还陆续收到从巴黎寄出或从当地借得的一些数学书.他在业余时间悉心攻读有关数学各分支方面的书籍,从数论直到天文学方面.根据拉格朗日的建议,他进行了多面体的研究,并于 1811 及 1812 年向科学院提交了两篇论文,其中主要成果是:(1)证明了凸正多面体只有五种(面数分别是 4,6,8,12,20),星形正多面体只有四种(面数是 12 的三种,面数是 20 的一种);(2)得到了欧拉关于多面体的顶点、面和棱的个数关系式的另一证明并加以推广;(3)证明了各面固定的多面体必然是固定的,从此可导出从未证明过的欧几里得的一个定理.

柯西直到逝世前仍不断参加学术活动,不断发表科学论文.临终前,他还与巴黎大主教在说话,他说的最后一句话是:"人总是要死的,但是,他们的功绩永存!"

柯西是一位多产的数学家,他的全集从 1882 年开始出版到 1974 年才出齐最后一卷,总计 28 卷.他的主要贡献如下:

(1)单复变函数.柯西最重要和最有首创性的工作是关于单复变函数论的.

(2)分析基础.柯西在综合工科学校所授分析课程及有关教材给数学界造成了极大的影响.自从牛顿和莱布尼茨发明微积分(即无穷小分析,简称分析)以来,这门学科的理论基础是模糊的.柯西首先成功地建立了极限论.

在柯西的著作中,没有通行的语言,他的说法看来也不够确切,从而有时也有错误,例如,由于没有建立一致连续和一致收敛概念而产生的错误.可是关于微积分的原理,他的概念主要是正确的,其清晰程度是前所未有的.例如,他关于连续函数及其积分的定义是确切的,他首先准确地证明了泰勒公式,他给出了级数收敛的定义和一些审敛法.

(3)常微分方程.柯西在分析方面最大的贡献在常微分方程领域.

第 5 章 重 积 分

在上册第 3 章中，我们讨论了一元函数积分学及其应用. 本章我们将利用一元函数积分法解决多元函数积分法及应用问题. 也就是先将一元函数问题的微元法推广到多元函数问题上去，得到所谓的重积分，然后利用一元函数积分法解决重积分的计算问题.

5.1 二重积分的概念与性质

5.1.1 引例

引例 1 曲顶柱体的体积

曲顶柱体是指以 xOy 平面上的有界闭区域 D 为底、以 D 的边界曲线为准线、母线平行于 z 轴的柱面为侧面，以 D 上连续且非负函数 $z = f(x, y)$ 对应的曲面为顶面的立体(见图 5.1).

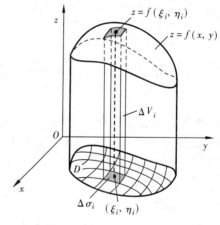

图 5.1

解 曲顶柱体的体积通常不能由初等几何的方法得到，需要用与计算曲边梯形的面积类似的方法处理. 具体做法如下：

(i)**分割** 将区域 D 任意分成 n 个小闭区域 $\Delta\sigma_1$，$\Delta\sigma_2$，…，$\Delta\sigma_n$，并用这些符号表示它们相应的面积. 以每个小区域的边界线为准线，作母线平行于 z 轴的柱面，这些柱面把原来的曲顶柱体分为 n 个小的曲顶柱体. 记曲顶柱体的体积为 V，小区域 $\Delta\sigma_i$ 上对应的小曲顶柱体的体积为 ΔV_i.

(ii)**近似** 在 $\Delta\sigma_i$ 上任取一点 (ξ_i, η_i)，作以 $f(\xi_i, \eta_i)$ 为高的平顶柱体，其体积 $f(\xi_i, \eta_i)\Delta\sigma_i$ 近似等于小曲顶柱体的体积 ΔV_i，即

$$\Delta V_i \approx f(\xi_i, \eta_i)\Delta\sigma_i, \ i = 1, 2, \cdots, n.$$

从而曲顶柱体的体积近似等于各小区域上对应的小平顶柱体的体积之和，即

$$V = \sum_{i=1}^{n} \Delta V_i \approx \sum_{i=1}^{n} f(\xi_i, \eta_i)\Delta\sigma_i.$$

(iii)**取极限** 记 $\lambda = \max_{1 \leqslant i \leqslant n}\{\Delta\sigma_i \text{ 的直径}\}$($\Delta\sigma_i$ 的直径指的是其上最远两点间的距离). 显然 λ 越小，区域 D 分割越细密(小区域的个数越多)，上面和式的值越接近曲顶柱体的体积 V，当 λ 无限变小时，和式的极限就是曲顶柱体的体积 V，即

$$V = \lim_{\lambda \to 0} \sum_{i=1}^{n} f(\xi_i, \eta_i)\Delta\sigma_i. \tag{5.1}$$

引例 2 平面薄片的质量

设平面薄片占据的平面区域为 D，其面密度函数 $\rho(x,y)$ 连续，求其质量 M.

解 将薄片任意分成 n 个小块，记第 i 个小块所占据的闭区域为 $\Delta\sigma_i$（并表示其面积）$(i = 1, 2, \cdots, n)$（见图 5.2）. 在 $\Delta\sigma_i$ 上任取一点 (ξ_i, η_i)，以该点的密度 $\rho(\xi_i, \eta_i)$ 近似作为 $\Delta\sigma_i$ 上各点的密度，得到 $\Delta\sigma_i$ 上的质量

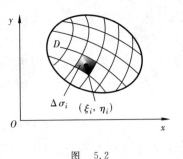

图 5.2

$$\Delta M_i \approx \rho(\xi_i, \eta_i)\Delta\sigma_i \quad (i = 1, 2, \cdots, n),$$

于是

$$M = \sum_{i=1}^{n}\Delta M_i \approx \sum_{i=1}^{n}\rho(\xi_i, \eta_i)\Delta\sigma_i.$$

记 $\lambda = \max_{1 \leqslant i \leqslant n}\{\Delta\sigma_i \text{ 的直径}\}$，则

$$M = \lim_{\lambda \to 0}\sum_{i=1}^{n}\rho(\xi_i, \eta_i)\Delta\sigma_i. \tag{5.2}$$

由以上两个引例得到的体积和质量的表达式 (5.1)、(5.2) 可以看出，尽管它们表示的实际意义不同，但表达式的形式却完全相同. 还有许多实际问题也都可以归结为与它们形式相同的表达式，由此抽象出如下二重积分定义.

5.1.2 二重积分的概念

许多实际问题可以转化为引例中所得到的"和的极限"问题，我们将这一类的问题归结为如下的二重积分.

定义 5.1（二重积分） 设 $f(x,y)$ 是有界闭区域 D 上的有界函数. 将 D 任意分成 n 个小闭区域 $\Delta\sigma_1, \Delta\sigma_2, \cdots, \Delta\sigma_n$，仍用这些符号表示它们的面积. 在 $\Delta\sigma_i$ 上任取一点 (ξ_i, η_i)，作乘积 $f(\xi_i, \eta_i)\Delta\sigma_i (i = 1, 2, \cdots, n)$，并作和

$$S_n = \sum_{i=1}^{n}f(\xi_i, \eta_i)\Delta\sigma_i.$$

记 $\lambda = \max_{1 \leqslant i \leqslant n}\{\Delta\sigma_i \text{ 的直径}\}$，如果极限

$$\lim_{\lambda \to 0}\sum_{i=1}^{n}f(\xi_i, \eta_i)\Delta\sigma_i$$

的存在与 D 的分法和 (ξ_i, η_i) 的取法无关，则称函数 $f(x,y)$ 在闭区域 D 上**可积**，称此极限为 $f(x,y)$ 在闭区域 D 上的**二重积分**，记为 $\iint\limits_{D}f(x,y)\mathrm{d}\sigma$，即

$$\iint\limits_{D}f(x,y)\mathrm{d}\sigma = \lim_{\lambda \to 0}\sum_{i=1}^{n}f(\xi_i, \eta_i)\Delta\sigma_i.$$

称 $f(x,y)$ 为**被积函数**，$f(x,y)\mathrm{d}\sigma$ 为**被积表达式**，$\mathrm{d}\sigma$ 为**面积微元**，x 与 y 为**积分变量**，D 为**积分区域**，S_n 为**积分和**.

利用二重积分定义，前面的两个引例中所求的曲顶柱体体积和平面薄片质量可以分别表示为

$$V = \iint\limits_{D} f(x,y)\mathrm{d}\sigma, \quad M = \iint\limits_{D} \rho(x,y)\mathrm{d}\sigma.$$

关于二重积分的存在性,我们不加证明给出一个使用较多的结论:若函数 $f(x,y)$ 在有界闭区域 D 上连续,则 $f(x,y)$ 在 D 上的二重积分存在.

当函数 $f(x,y)$ 在有界闭区域 D 上的二重积分存在时,若对区域 D 用平行于两个坐标轴的直线族进行分割,则不含边界的小区域均为矩形,得到面积微元 $\mathrm{d}\sigma = \mathrm{d}x\mathrm{d}y$,二重积分也记作 $\iint\limits_{D} f(x,y)\mathrm{d}x\mathrm{d}y$ [①].不过,采用这一记号并不意味着计算二重积分时要对区域作这种分割.

二重积分有着如下的几何意义:

设函数 $f(x,y)$ 在有界闭区域 D 上的二重积分存在,则

(1) 当在 D 上 $f(x,y) \geqslant 0$ 时,由引例 1 知

$$\iint\limits_{D} f(x,y)\mathrm{d}\sigma = V.$$

(2) 当 $f(x,y) \leqslant 0$ 时,曲顶柱体在 xOy 坐标面的下方,类似引例 1 推得

$$\iint\limits_{D} f(x,y)\mathrm{d}\sigma = -V.$$

(3) 当 $f(x,y)$ 在 D 上的值不定号时,二重积分 $\iint\limits_{D} f(x,y)\mathrm{d}\sigma$ 等于位于区域 D 上方的曲顶柱体体积减去其下方的体积(即 D 上曲顶柱体体积的"代数和").

由以上讨论可得,区域 D 上曲面 $z = f(x,y)$ 与 xOy 平面所围的曲顶柱体体积

$$V = \iint\limits_{D} |f(x,y)|\mathrm{d}\sigma.$$

5.1.3　二重积分的性质

二重积分有着与定积分类似的六条性质. 设 D 是一个有界闭区域, S_D 表示其面积.

性质 1(线性性质)

(1) 若 $f(x,y)$ 和 $g(x,y)$ 在 D 上可积,则 $f(x,y) \pm g(x,y)$ 在 D 上可积,且

$$\iint\limits_{D} [f(x,y) \pm g(x,y)]\mathrm{d}\sigma = \iint\limits_{D} f(x,y)\mathrm{d}\sigma \pm \iint\limits_{D} g(x,y)\mathrm{d}\sigma.$$

(2) 若 $f(x,y)$ 在 D 上可积,则 $kf(x,y)$ 在 D 上可积,且

$$\iint\limits_{D} kf(x,y)\mathrm{d}\sigma = k\iint\limits_{D} f(x,y)\mathrm{d}\sigma.$$

性质 2(对积分区域的可加性)　设 $f(x,y)$ 在 D 上可积.若将 D 分为两个区域 D_1 和 D_2,则

$$\iint\limits_{D} f(x,y)\mathrm{d}\sigma = \iint\limits_{D_1} f(x,y)\mathrm{d}\sigma + \iint\limits_{D_2} f(x,y)\mathrm{d}\sigma.$$

①因为在含区域边界的小区域上和的极限为零,所以,所有小矩形区域上和极限就是二重积分.

性质 3 设在有界闭区域 D 上恒有 $f(x,y) \equiv 1$，则

$$\iint\limits_D 1 \mathrm{d}\sigma = \iint\limits_D \mathrm{d}\sigma = S_D.$$

由二重积分的几何意义知，它也等于以区域 D 为底、高为 1 的柱体体积.

性质 4 若 $f(x,y)$ 在 D 上可积，且 $f(x,y) \geqslant 0$，则

$$\iint\limits_D f(x,y) \mathrm{d}\sigma \geqslant 0.$$

推论(比较性质) 若 $f(x,y)$ 和 $g(x,y)$ 在 D 可积，且 $f(x,y) \leqslant g(x,y)$，则

$$\iint\limits_D f(x,y) \mathrm{d}\sigma \leqslant \iint\limits_D g(x,y) \mathrm{d}\sigma.$$

性质 5 若 $f(x,y)$ 在 D 上可积，则 $|f(x,y)|$ 在 D 上可积，且有

$$\left| \iint\limits_D f(x,y) \mathrm{d}\sigma \right| \leqslant \iint\limits_D |f(x,y)| \mathrm{d}\sigma.$$

性质 6(估值性质) 设 $f(x,y)$ 在 D 上可积，且 M, m 分别为 $f(x,y)$ 在 D 上的最大值和最小值，则

$$m S_D \leqslant \iint\limits_D f(x,y) \mathrm{d}\sigma \leqslant M S_D.$$

性质 7(中值定理) 设 $f(x,y)$ 在闭区域 D 上连续，则至少存在一点 $(\xi, \eta) \in D$，使得

$$\iint\limits_D f(x,y) \mathrm{d}\sigma = f(\xi, \eta) S_D.$$

称为二重积分中值公式. 将上式改写为

$$f(\xi, \eta) = \frac{1}{S_D} \iint\limits_D f(x,y) \mathrm{d}\sigma,$$

称为 $f(x,y)$ 在 D 上的**平均值公式**，称 $f(\xi, \eta)$ 为 $f(x,y)$ 在 D 上的**平均值**.

例 5.1 (1) 设 $D: (x-2)^2 + (y-1)^2 \leqslant 2$，比较 $\iint\limits_D (x+y)^2 \mathrm{d}\sigma$ 与 $\iint\limits_D (x+y)^3 \mathrm{d}\sigma$ 的大小.

(2) 利用估计性质估计 $\iint\limits_D e^{x^2+y^2-2x} \mathrm{d}\sigma$ 的值，其中 $D: x^2+y^2 \leqslant 2x$.

解 (1) 所给积分区域 D 在直线 $x+y=1$ 的右上方，即 D 在 $x+y \geqslant 1$ 的半平面内，因此在 D 上 $x+y \geqslant 1$，从而在 D 上有

$$(x+y)^2 \leqslant (x+y)^3,$$

故由性质 4 的推论得

$$\iint\limits_D (x+y)^2 \mathrm{d}\sigma \leqslant \iint\limits_D (x+y)^3 \mathrm{d}\sigma.$$

(2) 将所给积分区域化为 $D: (x-1)^2 + y^2 \leqslant 1$，被积函数的指数配方得 $e^{x^2+y^2-2x} = e^{[(x-1)^2+y^2]-1}$，则在 D 上

$$e^{0-1} \leqslant e^{[(x-1)^2+y^2]-1} \leqslant e^{1-1}.$$

再由 $S_D = \pi \cdot 1^2$，及二重积分的性质 6 可得

$$e^{-1} \cdot S_D \leqslant \iint\limits_{D} e^{x^2+y^2-2x} d\sigma \leqslant 1 \cdot S_D,$$

即

$$e^{-1}\pi \leqslant \iint\limits_{D} e^{x^2+y^2-2x} d\sigma \leqslant \pi.$$

*5.1.4　二重积分的对称性

设以下各二重积分存在.

(1) 若积分区域 D 关于 y 轴对称，D_1 为 D 在 y 轴以右的部分，则

$$\iint\limits_{D} f(x,y)d\sigma = \begin{cases} 2\iint\limits_{D_1} f(x,y)d\sigma & \text{当 } f(-x,y)=f(x,y) \\ \\ 0 & \text{当 } f(-x,y)=-f(x,y) \end{cases}.$$

(2) 若积分区域 D 关于 x 轴对称，D_1 为 D 在 x 轴以上的部分，则

$$\iint\limits_{D} f(x,y)d\sigma = \begin{cases} 2\iint\limits_{D_1} f(x,y)d\sigma & \text{当 } f(x,-y)=f(x,y) \\ \\ 0 & \text{当 } f(x,-y)=-f(x,y) \end{cases}.$$

(3) 若积分区域 D 具有轮换对称性，即将 x 和 y 互换，D 不变（即 D 关于直线 $y=x$ 对称），则

$$\iint\limits_{D} f(x,y)d\sigma = \iint\limits_{D} f(y,x)d\sigma = \frac{1}{2}\left[\iint\limits_{D} f(x,y)d\sigma + \iint\limits_{D} f(y,x)d\sigma\right].$$

利用二重积分的对称性，可以有效地提高二重积分计算速度和准确程度，甚至可以解决很棘手的问题. 但这些结果掌握和使用起来比较困难，因此读者要尽可能地从二重积分的定义及几何意义上理解和使用它们，而不能死记硬背地照抄照搬.

例 5.2　设 D：$x^2+y^2 \leqslant 2y$，函数 $f(x)$ 连续，求

$$I = \iint\limits_{D} [1 + xyf(x^2+y^2)]d\sigma.$$

解　将所给区域化为 D：$x^2+(y-1)^2 \leqslant 1$，可见 D 是关于 y 轴对称的圆域. 记

$$\varphi(x,y) = xyf(x^2+y^2),$$

则函数 $\varphi(x,y)$ 连续，从而可积. 由

$$\varphi(-x,y) = -\varphi(x,y)$$

知 $\varphi(x,y)$ 是关于 x 的奇函数. 故

$$I = \iint\limits_{D} 1d\sigma + \iint\limits_{D} xyf(x^2+y^2)d\sigma = S_D + 0$$
$$= \pi.$$

习　题　5.1

1. 根据二重积分的性质，比较下列积分的大小：

(1) $\iint\limits_{D}(x+y)^2 d\sigma$ 与 $\iint\limits_{D}(x+y)^3 d\sigma$，其中 D 由 x 轴，y 轴与直线 $x+y=1$ 所围成；

(2) $\iint\limits_{D}\ln(x+y)\mathrm{d}\sigma$ 与 $\iint\limits_{D}[\ln(x+y)]^2\mathrm{d}\sigma$，其中 D 是以 $(1,0)$，$(1,1)$，$(2,0)$ 为顶点的三角形区域.

2. 利用二重积分的性质估计下列积分的值：

(1) $I=\iint\limits_{D}\sin^2 x\sin^2 y\mathrm{d}\sigma$，其中 D：$0\leqslant x\leqslant\pi$，$0\leqslant y\leqslant\pi$；

(2) $I=\iint\limits_{D}\mathrm{e}^{-(x^2+y^2)}\mathrm{d}\sigma$，其中 D：$1\leqslant x^2+y^2\leqslant 4$.

3. 设 $f(x,y)$ 在 $x^2+y^2\leqslant 1$ 上连续，利用积分中值定理求极限 $\lim\limits_{r\to 0^+}\dfrac{1}{r^2}\iint\limits_{x^2+y^2\leqslant r^2}f(x,y)\mathrm{d}\sigma$.

4. 设 $f(x,y)$ 是平面有界闭区域 D 上的非负连续函数，证明：
$$\iint\limits_{D}f(x,y)\mathrm{d}\sigma=0 \text{ 的充要条件是 } f(x,y)\equiv 0,(x,y)\in D.$$

5.2 二重积分的计算

本节将分别在直角坐标系和极坐标系下给出经过两次定积分或变限积分计算二重积分的方法，即用所谓的**二（累）次积分**方法计算二重积分.

5.2.1 利用直角坐标计算二重积分

为了给出在直角坐标系下计算二重积分的一般方法，我们从计算一个曲顶柱体体积的例子开始.

引例 求曲面 $z=3-x^2-y^2$，$\sqrt{y}=x$，$y=1$，$x=0$，$z=0$ 所围立体的体积.

解 如图 5.3 所示，所给立体是 xOy 平面内区域 D 上的曲顶柱体. 由二重积分的几何意义可得它的体积
$$V=\iint\limits_{D}(3-x^2-y^2)\mathrm{d}\sigma.$$

下面将用不同的划分方法求出它的体积.

方法 1 按"平行截面面积为已知立体"体积的求法进行计算.

（ⅰ）用平行 zOx 坐标面的平面族将立体分割成若干个薄片体；

（ⅱ）将 D 内纵坐标为 y，$y+\mathrm{d}y$ 的两条直线所夹条形区域上的薄片体用以 $A(y)$ 为底（也用 $A(y)$ 表示其面积），以 $\mathrm{d}y$ 为厚的薄柱片体近似，得立体被分割成片的体积微元
$$\mathrm{d}V=A(y)\mathrm{d}y.$$

将 $A(y)$ 视为 zOx 坐标面内的曲边梯形，其底部区间为 $[0,\sqrt{y}]$，顶部函数为 $z=3-x^2-y^2$.，则利用定积分得其面积

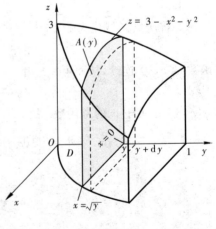

图 5.3

$$A(y) = \int_0^{\sqrt{y}} (3 - x^2 - y^2)\,\mathrm{d}x.$$

于是

$$\mathrm{d}V = \left[\int_0^{\sqrt{y}} (3 - x^2 - y^2)\,\mathrm{d}x\right]\mathrm{d}y.$$

(ⅲ) 对体积微元 $\mathrm{d}V$，沿 y 轴取从 $y = 0$ 到 $y = 1$ 的定积分，便得所求曲顶柱体的体积 V. 即

$$V = \iint\limits_D (3 - x^2 - y^2)\,\mathrm{d}\sigma = \int_0^1 \left[\int_0^{\sqrt{y}} (3 - x^2 - y^2)\,\mathrm{d}x\right]\mathrm{d}y.$$

上面右端的二次积分称为"先 x 后 y"的二（累）次积分.

(ⅳ) 计算. 由于内层变限积分表示 $A(y)$ 的面积，其中 y 不随 x 变化，因此，可以视 y 为常数而对 x 求变限积分，得到

$$V = \int_0^1 \left[3x - \frac{1}{3}x^3 - xy^2\right]_0^{\sqrt{y}}\mathrm{d}y = \int_0^1 \left(3y^{\frac{1}{2}} - \frac{1}{3}y^{\frac{3}{2}} - y^{\frac{5}{2}}\right)\mathrm{d}y.$$

上式右端是一个定积分，继续计算便可得到所求立体的体积为

$$V = \left[2y^{\frac{3}{2}} - \frac{2}{15}y^{\frac{5}{2}} - \frac{2}{7}y^{\frac{7}{2}}\right]_0^1 = \frac{166}{105}.$$

方法 2　将立体分成小曲顶柱体进行计算.

(ⅰ) 用平行于坐标轴的直线族将 D 分成若干个小区域，以其边界线为准线作母线平行于 z 轴的柱面，这些柱面将曲顶柱体分割成若干个小曲顶柱体（见图 5.4）.

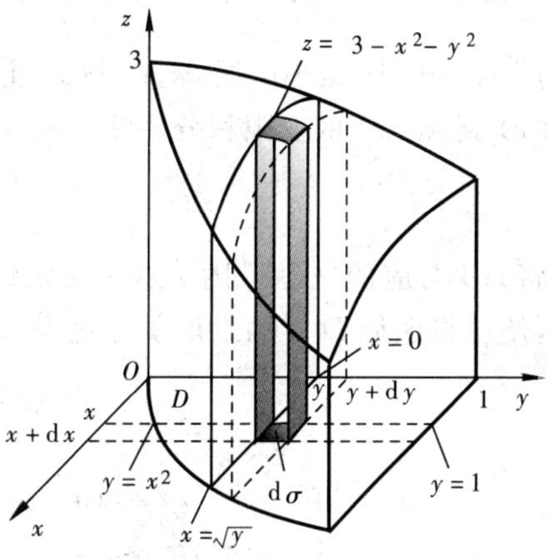

(ⅱ) 将 D 内小区域 $\mathrm{d}\sigma = \mathrm{d}x\mathrm{d}y$ 上的小曲顶柱体用以 $\mathrm{d}\sigma$ 为底、以其上点 (x, y) 处的函数值 $f(x, y)$ 为高的平顶柱体近似，得到立体分割成柱的体积微元

$$\mathrm{d}V = (3 - x^2 - y^2)\,\mathrm{d}x\mathrm{d}y.$$

(ⅲ) 先将体积微元沿 D 内纵坐标为 y 的直线取从 $x = 0$ 到 $x = \sqrt{y}$ 的变限积分，得到以 $A(y)$ 为底、以 $\mathrm{d}y$ 为厚的柱片的体积为

$$\int_0^{\sqrt{y}} (3 - x^2 - y^2)\,\mathrm{d}x\mathrm{d}y,$$

图　5.4

再将该柱片体积沿 y 轴方向从 $y = 0$ 到 $y = 1$ 求定积分就得到立体的体积 V. 即

$$V = \iint\limits_D (3 - x^2 - y^2)\,\mathrm{d}\sigma = \int_0^1 \left[\int_0^{\sqrt{y}} (3 - x^2 - y^2)\,\mathrm{d}x\right]\mathrm{d}y.$$

(ⅳ) 计算. 与方法 1 的计算过程相同.

当然，引例中的体积也可以表示为"先 y 后 x"的二（累）次积分. 为此，先将柱体微元沿 D 内横坐标为 x 的直线取 $y = x^2$ 到 $y = 1$ 的积分得到薄柱片体积，再将柱片体积微元沿 x 轴方向从 $x = 0$ 到 $x = 1$ 求积分就得到立体的体积

$$V = \iint\limits_D (3 - x^2 - y^2)\,\mathrm{d}\sigma = \int_0^1 \left[\int_{x^2}^1 (3 - x^2 - y^2)\,\mathrm{d}y\right]\mathrm{d}x.$$

而且计算方法也与前面类似.

说明：（1）引例中的方法 2 比方法 1 更重要，因为它的使用更灵活，例如可以用以处理极坐标系下二重积分的计算.

（2）以后还会看到，不是每个二重积分都可以使用两个二次积分完成计算的. 二重积分的计算方法与积分区域、被积函数的特点以及积分次序的选择有关.

一般地，上面的计算方法对于 D 上不定号的可积函数 $f(x, y)$ 也适用. 事实上，

$$f(x, y) = \frac{f(x, y) + |f(x, y)|}{2} - \frac{|f(x, y)| - f(x, y)}{2}$$

的右端每一项给出的函数都非负，且它们在 D 上也可积，因此，它们在 D 上的二重积分均可用上面的方法实现，从而由性质 1 知，作为它们的差，$f(x, y)$ 在 D 上的二重积分也就可以用上面的方法完成计算了.

由于二重积分化为二次积分的目的就是将二重积分的积分区域 D 转化为二次积分的积分限，所以，下面我们将根据积分区域的特点，简化出将二重积分化为二次积分的方法.

1. x-型区域上的二重积分计算

x-**型区域**通常是指那些穿过其内部的任何平行于 y 轴的直线与其边界线只相交于两点的区域. 如图 5.5(a) 所示的 D 即为 x-型区域，它可由不等式组表示为

$$D: y_1(x) \leqslant y \leqslant y_2(x), a \leqslant x \leqslant b.$$

在将 x-型区域上的二重积分 $\iint\limits_{D} f(x, y) \mathrm{d}x\mathrm{d}y$ 化为二次积分时（如图 5.5(b)），视被积表达式 $f(x, y)\mathrm{d}x\mathrm{d}y$ 是小区域 $\mathrm{d}\sigma = \mathrm{d}x\mathrm{d}y$ 上的"体积微元"，先沿 AB 累加成"柱片"，即对 y 取从 $y_1(x)$ 到 $y_2(x)$ 的变限积分，得

$$\int_{y_1(x)}^{y_2(x)} f(x, y) \mathrm{d}y\mathrm{d}x,$$

再将 AB 对应的"柱片"随 x 从 a 变化到 b 累加成"体"，即对上面的表达式取 x 从 a 到 b 的定积分，便得将区域 D 上的二重积分化为"先 y 后 x"的二次积分形式

$$\iint\limits_{D} f(x, y)\mathrm{d}x\mathrm{d}y = \int_{a}^{b}\left[\int_{y_1(x)}^{y_2(x)} f(x, y)\mathrm{d}y\right]\mathrm{d}x.$$

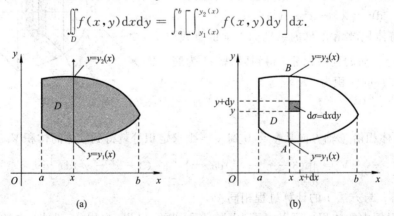

(a)   (b)

图 5.5

从几何上看，上式右端内层积分下限用的是 x-型区域 D 的下方边界线的纵坐标 $y_1(x)$，上限用的是上方边界线的纵坐标 $y_2(x)$，而外层积分下限用的是 D 的左端点横坐标 a，上限用的是右端点横坐标 b. 当然，右端也可由 D 的不等式组直接给出.

x-型区域上二重积分化为"先 y 后 x"的二次积分：

设 $f(x,y)$ 在区域 $D: y_1(x) \leqslant y \leqslant y_2(x), a \leqslant x \leqslant b$ 上的二重积分存在，且对每个 $x \in [a, b]$，积分 $\displaystyle\int_{y_1(x)}^{y_2(x)} f(x,y)\mathrm{d}y$ 都存在，则

$$\iint\limits_{D} f(x,y)\mathrm{d}x\mathrm{d}y = \int_a^b \left[\int_{y_1(x)}^{y_2(x)} f(x,y)\mathrm{d}y \right] \mathrm{d}x \triangleq \int_a^b \mathrm{d}x \int_{y_1(x)}^{y_2(x)} f(x,y)\mathrm{d}y.$$

例 5.3 计算二重积分 $\displaystyle\iint\limits_{D} 2x^2 y\mathrm{d}x\mathrm{d}y$，其中 D 由 $y = x^2$ 及 $y = 2 - x^2$ 所围.

解 如图 5.6 所示，积分区域

$$D: x^2 \leqslant y \leqslant 2 - x^2, -1 \leqslant x \leqslant 1$$

是 x-型的.

先对 y 取从 x^2 到 $2 - x^2$ 的内层变限积分，再对 x 取从 -1 到 1 的外层定积分，得

$$\begin{aligned}
\iint\limits_{D} 2x^2 y\mathrm{d}x\mathrm{d}y &= \int_{-1}^{1} \left[\int_{x^2}^{2-x^2} 2x^2 y\mathrm{d}y \right] \mathrm{d}x \\
&= \int_{-1}^{1} x^2 \cdot y^2 \Big|_{x^2}^{2-x^2} \mathrm{d}x \\
&= \frac{16}{15}.
\end{aligned}$$

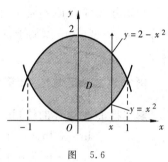

图　5.6

2. y-型区域上的二重积分计算

y-型区域通常是指那些穿过其内部的任何平行于 x 轴的直线与其边界线只相交于两点的区域. 如图 5.7 所示的 D 即为 y-型区域，它可由不等式组表示为

$$D: x_1(y) \leqslant x \leqslant x_2(y), c \leqslant y \leqslant d.$$

与 x-型区域上二重积分的计算方法类似，y-型区域上二重积分化为"先 x 后 y"的二次积分的方法是：内层积分下限用 D 的左边界线的横坐标 $x_1(y)$、上限用右边界线的横坐标 $x_2(y)$，外层积分下限用 D 的下端点纵坐标 c，上限用上端点纵坐标 d. 另外，也可用 D 的不等式组直接写出.

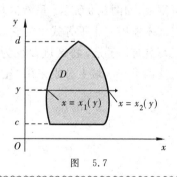

图　5.7

y-型区域上二重积分化为"先 x 后 y"的二次积分：

设 $f(x,y)$ 在区域 $D: x_1(y) \leqslant x \leqslant x_2(y), c \leqslant y \leqslant d$ 上二重积分存在，且对每个 $y \in [c, d]$，积分 $\displaystyle\int_{x_1(y)}^{x_2(y)} f(x,y)\mathrm{d}x$ 都存在，则

$$\iint\limits_{D} f(x,y)\mathrm{d}x\mathrm{d}y = \int_c^d \left[\int_{x_1(y)}^{x_2(y)} f(x,y)\mathrm{d}x \right] \mathrm{d}y \triangleq \int_c^d \mathrm{d}y \int_{x_1(y)}^{x_2(y)} f(x,y)\mathrm{d}x.$$

例 5.4 计算二重积分 $\displaystyle\iint\limits_{D} xy\mathrm{d}\sigma$，其中 D 是由 $y^2 = x$ 及 $y = x - 2$ 所围成的闭区域.

解 如图 5.8 所示，积分区域是 y-型的.

$$D: y^2 \leqslant x \leqslant y+2, \quad -1 \leqslant y \leqslant 2.$$

先对 x 取从 y^2 到 $y+2$ 的内层变限积分，再对 y 取从 -1 到 2 的外层定积分得

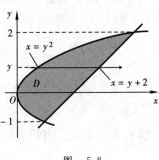

$$
\begin{aligned}
\iint\limits_{D} xy\,\mathrm{d}\sigma &= \int_{-1}^{2}\mathrm{d}y\int_{y^2}^{y+2}xy\,\mathrm{d}x = \int_{-1}^{2}y\left[\frac{x^2}{2}\right]_{y^2}^{y+2}\mathrm{d}y \\
&= \frac{1}{2}\int_{-1}^{2}\left[y(y+2)^2 - y^5\right]\mathrm{d}y \\
&= \frac{1}{2}\left[\frac{y^4}{4} + \frac{4}{3}y^3 + 2y^2 - \frac{y^6}{6}\right]_{-1}^{2} \\
&= \frac{45}{8}.
\end{aligned}
$$

图 5.8

当积分区域 D 既不是 x-型，也不是 y-型时，通常可以根据积分区域的特点先将其划分成若干个 x-型或 y-型的子区域，然后再求各子区域上二重积分，它们的和即是所求的二重积分.

例 5.5（复杂区域）　计算 $\iint\limits_{D}x^2y\,\mathrm{d}x\mathrm{d}y$，其中 D 由 $|\ln x| + |\ln y| = 1$ 所围成.

解　将 D 的边界曲线 $|\ln x| + |\ln y| = 1$ 改写成

$$\ln x + \ln y = 1, \qquad \ln x - \ln y = 1,$$
$$-\ln x + \ln y = 1, \qquad -\ln x - \ln y = 1.$$

即 D 由四条曲线

$$y = \frac{\mathrm{e}}{x}, \; y = \frac{x}{\mathrm{e}}, \; y = \mathrm{e}x, \; y = \frac{1}{\mathrm{e}x}, \; (x, y > 0)$$

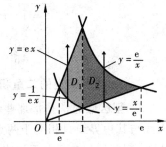

所围成，如图 5.9 所示. 虽然区域 D 既是 x-型，也是 y-型区域，但却不能用一个不等式组将它表示出来. 因此，需要化为两个子区域处理. 于是，将区域 D 视为两个 x-型子区域 D_1 和 D_2 的并，在这两个子区域上分别采用"先 y 后 x"的二次积分进行计算，得到

图 5.9

$$
\begin{aligned}
\iint\limits_{D}x^2y\,\mathrm{d}x\mathrm{d}y &= \int_{\frac{1}{\mathrm{e}}}^{1}\mathrm{d}x\int_{\frac{1}{\mathrm{e}x}}^{\mathrm{e}x}x^2y\,\mathrm{d}y + \int_{1}^{\mathrm{e}}\mathrm{d}x\int_{\frac{x}{\mathrm{e}}}^{\frac{\mathrm{e}}{x}}x^2y\,\mathrm{d}y \\
&= \int_{\frac{1}{\mathrm{e}}}^{1}x^2\frac{y^2}{2}\Big|_{\frac{1}{\mathrm{e}x}}^{\mathrm{e}x}\mathrm{d}x + \int_{1}^{\mathrm{e}}x^2\frac{y^2}{2}\Big|_{\frac{x}{\mathrm{e}}}^{\frac{\mathrm{e}}{x}}\mathrm{d}x \\
&= \frac{1}{2}\int_{\frac{1}{\mathrm{e}}}^{1}\left(\mathrm{e}^2x^4 - \frac{1}{\mathrm{e}^2}\right)\mathrm{d}x + \frac{1}{2}\int_{1}^{\mathrm{e}}\left(\mathrm{e}^2 - \frac{1}{\mathrm{e}^2}x^4\right)\mathrm{d}x \\
&= \frac{2}{5}\left(\mathrm{e}^3 - \mathrm{e}^2 + \frac{1}{\mathrm{e}^3} - \frac{1}{\mathrm{e}^2}\right).
\end{aligned}
$$

由于有些初等函数的原函数不能用有限形式给出，所以某些二重积分在化为二次积分时，是需要考虑积分次序的.

例 5.6（交换积分次序）　计算积分 $\int_{0}^{1}\mathrm{d}x\int_{x}^{1}\mathrm{e}^{-y^2}\mathrm{d}y$.

解　由于内层积分对应的 $\int\mathrm{e}^{-y^2}\mathrm{d}y$ 的原函数不能用有限形式给出，因此，需要通过改变积分次序完成计算. 为此，先按照将二重积分化为二次积分的逆过程找出积分区域

$$D: x \leqslant y \leqslant 1, \, 0 \leqslant x \leqslant 1;$$

然后再绘出积分区域 D 如图 5.10 所示,或直接改写为交换积分次序所需要的不等式组形式

$$D: 0 \leqslant x \leqslant y, \, 0 \leqslant y \leqslant 1.$$

于是二次积分改变为先 x 后 y 的二次积分,并计算得

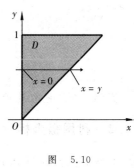

$$
\begin{aligned}
\int_0^1 \mathrm{d}x \int_x^1 \mathrm{e}^{-y^2} \mathrm{d}y &= \int_0^1 \mathrm{d}y \int_0^y \mathrm{e}^{-y^2} \mathrm{d}x \\
&= \int_0^1 \mathrm{e}^{-y^2} \cdot x \Big|_0^y \mathrm{d}y \\
&= \int_0^1 y \mathrm{e}^{-y^2} \mathrm{d}y \\
&= \frac{1}{2} - \frac{1}{2\mathrm{e}}.
\end{aligned}
$$

图　5.10

一般地,由于不定积分

$$\int \mathrm{e}^{x^2} \mathrm{d}x, \, \int \frac{\sin x}{x} \mathrm{d}x, \, \int \sin x^2 \mathrm{d}x, \, \int \frac{\mathrm{d}x}{\ln x}, \, \int \sqrt{1 - k^2 \sin^2 x} \, \mathrm{d}x \, (0 < | \, k \, | < 1)$$

等"积不出",因此,当将重积分化为二次积分时不能将它们放在内层,另外,一旦出现在内层,要"交换积分次序".

例 5.7　改变积分次序:

$$\int_{\frac{1}{2}}^1 \mathrm{d}y \int_{\frac{1}{y}}^2 f(x, y) \mathrm{d}x + \int_1^2 \mathrm{d}y \int_y^2 f(x, y) \mathrm{d}x.$$

解　两个二次积分的原积分区域分别为(见图 5.11)

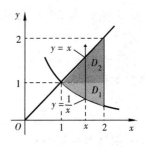

$$D_1: \frac{1}{y} \leqslant x \leqslant 2, \, \frac{1}{2} \leqslant y \leqslant 1,$$

$$D_2: y \leqslant x \leqslant 2, \, 1 \leqslant y \leqslant 2.$$

记 $D = D_1 + D_2$,交换积分次序得

$$\text{原式} = \int_1^2 \mathrm{d}x \int_{\frac{1}{x}}^x f(x, y) \mathrm{d}y.$$

图　5.11

例 5.8(含绝对值)　计算二重积分

$$\iint\limits_D | y - x^2 | \, \mathrm{d}x \mathrm{d}y,$$

其中 $D: -1 \leqslant x \leqslant 1, \, 0 \leqslant y \leqslant 2.$

解　如图 5.12 所示,将区域 D 在抛物线 $y = x^2$ 以上的部分记为 D_1,以下的部分记为 D_2,则

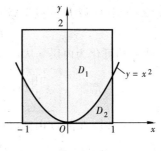

$$D = D_1 + D_2,$$

且被积函数在 D 上可以表示为

$$| y - x^2 | = \begin{cases} y - x^2 & (x, \, y) \in D_1 \\ x^2 - y & (x, \, y) \in D_2 \end{cases}.$$

于是

图　5.12

$$\iint\limits_D | y - x^2 | \, \mathrm{d}x \mathrm{d}y = \iint\limits_{D_1} (y - x^2) \mathrm{d}x \mathrm{d}y + \iint\limits_{D_2} (x^2 - y) \mathrm{d}x \mathrm{d}y$$

$$= \int_{-1}^{1} dx \int_{x^2}^{2} (y - x^2) dy + \int_{-1}^{1} dx \int_{0}^{x^2} (x^2 - y) dy$$

$$= \int_{-1}^{1} \left[\frac{y^2}{2} - x^2 y \right]_{x^2}^{2} dx + \int_{-1}^{1} \left[x^2 y - \frac{y^2}{2} \right]_{0}^{x^2} dx$$

$$= \int_{-1}^{1} (2 - 2x^2 + x^4) dx$$

$$= \frac{46}{15}.$$

说明：本题也可利用对称性将二重积分化为 y 轴右侧区域上二重积分的两倍完成计算．

5.2.2 利用极坐标计算二重积分

有些二重积分的积分区域或被积函数适合用极坐标表示，因此，需要给出利用极坐标计算二重积分的方法．

设函数 $z = f(x, y)$ 在有界闭区域 D 上连续，分别用从坐标原点出发的射线族和以原点为圆心的同心圆周族将 D' 分为 n 个小区域，则第 i 个小区域的面积

$$\Delta \sigma_i = \frac{1}{2} (r_i + \Delta r_i)^2 \Delta \theta_i - \frac{1}{2} r_i^2 \Delta \theta_i = \frac{r_i + (r_i + \Delta r_i)}{2} \Delta r_i \Delta \theta_i \triangleq \bar{r}_i \Delta r_i \Delta \theta_i.$$

其中，$\bar{r}_i$ 是 $\Delta \sigma_i$ 的边界上相邻两圆弧的平均值．在 $\Delta \sigma_i$ 上半径为 $r = \bar{r}_i$ 的圆弧上任取一点 $(\bar{r}_i, \bar{\theta}_i)$ $(\theta_i \leqslant \bar{\theta}_i \leqslant \Delta \theta_i)$，它对应的直角坐标为 (ξ_i, η_i)，则由

$$\begin{cases} \xi_i = \bar{r}_i \cos \bar{\theta}_i \\ \eta_i = \bar{r}_i \sin \bar{\theta}_i \end{cases}$$

得二重积分

$$\lim_{\lambda \to 0} \sum_{i=1}^{n} f(\xi_i, \eta_i) \Delta \sigma_i. = \lim_{\lambda \to 0} \sum_{i=1}^{n} f(\bar{r}_i \cos \bar{\theta}_i, \bar{r}_i \cos \bar{\theta}_i) \bar{r}_i \Delta r_i \Delta \theta_i,$$

而右端恰为函数 $f(r\cos\theta, r\sin\theta)r$ 在区域 D' 上以 r, θ 为积分变量的二重积极分．由此得到直角坐标系下二重积分与极坐标系下二重积分的转化公式：

$$\iint_{D} f(x, y) dx dy = \iint_{D'} f(r\cos\theta, r\sin\theta) r dr d\theta.$$

(1) 若原点在 D 之外(见图 5.13(a))，则在 D 的边界上找到最小极角 α 及最大极角的点或线段，得到区域 D 的极坐标表示为

$$D': r_1(\theta) \leqslant r \leqslant r_2(\theta), \alpha \leqslant \theta \leqslant \beta.$$

上式右端可化为内层 r 从 $r_1(\theta)$ 变化到 $r_2(\theta)$，外层 θ 从 α 变到 β 的二次积分公式：

$$\iint_{D} f(x, y) dx dy = \int_{\alpha}^{\beta} d\theta \int_{r_1(\theta)}^{r_2(\theta)} f(r\cos\theta, r\sin\theta) r dr.$$

(2) 若原点在 D 内部(见图 5.13(b))，则区域 D 的极坐标表示为

$$D': 0 \leqslant r \leqslant r(\theta), 0 \leqslant \theta \leqslant 2\pi.$$

上式右端可化为内层 r 从 0 变化到 $r(\theta)$，外层 θ 从 0 变到 2π 的二次积分公式：

$$\iint_{D} f(x, y) dx dy = \int_{\alpha}^{\beta} d\theta \int_{0}^{r(\theta)} f(r\cos\theta, r\sin\theta) r dr.$$

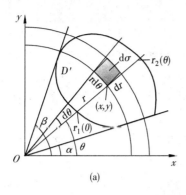
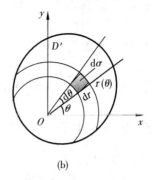

(a)　　　　　　　　　　　　　(b)

图　5.13

（3）若原点在 D 的边界上,则视为(1)中 $r_1(\theta) = 0$ 的特殊情况.

极坐标系下的二重积分有时也适合化为"先 θ 后 r"的二次积分.

例 5.9(原点不在 D 内)　计算 $\iint\limits_{D} y \mathrm{d}\sigma$,其中 D 是第一象限内圆周 $x^2 + y^2 = 2ax$ 内部与圆周 $x^2 + y^2 = a^2$ 外部所形成的闭区域.

解　在极坐标系下两个圆周的方程分别为 $r = a$, $r = 2a\cos\theta$. 由交点处两个极径相等,即 $2a\cos\theta = a$ 解得交点处极角为 $\beta = \dfrac{\pi}{3}$（见图 5.14）,又 $\alpha = 0$,于是极坐标系下积分区域

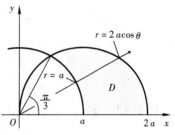

图　5.14

$$D' : a \leqslant r \leqslant 2a\cos\theta, \ 0 \leqslant \theta \leqslant \frac{\pi}{3}.$$

故

$$
\iint\limits_{D} y \mathrm{d}\sigma = \int_0^{\frac{\pi}{3}} \mathrm{d}\theta \int_a^{2a\cos\theta} r\sin\theta \cdot r \mathrm{d}r = \int_0^{\frac{\pi}{3}} \frac{r^3}{3}\Big|_a^{2a\cos\theta} \cdot \sin\theta \mathrm{d}\theta
$$

$$
= \frac{a^3}{3} \int_0^{\frac{\pi}{3}} (8\cos^3\theta - 1)\sin\theta \mathrm{d}\theta = -\frac{a^3}{3}\big[2\cos^4\theta - \cos\theta\big]_0^{\frac{\pi}{3}}
$$

$$
= \frac{11}{24}a^3.
$$

例 5.10(原点在 D 的边界上)　求由旋转抛物面 $z = 2 - x^2 - y^2$,圆柱面 $x^2 + y^2 = 1$ 和 $z = 0$ 所围区域位于第一卦限那部分立体的体积.

解　曲顶柱体顶面为 $z = 2 - x^2 - y^2$,底部区域

$$D : x^2 + y^2 \leqslant 1 \quad (x \geqslant 0, \ y \geqslant 0).$$

由二重积分的几何意义得

$$V = \iint\limits_{D} (2 - x^2 - y^2) \mathrm{d}x\mathrm{d}y.$$

这个二重积分适合化为极坐标下"先 r 后 θ"的二次积分. 由 D 在极坐标系下为（见图 5.15）

$$D' : 0 \leqslant r \leqslant 1, \ 0 \leqslant \theta \leqslant \frac{\pi}{2},$$

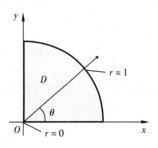

图　5.15

得

$$V = \iint\limits_{D'} (2 - r^2) r \mathrm{d}r \mathrm{d}\theta = \int_0^{\frac{\pi}{2}} \left[\int_0^1 (2 - r^2) r \mathrm{d}r \right] \mathrm{d}\theta$$

$$= \int_0^{\frac{\pi}{2}} \mathrm{d}\theta \cdot \int_0^1 (2r - r^3) \mathrm{d}r = \frac{3\pi}{8}.$$

例 5.11(先 θ 后 r) 计算 $\iint\limits_D \arctan \dfrac{y}{x} \mathrm{d}x \mathrm{d}y$，其中 D 是由 $y = \dfrac{\sqrt{3}}{3} x$，$y = \sqrt{3} x$，$x^2 + y^2 = \pi^2$，

$x^2 + y^2 = 4\pi^2$ 所围成的区域.

解 如图 5.16 所示，积分区域在极坐标系下可以表示为

$$D' : \frac{\pi}{6} \leqslant \theta \leqslant \frac{\pi}{3}, \ \pi \leqslant r \leqslant 2\pi,$$

于是有

$$\iint\limits_D \arctan \frac{y}{x} \mathrm{d}x \mathrm{d}y = \iint\limits_{D'} \theta r \mathrm{d}r \mathrm{d}\theta = \int_{\frac{\pi}{6}}^{\frac{\pi}{3}} \left[\int_{\pi}^{2\pi} \theta r \mathrm{d}r \right] \mathrm{d}\theta$$

$$= \int_{\frac{\pi}{6}}^{\frac{\pi}{3}} \theta \mathrm{d}\theta \cdot \int_{\pi}^{2\pi} r \mathrm{d}r$$

$$= \frac{\pi^4}{16}.$$

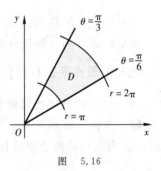

图　5.16

例 5.12 利用二重积分证明：$\displaystyle\int_0^{+\infty} \mathrm{e}^{-x^2} \mathrm{d}x = \dfrac{\sqrt{\pi}}{2}$，并证明概率论与数理统计中标准正态分布的概率密度 $f(x) = \dfrac{1}{\sqrt{2\pi}} \mathrm{e}^{-\frac{x^2}{2}}$ 的广义积分 $\displaystyle\int_{-\infty}^{+\infty} f(x) \mathrm{d}x = 1.$

证 令 $I_a = \displaystyle\int_0^a \mathrm{e}^{-x^2} \mathrm{d}x \ (a > 0)$，并记 $D: 0 \leqslant x \leqslant a, 0 \leqslant y \leqslant a.$ 则

$$I_a^2 = \int_0^a \mathrm{e}^{-x^2} \mathrm{d}x \cdot \int_0^a \mathrm{e}^{-y^2} \mathrm{d}y = \iint\limits_D \mathrm{e}^{-x^2 - y^2} \mathrm{d}x \mathrm{d}y.$$

设

$$D_1 : x^2 + y^2 \leqslant a^2 (x \geqslant 0, \ y \geqslant 0),$$
$$D_2 : x^2 + y^2 \leqslant 2a^2 (x \geqslant 0, \ y \geqslant 0),$$

则有

$$\iint\limits_{D_1} \mathrm{e}^{-x^2 - y^2} \mathrm{d}\sigma = \int_0^{\frac{\pi}{2}} \mathrm{d}\theta \int_0^a \mathrm{e}^{-r^2} \cdot r \mathrm{d}r = \frac{\pi}{2} \cdot \left[-\frac{1}{2} \mathrm{e}^{-r^2} \right]_0^a = \frac{\pi}{4} (1 - \mathrm{e}^{-a^2}),$$

$$\iint\limits_{D_2} \mathrm{e}^{-x^2 - y^2} \mathrm{d}\sigma = \int_0^{\frac{\pi}{2}} \mathrm{d}\theta \int_0^{\sqrt{2}a} \mathrm{e}^{-r^2} \cdot r \mathrm{d}r = \frac{\pi}{2} \cdot \left[-\frac{1}{2} \mathrm{e}^{-r^2} \right]_0^{\sqrt{2}a} = \frac{\pi}{4} (1 - \mathrm{e}^{-2a^2}).$$

于是，由图 5.17 所示的积分区域关系得

$$\iint\limits_{D_1} \mathrm{e}^{-x^2 - y^2} \mathrm{d}\sigma \leqslant \iint\limits_D \mathrm{e}^{-x^2 - y^2} \mathrm{d}\sigma \leqslant \iint\limits_{D_2} \mathrm{e}^{-x^2 - y^2} \mathrm{d}\sigma.$$

即

$$\frac{\pi}{4} (1 - \mathrm{e}^{-a^2}) \leqslant I_a^2 \leqslant \frac{\pi}{4} (1 - \mathrm{e}^{-2a^2}).$$

令 $a \to +\infty$，则由上面不等式得 $\lim\limits_{a \to +\infty} I_a^2 = \dfrac{\pi}{4}$，即

$$\left(\int_0^{+\infty} e^{-x^2} \, dx \right)^2 = \frac{\pi}{4},$$

解得

$$\int_0^{+\infty} e^{-x^2} \, dx = \frac{\sqrt{\pi}}{2}.$$

利用上式，有

$$\int_{-\infty}^{+\infty} f(x) \, dx = \int_{-\infty}^{+\infty} \frac{1}{\sqrt{2\pi}} e^{-\frac{x^2}{2}} \, dx$$

$$\xlongequal{u = x/\sqrt{2}} \frac{1}{\sqrt{2\pi}} \int_{-\infty}^{+\infty} e^{-u^2} \sqrt{2} \, du = \frac{1}{\sqrt{\pi}} \cdot 2 \int_0^{+\infty} e^{-u^2} \, du$$

$$= \frac{1}{\sqrt{\pi}} \cdot 2 \cdot \frac{\sqrt{\pi}}{2}$$

$$= 1.$$

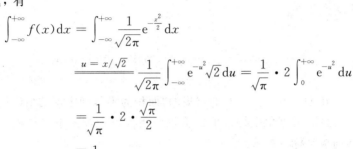

图　5.17

例 5.13　求球面 $x^2 + y^2 + z^2 = 4a^2$ 所围区域含在柱面 $x^2 + y^2 = 2ax$ 内那部分的体积.

解　如图 5.18 所示，所求体积是区域 D 上以球面为顶面的曲顶柱体体积的 4 倍，而上半球面的方程为 $z = \sqrt{4a^2 - x^2 - y^2}$，于是，有

$$V = 4 \iint\limits_{D} \sqrt{4a^2 - x^2 - y^2} \, d\sigma.$$

被积函数和积分区域适合用极坐标计算，积分区域 D 在极坐标系下表示为

$$D': 0 \leqslant r \leqslant 2a\cos\theta, \ 0 \leqslant \theta \leqslant \frac{\pi}{2}.$$

得所求体积为

$$V = 4 \iint\limits_{D'} \sqrt{4a^2 - r^2} \, r \, dr \, d\theta$$

$$= 4 \int_0^{\frac{\pi}{2}} \left[\int_0^{2a\cos\theta} \sqrt{4a^2 - r^2} \, r \, dr \right] d\theta$$

$$= 4 \int_0^{\frac{\pi}{2}} \left[-\frac{1}{2} \cdot \frac{2}{3} (4a^2 - r^2)^{\frac{3}{2}} \right]_0^{2a\cos\theta} d\theta$$

$$= \frac{32}{3} a^3 \int_0^{\frac{\pi}{2}} (1 - \sin^3\theta) \, d\theta$$

$$= \frac{32}{3} \left(\frac{\pi}{2} - \frac{2}{3} \right) a^3.$$

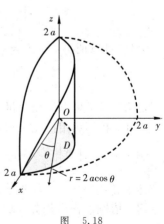

图　5.18

*5.2.3　二重积分的换元法

前面我们从几何上利用直角坐标与极坐标的变换关系式，得到了将直角坐标系下的二重积分化为极坐标系下的二重积分的关系式，但并没有给出具体的理论. 下面，我们不加证明地给出二重积分换元法的一般形式.

定理 设函数 $f(x,y)$ 在 xOy 面内的闭区域 D_{xy} 上连续，变换

$$T: \begin{cases} x = x(u,v) \\ y = y(u,v) \end{cases}$$

将 uOv 平面内的闭区域 D_{uv} 变为 xOy 平面上的 D_{xy}，且满足

(i) 在 D_{uv} 上 $x(u,v)$，$y(u,v)$ 具有一阶连续偏导数；

(ii) 在 D_{uv} 上雅可比行列式 $J = \dfrac{\partial(x,y)}{\partial(u,v)} \neq 0$；

(iii) T 是 D_{uv} 到 D_{xy} 的一一映射.

则有

$$\iint\limits_{D_{xy}} f(x,y)\mathrm{d}x\mathrm{d}y = \iint\limits_{D_{uv}} f(x(u,v),\, y(u,v))\,|J|\,\mathrm{d}u\mathrm{d}v.$$

需要强调的是：若在 D_{uv} 内使 $J = 0$ 的点集的"面积为零"，则定理的结论仍成立.

利用这个理论，我们证明直角坐标系下二重积分化为极坐标系下二重积分的变换公式.
事实上，由直角坐标与极坐标变换式

$$\begin{cases} x = r\cos\theta \\ y = r\sin\theta \end{cases},$$

得

$$J = \frac{\partial(x,y)}{\partial(r,\theta)} = \begin{vmatrix} \dfrac{\partial x}{\partial r} & \dfrac{\partial x}{\partial \theta} \\ \dfrac{\partial y}{\partial r} & \dfrac{\partial y}{\partial \theta} \end{vmatrix} = \begin{vmatrix} \cos\theta & -r\sin\theta \\ \sin\theta & r\cos\theta \end{vmatrix} = r.$$

由于仅在极点处 $r = 0$，所以定理结论成立. 因而得到

$$\iint\limits_{D_{xy}} f(x,y)\mathrm{d}x\mathrm{d}y = \iint\limits_{D_{r\theta}} f(r\cos\theta,\, r\sin\theta) r\mathrm{d}r\mathrm{d}\theta.$$

另外，可以证明：当 $J \neq 0$ 时，有

$$\frac{\partial(x,y)}{\partial(u,v)} \cdot \frac{\partial(u,v)}{\partial(x,y)} = 1.$$

利用这个公式，可以转化变量 x,y 与变量 u,v 间的角色，在换元法中起着重要作用.

下面，我们利用换元法求解几个特殊的二重积分.

例 5.14 计算 $\iint\limits_{D} \dfrac{y^2}{x^3}\mathrm{d}x\mathrm{d}y$，其中 D 是由抛物线 $y^2 = ax$，$y^2 = bx$ 和直线 $y = cx$，$y = dx$ $(0 < a < b, 0 < c < d)$ 所围成的区域.

解 依题意作出积分区域 D 的示意图，如图 5.19(a)所示. 显然，区域 D 既不适合直角坐标，也不适合极坐标表示. 根据 D 的边界曲线特征，可以采用变换的方法进行计算. 作变

换 $\begin{cases} u = \dfrac{y^2}{x} \\ v = \dfrac{y}{x} \end{cases}$，则其逆变换为 $\begin{cases} x = \dfrac{u}{v^2} \\ y = \dfrac{u}{v} \end{cases}$. 变换将 D 变为 uOv 平面内矩形区域（见图 5.19(b)）

$$D_{uv}: a \leqslant u \leqslant b, c \leqslant v \leqslant d.$$

由于

$$J = \frac{\partial(x,y)}{\partial(u,v)} = \begin{vmatrix} \dfrac{\partial x}{\partial u} & \dfrac{\partial x}{\partial v} \\ \dfrac{\partial y}{\partial u} & \dfrac{\partial y}{\partial v} \end{vmatrix} = \begin{vmatrix} -\dfrac{1}{v^2} & -\dfrac{2u}{v^3} \\ \dfrac{1}{v} & -\dfrac{u}{v^2} \end{vmatrix} = \frac{u}{v^4} (>0),$$

所以

$$\iint\limits_{D} \frac{y^2}{x^3} \mathrm{d}x\mathrm{d}y = \iint\limits_{D_{uv}} \frac{v^4}{u} \cdot \frac{u}{v^4} \mathrm{d}u\mathrm{d}v = \iint\limits_{D_{uv}} \mathrm{d}u\mathrm{d}v = (b-a)(d-c).$$

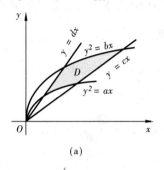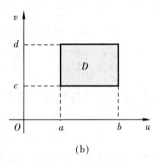

(a)   (b)

图　5.19

例 5.15　利用二重积分求由 $x+y=a$，$x+y=b$，$y=cx$，$y=dx(0<a<b,0<c<d)$ 所围区域 D 的面积 S_D.

解　依题意作出积分区域 D 的示意图，如图 5.20(a) 所示. 显然，区域 D 的面积

$$S_D = \iint\limits_{D} \mathrm{d}x\mathrm{d}y.$$

依区域 D 的特点作变换 $\begin{cases} u=x+y \\ v=\dfrac{y}{x} \end{cases}$，其逆变换为 $\begin{cases} x=\dfrac{u}{(1+v)} \\ y=\dfrac{uv}{(1+v)} \end{cases}$，得到 D 对应的 uOv 平面内矩

形区域（见图 5.20(b)）$D_{uv}: a \leqslant u \leqslant b, c \leqslant v \leqslant d$. 由于

$$J = \frac{\partial(x,y)}{\partial(u,v)} = \begin{vmatrix} \dfrac{1}{(1+v)} & -\dfrac{u}{(1+v)^2} \\ \dfrac{v}{(1+v)} & \dfrac{u}{(1+v)^2} \end{vmatrix} = \frac{u}{(1+v)^2} (>0),$$

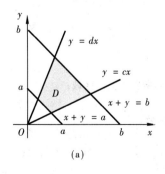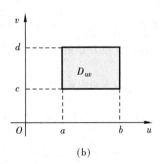

(a)   (b)

图　5.20

故

$$S_D = \iint\limits_{D_{uv}} \frac{u}{(1+v)^2} du du = \int_c^d \frac{1}{(1+v)^2} dv \cdot \int_a^b u \, du$$

$$= \frac{(b^2 - a^2)(d-c)}{2(1+c)(1+d)}.$$

例 5.16 求椭球体的体积.

解 设椭球面方程为 $\frac{x^2}{a^2} + \frac{y^2}{b^2} + \frac{z^2}{c^2} = 1$. 由于其所围椭球体关于各坐标面对称,所以体积为 xOy 以上部分的 2 倍. 而上半部分椭球面的方程为

$$z = c \sqrt{1 - \frac{x^2}{a^2} - \frac{y^2}{b^2}} \quad (-a \leqslant x \leqslant a, -b \leqslant y \leqslant b),$$

由二重积分的几何意义得到椭球体的体积为

$$V = 2\iint\limits_{D} c \sqrt{1 - \frac{x^2}{a^2} - \frac{y^2}{b^2}} \, dx dy \quad \left(D: \frac{x^2}{a^2} + \frac{y^2}{b^2} \leqslant 1\right).$$

这里,我们引入所谓的作广义极坐标变换

$$\begin{cases} x = ar\cos\theta \\ y = br\sin\theta \end{cases}.$$

在此变换下,D 对应的广义极坐标表示的区域为 $D': 0 \leqslant r \leqslant 1, 0 \leqslant \theta \leqslant 2\pi$. 由

$$\frac{\partial(x,y)}{\partial(r,\theta)} = \begin{vmatrix} a\cos\theta & -ar\sin\theta \\ b\sin\theta & br\cos\theta \end{vmatrix} = abr \geqslant 0,$$

且仅当 $r = 0$ 时为零可知变换成立,因此得

$$V = 2\iint\limits_{D'} c \sqrt{1 - r^2} \cdot abr \, dr d\theta = 2abc \int_0^{2\pi} d\theta \cdot \int_0^1 \sqrt{1 - r^2} \, r dr = \frac{4\pi}{3} abc.$$

习 题 5.2

直角坐标系下的二重积分

1. 按两种积分次序化二重积分 $I = \iint\limits_{D} f(x,y) d\sigma$ 为二次积分:

(1) D 是由直线 $y = x$ 及抛物线 $y^2 = 4x$ 所围成的闭区域;

(2) D 是由直线 $y = x, x = 2$ 及双曲线 $y = \frac{1}{x}(x > 0)$ 所围成的闭区域.

2. 计算下列二重积分:

(1) $\iint\limits_{D}(x^2 + y^2) d\sigma$,其中 D 是矩形:$|x| \leqslant 1, |y| \leqslant 1$;

(2) $\iint\limits_{D} x \sqrt{y} d\sigma$,其中 D 是由两条抛物线 $y = \sqrt{x}, y = x^2$ 所围成的闭区域;

(3) $\iint\limits_{D} e^{x+y} d\sigma$,其中 D 是由 $|x| + |y| \leqslant 1$ 所确定的闭区域;

(4) $\iint\limits_{D}(x^2 + y^2 - x) d\sigma$,其中 D 是由直线 $y = 2, y = x$ 及 $y = 2x$ 所围成的闭区域;

(5) $\iint\limits_{D}(x^2 + y^2) d\sigma$,其中 D 是闭区域:$0 \leqslant y \leqslant \sin x, 0 \leqslant x \leqslant \pi$;

(6) $\iint\limits_{D}(x^2+y^2)\mathrm{d}\sigma$，其中 D 是由直线 $y=x$，$y=x+a$，$y=a$，$y=3a(a>0)$ 所围成的闭区域；

(7) $\iint\limits_{D}y\left[1+x\mathrm{e}^{\frac{1}{2}(x^2+y^2)}\right]\mathrm{d}x\mathrm{d}y$，其中 D 是由直线 $y=x$，$y=-1$ 和 $x=1$ 所围成的平面闭区域；（提示：可以利用对称性，也可直接计算.）

(8) $\iint\limits_{D}x[1+yf(x^2+y^2)]\mathrm{d}\sigma$，其中 $D=\{(x,y)\,|\,x^2+y^2\leqslant 2x\}$，$f(x)$ 在 $[0,2]$ 上连续；（提示：可利用对称性）

(9) $\iint\limits_{\substack{0\leqslant x\leqslant 1\\0\leqslant y\leqslant 1}}\mathrm{e}^{\max(x^2,y^2)}\mathrm{d}x\mathrm{d}y$；

(10) 计算 $\iint\limits_{D}|\sin(x+y)|\mathrm{d}x\mathrm{d}y$，其中 D：$0\leqslant x\leqslant\pi$，$0\leqslant y\leqslant 2\pi$.

3. 改变下列二次积分的积分次序：

(1) $\int_0^1\mathrm{d}y\int_0^y f(x,y)\mathrm{d}x$；

(2) $\int_0^2\mathrm{d}y\int_{y^2}^{2y}f(x,y)\mathrm{d}x$；

(3) $\int_1^2\mathrm{d}x\int_{2-x}^{\sqrt{2x-x^2}}f(x,y)\mathrm{d}y$；

(4) $\int_1^e\mathrm{d}x\int_0^{\ln x}f(x,y)\mathrm{d}y$；

(5) $\int_0^4\mathrm{d}y\int_{-\sqrt{4-y}}^{\frac{1}{2}(y-4)}f(x,y)\mathrm{d}x$；

(6) $\int_0^1\mathrm{d}y\int_0^{2y}f(x,y)\mathrm{d}x+\int_1^3\mathrm{d}y\int_0^{3-y}f(x,y)\mathrm{d}x$.

4. 计算下列积分：

(1) $\int_0^1\mathrm{d}y\int_y^1\sin x^2\mathrm{d}x$；

(2) $\int_0^1\mathrm{d}y\int_y^1\dfrac{x^3}{x^2+y^2}\mathrm{d}x$.

5. 求由平面 $x=0$，$y=0$，$x+y=1$ 所围成的柱体被平面 $z=0$ 及抛物面 $x^2+y^2=6-z$ 截得的立体的体积.

6. 求两个底半径相等的正交圆柱体的公共部分的体积.

7. 设平面薄片所占的闭区域 D 是由直线 $x+y=2$，$y=x$ 和 x 轴所围成，在 D 内任一点的面密度为该点到原点的距离的平方，求该薄片的质量.

极坐标系下的二重积分

8. 利用极坐标计算下列各题：

(1) $\iint\limits_{D}\mathrm{e}^{x^2+y^2}\mathrm{d}\sigma$，其中 D：$x^2+y^2\leqslant 4$；

(2) $\iint\limits_{D}\ln(1+x^2+y^2)\mathrm{d}\sigma$，其中 D：$x^2+y^2\leqslant 1$，$x\geqslant 0$，$y\geqslant 0$；

(3) $\iint\limits_{D}\arctan\dfrac{y}{x}\mathrm{d}\sigma$，其中 D 是由圆周 $x^2+y^2=4$，$x^2+y^2=1$ 及直线 $y=0$，$y=x$ 所围成的在第一象限内的闭区域；

(4) $\iint\limits_{D}\dfrac{x^2}{y^2}\mathrm{d}\sigma$，其中 D 是由直线 $x=2$，$y=x$ 及曲线 $xy=1$ 所围成的闭区域；

(5) $\iint\limits_{D}\sqrt{\dfrac{1-x^2-y^2}{1+x^2+y^2}}\mathrm{d}\sigma$，其中 D 是由圆周 $x^2+y^2=1$ 及坐标轴所围成的在第一象限内的闭区域；

(6) $\iint\limits_{D}\sqrt{x^2+y^2}\mathrm{d}\sigma$，其中 D 是圆环形：$a^2\leqslant x^2+y^2\leqslant b^2$；

(7) $\iint\limits_{D}\sqrt{R^2-x^2-y^2}\mathrm{d}\sigma$，其中 D 是由圆周 $x^2+y^2=Rx$ 所围成的闭区域；

(8) $\iint\limits_{D} e^{-(x^2+y^2)} d\sigma$，其中 D 是由上半圆 $y = \sqrt{1-x^2}$ 与 x 轴所围成的闭区域.

9. 把下列积分化为极坐标形式，并计算前 4 题的值：

    (1) $\int_0^{2a} dx \int_0^{\sqrt{2ax-x^2}} (x^2+y^2) dy$;

    (2) $\int_0^a dx \int_0^x \sqrt{x^2+y^2} dy$;

    (3) $\int_0^1 dx \int_{x^2}^x (x^2+y^2)^{-\frac{1}{2}} dy$;

    (4) $\int_0^a dy \int_0^{\sqrt{a^2-y^2}} (x^2+y^2) dx$;

    (5) $\int_0^2 dx \int_x^{\sqrt{3}x} f(\sqrt{x^2+y^2}) dy$;

    (6) $\int_0^1 dx \int_{1-x}^{\sqrt{1-x^2}} f(x,y) dy$.

10. 计算圆 $x^2+y^2 = a^2$ 的外部与圆 $x^2+y^2 = 2ax$ 的内部所形成区域的面积.

11. 求由曲面 $z = x^2+2y^2$ 及 $z = 6-2x^2-y^2$ 所围成的立体的体积.

12. 计算以 xOy 面上的圆周 $x^2+y^2 = ax$ 围成的闭区域为底，而以曲面 $z = x^2+y^2$ 为顶的曲顶柱体的体积.

13. 一金属叶片，形如心形线 $r = a(1+\cos\theta)$，它在任一点的密度与原点到该点的距离成正比，求它的质量.

* **二重积分的换元法**

14. 作适当的变换，计算下列二重积分：

    (1) $\iint\limits_{D} (x-y)^2 \sin^2(x+y) dx dy$，其中 D 是以 $(\pi,0)$，$(2\pi,\pi)$，$(\pi,2\pi)$ 和 $(0,\pi)$ 为顶点的平行四边形；

    (2) $\iint\limits_{D} x^2 y^2 dx dy$，其中 D 是由曲线 $xy = 1$，$xy = 2$，直线 $y = x$ 和 $y = 4x$ 所围成的在第一象限内的闭区域；

    (3) $\iint\limits_{D} e^{\frac{y}{x+y}} dx dy$，其中 D 是由 x 轴，y 轴和直线 $x+y = 1$ 所围成的闭区域；

    (4) $\iint\limits_{D} \left(\dfrac{x^2}{a^2} + \dfrac{y^2}{b^2}\right) dx dy$，其中 $D: \dfrac{x^2}{a^2} + \dfrac{y^2}{b^2} \leqslant 1$.

15. 求下列曲线所围成的闭区域 D 的面积：
    (1) D 是由曲线 $xy = 4$，$xy = 8$，$xy^3 = 5$，$xy^3 = 15$ 所围成的位于第一象限部分的闭区域；
    (2) D 是由曲线 $y = x^3$，$y = 4x^3$，$x = y^3$，$x = 4y^3$ 所围成的位于第一象限部分的闭区域.

5.3　二重积分的应用

    二重积分有着与定积分类似的微元法：如果所求总体量 U 对于平面闭区域 D 具有可加性，并且这个总体量相应于小区域 $\Delta\sigma_i$（并表示其面积）的部分量 ΔU_i 的主要部分可以用 $f(x_i, y_i)\Delta\sigma_i$ 近似表示（$(x_i, y_i) \in \Delta\sigma_i$），即当小区域直径趋于零时，两者是等价无穷小，那么这个总体量 U 就可用 $f(x,y)$ 在 D 上的二重积分表示. 即

$$U = \iint\limits_{D} f(x,y) d\sigma,$$

称 $dU = f(x,y) d\sigma$ 为所求量 U 的**微元**. 如在 5.1 节中给出的体积微元 dV，平面薄片的质量微元 dM 等.

    关于立体体积及薄片质量问题已经在前面讨论过，这里仅给出一些适合二重积分处理的其他几何或物理问题.

5.3.1　曲面的面积

    下面，我们用微元法给出用二重积分表示和计算曲面面积的方法.

（1）设光滑曲面 Σ 由 $z = f(x,y)$ 给出，其在 xOy 面上的投影是有界闭区域 D_{xy}.

将区域 D 任意分成若干个直径很小的小区域，以这些小区域的边界线为准线，以平行 z 轴的直线为母线的柱面将曲面 Σ 分成 n 个小曲面. 在面积微元 $d\sigma$ 上任取一点 (x,y)，作对应小曲面 ΔS 上点 $M(x,y,z)$ 处切平面，记切平面上在 xOy 面投影为 $d\sigma$ 的小平面为 dS，并用它们分别表示各自的面积，则 $\Delta S \approx dS$，称 dS 为曲面 Σ 的**面积微元**. 如图 5.21 所示，dS 与 $d\sigma$ 的关系式为

$$dS = \frac{d\sigma}{|\cos\gamma|},$$

其中，γ 是 Σ 上点 M 处法向量 $\boldsymbol{n}$ 与 z 轴的夹角. 由

$$\boldsymbol{n} = (-z_x', -z_y', 1)$$

得到

$$\cos\gamma = \frac{1}{|\boldsymbol{n}|} = \frac{1}{\sqrt{1 + z_x^2 + z_y^2}}.$$

代入上面关系式，得到曲面 Σ 的面积微元

$$dS = \sqrt{1 + z_x'^2 + z_y'^2}\, d\sigma.$$

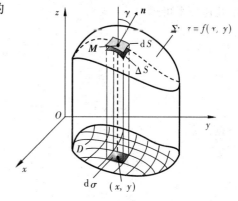

图　5.21

对 dS 取 D 上的二重积分，得到 Σ 的面积用二重积分表示的公式为

$$S = \iint\limits_{D_{xy}} \sqrt{1 + z_x'^2 + z_y'^2}\, dxdy.$$

类似地，当光滑曲面 Σ 用 $x = x(y,z)$、$y = y(z,x)$ 表示时的面积公式分别为

$$S = \iint\limits_{D_{yz}} \sqrt{1 + x_y'^2 + x_z'^2}\, dydz,$$

$$S = \iint\limits_{D_{zx}} \sqrt{1 + y_z'^2 + y_x'^2}\, dzdx.$$

（2）设光滑曲面 Σ 的方程由隐式 $F(x,y,z) = 0$ 给出，若采用向 xOy 面上投影的方法计算其面积，则由 $\boldsymbol{n} = (F_x', F_y', F_z')$ 得到

$$\cos\gamma = \frac{F_z'}{|\boldsymbol{n}|} = \frac{F_z'}{\sqrt{F_x'^2 + F_y'^2 + F_z'^2}},$$

从而

$$dS = \frac{d\sigma}{|\cos\gamma|} = \frac{\sqrt{F_x'^2 + F_y'^2 + F_z'^2}}{|F_z'|}\, d\sigma,$$

于是

$$S = \iint\limits_{D_{xy}} \frac{\sqrt{F_x'^2 + F_y'^2 + F_z'^2}}{|F_z'|}\, dxdy.$$

类似地，光滑曲面 $\Sigma: F(x,y,z) = 0$ 向 yOz、zOx 面上投影时面积公式分别为

$$S = \iint\limits_{D_{yz}} \frac{\sqrt{F_x'^2 + F_y'^2 + F_z'^2}}{|F_x'|}\, dydz,$$

$$S = \iint\limits_{D_{zx}} \frac{\sqrt{F_x'^2 + F_y'^2 + F_z'^2}}{|F_y'|}\, dzdx.$$

例 5.17 求球面 $x^2 + y^2 + z^2 = 4a^2$ 含在柱面 $x^2 + y^2 = 2ax$ 内的曲面面积.

解 如图 5.22 所示，由对称性知所求面积是区域 D 的上方曲面面积的 4 倍，而上半球面的方程为

$$z = \sqrt{4a^2 - x^2 - y^2},$$

由几何关系可得

$$\cos\gamma = \frac{z}{2a} = \frac{\sqrt{4a^2 - x^2 - y^2}}{2a},$$

从而

$$dS = \frac{d\sigma}{|\cos\gamma|} = \frac{2a}{\sqrt{4a^2 - x^2 - y^2}} d\sigma.$$

于是，有

$$
\begin{aligned}
S &= 4\iint_D dS = 4\iint_D \frac{2a}{\sqrt{4a^2 - x^2 - y^2}} d\sigma \\
&= 4\int_0^{\frac{\pi}{2}} \left[\int_0^{2a\cos\theta} \frac{2a}{\sqrt{4a^2 - r^2}} r\, dr \right] d\theta \\
&= -8a \int_0^{\frac{\pi}{2}} \sqrt{4a^2 - r^2} \Big|_0^{2a\cos\theta} d\theta \\
&= 16a^2 \int_0^{\frac{\pi}{2}} (1 - \sin\theta) d\theta \\
&= 8(\pi - 2) a^2.
\end{aligned}
$$

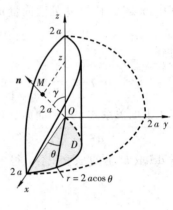

图 5.22

5.3.2 平面薄片的质心

设质点系由 n 个质点构成，第 i 个质点的质量为 m_i，它位于点 (x_i, y_i) $(i = 1, 2, \cdots, n)$ 处(见图 5.23). 由力学知识，这 n 个质点对 y 轴产生的静力矩之和为 $M_y = \sum\limits_{i=1}^{n} m_i x_i$，它等效于视质点系总质量 $M = \sum\limits_{i=1}^{n} m_i$ 集中在质心 $(\bar{x}, \bar{y})$ 处时，对 y 轴产生的静力矩 $M\bar{x}$，即 $M_y = M\bar{x}$，或 $\sum\limits_{i=1}^{n} m_i x_i = \left(\sum\limits_{i=1}^{n} m_i \right) \cdot \bar{x}$. 由此得质心处横坐标

$$\bar{x} = \frac{M_y}{M} = \frac{\sum\limits_{i=1}^{n} m_i x_i}{\sum\limits_{i=1}^{n} m_i},$$

同理得质心处纵坐标

$$\bar{y} = \frac{M_x}{M} = \frac{\sum\limits_{i=1}^{n} m_i y_i}{\sum\limits_{i=1}^{n} m_i}.$$

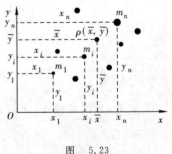

图 5.23

下面利用质点系质心概念给出平面薄片质心公式.

设平面薄片占据着 xOy 平面上有界闭区域 D，其面密度 $\rho(x, y)$ 在 D 上连续. 如图 5.24

所示,将区域 D 任意分成若干个小区域,在小区域的面积微元 $d\sigma$ 上任取一点 (x,y),并以该点的密度 $\rho(x,y)$ 近似作为小薄片上各点的密度,得到面积微元对应的小薄片的质量近似为 $\rho(x,y)d\sigma$,再以 (x,y) 点近似作为小薄片的质心,并视小薄片为质点,得到薄片关于 y 轴的静力矩微元

$$\mathrm{d}M_y = x \cdot \rho(x,y)\mathrm{d}\sigma.$$

利用质点系的质心求法,在 D 上取力矩微元的二重积分得到薄片对于 y 轴的静力矩

$$M_y = \iint\limits_{D} x\rho(x,y)\mathrm{d}\sigma.$$

由它等效于薄片质量 $M = \iint\limits_{D}\rho(x,y)\mathrm{d}\sigma$ 集中在质心 $(\bar{x},\bar{y})$ 处对 y 轴产生的静力矩 $M\bar{x}$,即 $M_y = M\bar{x}$,得到质心处的横坐标

$$\bar{x} = \frac{M_y}{M} = \frac{\iint\limits_{D} x\rho(x,y)\mathrm{d}\sigma}{\iint\limits_{D}\rho(x,y)\mathrm{d}\sigma}.$$

同理可以得到薄片质心处纵坐标

$$\bar{y} = \frac{M_x}{M} = \frac{\iint\limits_{D} y\rho(x,y)\mathrm{d}\sigma}{\iint\limits_{D}\rho(x,y)\mathrm{d}\sigma}.$$

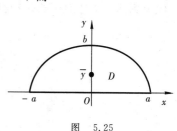

图 5.24

当薄片均匀(即 $\rho(x,y)$ 为常数)时,其质心坐标为

$$\bar{x} = \frac{1}{S_D}\iint\limits_{D} x\mathrm{d}\sigma,$$

$$\bar{y} = \frac{1}{S_D}\iint\limits_{D} y\mathrm{d}\sigma,$$

其中,$S_D = \iint\limits_{D}\mathrm{d}\sigma$ 是闭区域 D 的面积.这时的质心即为 D 的**形心**.

例 5.18 求半椭圆的形心.

解 设半椭圆如图 5.25 所示.由图形关于 y 轴对称知 $\bar{x} = 0$,而

$$\bar{y} = \frac{1}{S_D}\iint\limits_{D} y\mathrm{d}x\mathrm{d}y = \frac{1}{\frac{1}{2}\pi ab}\int_{-a}^{a}\mathrm{d}x\int_{0}^{\frac{b}{a}\sqrt{a^2-x^2}} y\mathrm{d}y$$

$$= \frac{1}{\pi ab}\int_{-a}^{a}\frac{b^2}{a^2}(a^2-x^2)\mathrm{d}x$$

$$= \frac{4b}{3\pi}.$$

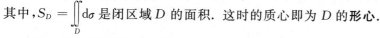

图 5.25

所以,半椭圆的形心位于其对称轴上并且与直线边的距离为 $\dfrac{4b}{3\pi}$ 的点处.

例 5.19 求心脏线 $r = a(1+\cos\theta)$ 的形心.

解 如图 5.26 所示,由心脏线关于 x 轴对称得形心处纵坐标为

$$\bar{y} = 0.$$

由心脏线的面积

$$S_D = \iint\limits_D d\sigma = \int_0^{2\pi} \left[\int_0^{a(1+\cos\theta)} r dr \right] d\theta = \frac{3}{2}\pi a^2,$$

得形心处横坐标为

$$\bar{x} = \frac{1}{S_D}\iint\limits_D x d\sigma = \frac{2}{3\pi a^2} \int_0^{2\pi} \left[\int_0^{a(1+\cos\theta)} r^2 \cos\theta dr \right] d\theta$$

$$= \frac{2}{3\pi a^2} \int_0^{2\pi} \frac{r^3}{3} \bigg|_0^{a(1+\cos\theta)} \cos\theta d\theta$$

$$= \frac{2a}{9\pi} \int_0^{2\pi} (1+\cos\theta)^3 \cos\theta d\theta$$

$$= \frac{5}{6}a.$$

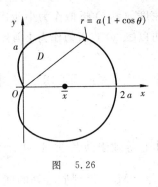

图 5.26

所以，心脏线 $r = a(1+\cos\theta)$ 的形心位于其对称轴上距离角点为 $\frac{5}{6}a$ 的点处.

5.3.3 平面薄片的转动惯量

在力学上，将一个质点的质量 m 与它到转动轴 l 的距离 r 的平方之积称为质点对轴 l 的**转动惯量**，记作 I_l. 即 $I_l = mr^2$. 而对于 n 个质点构成的质点系（见图5.27(a)），设第 i 个质点的质量为 m_i，它到轴 l 的距离为 $r_i (i = 1, 2, \cdots, n)$，则质点系对轴 l 的转动惯量为

$$I_l = \sum_{i=1}^n m_i r_i^2.$$

下面，我们利用质点系转动惯量概念给出平面薄片的转动惯量计算公式.

设平面薄片占据着 xOy 平面内有界闭区域 D，且其面密度函数 $\rho(x, y)$ 在 D 上连续. 如图 5.27(b) 所示，将区域 D 任意分成若干个小区域，取面积元素 $d\sigma$（并表示其面积），在其上任取一点 (x, y)，得到小薄片的质量近似为 $\rho(x, y)d\sigma$. 记点 (x, y) 到轴 l 的距离为 $r = r(x, y)$，以该点近似作为小薄片的质心，并视小薄片为 (x, y) 处的质点，得到薄片关于 l 轴的转动惯量微元

$$dI_l = r^2(x, y)\rho(x, y)d\sigma,$$

由此得到薄片对于轴 l 的转动惯量为

$$I_l = \iint\limits_D \rho(x, y)r^2(x, y)d\sigma.$$

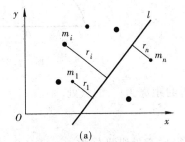 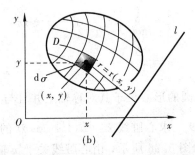

图 5.27

特别地，薄片对 x 轴、y 轴及原点（即过原点且垂直薄片的轴）的转动惯量分别是

$$I_x = \iint\limits_D y^2 \rho(x,y)\mathrm{d}\sigma;$$

$$I_y = \iint\limits_D x^2 \rho(x,y)\mathrm{d}\sigma;$$

$$I_0 = \iint\limits_D (x^2 + y^2)\rho(x,y)\mathrm{d}\sigma.$$

显然有 $I_0 = I_x + I_y$.

例 5.20　设薄片的面密度为常数 ρ，求下列薄片关于指定轴的转动惯量：

(1) 半径为 a 的半圆形薄片对其直径；

(2) 圆环形薄片 $R_1^2 \leqslant x^2 + y^2 \leqslant R_2^2$ 对垂直于圆环并过它的中心的轴；

(3) 由抛物线 $y^2 = x$ 及直线 $x = 1$ 所围成的薄片关于轴 $y = x$.

解　(1) 设薄片占据着平面坐标系中以原点为圆心，以 a 为半径的上半圆 D，即

$$D: x^2 + y^2 \leqslant a^2,\ y \geqslant 0,$$

则此半圆形薄片对其直径，即 x 轴的转动惯量为

$$
\begin{aligned}
I_x &= \iint\limits_D \rho y^2 \mathrm{d}\sigma = \rho \iint\limits_D r^2 \sin^2\theta \cdot r\mathrm{d}r\mathrm{d}\theta \\
&= \rho \int_0^\pi \sin^2\theta \mathrm{d}\theta \cdot \int_0^a r^3 \mathrm{d}r \\
&= \frac{1}{8}\pi\rho a^4.
\end{aligned}
$$

(2) 将圆环形薄片占据的区域记为 D，并将 D 改写为极坐标形式为

$$D': R_1 \leqslant r \leqslant R_2,\ 0 \leqslant \theta \leqslant 2\pi,$$

则所求即为圆环形薄片对原点的转动惯量

$$
\begin{aligned}
I_0 &= \iint\limits_D (x^2 + y^2)\rho\mathrm{d}x\mathrm{d}y = \rho \iint\limits_{D'} r^3 \mathrm{d}r\mathrm{d}\theta \\
&= \rho \int_0^{2\pi} \mathrm{d}\theta \cdot \int_{R_1}^{R_2} r^3 \mathrm{d}r \\
&= \frac{1}{2}\pi\rho(R_2^4 - R_1^4).
\end{aligned}
$$

(3) 平面薄片占据的区域为

$$D: y^2 \leqslant x \leqslant 1,\ -1 \leqslant y \leqslant 1.$$

如图 5.28 所示，在薄片上任取面积微元 $\mathrm{d}\sigma$ 上一点 (x,y) 近似作为其质心，由几何关系得它到直线 $y = x$ 的距离为

$$r = \frac{|x - y|}{\sqrt{2}},$$

于是，所求转动惯量为

$$
\begin{aligned}
I_{y=x} &= \iint\limits_D r^2 \rho\mathrm{d}\sigma = \iint\limits_D \left(\frac{|x - y|}{\sqrt{2}}\right)^2 \rho\mathrm{d}\sigma \\
&= \frac{1}{2}\rho \int_{-1}^1 \mathrm{d}y \int_{y^2}^1 (x - y)^2 \mathrm{d}x
\end{aligned}
$$

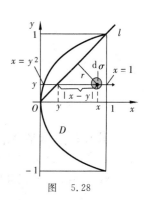

图　5.28

$$= \frac{1}{6}\rho \int_{-1}^{1} (x-y)^3 \Big|_{y^2}^{1} \mathrm{d}y$$

$$= \frac{1}{6}\rho \int_{-1}^{1} (1 - 3y + 3y^2 - y^3 - y^6 + 3y^5 - 3y^4 + y^3)\mathrm{d}y$$

$$= \frac{1}{3}\rho \int_{0}^{1} (1 + 3y^2 - y^6 - 3y^4)\mathrm{d}y = \frac{44}{105}\rho.$$

5.3.4　平面薄片对质点的引力

我们在此仅讨论平面薄片与质点间的引力情形. 设平面薄片占据着 xOy 平面上闭区域 D (见图 5.29), 面密度 $\rho = \rho(x,y)$ 在 D 上连续, 求薄片对位于点 $M(0,0,h)$ 处质量为 m 的质点的引力.

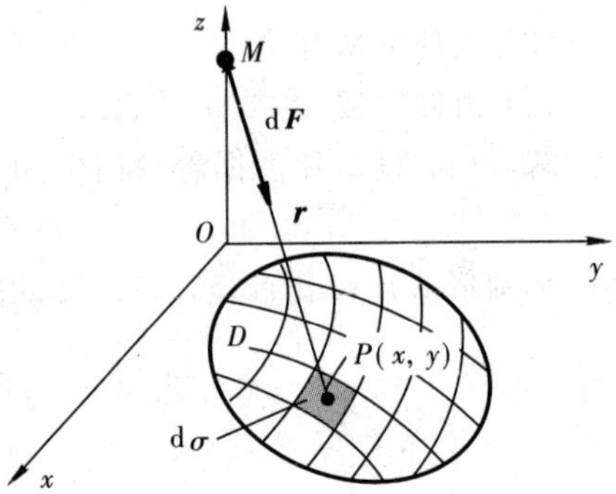

由于薄片上不同的点与质点 M 的引力的大小和方向均发生变化, 所以, 需要采用微元法处理该问题. 为此, 将薄片占据的区域 D 任意分成若干个小区域. 取面积微元 $\mathrm{d}\sigma$, 在其上任取一点 $P(x,y)$, 视其质量集中在该点, 得到小薄片对质点 M 的引力大小近似为

$$G\frac{m \cdot \rho\mathrm{d}\sigma}{|MP|^2},$$

其方向与向量

$$r = \overrightarrow{MP} = (x, y, -h)$$

同向. 由此得到薄片对质点 M 的引力 $\boldsymbol{F}$ 的引力微元

$$\mathrm{d}\boldsymbol{F} = G\frac{m\rho\mathrm{d}\sigma}{r^2}\boldsymbol{r}^0 = G\frac{m\rho\mathrm{d}\sigma}{r^3}\boldsymbol{r} = G\frac{m\rho\mathrm{d}\sigma}{r^2}\frac{1}{r}(x, y, -h)$$

$$= G\frac{m\rho x\mathrm{d}\sigma}{r^3}\boldsymbol{i} + G\frac{m\rho y\mathrm{d}\sigma}{r^3}\boldsymbol{j} + G\frac{m\rho(-h)\mathrm{d}\sigma}{r^3}\boldsymbol{k}$$

$$= (\mathrm{d}F_x,\ \mathrm{d}F_y,\ \mathrm{d}F_z),$$

其中 $r = \sqrt{x^2 + y^2 + h^2}$. 于是引力 $\boldsymbol{F}$ 为引力微元 $\mathrm{d}\boldsymbol{F}$ 在 D 上的二重积分, 即

$$\boldsymbol{F} = \iint_D \mathrm{d}\boldsymbol{F} = F_x\boldsymbol{i} + F_y\boldsymbol{j} + F_z\boldsymbol{k} = (F_x,\ F_y,\ F_z),$$

式中三个分量是引力 $\boldsymbol{F}$ 在三个坐标轴的分力, 分别为

$$F_x = \iint_D \mathrm{d}F_x = \iint_D \frac{Gm\rho(x,y)x}{(x^2 + y^2 + h^2)^{\frac{3}{2}}}\mathrm{d}\sigma,$$

$$F_y = \iint_D \mathrm{d}F_y = \iint_D \frac{Gm\rho(x,y)y}{(x^2 + y^2 + h^2)^{\frac{3}{2}}}\mathrm{d}\sigma,$$

$$F_z = \iint_D \mathrm{d}F_z = \iint_D \frac{-Gmh\rho(x,y)}{(x^2 + y^2 + h^2)^{\frac{3}{2}}}\mathrm{d}\sigma.$$

例 5.21　求半径为 R 的匀质 ($\rho =$ 常量) 圆形薄片: $x^2 + y^2 \leqslant R^2$, $z = 0$, 对位于 z 轴上点 $M(0,0,h)$ 处 ($h > 0$) 质量为 m 的质点的引力.

解　由题意及积分区域 D 的对称性知

$$F_x = F_y = 0.$$

图　5.29

再由上面的公式得

$$F_z = \iint\limits_{D} \frac{-Gmh\rho}{(x^2 + y^2 + h^2)^{\frac{3}{2}}} \mathrm{d}\sigma = -Gmh\rho \int_0^{2\pi} \mathrm{d}\theta \int_0^R \frac{1}{(r^2 + h^2)^{\frac{3}{2}}} r \mathrm{d}r$$

$$= -\pi Gmh\rho \int_0^R (r^2 + h^2)^{-\frac{3}{2}} \mathrm{d}(r^2 + h^2)$$

$$= 2\pi Gmh\rho \left(\frac{1}{\sqrt{R^2 + h^2}} - \frac{1}{h} \right).$$

故所求的引力为

$$\boldsymbol{F} = \left(0,\, 0,\, 2\pi Gmh\rho \left(\frac{1}{\sqrt{R^2 + h^2}} - \frac{1}{h} \right) \right).$$

这里的第三个分量为负,表示引力的方向与 z 轴正向相反.

习　题　5.3

1. 计算下列曲面的面积:

　　(1) 平面 $\dfrac{x}{a} + \dfrac{y}{b} + \dfrac{z}{c} = 1$ 被三坐标面所割出部分;

　　(2) 锥面 $z = \sqrt{x^2 + y^2}$ 被柱面 $z^2 = 2x$ 所截下部分;

　　(3) 球面 $x^2 + y^2 + z^2 = a^2$ 含在圆柱面 $x^2 + y^2 = ax$ 内部的那部分,以及含在该球内部的圆柱面的部分;

　　(4) 求柱面 $x^2 + y^2 = a^2$ 被平面 $x + z = 0$,$x - z = 0(x > 0,\, y > 0)$ 所截的那部分面积.

2. 设薄片所占的闭区域 D 如下,求各薄片的质心:

　　(1) D 由 $y = \sqrt{2px}$,$x = x_0$,$y = 0$ 所围成,$\rho = 1$;

　　(2) D 是半椭圆形闭区域:$\dfrac{x^2}{a^2} + \dfrac{y^2}{b^2} \leqslant 1$,$y \geqslant 0$,$\rho = 1$;

　　(3) D 是介于圆 $r = a\cos\theta$,$r = b\cos\theta(0 < a < b)$ 之间的闭区域,$\rho = 1$;

　　(4) D 由抛物线 $y = x^2$ 及直线 $y = x$ 所围成,$\rho(x,y) = x^2 y$.

3. 设均匀薄片(面密度 $\rho = 1$)所占闭区域 D 如下,求指定的转动惯量:

　　(1) $D:\dfrac{x^2}{a^2} + \dfrac{y^2}{b^2} \leqslant 1$,求 I_y;

　　(2) D 由抛物线 $y^2 = \dfrac{9}{2}x$ 与直线 $x = 2$ 所围成求 I_x 和 I_y;

　　(3) D 由抛物线 $y = x^2$ 及直线 $y = 1$ 所围成,关于直线 $y = -1$.

4. 求面密度为常量 ρ 的匀质半圆环形薄片:$\sqrt{R_1^2 - y^2} \leqslant x \leqslant \sqrt{R_2^2 - y^2}$,$z = 0$ 对位于 z 轴上点 $M_0(0,0,a)(a > 0)$ 处单位质量的质点的引力 $\boldsymbol{F}$.

5.4　三 重 积 分

前面研究的二重积分已经解决了某些立体上的几何或物理等问题,但仍有许多立体上的问题需要下面所谓的三重积分才能加以解决.

5.4.1　三重积分的概念与性质

　　引例　设某物体占据着空间直角坐标系 $Oxyz$ 下有界闭区域 Ω,其体密度由连续函数

$\rho(x,y,z)$ 给出，求该物体的质量.

如图 5.30 所示，把区域 Ω 任意分成 n 个小闭区域 ΔV_1，ΔV_2，$\cdots$，ΔV_n，并用它们表示对应的小区域的体积；在 ΔV_i 上任取一点(ξ_i，η_i，ζ_i)，并以这点的密度作为小区域上各点的密度，得到小区域上质量的近似值 $\rho(\xi_i,\eta_i,\zeta_i)\Delta V_i$，进而得到物体的近似质量

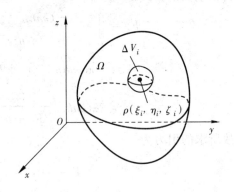

图 5.30

$$M \approx \sum_{i=1}^{n}\rho(\xi_i,\eta_i,\zeta_i)\Delta V_i;$$

将各小闭区域直径中的最大者记为 λ，就可以得到物体的质量

$$M = \lim_{\lambda \to 0}\sum_{i=1}^{n}\rho(\xi_i,\eta_i,\zeta_i)\Delta V_i.$$

由于许多实际问题都可以归结为这种数学模型，因此我们对这种形式的极限作出如下定义：

定义 5.2(三重积分) 设函数 $f(x,y,z)$ 在空间有界闭区域 Ω 上有界，将 Ω 任意分成 n 个小闭区域 ΔV_1，ΔV_2，$\cdots$，ΔV_n(并用它们表示对应的体积). 在每个小闭区域 ΔV_i 上任取一点(ξ_i，η_i，ζ_i)，作和式 $\sum_{i=1}^{n}f(\xi_i,\eta_i,\zeta_i)\Delta V_i$. 如果当各小闭区域直径中的最大值 λ 趋于零时，这个和式的极限的存在与对 Ω 分法及点(ξ_i，η_i，ζ_i)的取法无关，则称函数 $f(x,y,z)$ 在 Ω 上可积，称此极限为函数 $f(x,y,z)$ 在区域 Ω 上的**三重积分**，记为 $\iiint\limits_{\Omega}f(x,y,z)\mathrm{d}V$. 即

$$\iiint\limits_{\Omega}f(x,y,z)\mathrm{d}V = \lim_{\lambda \to 0}\sum_{i=1}^{n}f(\xi_i,\eta_i,\zeta_i)\Delta V_i,$$

称式中 $f(x,y,z)$ 为**被积函数**，$f(x,y,z)\mathrm{d}V$ 为**被积表达式**，$\mathrm{d}V$ 为**体积微元**，x,y,z 为**积分变量**，Ω 为**积分区域**，

如果在空间直角坐标系中用平行于坐标面的平面族来划分 Ω，则区域 Ω 内部的体积微元 $\mathrm{d}V = \mathrm{d}x\mathrm{d}y\mathrm{d}z$，于是，三重积分在空间直角坐标系中通常又可记为

$$\iiint\limits_{\Omega}f(x,y,z)\mathrm{d}x\mathrm{d}y\mathrm{d}z,$$

但仍应将 $\mathrm{d}x\mathrm{d}y\mathrm{d}z$ 理解为体积元素 $\mathrm{d}V$.

当被积函数 $f(x,y,z)$ 在区域 Ω 上连续，或 $f(x,y,z)$ 在 Ω 上不连续的点、曲线和曲面只是有限个时，三重积分 $\iiint\limits_{\Omega}f(x,y,z)\mathrm{d}V$ 存在.

通过前面的定义及引例可以给出三重积分的如下两个结果：

几何意义：当 $f(x,y,z) \equiv 1$ 时，在 Ω 上的三重积分等于 Ω 的体积，即

$$\iiint\limits_{\Omega}\mathrm{d}V = V.$$

物理意义：由引例可知，当 $f(x,y,z) \geqslant 0$ 时，在 Ω 上的三重积分等于 Ω 上体密度为 $f(x,$

y,z)的物体的质量,即

$$\iiint_\Omega f(x,y,z)\mathrm{d}x\mathrm{d}y\mathrm{d}z = M.$$

三重积分有着与二重积分完全类似的存在性、基本性质和对称性.

5.4.2　利用直角坐标计算三重积分

三重积分的计算一般需要化为三层变限积分或定积分来完成,并称这种形式的积分为**三次积分**.

引例　设物体由曲面 $z=3-x^2-y^2$,$\sqrt{y}=x$,$y=1$,$z=\dfrac{1}{2}y$,$x=0$ 所围成,密度为 $\rho=kx$,求其质量 M.

解　分别用平行于三个坐标面的平面族将 Ω 分成若干个小区域(如图 5.31).

法 1　"先线后面"方法:由三重积分的物理意义可知,所求质量

$$M = \iiint_\Omega \rho\mathrm{d}V.$$

先求图 5.31 中小块体质量的近似值. 以块体体积 $\mathrm{d}V = \mathrm{d}z\mathrm{d}\sigma$ 与其上点(x,y,z)处的密度 $\rho(x,y,z)$ 的积作为块体质量的近似值,得质量微元

$$\mathrm{d}M = \rho\mathrm{d}z\mathrm{d}\sigma;$$

再将块体沿平行 z 轴的方向从立体底面 $z=\dfrac{1}{2}y$ 累加到顶面 $z=3-x^2-y^2$,得到 xOy 平面上小区域 $\mathrm{d}\sigma$ 上方的柱体质量的近似值

$$\int_{\frac{1}{2}y}^{3-x^2-y^2}\rho\mathrm{d}z\mathrm{d}\sigma;$$

最后,取此柱体质量在 D 上的二重积分得到所求物体的质量的"先线后面"形式为

$$M = \iiint_\Omega \rho\mathrm{d}V = \iint_D\Big[\int_{\frac{1}{2}y}^{3-x^2-y^2}\rho\mathrm{d}z\Big]\mathrm{d}\sigma.$$

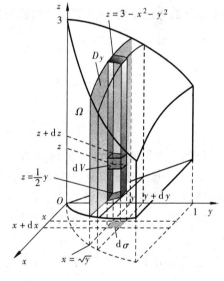

图　5.31

如果将上式中区域 D 上的二重积分继续化为"先 y 后 x"的二次积分,则得三重积分化为"三次积分"的结果,并继续计算得到所求质量

$$M = \iiint_\Omega \rho\mathrm{d}V = \int_0^1\Big\{\int_0^{\sqrt{y}}\Big[\int_{\frac{1}{2}y}^{3-x^2-y^2}\rho\mathrm{d}z\Big]\mathrm{d}x\Big\}\mathrm{d}y \triangleq \int_0^1\mathrm{d}y\int_0^{\sqrt{y}}\mathrm{d}x\int_{\frac{1}{2}y}^{3-x^2-y^2}\rho\mathrm{d}z.$$

$$= \int_0^1\mathrm{d}y\int_0^{\sqrt{y}}kx\Big(3-x^2-y^2-\frac{1}{2}y\Big)\mathrm{d}x$$

$$= k\int_0^1\Big[\frac{3}{2}x^2-\frac{x^4}{4}-\frac{x^2}{2}y^2-\frac{x^2}{4}y\Big]_0^{\sqrt{y}}\mathrm{d}y$$

$$= k\Big[\frac{3}{4}y^2-\frac{1}{12}y^3-\frac{1}{8}y^4-\frac{1}{12}y^3\Big]_0^1$$

$$= \frac{11}{24}k.$$

法 2 "先面后线"方法：立体的划分方法仍如图 5.31 所示，记 D 内对应纵坐标为 y 的线段的截面区域为 D_y，先累加区域 D_y 上小块体构成薄片体质量的近似值为然后再对上式沿 y 轴方向取从 0 到 1 的定积分，$\iint\limits_{D_y}\rho\mathrm{d}z\mathrm{d}x$；得到所求质量的"先面后线"形式

$$M = \iiint\limits_{\Omega}\rho\mathrm{d}V = \int_0^1\left[\iint\limits_{D_y}\rho\mathrm{d}z\mathrm{d}x\right]\mathrm{d}y.$$

如果将区域 D_y 上的二重积分继续化为"先 z 后 x"的二次积分，得到

$$M = \iiint\limits_{\Omega}\rho\mathrm{d}V = \int_0^1\mathrm{d}y\int_0^{\sqrt{y}}\mathrm{d}x\int_{\frac{1}{2}y}^{3-x^2-y^2}\rho\mathrm{d}z = \frac{11}{24}k.$$

引例中 M 除了用上面两种积分次序计算之外，还可以按图 5.32 所示的分割，采用类似方法 1 的"先线后面"的积分次序，得

$$M = \iiint\limits_{\Omega}\rho\mathrm{d}V$$
$$= \int_0^1\mathrm{d}x\int_{x^2}^1\mathrm{d}y\int_{\frac{1}{2}y}^{3-x^2-y^2}\rho\mathrm{d}z,$$

或采用类似方法 2 的"先面后线"的积分次序，得

$$M = \iiint\limits_{\Omega}\rho\mathrm{d}V$$
$$= \int_0^1\left[\iint\limits_{D_x}\rho\mathrm{d}y\mathrm{d}z\right]\mathrm{d}x$$
$$= \int_0^1\mathrm{d}x\int_{x^2}^1\mathrm{d}y\int_{\frac{1}{2}y}^{3-x^2-y^2}\rho\mathrm{d}z.$$

类似二重积分，对于空间区域 Ω 上任意可积函数 $f(x,y,z)$ 的三重积分，可以根据区域及被积函数的特点采用适当的积分方式、次序进行表示或计算．即采用"先线后面"、"先面后线"或三次积分完成．

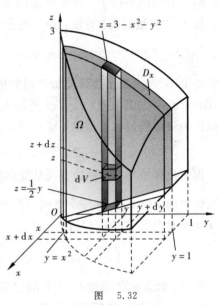

图 5.32

这里仅给出一种常见的积分次序：设 Ω（见图5.33）用不等式组表示为

$$\Omega:\begin{cases} z_1(x,y) \leqslant z \leqslant z_2(x,y) \\ y_1(x) \leqslant y \leqslant y_2(x) \\ a \leqslant x \leqslant b \end{cases},$$

则

$$\iiint\limits_{\Omega}f(x,y,z)\mathrm{d}V = \int_a^b\mathrm{d}x\int_{y_1(x)}^{y_2(x)}\mathrm{d}y\int_{z_1(x,y)}^{z_2(x,y)}f(x,y,z)\mathrm{d}z.$$

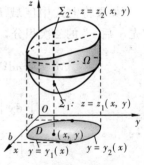

图 5.33

注：与二重积分化为二次积分时容易出现的问题类似，初学者容易将内层积分限写成常数或零．产生这种错误的原因是学者对积分区域的形状不够了解．因此，要多画图，增加空间想象力．

例 5.22 计算 $\iiint\limits_{\Omega} xy\,\mathrm{d}V$，其中 Ω 是由曲面 $z = x^2 + y^2$，$z = 2xy$，$x = 0$，$\sqrt{y} = x$，$y = 1$ 所围的空间闭区域.

解 显然积分区域比较复杂，不方便绘制出来，因此，我们可以先通过所给柱面 $x = 0$，$\sqrt{y} = x$，$y = 1$ 得到空间区域 Ω 的侧面是这些柱面所围成的，且 Ω 在 xOy 面上的投影区域为

$$D: x^2 \leqslant y \leqslant 1,\ 0 \leqslant x \leqslant 1.$$

再由不等式 $2xy \leqslant x^2 + y^2$ 可知，所给曲面 $z = x^2 + y^2$ 总在曲面 $z = 2xy$ 的上方，因此，Ω 是位于区域 D 上方的两个曲面 $z = 2xy$ 与 $z = x^2 + y^2$ 所夹的部分. 即

$$\Omega: \begin{cases} 2xy \leqslant z \leqslant x^2 + y^2 \\ x^2 \leqslant y \leqslant 1 \\ 0 \leqslant x \leqslant 1 \end{cases}.$$

于是，有

$$
\begin{aligned}
\iiint\limits_{\Omega} xy\,\mathrm{d}V &= \int_0^1 x\,\mathrm{d}x \int_{x^2}^1 y\,\mathrm{d}y \int_{2xy}^{x^2+y^2} \mathrm{d}z \\
&= \int_0^1 x\,\mathrm{d}x \int_{x^2}^1 y(x^2 + y^2 - 2xy)\,\mathrm{d}y \\
&= \int_0^1 x\left[x^2\frac{y^2}{2} + \frac{y^4}{4} - \frac{2x}{3}y^3 \right]_{x^2}^1 \mathrm{d}x \\
&= \int_0^1 x\left(\frac{x^2}{2} + \frac{1}{4} - \frac{2x}{3} - \frac{x^6}{2} - \frac{x^8}{4} + \frac{2x^7}{3} \right)\mathrm{d}x \\
&= \left[\frac{x^4}{8} + \frac{x^2}{8} - \frac{2x^3}{9} - \frac{x^8}{16} - \frac{x^{10}}{40} + \frac{2x^9}{27} \right]_0^1 \\
&= \frac{31}{2160}.
\end{aligned}
$$

例 5.23 计算 $\iiint\limits_{\Omega} z^2\,\mathrm{d}x\,\mathrm{d}y\,\mathrm{d}z$，其中 Ω 是由椭球面 $\dfrac{x^2}{a^2} + \dfrac{y^2}{b^2} + \dfrac{z^2}{c^2} = 1$ 所围成的闭区域.

解 由于被积函数只与 z 有关，因此适合"先面后线"的计算方法. 用垂直 z 轴的平面截 Ω，相应的截痕（见图 5.34）可以表示为

$$D_z: \frac{x^2}{a^2} + \frac{y^2}{b^2} \leqslant 1 - \frac{z^2}{c^2},$$

D_z 的面积

$$
\begin{aligned}
A(z) &= \pi \cdot a\sqrt{1 - \frac{z^2}{c^2}} \cdot b\sqrt{1 - \frac{z^2}{c^2}} \\
&= \pi ab\left(1 - \frac{z^2}{c^2}\right).
\end{aligned}
$$

从而有

$$
\begin{aligned}
\iiint\limits_{\Omega} z^2\,\mathrm{d}x\,\mathrm{d}y\,\mathrm{d}z &= \int_{-c}^c z^2\left[\iint\limits_{D_z} \mathrm{d}x\,\mathrm{d}y \right]\mathrm{d}z = \int_{-c}^c z^2 A(z)\,\mathrm{d}z \\
&= \pi ab \int_{-c}^c z^2\left(1 - \frac{z^2}{c^2}\right)\mathrm{d}z
\end{aligned}
$$

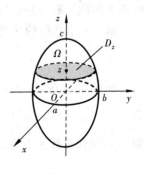

图 5.34

$$= \frac{4}{15}\pi abc^3.$$

5.4.3 利用柱面坐标计算三重积分

如图 5.35(a) 所示，对于空间直角坐标系下任意一点 $M(x,y,z)$，唯一对应三元数组 (r, θ, z)，称该数组为点 M 的**柱面坐标**，相应的坐标系称为**柱面坐标系**. 两者有变换关系式

$$\begin{cases} x = r\cos\theta \\ y = r\sin\theta \\ z = z \end{cases} \quad (0 \leqslant r < +\infty, 0 \leqslant \theta \leqslant 2\pi, -\infty < z < +\infty).$$

在柱面坐标表示式下有三类特殊的曲面方程：

(1) $r = a$——以 z 轴为轴的圆柱面 $x^2 + y^2 = a^2$；

(2) $\theta = \theta_0$——以 z 轴为边且在 xOy 面上投影线的极角为 θ_0 的半平面；

(3) $z = z_0$——与 xOy 平面平行且过 z 轴上点 z_0 的平面.

在几何上，直角坐标系下的点 $M(x,y,z)$ 唯一地对应着由变换式确定的如上三个曲面的交点 $M(r, \theta, z)$（见图 5.35(b)）.

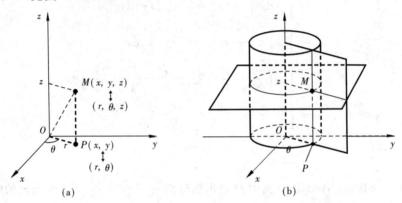

图　5.35

下面，我们举例说明当采用如上三族曲面分割积分区域时，三重积分化为柱面坐标下"先线后面"、"先面后线"或三次积分的方法.

引例　设 Ω 是由曲面 $z = z_1(x,y) = x^2 + y^2$，$z = z_2(x,y) = 3 - x^2 - y^2$，$x^2 + y^2 = 1$ 所围立体位于第一卦限的部分，密度为 $\rho(x,y,z) = x^2 + y^2 + 2z$，求其质量.

解　所求立体的质量用三重积分表示为

$$M = \iiint\limits_{\Omega} (x^2 + y^2 + 2z)\mathrm{d}V.$$

如图 5.36 所示，在柱面坐标系下，Ω 的底部曲面为 $z = z_1(r\cos\theta, r\sin\theta) = r^2$，顶部曲面为 $z = z_2(r\cos\theta, r\sin\theta) = 3 - r^2$，投影域 D 对应的极坐标形式 $D': 0 \leqslant r \leqslant 1, 0 \leqslant \theta \leqslant \frac{\pi}{2}$，得到 Ω 在柱面坐标系下表示为 Ω'：

$$z_1(r\cos\theta, r\sin\theta) \leqslant z \leqslant z_2(r\cos\theta, r\sin\theta);$$

$$D': \begin{cases} 0 \leqslant r \leqslant 1 \\ 0 \leqslant \theta \leqslant \frac{\pi}{2} \end{cases}.$$

用柱面坐标系下三族曲面将 Ω 划分成块区域,内部的
块区域底面积为

$$\mathrm{d}\sigma = r\mathrm{d}r\mathrm{d}\theta,$$

高为 $\mathrm{d}z$,体积为

$$\mathrm{d}V = \mathrm{d}z\mathrm{d}\sigma,$$

以点 (x,y,z) 处的密度

$$\rho = x^2 + y^2 + 2z = r^2 + 2z$$

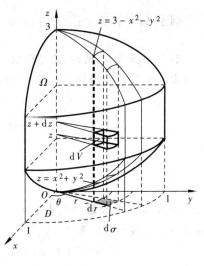

图 5.36

近似代替小块上各点的密度,得到块质量微元

$$\mathrm{d}M = \rho\mathrm{d}V = (r^2 + 2z)\mathrm{d}z\mathrm{d}\sigma.$$

先将块质量沿 z 轴方向取从底面到顶面的变限积分,
得到柱质量微元

$$\int_{r^2}^{3-r^2} (r^2 + 2z)\mathrm{d}z \cdot r\mathrm{d}r\mathrm{d}\theta;$$

再对该柱质量微元取 D 对应的 D' 上的二重积分,得到
表示质量的三重积分化为"先线后面"的形式

$$M = \iint\limits_{D'} \left[\int_{r^2}^{3-r^2} (r^2 + 2z)\mathrm{d}z \right] r\mathrm{d}r\mathrm{d}\theta.$$

如果将式中二重积分化为极坐标下"先 r 后 θ"的二次积分,就可以得到三重积分化为柱面
坐标下的三次积分形式

$$M = \int_0^{\frac{\pi}{2}} \left\{ \int_0^1 \left[\int_{r^2}^{3-r^2} (r^2 + 2z)\mathrm{d}z \right] r\mathrm{d}r \right\} \mathrm{d}\theta.$$

完成计算得

$$M = \int_0^{\frac{\pi}{2}} \mathrm{d}\theta \int_0^1 \left[r^2 z + z^2 \right]_{r^2}^{3-r^2} r\mathrm{d}r = \int_0^{\frac{\pi}{2}} \mathrm{d}\theta \cdot \int_0^1 (9r - 3r^3 - 2r^5)\mathrm{d}r$$

$$= \frac{41}{24}\pi.$$

一般地,若将直角坐标系下的三重积分中积分区域化为

$$\Omega': z_1(r\cos\theta, r\sin\theta) \leqslant z \leqslant z_2(r\cos\theta, r\sin\theta)$$

$$D': \begin{cases} r_1(\theta) \leqslant r \leqslant r_2(\theta) \\ \alpha \leqslant \theta \leqslant \beta \end{cases}$$

则可以得到其化为柱面坐标系下"先线后面"及三次积分公式:

$$\iiint\limits_{\Omega} f(x,y,z)\mathrm{d}V = \iint\limits_{D'} \left[\int_{z_1(r\cos\theta, r\sin\theta)}^{z_2(r\cos\theta, r\sin\theta)} f(r\cos\theta, r\sin\theta, z)\mathrm{d}z \right] r\mathrm{d}r\mathrm{d}\theta$$

$$\iiint\limits_{\Omega} f(x,y,z)\mathrm{d}V = \int_{\alpha}^{\beta} \left\{ \int_{r_1(\theta)}^{r_2(\theta)} \left[\int_{z_1(r\cos\theta, r\sin\theta)}^{z_2(r\cos\theta, r\sin\theta)} f(r\cos\theta, r\sin\theta, z)\mathrm{d}z \right] r\mathrm{d}r \right\} \mathrm{d}\theta.$$

需要指出的是,第一个公式相当于先关于 z 计算完内层积分后,再用极坐标系计算区域 D
上的二重积分. 另外,也可根据题目需要,将空间直角坐标系中的其他坐标面选为极坐标系
得到柱面坐标系,完成三重积分计算.

例 5.24 计算 $\iiint\limits_{\Omega} z\sqrt{x^2+y^2}\,\mathrm{d}V$，其中 Ω 是 $x^2+y^2+z^2 \leqslant 2a^2$，$z \geqslant \sqrt{x^2+y^2}$ 的公共部分.

解 如图 5.37 所示，Ω 是锥面 $z=\sqrt{x^2+y^2}$ 与球面 $x^2+y^2+z^2=2a^2$ 所围立体，因此，三重积分适合柱面坐标. 上述两个曲面的交线为

$$\begin{cases} x^2+y^2+z^2=2a^2 \\ z=\sqrt{x^2+y^2} \end{cases}$$

或

$$\begin{cases} x^2+y^2=a^2 \\ z=a \end{cases},$$

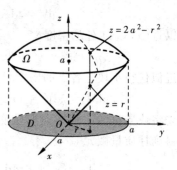

图 5.37

它在 xOy 面上的投影线方程为 $x^2+y^2=a^2$，因此，所围区域的极坐标表示为

$$D: 0 \leqslant r \leqslant a, \ 0 \leqslant \theta \leqslant 2\pi.$$

由于两个曲面在投影区域 D 上的柱面坐标方程为

$$z=\sqrt{2a^2-r^2}, \quad z=r.$$

故区域

$$\Omega': r \leqslant z \leqslant \sqrt{2a^2-r^2}, \ 0 \leqslant r \leqslant a, \ 0 \leqslant \theta \leqslant 2\pi.$$

于是，采用"先 z 后 r 再 θ"的三次积分顺序，有

$$\begin{aligned} \iiint\limits_{\Omega} z\sqrt{x^2+y^2}\,\mathrm{d}V &= \int_0^{2\pi}\mathrm{d}\theta \int_0^a r^2\,\mathrm{d}r \int_r^{\sqrt{2a^2-r^2}} z\,\mathrm{d}z \\ &= \int_0^{2\pi}\mathrm{d}\theta \cdot \int_0^a \frac{z^2}{2}\Big|_r^{\sqrt{2a^2-r^2}} r^2\,\mathrm{d}r \\ &= 2\pi \cdot \int_0^a (a^2-r^2)r^2\,\mathrm{d}r \\ &= \frac{4}{15}\pi a^4. \end{aligned}$$

例 5.25（先面后线） 计算 $\iiint\limits_{\Omega} \mathrm{e}^z\,\mathrm{d}V$，其中 Ω 是由曲面 $z=x^2+y^2$，$z=1$，$z=2$ 所围闭区域.

解 如图 5.38 所示，积分区域 Ω 适合用"先面后线"的积分方法. 用垂直 z 轴的平面截区域 Ω，得到截面区域

$$D_z: x^2+y^2 \leqslant z.$$

先取被积函数在 D_z 上的二重积分，然后再取对 z 的定积分，得

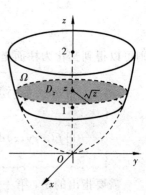

$$\begin{aligned} \iiint\limits_{\Omega} \mathrm{e}^z\,\mathrm{d}V &= \int_1^2 \mathrm{d}z \iint\limits_{D_z} \mathrm{e}^z\,\mathrm{d}\sigma = \int_1^2 \mathrm{e}^z\,\mathrm{d}z \iint\limits_{D_z}\mathrm{d}\sigma \\ &= \int_1^2 \mathrm{e}^z S_{D_z}\,\mathrm{d}z = \int_1^2 \mathrm{e}^z \cdot \pi(\sqrt{z})^2\,\mathrm{d}z \\ &= \pi \int_1^2 z\mathrm{e}^z\,\mathrm{d}z \\ &= \pi\mathrm{e}^2. \end{aligned}$$

图 5.38

*5.4.4 利用球面坐标计算三重积分

当三重积分的积分区域与球体有关时，有时采用与球面分割有关的方法更加简便.

设 M 为空间任意一点，它在空间直角坐标系 $Oxyz$ 下的坐标为 (x,y,z). 如果由 M 点向坐标原点引连线，将其长度记为 r，并称为**极径**，再记 r 与 z 轴正向夹角为 φ，M 向 xOy 面上的投影点 $P(x,y)$ 按极坐标表示时的极角为 θ，则 M 点唯一对应一个有序数组 (r,φ,θ)，称为点 M 的**球面坐标**(见图 5.39(a))，由此引入了所谓的球面坐标系. 从几何上容易得到点 M 的两种坐标表示之间的变换式为

$$\begin{cases} x = r\sin\varphi\cos\theta \\ y = r\sin\varphi\sin\theta, \\ z = r\cos\varphi \end{cases}$$

这里 r,φ,θ 的变化范围分别为

$$0 \leqslant r < +\infty, \ 0 \leqslant \varphi \leqslant \pi, \ 0 \leqslant \theta \leqslant 2\pi.$$

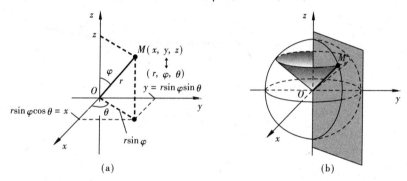

图 5.39

在球面坐标表示式下也有三类特殊的曲面方程：

(1) $r = a$——以原点为球心，以 a 为半径的球面；

(2) $\varphi = \varphi_0$——以原点为顶点，以 z 轴为对称轴，以 φ_0 为半顶角的圆锥面；

(3) $\theta = \theta_0$——以 z 轴为边且在 xOy 面上的投影线的极角为 θ_0 的半平面.

在几何上，直角坐标系下的点 $M(x,y,z)$ 唯一对应着由上面变换式确定的三个曲面的交点 $M(r,\varphi,\theta)$(见图 5.39(b)).

接下来，我们举例给出当三重积分的被积函数适合将积分区域采用如上三族曲面分割时，三重积分化为球面坐标下三次积分的方法.

引例 设物体占据的区域 Ω 为球体 $x^2 + y^2 + z^2 \leqslant a^2$ 位于第一卦限的部分，密度为 $\rho = \rho(x,y,z) = x^2 + y^2 + z^2$，求该物体的质量 M.

解 用上述三族曲面将 Ω 划分成小块区域，取图 5.40 中用粗实线给出的小块区域为代表块，则由

$$圆弧 \overparen{PC} \ 长 = 圆弧 \overparen{P'C'} \ 长 = |OP'| \, \mathrm{d}\theta = r\sin\varphi\mathrm{d}\theta,$$
$$圆弧 \overparen{PA} \ 长 = r\mathrm{d}\varphi,$$

给出曲边四边形 $PABC$ 的面积 ΔS 的近似值为以上两个值的积，即是以 r 为半径的球面上的面

积微元

$$dS = r^2 \sin\varphi d\varphi d\theta.$$

于是，小块体体积的近似值等于曲边四边形 $PABC$ 的面积的近似值 dS 与厚 dr 的积，即球面坐标下体积微元：

$$dV = r^2 \sin\varphi dr d\varphi d\theta.$$

于是，以小块体上点 $P(x,y,z)$ 处的密度近似其上各点的密度，得质量微元

$$dM = \rho dV$$
$$= r^2 \cdot r^2 \sin\varphi dr d\varphi d\theta.$$

将区域 Ω 用球面坐标写成不等式组

$$\Omega' : \begin{cases} 0 \leqslant r \leqslant a \\ 0 \leqslant \varphi \leqslant \dfrac{\pi}{2} \\ 0 \leqslant \theta \leqslant \dfrac{\pi}{2} \end{cases}$$

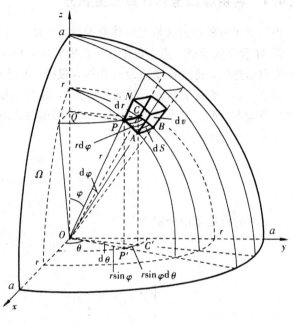

图　5.40

得到物体的质量

$$M = \iiint\limits_{\Omega} \rho(x,y,z) dV = \iiint\limits_{\Omega'} r^2 \cdot r^2 \sin\varphi dr d\varphi d\theta.$$

计算得

$$M = \int_0^{\frac{\pi}{2}} \int_0^{\frac{\pi}{2}} \int_0^a r^4 \sin\varphi dr d\varphi d\theta = \int_0^{\frac{\pi}{2}} d\theta \cdot \int_0^{\frac{\pi}{2}} \sin\varphi d\varphi \cdot \int_0^a r^4 dr$$
$$= \frac{\pi}{10} a^5.$$

一般地，当区域 Ω 及被积函数适合球面坐标表示时，均可以如上将在直角坐标系下表示的三重积分化为球面坐标系下的三重积分：

$$\iiint\limits_{\Omega} f(x,y,z) dV = \iiint\limits_{\Omega'} f(r\sin\varphi\cos\theta, r\sin\varphi\sin\theta, r\cos\varphi) r^2 \sin\varphi dr d\varphi d\theta.$$

其中 Ω' 是 Ω 在球坐标不等式组下描述的空间区域。

上式右端常化为积分次序为"先 r 后 φ 再 θ"的三次积分，也还可以根据情况选择其他顺序。另外，还可根据区域及被积函数特点选用"先球面后 r"或"先 r 后球面"的积分方法。读者可以在学习了第 6 章第一类曲面积分后，完成引例的"先球面后 r"或"先 r 后球面"积分。

例 5.26（球面坐标）　设立体占据的区域 Ω 是 $x^2 + y^2 + z^2 \leqslant 2a^2$ 与 $z \geqslant \sqrt{x^2 + y^2}$ 的公共部分，密度 $\rho(x,y,z) = x^2 + y^2 + z^2$，求该立体的质量。

解　如图 5.37 所示，区域 Ω 在球面坐标下的不等式组为

$$\Omega' : 0 \leqslant r \leqslant \sqrt{2}a, \ 0 \leqslant \varphi \leqslant \frac{\pi}{4}, \ 0 \leqslant \theta \leqslant 2\pi.$$

于是所求质量

$$M = \iiint\limits_{\Omega} \rho \mathrm{d}V = \iiint\limits_{\Omega'} r^2 \cdot r^2 \sin\varphi \mathrm{d}r \mathrm{d}\varphi \mathrm{d}\theta = \int_0^{2\pi} \mathrm{d}\theta \cdot \int_0^{\frac{\pi}{4}} \sin\varphi \mathrm{d}\varphi \cdot \int_0^{\sqrt{2}a} r^4 \mathrm{d}r$$

$$= 2\pi \cdot \left(1 - \frac{\sqrt{2}}{2}\right) \cdot \frac{4\sqrt{2}a^5}{5}$$

$$= \frac{8}{5}(\sqrt{2} - 1)\pi a^5.$$

例 5.27　求半径为 a，球心在点 $(0,0,a)$ 处的球面与半顶角为 α 的内接锥面所围成立体的体积(见图5.41).

解　在球面坐标下，所给球面的方程为

$$r = 2a\cos\varphi,$$

于是，立体占据的空间区域在球坐标下的不等式组为

$$\Omega' : \begin{cases} 0 \leqslant r \leqslant 2a\cos\varphi \\ 0 \leqslant \varphi \leqslant \alpha \\ 0 \leqslant \theta \leqslant 2\pi \end{cases}.$$

所求立体的体积

$$V = \iiint\limits_{\Omega} \mathrm{d}V = \iiint\limits_{\Omega'} r^2 \sin\varphi \mathrm{d}\theta \mathrm{d}r \mathrm{d}\varphi$$

$$= \int_0^{2\pi} \mathrm{d}\theta \int_0^{\alpha} \sin\varphi \mathrm{d}\varphi \int_0^{2a\cos\varphi} r^2 \mathrm{d}r$$

$$= \frac{16\pi a^3}{3} \int_0^{\alpha} \cos^3\varphi \sin\varphi \mathrm{d}\varphi = \frac{4\pi a^3}{3}(1 - \cos^4\alpha).$$

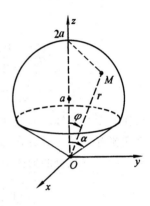

图　5.41

*5.4.5　三重积分的换元法

二重积分的换元法定理 5.1 可以直接推广成三重积分的换元法. 于是，对于 Ω' 到 Ω 的一一变换 $T: x = x(u,v,w)$，$y = y(u,v,w)$，$z = z(u,v,w)$，当它们的一阶偏导数连续且雅可比行列式

$$J = \frac{\partial(x,y,z)}{\partial(u,v,w)} = \begin{vmatrix} x_u & x_v & x_w \\ y_u & y_v & y_w \\ z_u & z_v & z_w \end{vmatrix} \neq 0$$

时，三重积分的换元公式为

$$\iiint\limits_{\Omega} f(x,y,z)\mathrm{d}x\mathrm{d}y\mathrm{d}z = \iiint\limits_{\Omega'} \varphi(u,v,w)|J|\mathrm{d}u\mathrm{d}v\mathrm{d}w.$$

其中 $\varphi(u,v,w) = f(x(u,v,w), y(u,v,w), z(u,v,w))$.

若仅在 Ω' 内个别点、有限条曲线、有限张曲面等上雅可比行列式 $J = 0$，则公式仍成立.

特例 1　考虑直角坐标与柱面坐标变换 $\begin{cases} x = r\cos\theta \\ y = r\sin\theta \\ z = z \end{cases}$. 变换的雅可比行列式

$$J = \frac{\partial(x,y,z)}{\partial(r,\theta,z)} = \begin{vmatrix} \cos\theta & -r\sin\theta & 0 \\ \sin\theta & r\cos\theta & 0 \\ 0 & 0 & 1 \end{vmatrix}$$

$$= r$$

只在原点处等于零，因此直角坐标与柱面坐标下的三重积分变换是成立的. 设直角坐标系下的区域 Ω 在柱面坐标系下表示为 Ω'，则将直角坐标系下的三重积分化为柱面坐标系下的三重积分的形式为

$$\iiint\limits_{\Omega} f(x, y, z)\mathrm{d}x\mathrm{d}y\mathrm{d}z = \iiint\limits_{\Omega'} f(r\cos\theta, r\sin\theta, z)r\mathrm{d}r\mathrm{d}\theta\mathrm{d}z.$$

特例 2 考虑直角坐标与球面坐标变换 $\begin{cases} x = r\sin\varphi\cos\theta \\ y = r\sin\varphi\sin\theta \\ z = r\cos\varphi \end{cases}$. 变换的雅可比行列式

$$J = \frac{\partial(x, y, z)}{\partial(r, \varphi, \theta)} = \begin{vmatrix} \sin\varphi\cos\theta & r\cos\varphi\cos\theta & -r\sin\varphi\sin\theta \\ \sin\varphi\sin\theta & r\cos\varphi\sin\theta & r\sin\varphi\cos\theta \\ r\cos\varphi & -r\sin\varphi & 0 \end{vmatrix}$$

$$= r^2\sin\varphi$$

只在原点及 z 轴上的点处等于零，因此直角坐标与球面坐标下的三重积分变换是成立的. 设直角坐标系的区域 Ω 在球面坐标系下表示为 Ω'，则将直角坐标系下的三重积分化为球面坐标系下的三重积分的形式为

$$\iiint\limits_{\Omega} f(x, y, z)\mathrm{d}x\mathrm{d}y\mathrm{d}z = \iiint\limits_{\Omega'} \varphi(r, \varphi, \theta)r^2\sin\varphi\mathrm{d}r\mathrm{d}\varphi\mathrm{d}\theta,$$

其中函数 $\varphi(r, \varphi, \theta) = f(r\sin\varphi\cos\theta, r\sin\varphi\sin\theta, r\cos\varphi)$.

一般来说，一个三重积分究竟采用直角坐标、柱面坐标还是球面坐标，以及是适合"先线后面"、"先面后线"还是"三次积分"的计算方法，与题目本身的特点有很大关系. 读者除了多比较以上例题的特点及解法之外，还要进行大量的练习细心体会，久而久之，就能掌握它们的计算规律.

5.4.6 三重积分的应用

设物体占据的空间区域为 Ω，其上体密度为 $\rho = \rho(x, y, z)$. 类似于二重积分的应用，利用微元法可以建立空间体的质心、转动惯量等公式.

1. 质心坐标公式

$$\bar{x} = \frac{M_{yz}}{M} = \frac{1}{M}\iiint\limits_{\Omega} x\rho(x, y, z)\mathrm{d}V,$$

$$\bar{y} = \frac{M_{zx}}{M} = \frac{1}{M}\iiint\limits_{\Omega} y\rho(x, y, z)\mathrm{d}V,$$

$$\bar{z} = \frac{M_{xy}}{M} = \frac{1}{M}\iiint\limits_{\Omega} z\rho(x, y, z)\mathrm{d}V.$$

其中，M 为 Ω 的质量，M_{yz}、M_{zx}、M_{xy} 分别称为物体关于 yz、zx、xy 平面的**静力矩**.

2. 关于坐标轴 x, y, z 的转动惯量公式

$$I_x = \iiint\limits_{\Omega} (y^2 + z^2)\rho(x, y, z)\mathrm{d}V,$$

$$I_y = \iiint\limits_{\Omega} (x^2 + z^2)\rho(x, y, z)\mathrm{d}V,$$

$$I_z = \iiint\limits_{\Omega} (x^2 + y^2)\rho(x, y, z)\mathrm{d}V.$$

例 5.28(质心) 球体 $x^2 + y^2 + z^2 = 2Rz$ 内各点处的密度等于该点到坐标原点的距离的平方,求该球的质心.

解 在球面坐标系下,球面方程为 $r = 2R\cos\varphi$, $\rho = x^2 + y^2 + z^2 = r^2$. 总质量

$$M = \iiint\limits_{\Omega} \rho \mathrm{d}V = \int_0^{2\pi} \mathrm{d}\theta \int_0^{\frac{\pi}{2}} \sin\varphi \mathrm{d}\varphi \int_0^{2R\cos\varphi} r^4 \mathrm{d}r$$

$$= \frac{32}{15}\pi R^5.$$

物体关于 xOy 平面的静力距为

$$M_{xy} = \iiint\limits_{\Omega} z\rho \mathrm{d}V = \int_0^{2\pi} \mathrm{d}\theta \int_0^{\frac{\pi}{2}} \sin\varphi\cos\varphi \mathrm{d}\varphi \int_0^{2R\cos\varphi} r^5 \mathrm{d}r$$

$$= \frac{8}{3}\pi R^6.$$

于是有

$$\bar{z} = \frac{M_{xy}}{M} = \frac{5}{4}R.$$

又因积分区域和密度函数关于 xOz 平面和 yOz 平面对称,所以

$$\bar{x} = \bar{y} = 0,$$

故球体的质心为 $\left(0, 0, \dfrac{5}{4}R\right)$.

例 5.29(转动惯量) 设球体 $x^2 + y^2 + z^2 \leqslant R^2$ 内点 $M(x, y, z)$ 处的密度等于该点到球心的距离,求这个球体关于 x, y, z 三个坐标轴的转动惯量.

解 由于球体关于三个坐标面对称,且其上点 (x, y, z) 处的密度 $\rho = \sqrt{x^2 + y^2 + z^2}$ 关于 x, y, z 轮换对称,所以球体关于三个轴的转动惯量相等. 故有

$$I_x = I_y = I_z = \iiint\limits_{\Omega} (x^2 + y^2)\rho \mathrm{d}V = \iiint\limits_{\Omega} (x^2 + y^2)\sqrt{x^2 + y^2 + z^2}\mathrm{d}V$$

$$= \int_0^{2\pi} \mathrm{d}\theta \int_0^{\pi} \mathrm{d}\varphi \int_0^R r^2\sin^2\varphi \cdot r \cdot r^2\sin\varphi \mathrm{d}r$$

$$= 2\pi \int_0^{\pi} \sin^3\varphi \mathrm{d}\varphi \int_0^R r^5 \mathrm{d}r = 2\pi \cdot \frac{4}{3} \cdot \frac{1}{6}R^6$$

$$= \frac{4}{9}\pi R^6.$$

例 5.30(引力) 有一半径为 R,高为 H 的均匀正圆柱体,在其中心轴上与其距离 a 处有一质量为 m 的质点,求此柱体对该质点的引力.

解 如图 5.42 所示,将质点设在 O 处. 在柱体内取一体积微元 $\mathrm{d}V$,视其质量 $\rho \mathrm{d}V$ 集中在其上某点 $M(x, y, z)$ 处,与质点构成矢量形式的引力微元

$$\mathrm{d}\boldsymbol{F} = G\frac{m \cdot \rho \mathrm{d}V}{r^2}\boldsymbol{r}^0 = G\frac{m\rho \mathrm{d}V}{r^3}\boldsymbol{r} = (\mathrm{d}F_x, \mathrm{d}F_y, \mathrm{d}F_z),$$

其中，G 为引为系数，$r = \overrightarrow{OM} = (x, y, z)$ 为矢（向）径，$r = |\boldsymbol{r}| = \sqrt{x^2 + y^2 + z^2}$ 为极径.

记圆柱体占据的区域为 Ω，由于柱体关于 z 轴对称，且圆柱体是均匀的，所以引力微元 $\mathrm{d}\boldsymbol{F}$ 在 x、y 轴上分力 $\mathrm{d}F_x$、$\mathrm{d}F_y$ 的合力均为零，即

$$F_x = 0, \quad F_y = 0,$$

而 $\mathrm{d}\boldsymbol{F}$ 在 z 轴上的分力 $\mathrm{d}F_z = G\dfrac{m\rho z \mathrm{d}V}{r^2}$ 的合力

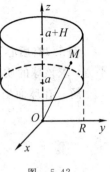

图 5.42

$$F_z = \iiint_{\Omega} G\frac{m\rho z}{l^3}\mathrm{d}V = G\rho m \int_a^{a+H} z\mathrm{d}z \int_0^{2\pi}\mathrm{d}\theta \int_0^R \frac{r\mathrm{d}r}{(r^2+z^2)^{3/2}}$$

$$= 2\pi G\rho m \int_a^{a+H}\left(1 - \frac{z}{\sqrt{R^2+z^2}}\right)\mathrm{d}z$$

$$= 2\pi G\rho m\left(H - \sqrt{R^2+(a+H)^2} + \sqrt{R^2+a^2}\right).$$

于是，圆柱体对质点的引力为

$$\boldsymbol{F} = \left(0, 0, 2\pi G\rho m\left(H - \sqrt{R^2+(a+H)^2} + \sqrt{R^2+a^2}\right)\right).$$

* 例 5.31（广义球面坐标） 求半个椭球体的形心.

解 设半椭球体所占的空间区域为 $\Omega: \dfrac{x^2}{a^2} + \dfrac{y^2}{b^2} + \dfrac{z^2}{c^2} \leqslant 1 \ (z \geqslant 0)$. 在区域 Ω 上作**广义球面坐标变换**

$$\begin{cases} x = ar\sin\varphi\cos\theta \\ y = br\sin\varphi\sin\theta, \\ z = cr\cos\varphi \end{cases}$$

则 Ω 对应的区域为 $\Omega': 0 \leqslant r \leqslant 1, 0 \leqslant \varphi \leqslant \dfrac{\pi}{2}, 0 \leqslant \theta \leqslant 2\pi$，且雅可比行列式

$$J = \frac{\partial(x,y,z)}{\partial(r,\varphi,\theta)} = \begin{vmatrix} a\sin\varphi\cos\theta & ar\cos\varphi\cos\theta & -ar\sin\varphi\sin\theta \\ b\sin\varphi\sin\theta & br\cos\varphi\sin\theta & br\sin\varphi\cos\theta \\ cr\cos\varphi & -cr\sin\varphi & 0 \end{vmatrix} = abcr^2\sin\varphi$$

只在原点及 z 轴上的点处等于零，因此直角坐标系下三重积分化为广义球面坐标系下三重积分的变换成立.

由于 Ω 关于 z 轴对称，故形心处横、纵坐标

$$\bar{x} = \bar{y} = 0,$$

而

$$\bar{z} = \frac{M_{xy}}{M} = \frac{1}{V}\iiint_{\Omega} z\mathrm{d}V = \frac{1}{\dfrac{1}{2} \times \dfrac{4\pi}{3}abc}\iiint_{\Omega'} cr\cos\varphi \cdot abcr^2\sin\varphi\mathrm{d}r\mathrm{d}\varphi\mathrm{d}\theta$$

$$= \frac{3c}{2\pi}\int_0^{2\pi}\mathrm{d}\theta \cdot \int_0^{\frac{\pi}{2}}\sin\varphi\mathrm{d}\varphi \cdot \int_0^1 r^3\mathrm{d}r = \frac{3c}{2\pi} \times 2\pi \times 1 \times \frac{1}{4}$$

$$= \frac{3}{4}c.$$

故半椭球体的质心位于其对称轴上，且与边界面的平面部分的距离为 $\dfrac{3}{4}c$.

习 题 5.4

1. 在直角坐标下计算下列三重积分:

(1) $\iiint\limits_{\Omega} xy^2z^3 \mathrm{d}x\mathrm{d}y\mathrm{d}z$, 其中 Ω 是由曲面 $z = xy$, 与平面 $y = x$, $x = 1$ 和 $z = 0$ 所围闭区域;

(2) $\iiint\limits_{\Omega} \dfrac{\mathrm{d}x\mathrm{d}y\mathrm{d}z}{(1+x+y+z)^3}$, 其中 Ω 为平面 $x+y+z = 1$ 与三个坐标平面所围成的四面体;

(3) $\iiint\limits_{\Omega} xyz\mathrm{d}x\mathrm{d}y\mathrm{d}z$, 其中 Ω 为 $x^2+y^2+z^2 = 1$ 及三个坐标面所围成的第一卦限内的闭区域;

(4) $\iiint\limits_{\Omega} z\mathrm{d}x\mathrm{d}y\mathrm{d}z$, 其中 Ω 是由锥面 $z = \dfrac{h}{R}\sqrt{x^2+y^2}$ 与 $z = h(R > 0, h > 0)$ 所围成的闭区域.

2. 利用柱面坐标计算下列三重积分:

(1) $\iiint\limits_{\Omega} z\mathrm{d}V$, 其中 Ω 是由曲面 $z = \sqrt{2-x^2-y^2}$ 及 $z = x^2+y^2$ 所围成的闭区域;

(2) $\iiint\limits_{\Omega} (x^2+y^2)\mathrm{d}V$, 其中 Ω 是由曲面 $x^2+y^2 = 2z$ 及平面 $z = 2$ 所围成的闭区域;

(3) $\iiint\limits_{\Omega} \mathrm{d}V$, 其中 Ω 是由曲面 $x^2+y^2 = 2ax(a > 0)$, $az = x^2+y^2(a > 0)$ 及平面 $z = 0$ 所围成的闭区域;

(4) 计算 $\iiint\limits_{\Omega} (x^2+y^2)\mathrm{d}V$, 其中 Ω 是由 $\begin{cases} y^2 = 2z \\ x = 0 \end{cases}$ 绕 z 轴旋转而成的曲面与 $z = 8$ 所围闭区域.

3. 设 $f(x)$ 为连续函数, $F(t) = \iiint\limits_{\Omega} [z^2 + f(x^2+y^2)]\mathrm{d}V$, 其中 Ω: $0 \leqslant z \leqslant h$, $x^2+y^2 \leqslant t^2$. 求 $\dfrac{\mathrm{d}F}{\mathrm{d}t}$.

4. 利用球面坐标计算下列三重积分:

(1) $\iiint\limits_{\Omega} (x^2+y^2+z^2)\mathrm{d}V$, 其中 Ω 为 $x^2+y^2+z^2 \leqslant 1$;

(2) $\iiint\limits_{\Omega} z\mathrm{d}V$, 其中 Ω 是由不等式 $x^2+y^2+(z-a)^2 \leqslant a^2$, $x^2+y^2 \leqslant z^2$ 所确定的闭区域;

(3) $\iiint\limits_{\Omega} \dfrac{\mathrm{d}V}{\sqrt{x^2+y^2+z^2}}$, 其中 Ω 是由 $x^2+y^2+z^2 = 2az$ 所围成的闭区域;

(4) $\iiint\limits_{\Omega} z^2\mathrm{d}x\mathrm{d}y\mathrm{d}z$, 其中 Ω 是两个球 $x^2+y^2+z^2 \leqslant R^2$ 和 $x^2+y^2+z^2 \leqslant 2Rz(R > 0)$ 的公共部分.

5. 选用适当的坐标计算下列三重积分:

(1) $\iiint\limits_{\Omega} xy\mathrm{d}V$, 其中 Ω 为柱面 $x^2+y^2 = 1$ 和 $z = 1$ 及三个坐标面所围成的在第一卦限内的区域;

(2) $\iiint\limits_{\Omega} \mathrm{e}^{|z|}\mathrm{d}V$, 其中 Ω: $x^2+y^2+z^2 \leqslant 1$.

(3) $\iiint\limits_{\Omega} (x^2+y^2)\mathrm{d}V$, 其中 Ω 是由曲面 $4z^2 = 25(x^2+y^2)$ 及平面 $z = 5$ 所围成的闭区域;

(4) $\iiint\limits_{\Omega} (x^2+y^2)\mathrm{d}V$, 其中积分区域 Ω 是由平面 $z = 0$ 及两个半球面 $z = \sqrt{A^2-x^2-y^2}$ 和

$z = \sqrt{a^2-x^2-y^2}(A > a > 0)$ 所围成的闭区域;

(5) $\iiint\limits_{\Omega} \dfrac{z\ln(x^2+y^2+z^2+1)}{x^2+y^2+z^2+1}\mathrm{d}V$, 其中 Ω 是由球面 $x^2+y^2+z^2 = 1$ 所围成的闭区域.

6. 设有球心在原点, 半径为 R 的球体, 在其上任意一点的体密度与这点到球心的距离成正比(比例系数 $k > 0$), 求这球体的质量.

7. 计算由下列曲面所围立体的质心(设密度 $\rho = 1$):

(1) $z^2 = x^2 + y^2$,$z = 1$;

(2) $z = \sqrt{A^2 - x^2 - y^2}$,$z = \sqrt{a^2 - x^2 - y^2}$($A > a > 0$),$z = 0$;

(3) $z = x^2 + y^2$,$x + y = a$,$x = 0$,$y = 0$,$z = 0$.

8. 设有一均匀物体(密度 ρ 为常数)占据的闭区域 Ω 是由曲面 $z = x^2 + y^2$ 和平面 $z = 0$,$|x| = a$,$|y| = a$ 所围成. 求:

(1) 其体积;   (2) 物体的质心;   (3) 物体关于 z 轴的转动惯量.

9. 求均匀柱体:$x^2 + y^2 \leqslant R^2$,$0 \leqslant z \leqslant h$ 对于位于点 $M_0(0,0,a)(a > h)$ 处的单位质量的质点的引力.

综合习题 5

1. 选择题:

(1) 设 $f(x,y)$ 连续,且 $f(x,y) = xy + \iint\limits_D f(u,v)\mathrm{d}u\mathrm{d}v$,$D$ 由 $y = 0$,$y = x^2$,$x = 1$ 所围成,则 $f(x,y) =$
( )

(A) xy (B) $2xy$ (C) $xy + \dfrac{1}{8}$;   (D) $xy + 1$

(2) 设 $f(x,y)$ 为连续函数,则 $\int_0^{\frac{\pi}{4}} \mathrm{d}\theta \int_0^1 f(r\cos\theta, r\sin\theta) r\mathrm{d}r = ($)

(A) $\int_0^{\frac{\sqrt{2}}{2}} \mathrm{d}x \int_x^{\sqrt{1-x^2}} f(x,y)\mathrm{d}y$ (B) $\int_0^{\frac{\sqrt{2}}{2}} \mathrm{d}x \int_0^{\sqrt{1-x^2}} f(x,y)\mathrm{d}y$

(C) $\int_0^{\frac{\sqrt{2}}{2}} \mathrm{d}y \int_y^{\sqrt{1-y^2}} f(x,y)\mathrm{d}x$ (D) $\int_0^{\frac{\sqrt{2}}{2}} \mathrm{d}y \int_0^{\sqrt{1-y^2}} f(x,y)\mathrm{d}x$

2. 计算下列二重积分:

(1) $\iint\limits_D y\mathrm{d}x\mathrm{d}y$,其中 D 由 $x = -2$,$y = 0$,$y = 2$ 以及 $x = -\sqrt{2y - y^2}$ 围成;

(2) $\iint\limits_D \dfrac{1 + xy}{1 + x^2 + y^2}\mathrm{d}x\mathrm{d}y$,区域 $D = \{(x,y) \mid x^2 + y^2 \leqslant 1, x \geqslant 0\}$;

(3) $\iint\limits_{x^2 + y^2 \leqslant R^2} \left(\dfrac{x^2}{a^2} + \dfrac{y^2}{b^2}\right)\mathrm{d}x\mathrm{d}y$;

(4) $\iint\limits_{x^2 + y^2 \leqslant x} \sqrt{x}\,\mathrm{d}x\mathrm{d}y$;

(5) $\iint\limits_D xy[1 + x^2 + y^2]\mathrm{d}x\mathrm{d}y$,设 $D = \{(x,y) \mid x^2 + y^2 \leqslant \sqrt{2}, x \geqslant 0, y \geqslant 0\}$,$[1 + x^2 + y^2]$ 表示不超过
$1 + x^2 + y^2$ 的最大整数.

3. 设 $f(x)$ 在 $[0,1]$ 上连续,$A = \int_0^1 f(x)\mathrm{d}x$,求 $\int_0^1 \mathrm{d}x \int_x^1 f(x)f(y)\mathrm{d}y$.

4. 求圆周 $x^2 + (y - c)^2 = a^2 (0 < a \leqslant c)$ 绕 x 轴旋转而成的旋转面的面积.

5. 计算下列三重积分:

(1) $\iiint\limits_\Omega (x + y + z)\mathrm{d}V$,$\Omega$ 由 $x^2 + y^2 = z^2$ 与 $z = 0$,$z = 1$ 围成;

(2) $\iiint\limits_\Omega (x + y + z)^2\mathrm{d}V$,其中 Ω 由 $z \geqslant x^2 + y^2$ 及 $x^2 + y^2 + z^2 \leqslant 2$ 围成;

(3) $\iiint\limits_\Omega (x^2 + y^2 + z)\mathrm{d}V$,$\Omega$ 由 $\begin{cases} y^2 = 2z \\ x = 0 \end{cases}$ 绕 z 轴旋转一周而成的曲面与 $z = 4$ 所围;

(4) 求 $\displaystyle\iiint\limits_{\frac{x^2}{a^2}+\frac{y^2}{b^2}+\frac{z^2}{c^2}\leqslant1}(x^2+y^2+z^2)\mathrm{d}V.$

6. 设 $f(x,y,z)$ 连续，$I(R)=\displaystyle\iiint\limits_{x^2+y^2+z^2\leqslant R^2}f(x,y,z)\mathrm{d}V.$ 当 $R\to0$ 时，讨论无穷小 $I(R)$ 的阶.

7. 求半径为 a，高为 h 的均匀圆柱体对于下列轴的转动惯量(设密度为 $\rho=1$)：

(1) 过中心而平行于母线的轴；

(2) 过中心而垂直于母线的轴.

数学家简介——泰勒、麦克劳林

泰勒(G. Taylor, 1685—1731)，英国数学家，出生于埃德蒙顿富裕家庭，经常与音乐家、艺术家来往，从而自幼就受到了良好的音乐艺术上的感染与熏陶. 他 1705 年进入剑桥大学圣约翰学院学习，1709 年毕业并获法学学士学位，随后移居伦敦. 由于他在英国《皇家学会会包》发表一系列高水平的论文而崭露头角. 27 岁时当选为英国皇家学会会员，1714 年获法学博士学位.

泰勒 1715 年出版了《增量法与其逆》，在本书中"他力图搞清微积分的思想，但他自己局限于代数函数与代数微分方程."这本书发展了牛顿的方法，并奠定了有限差分法的基础.《增量法与其逆》一书，不仅是微积分发展史上的重要著作，而且还开创了一门新的数学分支，现在称为"有限差分".

泰勒级数的重要性最初并未引出人们的注意，直到 1775 年欧拉把泰勒级数用于他的微分学时才认识到其价值；稍后拉格朗日用带余项的级数作为其函数论的基础，从而进一步确认泰勒级数的重要性. 泰勒也以函数的泰勒展式而闻名于世. 泰勒在《皇家学会会报》上也发表过关于物理学、动力学、流体动力学、磁学和热学方面的论文，其中包括对磁引力定律的实验说明.

麦克劳林(Colin Maclaurin, 1698—1746)，苏格兰数学家，出生于苏格兰的基莫登，麦克劳林是 18 世纪英国最具有影响的数学家之一.

麦克劳林是一位"神童". 他 11 岁便进入英国格拉斯哥学习神学，后转攻数学. 14 岁便以一篇有关引力的论文获得硕士学位. 1717 年，年仅 19 岁的麦克劳林就获得阿伯丁大学马里斯尔学院的数学教授职务并主持该学院数学系的工作，成为有史以来获得教授职务最年轻的人.

1719 年麦克劳林在访问伦敦时见到了牛顿，从此便成为牛顿的门生. 他在 1742 年撰写的名著《流数论》是最早为牛顿流数方法做出了系统逻辑阐述的著作. 他以熟练的几何方法和穷竭法论证了流数学说，还把级数作为求积分的方法，并独立于柯以几何形式给出了无穷级数收敛的积分判别法. 他得到数学分析中著名的麦克劳林级数展开式，并用待定系数法给予证明.

他在代数学中的主要贡献是在《代数论》(1748，遗著)中，创立了用行列式的方法求解多个未知数联立线性方程组. 但书中记叙法不太好，后来由另一位数学家克莱姆(Cramer)又重新发现了这个法则，所以现在称为克莱姆法则.

麦克劳林的其他论述涉及天文学，地图测绘学以及保险统计等学科，都取得了很多创造性的成果.

麦克劳林终生不忘牛顿对他的栽培，死后在他的墓碑上刻有"曾蒙牛顿的推荐"以表达他对牛顿的感激之情.

第6章　曲线积分与曲面积分

本章将微元法推广到自变量分别在曲线、曲面上变化的多元函数，得到曲线积分和曲面积分，并利用定积分或重积分完成计算.

6.1　对弧长的曲线积分

6.1.1　对弧长的曲线积分的概念与性质

引例　设平面曲线 L 光滑，其线密度函数 $\rho(x,y)$ 连续，求 L 的质量 M.

解　沿 L 的正方向在其上任意选取 $n-1$ 个分点 A_1，A_2，$\cdots$，A_{n-1}，把 L 分成 n 个小弧段（见图6.1）. 记小弧段 $\overparen{A_{i-1}A_i}$ 长为 Δs_i，以其上任意一点 (ξ_i,η_i) 的密度 $\rho(\xi_i,\eta_i)$ 近似其密度，得该弧段质量

$$\Delta M_i \approx \rho(\xi_i,\ \eta_i)\Delta s_i,\ i=1,2,\cdots,n.$$

进而给出弧段 L 的质量

$$M = \sum_{i=1}^{n} \Delta M_i \approx \sum_{i=1}^{n} \rho(\xi_i,\ \eta_i)\Delta s_i.$$

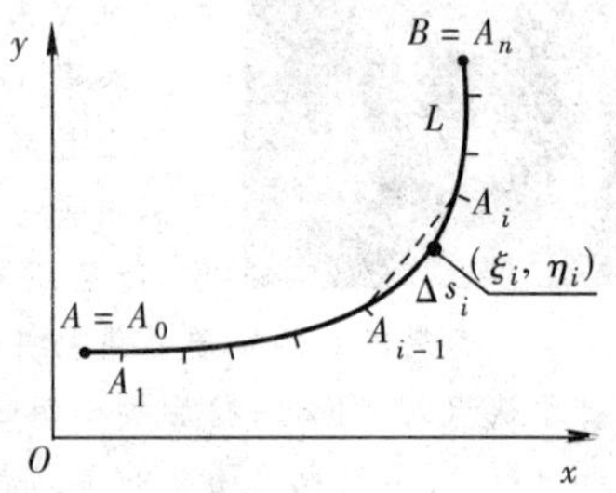

用 λ 表示 n 个小弧段的最大长度，令 $\lambda \to 0$ 得到所求弧质量

$$M = \lim_{\lambda \to 0} \sum_{i=1}^{n} \rho(\xi_i,\ \eta_i)\Delta s_i.$$

图　6.1

还有许多实际问题都可以归结为这种和式的极限，因此给出如下定义.

定义 6.1(对弧长的曲线积分)　设 L 为平面直角坐标系 xOy 内端点为 A 与 B 的一条分段光滑曲线弧，$f(x,y)$ 是定义在 L 上的有界函数. 在弧段 L 上任意插入一点列 A_1，A_2，$\cdots$，A_{n-1}，把 L 分成 n 个小弧段 $\overparen{A_{i-1}A_i}$（$i=1,\ 2,\ \cdots,\ n,\ A_0=A,\ A_n=B$）. 记第 i 个小弧段 $\overparen{A_{i-1}A_i}$ 的长度为 Δs_i，在 $\overparen{A_{i-1}A_i}$ 上任取一点 (ξ_i,η_i)，作 $f(\xi_i,\eta_i)\Delta s_i$ 及和式 $\sum_{i=1}^{n} f(\xi_i,\eta_i)\Delta s_i$. 记 $\lambda = \max_{1 \leqslant i \leqslant n}\{\Delta s_i\}$，若极限

$$\lim_{\lambda \to 0} \sum_{i=1}^{n} f(\xi_i,\eta_i)\Delta s_i$$

的存在与 L 的分法及 (ξ_i,η_i) 的取法无关，则称此极限为函数 $f(x,y)$ 在曲线弧 L 上对弧长的曲线积分或第一类曲线积分，记为 $\int_L f(x,y)\mathrm{d}s$. 即

$$\int_L f(x,y)\mathrm{d}s = \lim_{\lambda \to 0} \sum_{i=1}^{n} f(\xi_i,\ \eta_i)\Delta s_i.$$

在上式中，称 $f(x,y)$ 为被积函数，L 为积分曲线或积分路径.

由定义可知，前面引例中的质量可以表示为线密度函数 $\rho(x,y)$ 在曲线弧 L 上对弧长的曲线积分，即

$$M = \int_L \rho(x,y)\mathrm{d}s.$$

当 L 是封闭曲线时，为了强调 L 是闭曲线，通常也将 $f(x,y)$ 在 L 上对弧长的曲线积分记为 $\oint_L f(x,y)\mathrm{d}s.$

由定义可以直接导出对弧长的曲线积分的以下性质（假设以下出现的曲线积分均存在）：

性质 1（线性性质）

(1) $\int_L [f(x,y) \pm g(x,y)]\mathrm{d}s = \int_L f(x,y)\mathrm{d}s \pm \int_L g(x,y)\mathrm{d}s$；

(2) $\int_L kf(x,y)\mathrm{d}s = k\int_L f(x,y)\mathrm{d}s.$

性质 2（对积分曲线的可加性）　设积分曲线由 L_1 与 L_2 两部分构成，则

$$\int_{L_1+L_2} f(x,y)\mathrm{d}s = \int_{L_1} f(x,y)\mathrm{d}s + \int_{L_2} f(x,y)\mathrm{d}s.$$

*性质 3（对称性）

(1) 若积分曲线 L 关于 y 轴对称，L_1 为 L 在 y 轴以右的部分，则

$$\int_L f(x,y)\mathrm{d}s = \begin{cases} 2\int_{L_1} f(x,y)\mathrm{d}s & \text{当 } f(-x,y) = f(x,y) \\ 0 & \text{当 } f(-x,y) = -f(x,y) \end{cases}.$$

(2) 若积分曲线 L 关于 x 轴对称，L_1 为 L 在 x 轴以上的部分，则

$$\int_L f(x,y)\mathrm{d}s = \begin{cases} 2\int_{L_1} f(x,y)\mathrm{d}s & \text{当 } f(x,-y) = f(x,y) \\ 0 & \text{当 } f(x,-y) = -f(x,y) \end{cases}.$$

(3) 若 L 关于直线 $y = x$ 对称，则

$$\int_L f(x,y)\mathrm{d}s = \int_L f(y,x)\mathrm{d}s = \frac{1}{2}\int_L [f(x,y) + f(y,x)]\mathrm{d}s.$$

对弧长的曲线积分概念可以推广到空间曲线弧上，并将函数 $f(x,y,z)$ 在空间曲线弧 Γ 上对弧长的曲线积分记为

$$\int_\Gamma f(x,y,z)\mathrm{d}s = \lim_{\lambda \to 0} \sum_{i=1}^{n} f(\xi_i, \eta_i, \zeta_i)\Delta s_i.$$

其性质与平面曲线积分的性质完全类似，这里不再列出。

6.1.2　对弧长的曲线积分计算

对弧长的曲线积分的计算，可以通过曲线的参数方程转化为定积分完成。

1. 沿平面曲线的曲线积分计算

(1) 设光滑曲线弧 L 由参数方程 $\begin{cases} x = x(t) \\ y = y(t) \end{cases}$ $(\alpha \leqslant t \leqslant \beta)$ 给出，又 $f(x,y)$ 在 L 上连续。

沿曲线弧 L 的正方向将其分成 n 个小弧段，记第 i 个小弧段的端点坐标分别为

$A_{i-1}(x(t_{i-1}), y(t_{i-1}))$，$A_i(x(t_i), y(t_i))$，任取其上一点$(\xi_i, \eta_i) = (x(\tau_i), y(\tau_i))$，则由有限增量公式及$x'(t)$，$y'(t)$连续得弧段长

$$\Delta s_i \approx | A_{i-1}A_i | = \sqrt{(\Delta x_i)^2 + (\Delta y_i)^2} \approx \sqrt{[x'(\tau_i)]^2 + [y'(\tau_i)]^2}\Delta t_i,$$

其中$\Delta t_i = t_i - t_{i-1} > 0$. 于是，由对弧长的曲线积分定义6.1有

$$\int_L f(x,y)\mathrm{d}s = \lim_{\lambda \to 0}\sum_{i=1}^n f(x(\tau_i), y(\tau_i))\sqrt{[x'(\tau_i)]^2 + [y'(\tau_i)]^2}\Delta t_i \ (\Delta t_i > 0),$$

上式右端恰好是函数$f(x(t),y(t))\sqrt{[x'(t)]^2 + [y'(t)]^2}$在区间$[\alpha,\beta]$上的定积分，由此即得对弧长的曲线积分计算公式：

$$\int_L f(x,y)\mathrm{d}s = \int_\alpha^\beta f(x(t),y(t))\sqrt{[x'(t)]^2 + [y'(t)]^2}\,\mathrm{d}t \ (\alpha < \beta). \tag{6.1}$$

说明：式(6.1)表明，在计算对弧长的曲线积分时，只要将对弧长的曲线积分$\int_L f(x,y)\mathrm{d}s$中的三部分同时换，就可将其转化为定积分进行计算. 即：

(i) 将对弧长的曲线积分号$\int_\Gamma$换成定积分号$\int_\alpha^\beta$，并让α、β中的较小者作为积分下限（这是因为要保证$\mathrm{d}s > 0$，需要$\mathrm{d}t > 0$，即要积分下限小）；

(ii) 将被积函数$f(x,y)$中的x，y分别换为$x(t)$，$y(t)$；

(iii) 将弧微分$\mathrm{d}s$换作$\sqrt{[x'(t)]^2 + [y'(t)]^2}\,\mathrm{d}t$.

(2) 设积分曲线L由直角坐标表达式$y = y(x)$ $(a \leqslant x \leqslant b)$给出，则可将$L$视为特殊的参数方程$\begin{cases} x = x \\ y = y(x) \end{cases}$ $(a \leqslant x \leqslant b)$，利用公式(6.1)得到直角坐标式下对弧长的曲线积分计算公式：

$$\int_L f(x,y)\mathrm{d}s = \int_a^b f(x,y(x))\sqrt{1 + [y'(x)]^2}\,\mathrm{d}x \ (a < b). $$

(3) 积分曲线L由极坐标式$r = r(\theta)$ $(\alpha \leqslant \theta \leqslant \beta)$给出，则将$L$化为参数式$\begin{cases} x = r(\theta)\cos\theta \\ y = r(\theta)\sin\theta \end{cases}$ $(\alpha \leqslant \theta \leqslant \beta)$，代入式(6.1)化简得到极坐标式下对弧长的计算公式：

$$\int_L f(x,y)\mathrm{d}s = \int_\alpha^\beta f(r(\theta)\cos\theta, r(\theta)\sin\theta)\sqrt{[r(\theta)]^2 + [r'(\theta)]^2}\,\mathrm{d}\theta \ (\alpha < \beta). $$

2. 沿空间曲线的曲线积分计算

设Γ由参数方程$\begin{cases} x = x(t) \\ y = y(t) \\ z = z(t) \end{cases}$ $(\alpha \leqslant t \leqslant \beta)$给出，其中$x(t)$，$y(t)$，$z(t)$在$[\alpha,\beta]$上具有一阶连续导数，且$[x'(t)]^2 + [y'(t)]^2 + [z'(t)]^2 \neq 0$. 类似于平面上对弧长的曲线积分计算公式的推导，可得

$$\int_\Gamma f(x,y,z)\mathrm{d}s = \int_\alpha^\beta f(x(t),y(t),z(t))\sqrt{x'^2 + y'^2 + z'^2}\,\mathrm{d}t \ (\alpha < \beta). \tag{6.2}$$

该公式的使用仍旧是三部分同时换. 当空间曲线用其他形式给出时,如给成一般式曲线,可以先将其化为参数式,然后再用上面的公式完成计算.

由上面推导计算公式的过程可以看出,对弧长的曲线积分存在的充分条件是:积分曲线分段光滑,被积函数在积分曲线上分段连续.

例 6.1(直角坐标式)　计算 $\int_L xy\,\mathrm{d}s$,其中 L 是抛物线 $y^2 = x$ 上点 $O(0,0)$ 与点 $A(1,1)$ 之间的一段.

解　如图 6.2 所示,将 L 看成是由参数式

$$\begin{cases} x = y^2 \\ y = y \end{cases} (0 \leqslant y \leqslant 1),$$

给出的,利用式(6.1)得到

$$\int_L xy\,\mathrm{d}s = \int_0^1 y^2 \cdot y \cdot \sqrt{4y^2 + 1}\,\mathrm{d}y$$

$$= \frac{1 + 25\sqrt{5}}{120}.$$

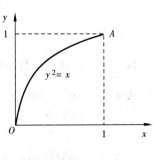

图　6.2

上式中的定积分可以通过作积分变换 $u = \sqrt{1 + 4y^2}$ 或 $2y = \tan t$ 完成计算.

例 6.2(可加性、对称性)　计算 $\int_L (x - y)\,\mathrm{d}s$,其中:

(1) L_1 由折线 OAB 组成,A 的坐标为 $(1,0)$,B 的坐标为 $(1,1)$;

(2) L_2 是圆周曲线 $x^2 + y^2 = a^2$ 位于第一象限的部分.

解　两种情况下的曲线弧如图 6.3 所示.

(1) 将 L_1 的曲线积分化为 $\overline{OA}$ 与 $\overline{AB}$ 两段曲线上的曲线积分之和.

由几何关系或 OA 的参数式 $\begin{cases} x = x \\ y = 0 \end{cases} (0 \leqslant x \leqslant 1)$ 可得

$\mathrm{d}s = \mathrm{d}x$,所以

$$\int_{OA} (x - y)\,\mathrm{d}s = \int_0^1 (x - 0)\,\mathrm{d}x = \frac{1}{2}.$$

由几何关系或 AB 的参数式 $\begin{cases} y = y \\ x = 1 \end{cases} (0 \leqslant y \leqslant 1)$ 可得

$\mathrm{d}s = \mathrm{d}y$,所以

$$\int_{AB} (x - y)\,\mathrm{d}s = \int_0^1 (1 - y)\,\mathrm{d}y = \frac{1}{2},$$

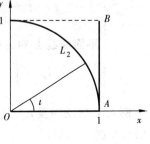

图　6.3

于是

$$\int_{L_1} (x - y)\,\mathrm{d}s = \int_{OA} (x - y)\,\mathrm{d}s + \int_{AB} (x - y)\,\mathrm{d}s = 1.$$

(2) **法 1**　选用圆周的参数式进行计算.

$$L_2 : \begin{cases} x = a\cos t \\ y = a\sin t \end{cases}, 0 \leqslant t \leqslant \frac{\pi}{2}.$$

由几何关系或 L_2 的参数式可得 $\mathrm{d}s = a\mathrm{d}t$,所以

$$\int_{L_2} (x - y) \mathrm{d}s = \int_0^{\frac{\pi}{2}} (a\cos t - a\sin t) \cdot a\, \mathrm{d}t = 0.$$

法 2 利用对称性计算. 由于曲线弧 L_2 关于直线 $y = x$ 对称,故有 $\displaystyle\int_{L_2} x\mathrm{d}s = \int_{L_2} y\mathrm{d}s$,于是

$$\int_{L_2} (x - y) \mathrm{d}s = \int_{L_2} x\mathrm{d}s - \int_{L_2} y\mathrm{d}s = 0.$$

例 6.3(部分替换、对称性) 设 L 为椭圆周 $\dfrac{x^2}{3} + \dfrac{y^2}{4} = 1$,已知它的周长为 a. 求曲线积分 $\displaystyle\oint_L (4x^2 + 3y^2 + xy)\mathrm{d}s$.

解 注意到被积函数中的 x,y 是在曲线 L 上变化的,因此 x,y 满足曲线 L 的方程 $\dfrac{x^2}{3} + \dfrac{y^2}{4} = 1$ 或 $4x^2 + 3y^2 = 12$,从而有

$$\oint_L (4x^2 + 3y^2)\mathrm{d}s = \oint_L 12\mathrm{d}s = 12\oint_L \mathrm{d}s = 12a.$$

再由 L 关于 y 轴对称,xy 是关于 x 的奇函数得到 $\displaystyle\oint_L xy\mathrm{d}s = 0$. 于是有

$$\oint_L (4x^2 + 3y^2 + xy)\mathrm{d}s = \oint_L (4x^2 + 3y^2)\mathrm{d}s + \oint_L xy\mathrm{d}s = 12a.$$

作为对弧长的曲线积分的应用,除了求引例中所述的曲线弧的质量之外,还可以求曲线的质心、转动惯量、引力等问题. 设平面曲线 L 的线密度为 $\rho = \rho(x,y)$,按照质点系的求质心、求转动惯量定义,利用微元法便可推出以下公式.

平面曲线 L 的质心坐标:

$$\overline{x} = \frac{M_y}{M} = \frac{\displaystyle\int_L x\rho\mathrm{d}s}{\displaystyle\int_L \rho\mathrm{d}s}, \qquad \overline{y} = \frac{M_x}{M} = \frac{\displaystyle\int_L y\rho\mathrm{d}s}{\displaystyle\int_L \rho\mathrm{d}s}.$$

平面曲线 L 对 x 轴、y 轴、原点 O 的转动惯量:

$$I_x = \int_L y^2\rho\mathrm{d}s, \qquad I_y = \int_L x^2\rho\mathrm{d}s, \qquad I_O = \int_L (x^2 + y^2)\rho\mathrm{d}s.$$

例 6.4(转动惯量) 计算半径为 R、中心角为 2α 的圆弧 L 对它的对称轴的转动惯量 I(设 L 的线密度 $\rho = 1$).

解 选取坐标系如图 6.4 所示,由

$$L: \begin{cases} x = R\cos\theta \\ y = R\sin\theta \end{cases} (-\alpha \leqslant \theta \leqslant \alpha),$$

得 $\mathrm{d}s = R\mathrm{d}\theta$,于是 L 关于对称轴(即 x 轴)的转动惯量为

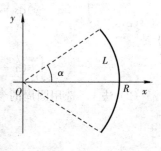

图 6.4

$$I = \int_L y^2 \mathrm{d}s = \int_{-\alpha}^{\alpha} R^2 \sin^2\theta \cdot R\mathrm{d}\theta$$

$$= 2R^3 \int_0^{\alpha} \sin^2\theta \mathrm{d}\theta = R^3 \left[\theta - \frac{1}{2}\sin 2\theta\right]_0^{\alpha}$$

$$= R^3 \left(\alpha - \frac{1}{2}\sin 2\alpha\right).$$

例 6.5(沿空间曲线) 计算 $\int_\Gamma \dfrac{1}{x^2+y^2+z^2}\mathrm{d}s$,其中 Γ 为螺旋线 $x=a\cos t$,$y=a\sin t$,$z=bt$ 上相应于 t 从 0 到 2π 的一段.

解 弧微分

$$\mathrm{d}s=\sqrt{x'^2+y'^2+z'^2}\,\mathrm{d}t=\sqrt{a^2+b^2}\,\mathrm{d}t,$$

于是

$$\int_\Gamma \frac{1}{x^2+y^2+z^2}\mathrm{d}s=\int_0^{2\pi}\frac{1}{(a\cos t)^2+(a\sin t)^2+(bt)^2}\cdot\sqrt{a^2+b^2}\,\mathrm{d}t$$

$$=\sqrt{a^2+b^2}\int_0^{2\pi}\frac{\mathrm{d}t}{a^2+b^2t^2}=\frac{\sqrt{a^2+b^2}}{ab}\left[\arctan\frac{bt}{a}\right]_0^{2\pi}$$

$$=\frac{\sqrt{a^2+b^2}}{ab}\arctan\frac{2\pi b}{a}.$$

习　题　6.1

1. 计算下列对弧长的曲线积分:

(1) $\oint_L (x^2+y^2)^n\mathrm{d}s$,$L$ 为圆周 $x=a\cos t$,$y=a\sin t$,$(0\leqslant t\leqslant 2\pi)$;

(2) $\oint_L |xy|\mathrm{d}s$,L 是圆周 $x^2+y^2=a^2(a>0)$;

(3) $\int_L (2x+y)\mathrm{d}s$,L 为连接 $A(1,0)$ 及 $B(0,1)$ 两点的直线段;

(4) $\oint_L \mathrm{e}^{\sqrt{x^2+y^2}}\mathrm{d}s$,$L$ 为圆周 $x^2+y^2=a^2$,直线 $y=x$ 及 x 轴在第一象限内所围成扇形的整个边界;

(5) $\int_L y^2\mathrm{d}s$,L 为摆线的一拱 $x=a(t-\sin t)$,$y=a(1-\cos t)(0\leqslant t\leqslant 2\pi)$;

(6) $\int_\Gamma \dfrac{1}{x^2+y^2+z^2}\mathrm{d}s$,$\Gamma$ 为曲线 $x=\mathrm{e}^t\cos t$,$y=\mathrm{e}^t\sin t$,$z=\mathrm{e}^t$ 上相应于 t 从 0 变到 2 的一段;

(7) $\oint_L (x^{\frac{4}{3}}+y^{\frac{4}{3}})\mathrm{d}s$,$L$ 是星形线 $x^{\frac{2}{3}}+y^{\frac{2}{3}}=a^{\frac{2}{3}}(a>0)$;

(8) $\oint_L x\sqrt{x^2-y^2}\mathrm{d}s$,$L$ 是双纽线的右半支:$\rho^2=a^2\cos 2\theta$,$-\dfrac{\pi}{4}\leqslant\theta\leqslant\dfrac{\pi}{4}$.

2. 求半径为 a,中心角为 2φ 的均匀圆弧(线密度 $\rho=1$)的质心.

3. 设螺旋形弹簧一圈的方程为 $\begin{cases} x=a\cos t \\ y=a\sin t \\ z=kt \end{cases}$ $(0\leqslant t\leqslant 2\pi)$,它的线密度 $\rho(x,y,z)=x^2+y^2+z^2$,求:

(1) 质心; (2) 关于 z 轴的转动惯量 I_z.

6.2　对坐标的曲线积分

上一节我们求的是曲线上的数量问题,如质量、质心、转动惯量等. 这节将解决曲线上的向量问题,如求变力沿曲线的做功、流体沿曲线的流量等.

6.2.1　对坐标的曲线积分的概念和性质

引例 设在平面直角坐标系 xOy 内有对质点的平面力场(即对于平面上的每一点,按某

一规律都对应着一个力)

$$F(x, y) = P(x, y)\boldsymbol{i} + Q(x, y)\boldsymbol{j},$$

其中 $P(x, y)$，$Q(x, y)$ 连续. 又设由 A 到 B 的曲线段(称为**有向弧段**)

$$L: \begin{cases} x = \varphi(t) \\ y = \psi(t) \end{cases} t: \alpha \to \beta$$

光滑，这里，记号"$t: \alpha \to \beta$"表示当 t 从 α 取到 β 时，对应 L 上的点从起点 A 变到终点 B. 求将质点从 A 沿 L 移动到 B 的过程中场力 $F(x, y)$ 所做的功.

解 处理沿曲线的变力做功问题显然不同于沿直线的变力或常力做功情况，因此，我们采用"以直代曲，取近似力"的方法得到曲线弧上功微元，进而解决沿曲线的做功问题. 为此，在弧段 L 上沿从 A 到 B 的方向依次任意选取 $n-1$ 个分点 A_1，A_2，$\cdots$，A_{n-1}，把 L 分成 n 个有向小弧段，并记 $A = A_0$，$B = A_n$，且 A_i 的坐标为 $(x_i, y_i)(i = 0, 1, \cdots, n)$(见图 6.5). 由于有向小弧段 $\overparen{A_{i-1}A_i}$ 的长度很短，所以可以用对应弦段构成的向量

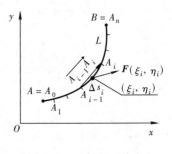

图 6.5

$$\overrightarrow{A_{i-1}A_i} = \Delta x_i \boldsymbol{i} + \Delta y_i \boldsymbol{j}$$

来近似代替，其中 $\Delta x_i = x_i - x_{i-1}$，$\Delta y_i = y_i - y_{i-1}$. 又由于 $P(x, y)$，$Q(x, y)$ 连续，所以可以用 $\overparen{A_{i-1}A_i}$ 上任意一点 (ξ_i, η_i) 处的力

$$F(\xi_i, \eta_i) = P(\xi_i, \eta_i)\boldsymbol{i} + Q(\xi_i, \eta_i)\boldsymbol{j}$$

来近似代替小弧段 $\overparen{A_{i-1}A_i}$ 上各点处的力. 这样，变力 $F(x, y)$ 沿有向小弧段 $\overparen{A_{i-1}A_i}$ 由 A_{i-1} 移动到 A_i 所作的功 ΔW_i 近似等于 (ξ_i, η_i) 处的力 $F(\xi_i, \eta_i)$ 沿向量 $\overrightarrow{A_{i-1}A_i}$ 所作的功，即

$$\Delta W_i \approx F(\xi_i, \eta_i) \cdot \overrightarrow{A_{i-1}A_i} = P(\xi_i, \eta_i)\Delta x_i + Q(\xi_i, \eta_i)\Delta y_i.$$

于是质点从 A 沿 L 移动到 B 的过程中场力 $F(x, y)$ 所做的功

$$W = \sum_{i=1}^{n} \Delta W_i \approx \sum_{i=1}^{n} [P(\xi_i, \eta_i)\Delta x_i + Q(\xi_i, \eta_i)\Delta y_i];$$

用 λ 表示 n 个小弧段的最大长度，则场力所做的功为

$$W = \lim_{\lambda \to 0} \sum_{i=1}^{n} [P(\xi_i, \eta_i)\Delta x_i + Q(\xi_i, \eta_i)\Delta y_i].$$

如果将力换成流速，结果可以解释为沿曲线的流量. 显然，这种和式的极限在实际问题中大量存在着，因此我们引入下面的定义：

定义 6.2(对坐标的曲线积分) 设 L 为 xOy 平面内从点 A 到点 B 的一条有向分段光滑曲线弧，函数 $P(x, y)$，$Q(x, y)$ 在 L 上有界. 在 L 上沿 A 到 B 的方向任意插入一点列 $A_1(x_1, y_1)$，$A_2(x_2, y_2)$，$\cdots$，$A_{n-1}(x_{n-1}, y_{n-1})$ 把 L 分成 n 个有向小弧段 $\overparen{A_{i-1}A_i}(i = 1, 2, \cdots, n; A_0 = A, A_n = B)$. 记 $\Delta x_i = x_i - x_{i-1}$，$\Delta y_i = y_i - y_{i-1}$，在 $\overparen{A_{i-1}A_i}$ 上任取一点 (ξ_i, η_i)，作乘积 $P(\xi_i, \eta_i)\Delta x_i(i = 1, 2, \cdots, n)$，并作和 $\sum_{i=1}^{n} P(\xi_i, \eta_i)\Delta x_i$. 若当各小弧段长度的最大值 $\lambda \to 0$ 时，上述和式的极限

$$\lim_{\lambda \to 0} \sum_{i=1}^{n} P(\xi_i, \eta_i) \Delta x_i$$

的存在与对 L 的分法及点 (ξ_i, η_i) 的取法无关，则称此极限为函数 $P(x, y)$ 在有向曲线弧 L 上**对坐标 x 的曲线积分**，记作 $\int_L P(x, y) \mathrm{d}x$. 即

$$\int_L P(x, y) \mathrm{d}x = \lim_{\lambda \to 0} \sum_{i=1}^{n} P(\xi_i, \eta_i) \Delta x_i,$$

其中，称 $P(x, y)$ 为**被积函数**，L 为**积分曲线**或**积分路径**.

类似定义**对坐标 y 的曲线积分**为

$$\int_L Q(x, y) \mathrm{d}y = \lim_{\lambda \to 0} \sum_{i=1}^{n} Q(\xi_i, \eta_i) \Delta y_i.$$

以上两个曲线积分也称为**第二类曲线积分**. 这两个曲线积分通常是同时出现的，为了方便使用，一般采用如下的简记形式：

$$\int_L P(x, y) \mathrm{d}x + \int_L Q(x, y) \mathrm{d}y = \int_L P \mathrm{d}x + Q \mathrm{d}y.$$

对坐标的曲线积分还可以表示成向量的形式：

$$\int_L P(x, y) \mathrm{d}x + Q(x, y) \mathrm{d}y = \int_L \boldsymbol{A} \cdot \mathrm{d}\boldsymbol{s},$$

其中，$\boldsymbol{A} = (P(x, y), Q(x, y))$，常为力或流速等**向量场**；$\mathrm{d}\boldsymbol{s} = (\mathrm{d}x, \mathrm{d}y)$ 称为**有向弧微元**，显然它是 L 的切向量，其模 $|\mathrm{d}\boldsymbol{s}| = \sqrt{(\mathrm{d}x)^2 + (\mathrm{d}y)^2} = \mathrm{d}s$ 是弧微分.

利用定义 6.2，引例中场力 $\boldsymbol{F} = (P(x, y), Q(x, y))$ 沿曲线 L 做的功可以表示为

$$W = \int_L P(x, y) \mathrm{d}x + Q(x, y) \mathrm{d}y = \int_L \boldsymbol{F} \cdot \mathrm{d}\boldsymbol{s}.$$

另外，当将场力 $\boldsymbol{F}$ 换成流速场中流速 $\boldsymbol{v}$ 时，就可得到单位时间沿曲线 L 的流量.

下面我们给出对坐标的曲线积分的性质（假设每个曲线积分均存在）：

性质 1（线性性质） 以对坐标 x 的曲线积分为例：

$1°$ $\int_L [P_1(x, y) \pm P_2(x, y)] \mathrm{d}x = \int_L P_1(x, y) \mathrm{d}x \pm \int_L P_2(x, y) \mathrm{d}x;$

$2°$ $\int_L k P(x, y) \mathrm{d}x = k \int_L P(x, y) \mathrm{d}x.$

性质 2（对积分曲线的可加性） 设积分曲线由 L_1 与 L_2 两部分构成，则

$$\int_{L_1 + L_2} P \mathrm{d}x + Q \mathrm{d}y = \int_{L_1} P \mathrm{d}x + Q \mathrm{d}y + \int_{L_2} P \mathrm{d}x + Q \mathrm{d}y.$$

性质 3（有向性） 若记积分曲线 L 的反向曲线为 L^-，则

$$\int_{L^-} P \mathrm{d}x + Q \mathrm{d}y = -\int_L P \mathrm{d}x + Q \mathrm{d}y.$$

对坐标的曲线积分概念可以类似地推广到空间情形：

$$\int_{\Gamma} P(x,y,z)\mathrm{d}x = \lim_{\lambda \to 0} \sum_{i=1}^{n} P(\xi_i,\eta_i,\zeta_i)\Delta x_i,$$

$$\int_{\Gamma} Q(x,y,z)\mathrm{d}y = \lim_{\lambda \to 0} \sum_{i=1}^{n} Q(\xi_i,\ \eta_i,\ \zeta_i)\Delta y_i,$$

$$\int_{\Gamma} R(x,y,z)\mathrm{d}z = \lim_{\lambda \to 0} \sum_{i=1}^{n} R(\xi_i,\eta_i,\zeta_i)\Delta z_i.$$

分别称为**对坐标** x,y,z **的曲线积分**，且当它们同时出现时有简记形式：

$$\int_{\Gamma} P\mathrm{d}x + \int_{\Gamma} Q\mathrm{d}y + \int_{\Gamma} R\mathrm{d}z = \int_{\Gamma} P\mathrm{d}x + Q\mathrm{d}y + R\mathrm{d}z,$$

或写成向量形式

$$\int_{\Gamma} P\mathrm{d}x + Q\mathrm{d}y + R\mathrm{d}z = \int_{\Gamma} \boldsymbol{A} \cdot \mathrm{d}\boldsymbol{s}.$$

其中，$\boldsymbol{A} = (P,\ Q,\ R) = (P(x,y,z),\ Q(x,y,z),\ R(x,y,z))$ 是**向量场**；$\mathrm{d}\boldsymbol{s} = (\mathrm{d}x,\ \mathrm{d}y,\ \mathrm{d}z)$ 为**有向弧微元**，其模 $|\mathrm{d}\boldsymbol{s}| = \sqrt{(\mathrm{d}x)^2 + (\mathrm{d}y)^2 + (\mathrm{d}z)^2} = \mathrm{d}s$ 是弧微分.

平面上对坐标的曲线积分的性质可以完全平行地推广到空间上对坐标的曲线积分.

6.2.2 对坐标的曲线积分计算

设光滑曲线 L 是由参数方程 $\begin{cases} x = x(t) \\ y = y(t) \end{cases}$ $t: \alpha \to \beta$ 给出的，函数 $P(x,y)$ 在 L 上连续，由对坐标 x 的曲线积分定义 6.2 有

$$\int_{L} P(x,y)\mathrm{d}x = \lim_{\lambda \to 0} \sum_{i=1}^{n} P(\xi_i,\eta_i)\Delta x_i.$$

设上式右端各量与参数值对应为 $x_{i-1} = x(t_{i-1})$，$x_i = x(t_i)$，$\xi_i = x(\tau_i)$，$\eta_i = y(\tau_i)$，则由有限增量公式及 L 光滑有

$$\Delta x_i = x'(\tau_i^*)\Delta t_i = x'(\tau_i)\Delta t_i + o(\Delta t_i),$$

其中 $\Delta t_i = t_i - t_{i-1}$，$\tau_i^*$ 位于 t_{i-1} 与 t_i 之间. 于是，前式又可表为

$$\int_{L} P(x,y)\mathrm{d}x = \lim_{\lambda \to 0} \sum_{i=1}^{n} P(x(\tau_i),y(\tau_i))x'(\tau_i)\Delta t_i,$$

而上式右端为函数 $P(x(t),y(t))x'(t)$ 当 t 由 α 变到 β 时的定积分，再由 $x'(t)$ 连续知，它是存在的. 由此得到沿 L 对坐标 x 的曲线积分计算公式：

$$\int_{L} P(x,y)\mathrm{d}x = \int_{\alpha}^{\beta} P(x(t),y(t))x'(t)\mathrm{d}t.$$

类似地，若 $Q(x,y,)$ 在 L 上连续，则它沿 L 对坐标 y 的曲线积分也存在，且有

$$\int_{L} Q(x,y)\mathrm{d}y = \int_{\alpha}^{\beta} Q(x(t),\ y(t))y'(t)\mathrm{d}t.$$

把以上两式相加得到沿 L 对坐标的曲线积分计算公式：

$$\int_{L} P(x,y)\mathrm{d}x + Q(x,y)\mathrm{d}y = \int_{\alpha}^{\beta} [P(x(t),y(t))x'(t) + Q(x(t),y(t))y'(t)]\mathrm{d}t. \tag{6.3}$$

式(6.3)可以推广到沿空间光滑曲线 Γ：$\begin{cases} x = x(t) \\ y = y(t) \\ z = z(t) \end{cases}$ $t: \alpha \to \beta$ 的曲线积分：

$$\int_{\Gamma} P(x,y,z)\mathrm{d}x + Q(x,y,z)\mathrm{d}y + R(x,y,z)\mathrm{d}z$$
$$= \int_{\alpha}^{\beta} \big[P(x(t),y(t),z(t))x'(t) + Q(x(t),y(t),z(t))y'(t) + R(x(t),y(t),z(t))z'(t) \big]\mathrm{d}t.$$

(6.4)

说明： 由式(6.3)、(6.4)可以看出，对坐标的曲线积分化为定积分时仍需要三部分同时换：

(i) 将 L 的起点对应的参数值作为定积分的下限，终点对应的参数值作为上限；

(ii) 用曲线的参数式替换被积函数中的 x，y 或 z；

(ii) 用曲线参数式的微分替换对坐标的微分 $\mathrm{d}x$，$\mathrm{d}y$ 或 $\mathrm{d}z$.

另外，由上面公式的推导过程可以看出，对坐标的曲线积分存在的充分条件是：积分路径光滑或分段光滑，被积函数 P、Q 或 R 在积分路径上连续或分段连续.

例 6.6（直角坐标式）　计算 $\int_{L} 2xy\mathrm{d}x + (y^2+1)\mathrm{d}y$，其中 L 为：

(1) 从点 $O(0,0)$ 沿曲线 $y^2 = x$ 到点 $B(1,1)$；

(2) 从点 $O(0,0)$ 先沿 x 轴到点 $A(1,0)$，然后再沿直线到点 $B(1,1)$.

解　(1) 将直角坐标式改写为 L：$\begin{cases} x = y^2 \\ y = y \end{cases}$ $y: 0 \to 1$（见图 6.6），则

$$\int_{L} 2xy\mathrm{d}x + (y^2+1)\mathrm{d}y$$
$$= \int_{0}^{1} \big[2y^2 \cdot y \cdot d(y^2) + (y^2+1)\mathrm{d}y \big]$$
$$= \int_{0}^{1} \big[2y^2 \cdot y \cdot 2y + (y^2+1) \big]\mathrm{d}y$$
$$= \int_{0}^{1} (4y^4 + y^2 + 1)\mathrm{d}y$$
$$= \frac{32}{15}.$$

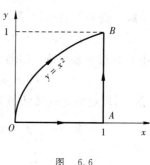

图　6.6

(2) $L = \overline{OA} + \overline{AB}$（见图 6.6）.

由 $\overline{OA}$：$\begin{cases} x = x \\ y = 0 \end{cases}$ $x: 0 \to 1$，于是在 $\overline{OA}$ 上有：$\mathrm{d}y = \mathrm{d}(0) = 0$，故

$$\int_{\overline{OA}} 2xy\mathrm{d}x + (y^2+1)\mathrm{d}y = \int_{0}^{1} \big[2x \cdot 0 \cdot \mathrm{d}x + (0^2+1) \cdot \mathrm{d}(0) \big] = 0,$$

又 $\overline{AB}$：$\begin{cases} x = 1 \\ y = y \end{cases}$，$y: 0 \to 1$，于是在 $\overline{AB}$ 上有：$\mathrm{d}x = \mathrm{d}(1) = 0$，故

$$\int_{\overline{AB}} 2xy\mathrm{d}x + (y^2+1)\mathrm{d}y = \int_{0}^{1} (y^2+1)\mathrm{d}y = \frac{4}{3},$$

从而由对积分曲线的可加性得到

$$\int_L 2xy\mathrm{d}x + (y^2+1)\mathrm{d}y = \int_{\overline{OA}} 2xy\mathrm{d}x + (y^2+1)\mathrm{d}y + \int_{\overline{AB}} 2xy\mathrm{d}x + (y^2+1)\mathrm{d}y$$

$$= 0 + \frac{4}{3} = \frac{4}{3}.$$

例 6.7（参数式） 计算 $\oint_L \dfrac{-y\mathrm{d}x + x\mathrm{d}y}{x^2+y^2}$，其中 L 是半径为 a，圆心在原点，按逆时针方向绕行的圆周.

解 由圆的参数方程给出积分路径 $L：\begin{cases} x = a\cos t \\ y = a\sin t \end{cases} t：0 \to 2\pi$，于是

$$\int_L \frac{-y\mathrm{d}x + x\mathrm{d}y}{x^2+y^2} = \int_0^{2\pi} \frac{(-a\sin t)(-a\sin t) + (a\cos t)(a\cos t)}{(a\cos t)^2 + (a\sin t)^2}\mathrm{d}t$$

$$= \int_0^{2\pi} \mathrm{d}t = 2\pi.$$

例 6.8（空间曲线） 计算 $\int_\Gamma xy^2\mathrm{d}x + yz^2\mathrm{d}y + zx^2\mathrm{d}z$，其中 Γ 是从点 $A(2,-1,1)$ 到点 $O(0,0,0)$ 的直线段.

解 积分路径 Γ 为过 O 且方向向量为 $\overrightarrow{OA}$ 的直线段 $\begin{cases} x = 2t \\ y = -t \\ z = t \end{cases} t：1 \to 0$，于是

$$\int_\Gamma xy^2\mathrm{d}x + yz^2\mathrm{d}y + zx^2\mathrm{d}z = \int_1^0 (4t^3 + t^3 + 4t^3)\mathrm{d}t = -\frac{9}{4}.$$

例 6.9 设有一质量为 m 的质点受重力作用，在铅直平面上沿某一光滑曲线弧从点 $A(x_1,y_1)$ 移动到点 $B(x_2,y_2)$，求重力所做的功.

解 设光滑曲线如图 6.7 所示. 则重力在两坐标轴上的投影分别为

$$P(x,y) = 0, \quad Q(x,y) = -mg,$$

其中 g 是重力加速度. 即场力

$$\boldsymbol{F}(x,y) = -mg\boldsymbol{j},$$

于是，当质点沿曲线弧从 A 移动到 B 时，重力所做的功

$$W = \int_{\widehat{AB}} \boldsymbol{F} \cdot \mathrm{d}\boldsymbol{s} = \int_{\widehat{AB}} P\mathrm{d}x + Q\mathrm{d}y$$

$$= -\int_{\widehat{AB}} mg\mathrm{d}y.$$

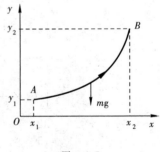

图 6.7

设 AB 的参数方程为 $\begin{cases} x = x(t) \\ y = y(t) \end{cases}$，对应 A 到 B，参数 t 从 α 变到 β. 于是

$$W = -mg\int_\alpha^\beta y'(t)\mathrm{d}t = -mg[y(\beta) - y(\alpha)] = mg(y_1 - y_2).$$

计算结果表明，重力场中重力所做的功与路径无关，而只与所沿曲线的起点和终点有关.

6.2.3 两类曲线积分之间的联系

由于对弧长、对坐标的两类曲线积分的物理背景不同，从而得到的表达式也不同，但它们之间还是可以互相转化的.

事实上,由平面上两类曲线积分定义可以直接得到它们的表达式间的关系为

$$\int_L P(x,y)\mathrm{d}x + Q(x,y)\mathrm{d}y = \int_L \left[P(x,y)\frac{\mathrm{d}x}{\mathrm{d}s} + Q(x,y)\frac{\mathrm{d}y}{\mathrm{d}s} \right]\mathrm{d}s.$$

由于平面曲线 L 的有向弧微元 $\mathrm{d}s = (\mathrm{d}x, \mathrm{d}y)$ 为其上点的切向量,设它的方向角为 α, β,则它的单位向量

$$\mathrm{d}s^0 = \left(\frac{\mathrm{d}x}{\mathrm{d}s}, \frac{\mathrm{d}y}{\mathrm{d}s} \right) = (\cos\alpha, \cos\beta),$$

于是两类曲线积分间关系式又可改写为

$$\int_L P(x,y)\mathrm{d}x + Q(x,y)\mathrm{d}y = \int_L [P(x,y)\cos\alpha + Q(x,y)\cos\beta]\mathrm{d}s.$$

类似地,两类空间曲线积分间的关系为

$$\int_\Gamma P\mathrm{d}x + Q\mathrm{d}y + R\mathrm{d}z = \int_L \left[P\frac{\mathrm{d}x}{\mathrm{d}s} + Q\frac{\mathrm{d}y}{\mathrm{d}s} + R\frac{\mathrm{d}z}{\mathrm{d}s} \right]\mathrm{d}s$$
$$= \int_\Gamma [P\cos\alpha + Q\cos\beta + R\cos\gamma]\mathrm{d}s,$$

其中 P, Q, R 均是曲线 Γ 上点 $M(x,y,z)$ 的函数,而 α, β, γ 是有向曲线 Γ 上切向量 $\mathrm{d}s = (\mathrm{d}x, \mathrm{d}y, \mathrm{d}z)$ 的方向角.

例 6.10　将对坐标的曲线积分 $\int_L P(x,y)\mathrm{d}x + Q(x,y)\mathrm{d}y$ 化为对弧长的曲线积分,其中 L 为圆周 $x^2 + y^2 = a^2$,沿顺时针方向.

解　积分路径 L: $\begin{cases} x = a\cos t \\ y = a\sin t \end{cases}$ $t: 2\pi \to 0$. 由于沿 L 的指定方向参数 t 是减小的,所以 $\mathrm{d}t < 0$,于是

$$\mathrm{d}s = \sqrt{x'^2 + y'^2}\,|\,\mathrm{d}t\,| = a\,|\,\mathrm{d}t\,| = a(-\mathrm{d}t) = -a\mathrm{d}t,$$

从而

$$\frac{\mathrm{d}x}{\mathrm{d}s} = \frac{a(-\sin t)\mathrm{d}t}{-a\mathrm{d}t} = \frac{y}{a}, \quad \frac{\mathrm{d}y}{\mathrm{d}s} = \frac{a\cos t\mathrm{d}t}{-a\mathrm{d}t} = -\frac{x}{a}.$$

依两类曲线积分的关系式,有

$$\int_L P(x,y)\mathrm{d}x + Q(x,y)\mathrm{d}y = \int_L \left[P(x,y)\frac{y}{a} - Q(x,y)\frac{x}{a} \right]\mathrm{d}s.$$

习　题　6.2

1. 计算下列对坐标的曲线积分:

(1) $\int_L (x^2 - y^2)\mathrm{d}x$, L 为抛物线 $y = x^2$ 上,从点 $(0,0)$ 到点 $(2,4)$ 的一段弧.

(2) $\int_L y\mathrm{d}x + x\mathrm{d}y$, L 为圆周 $x = R\cos t$, $y = R\sin t$ 上对应 t 从 0 到 $\frac{\pi}{2}$ 的一段.

(3) $\oint_L xy\mathrm{d}x$, L 为圆周 $(x-a)^2 + y^2 = a^2 (a > 0)$ 及 x 轴所围成的在第一象限内的区域的整个边界(按逆时针方向绕行).

(4) $\oint_L \dfrac{(x+y)\mathrm{d}x - (x-y)\mathrm{d}y}{x^2 + y^2}$，$L$ 为圆周 $x^2 + y^2 = a^2$（按逆时针方向绕行）．

(5) $\int_L (x^2 - 2xy)\mathrm{d}x + (y^2 - 2xy)\mathrm{d}y$，$L$ 是抛物线 $y = x^2$ 上从点 $(-1,1)$ 到点 $(1,1)$ 的一段．

(6) $\int_L (x+y)\mathrm{d}x + (y-x)\mathrm{d}y$，其中 L 是：

    (i) 抛物线 $y^2 = x$ 上从点 $(1,1)$ 到点 $(4,2)$ 的一段；

    (ii) 从点 $(1,1)$ 到点 $(4,2)$ 的直线段；

    (iii) 先沿直线从点 $(1,1)$ 到点 $(1,2)$，然后再沿直线到点 $(4,2)$ 的折线．

    (iv) 曲线 $x = 2t^2 + t + 1$，$y = t^2 + 1$ 上从点 $(1,1)$ 到点 $(4,2)$ 的一段．

(7) $\oint_L \dfrac{\mathrm{d}x + \mathrm{d}y}{|x| + |y|}$，$L$ 是以 $(1,0)$，$(0,1)$，$(-1,0)$，$(0,-1)$ 为顶点的正方形，逆时针方向．

(8) $\int_\Gamma x^2 \mathrm{d}x + z\mathrm{d}y - y\mathrm{d}z$，$\Gamma$ 为曲线 $x = k\theta$，$y = a\cos\theta$，$z = a\sin\theta$ 上对应 θ 从 0 到 π 的一段．

(9) $\int_\Gamma x\mathrm{d}x + y\mathrm{d}y + (x+y-1)\mathrm{d}z$，$\Gamma$ 是从点 $(1,1,1)$ 到点 $(2,3,4)$ 的一段直线．

(10) $\oint_\Gamma \mathrm{d}x - \mathrm{d}y + y\mathrm{d}z$，$\Gamma$ 为有向闭折线 $ABCA$，这里的 A，B，C 依次为点 $(1,0,0)$，$(0,1,0)$，$(0,0,1)$．

(11) $\oint_\Gamma (z-y)\mathrm{d}x + (x-z)\mathrm{d}y + (x-y)\mathrm{d}z$，其中 $\Gamma: \begin{cases} x^2 + y^2 = 1 \\ x - y + z = 2 \end{cases}$，从 z 轴正向看上去取逆时针方向．

    （提示：取 Γ 的参数式）

2. 在力场 $\boldsymbol{F} = (yz, zx, xy)$ 作用下，质点由原点沿直线运动到椭球面 $\dfrac{x^2}{a^2} + \dfrac{y^2}{b^2} + \dfrac{z^2}{c^2} = 1$ 上第一卦限的点 $M(\xi, \eta, \zeta)$ 处，问 ξ, η, ζ 取何值时，力 $\boldsymbol{F}$ 所作的功 W 最大？并求 W 的最大值．

3. 把对坐标的曲线积分化成对弧长的曲线积分：

    (1) $\int_L P\mathrm{d}x + Q\mathrm{d}y$，其中 L 为：

        (i) 沿抛物线 $y = x^2$ 从点 $(0,0)$ 到 $(1,1)$；

        (ii) 沿上半圆周 $x^2 + y^2 = 2x$ 从点 $(0,0)$ 到 $(1,1)$．

    (2) $\int_L P\mathrm{d}x + Q\mathrm{d}y + R\mathrm{d}z$，其中 Γ 为曲线 $x = t$，$y = t^2$，$z = t^3$ 上相应于 t 从 0 变到 1 的弧段．

6.3　格林公式及其应用

6.3.1　格林公式

    格林（G. Green）[①]公式揭示的是平面闭合曲线 L 上的第二类曲线积分与 L 所围平面区域 D 上的二重积分之间的内在联系．在公式的条件下，既能推导出许多非常有用的理论结果，又常能将一些直接计算非常复杂的第二类曲线积分化为较为简单的二重积分．为了叙述方便，先给出平面区域的单、复连通及边界曲线的方向概念．

    若平面区域 D 内任一闭曲线所围的点都属于 D，则称 D 为平面**单连通区域**，否则称 D 为**复连通区域**．几何上看，单连通区域内没有"洞"，而复连通区域内有"洞"．

    设平面区域 D 的边界曲线为 L，如果当一个人沿曲线 L 前进时，区域 D 总在他的左边，则

[①] 格林（G. Green），1793—1841，英国数学家、物理学家．

称他行进的方向是边界线 L 的**正向**,或称 L 是 D 的**正向边界**;其反方向称为 L 的**负向**,或称 L 是 D 的**反向边界**. 几何上看:对于单连通区域来说,其边界线的正向是逆时针方向(见图 6.8(a)),而对于复连通区域,其边界线的正向是指外边界线逆时针、内边界线顺时针的方向(见图 6.8(b)). 另外,我们称没有交点的曲线为**简单曲线**,只是起点和终点才重合的曲线为**简单闭曲线**.

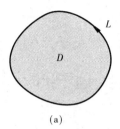
(a)

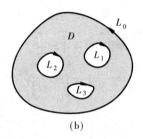
(b)

图　6.8

定理 6.1(格林公式)　设闭区域 D 由光滑或分段光滑的简单闭曲线 L 所围成,函数 $P(x,y)$ 及 $Q(x,y)$ 在 D 上具有一阶连续偏导数,则有

$$\oint_L P\mathrm{d}x + Q\mathrm{d}y = \iint_D \left(\frac{\partial Q}{\partial x} - \frac{\partial P}{\partial y}\right)\mathrm{d}x\mathrm{d}y, \tag{6.5}$$

其中 L 是 D 的正向边界曲线. 式(6.5) 称为**格林公式**.

证　(1) 若 D 既是 x -型,又是 y -型的单连通区域(见图 6.9(a)),则当 D 按 x -型区域表示为 $D\colon \varphi_1(x) \leqslant y \leqslant \varphi_2(x)$,$a \leqslant x \leqslant b$,且 $L = L_1 + L_2$ 时,由 $\dfrac{\partial P}{\partial y}$ 在 D 上连续知其在 D 上的二重积分存在,得

$$-\iint_D \frac{\partial P}{\partial y}\mathrm{d}x\mathrm{d}y = -\int_a^b \mathrm{d}x \int_{\varphi_1(x)}^{\varphi_2(x)} \frac{\partial P}{\partial y}\mathrm{d}y = -\int_a^b \left[P(x,\varphi_2(x)) - P(x,\varphi_1(x))\right]\mathrm{d}x,$$

又由在 D 上 P 的偏导数连续知 P 在 D 上连续,从而其在 D 的边界曲线 L 上的第二类曲线积分存在,得

$$\oint_L P\mathrm{d}x = \int_{L_1} P\mathrm{d}x + \int_{L_2} P\mathrm{d}x = \int_a^b P(x,\varphi_1(x))\mathrm{d}x + \int_b^a P(x,\varphi_2(x))\mathrm{d}x$$
$$= -\int_a^b \left[P(x,\varphi_2(x)) - P(x,\varphi_1(x))\right]\mathrm{d}x.$$

故有

$$\oint_L P\mathrm{d}x = -\iint_D \frac{\partial P}{\partial y}\mathrm{d}x\mathrm{d}y.$$

又当 D 按 y -型区域表示为 $D\colon \psi_1(y) \leqslant x \leqslant \psi_2(y)$,$c \leqslant y \leqslant d$ 时,类似证得

$$\oint_L Q\mathrm{d}x = \iint_D \frac{\partial Q}{\partial x}\mathrm{d}x\mathrm{d}y.$$

将上面两式左右两端分别相加,即得式(6.5)成立:

$$\oint_L P\mathrm{d}x + Q\mathrm{d}y = \iint_D \left(\frac{\partial Q}{\partial x} - \frac{\partial P}{\partial y}\right)\mathrm{d}x\mathrm{d}y.$$

（2）当 D 是 x-型或 y-型的单连通区域之一时,总可以用平行于坐标轴的辅助直线段将区域分成若干个既是 x-型,又是 y-型的子区域,式(6.5)在这些子区域上均成立. 由 D 上的二重积分等于各子区域上二重积分之和,并用式(6.5)可知,子区域边界线上的积分之和抵消沿辅助线上两次相反方向的积分后,剩下的恰好为沿 D 的边界线的曲线积分,因此,式(6.5)成立. 例如,以图 6.9(b) 为例有

$$D = D_1 + D_2 + D_3, \quad L = L_1 + L_2 + L_3,$$

$$\iint\limits_{D} \left(\frac{\partial Q}{\partial x} - \frac{\partial P}{\partial y}\right)\mathrm{d}x\mathrm{d}y = \left(\iint\limits_{D_1} + \iint\limits_{D_2} + \iint\limits_{D_3}\right)\left(\frac{\partial Q}{\partial x} - \frac{\partial P}{\partial y}\right)\mathrm{d}x\mathrm{d}y$$

$$= \left(\int_{L_1} + \int_{L_{AB}+L_{BC}} + \int_{L_2} + \int_{L_{BA}} + \int_{L_3} + \int_{L_{CB}}\right)P\mathrm{d}x + Q\mathrm{d}y$$

$$= \left(\int_{L_1} + \int_{L_2} + \int_{L_3}\right)P\mathrm{d}x + Q\mathrm{d}y$$

$$= \oint_{L} P\mathrm{d}x + Q\mathrm{d}y.$$

（3）若 D 为复连通区域,则可以适当添加辅助线,将 D 划分成若干个单连通的子区域,在每个单连通区域上利用前两种情况处理. 这样, D 上的二重积分即是各子区域上的二重积分之和,而各子区域边界线上的积分和,由于在辅助线上有两次方向相反的积分,它们相互抵消,所以剩下的恰好是曲线 L 上的曲线积分(见图6.9(c)),从而式(6.5)也成立.

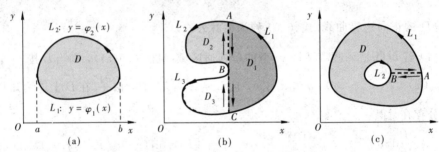

图 6.9

例 6.11 计算 $\oint_{L} (xy^2 + 2y)\mathrm{d}x + x^2 y\mathrm{d}y$. 其中 L 是圆周 $x^2 + y^2 = 2y$,取正向.

解 因为 $P = xy^2 + 2y$, $Q = x^2 y$, 所以

$$原式 = \iint\limits_{D}\left(\frac{\partial Q}{\partial x} - \frac{\partial P}{\partial y}\right)\mathrm{d}x\mathrm{d}y = \iint\limits_{D}[2xy - (2xy + 2)]\mathrm{d}x\mathrm{d}y$$

$$= \iint\limits_{D}(-2)\mathrm{d}x\mathrm{d}y = -2\pi.$$

例 6.12(补线) 计算 $\int_{L} (x\sin 2y - y)\mathrm{d}x + (x^2\cos 2y - 1)\mathrm{d}y$,其中 L 为圆周 $x^2 + y^2 = R^2$ 上从点 $A(R,0)$ 依逆时针方向到点 $B(0,R)$ 的一段弧.

解 作辅助线 L_1 和 L_2 与 L 构成区域 D 上正向闭曲线(见图6.10),由

$$P = x\sin 2y - y, \quad Q = x^2\cos 2y - 1$$

得

$$\frac{\partial Q}{\partial x} - \frac{\partial P}{\partial y} = 2x\cos 2y - 2x\cos 2y + 1 = 1.$$

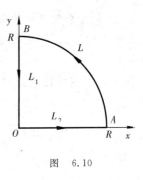

图　6.10

于是

$$原式 = \oint_{L+L_1+L_2} P\mathrm{d}x + Q\mathrm{d}y - \int_{L_1+L_2} P\mathrm{d}x + Q\mathrm{d}y$$

$$= \iint_D \left(\frac{\partial Q}{\partial x} - \frac{\partial P}{\partial y}\right)\mathrm{d}\sigma - \int_{L_1} Q\mathrm{d}y - \int_{L_2} P\mathrm{d}x$$

$$= \iint_D \mathrm{d}\sigma - \int_R^0 (-1)\mathrm{d}y - \int_0^R 0\mathrm{d}x = \frac{1}{4}\pi R^2 - R.$$

例 6.13(挖洞)　计算曲线积分 $\oint_L \dfrac{x\mathrm{d}y - y\mathrm{d}x}{x^2 + y^2}$,其中 L 为一条不经过原点的分段光滑简单闭曲线,取逆时针方向.

解　由 $P = \dfrac{-y}{x^2 + y^2}$,$Q = \dfrac{x}{x^2 + y^2}$,得

$$\frac{\partial Q}{\partial x} = \frac{y^2 - x^2}{(x^2 + y^2)^2} = \frac{\partial P}{\partial y} \quad (x^2 + y^2 \neq 0).$$

(1) 当 L 所围闭区域 D 内不含原点 $O(0,0)$ 时(见图6.11(a)),上面两个偏导数在 D 上连续,故由格林公式得

$$\oint_L \frac{x\mathrm{d}y - y\mathrm{d}x}{x^2 + y^2} = \iint_D \left(\frac{\partial Q}{\partial x} - \frac{\partial P}{\partial y}\right)\mathrm{d}x\mathrm{d}y = \iint_D 0\mathrm{d}x\mathrm{d}y = 0.$$

(2) 当 L 所围闭区域 D 的内部含原点 $O(0,0)$ 时,在 L 内部作以原点 O 为圆心的圆周 l:$x^2 + y^2 = r^2$,取顺时针方向.记 l 所围区域为 D_1,则 D 挖去了 D_1 得到的区域 $D' = D - D_1$,其正向边界为 $L + l$(见图6.11(b)).应用格林公式,得

$$\oint_{L+l} \frac{x\mathrm{d}y - y\mathrm{d}x}{x^2 + y^2} = \iint_{D'} \left(\frac{\partial Q}{\partial x} - \frac{\partial P}{\partial y}\right)\mathrm{d}x\mathrm{d}y = \iint_{D'} 0\mathrm{d}x\mathrm{d}y = 0.$$

即

$$\oint_L \frac{x\mathrm{d}y - y\mathrm{d}x}{x^2 + y^2} = -\oint_l \frac{x\mathrm{d}y - y\mathrm{d}x}{x^2 + y^2} = -\oint_l \frac{x\mathrm{d}y - y\mathrm{d}x}{r^2} = \frac{1}{r^2}\oint_{l^-} -y\mathrm{d}x + x\mathrm{d}y$$

$$= \frac{1}{r^2}\iint_{D_1} [1 - (-1)]\mathrm{d}\sigma$$

$$= 2\pi.$$

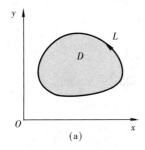

(a)

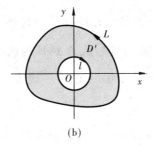

(b)

图　6.11

注:在计算对坐标的曲线积分时,格林公式(6.5)的正确使用需要两个条件:

(1) L 为分段光滑的简单正向闭曲线. 如果 L 不是简单的就要分成若干条简单闭曲线分别计算, 如果 L 是反向的就要在公式右端加一负号, 如果 L 不是闭的就要"补线"(如例 6.12);

(2) L 所围闭区域上 $P(x,y)$、$Q(x,y)$ 具有连续偏导数. 如果不满足, 则常要"挖洞". 例如, 在上面例 6.13 的情形(2)中, 直接用格林公式就会得出曲线积分为零的错误结果, 其原因就在于区域 D 内含有使 $\dfrac{\partial P}{\partial y}, \dfrac{\partial Q}{\partial x}$ 不连续的点 $O(0,0)$, 这种点通常称为**奇点**或**奇异点**.

最后, 在格林公式中取 $P=-y$, $Q=x$, 可以给出用区域 D 的边界线上的曲线积分计算 D 的面积公式

$$S_D = \frac{1}{2}\oint_L -y\mathrm{d}x + x\mathrm{d}y.$$

其中 S_D 表示 D 的面积, L 是 D 的正向边界曲线. 显然, 表示面积的公式不唯一.

例如, 对于求由参数方程给出的椭圆 $x=a\cos\theta, y=b\sin\theta(0\leqslant\theta\leqslant 2\pi)$ 所围成的图形的面积问题, 也可以利用上面的公式得

$$S_D = \frac{1}{2}\oint_L -y\mathrm{d}x + x\mathrm{d}y = \frac{1}{2}\int_0^{2\pi}(ab\cos^2\theta + ab\sin^2\theta)\mathrm{d}\theta$$

$$= \frac{1}{2}ab\int_0^{2\pi}\mathrm{d}\theta = \pi ab.$$

6.3.2 平面曲线积分与路径无关 原函数

一般来说, 曲线积分的值除了与被积函数有关以外, 还与积分的路径有关. 但在自然界中许多问题对应的曲线积分是与路径无关的. 如在重力场、静电场中研究场力做功问题时遇到的曲线积分, 常常属于这种情况.

1. 平面曲线积分与路径无关

设 G 是一个开区域, 且 $P(x,y)$, $Q(x,y)$ 在 G 内具有一阶连续偏导数. 如果对于 G 内任意指定的两个点 $A(x_1,y_1)$, $B(x_2, y_2)$, 以及 G 内从点 A 到点 B 的任意两段曲线 L_1, L_2(见图 6.12), 等式

$$\int_{L_1}P\mathrm{d}x + Q\mathrm{d}y = \int_{L_2}P\mathrm{d}x + Q\mathrm{d}y$$

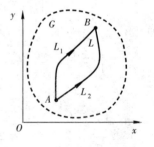

图 6.12

恒成立, 则称曲线积分 $\displaystyle\int_L P\mathrm{d}x + Q\mathrm{d}y$ 在 G 内与路径无关, 否则就称该曲线积分与路径有关, 此时, 从 A 到 B 的曲线积分可以记为

$$\int_A^B P\mathrm{d}x + Q\mathrm{d}y \quad 或 \quad \int_{(x_1,y_1)}^{(x_2,y_2)}P\mathrm{d}x + Q\mathrm{d}y.$$

2. 原函数

设 $P(x,y)$, $Q(x,y)$ 具有一阶连续偏导数. 若二元函数 $u=u(x,y)$ 满足
$$\mathrm{d}u = P(x,y)\mathrm{d}x + Q(x,y)\mathrm{d}y,$$
则称函数 $u(x,y)$ 是表达式 $P(x,y)\mathrm{d}x + Q(x,y)\mathrm{d}y$ 的一个**原函数**.

3. 四个等价条件

> **定理 6.2(4 个等价条件)**　设二元函数 $P(x,y)$，$Q(x,y)$ 在单连通区域 G 内具有一阶连续偏导数. 则在单连通区域 G 内下列 4 个条件等价：
>
> (1) $\dfrac{\partial Q}{\partial x} = \dfrac{\partial P}{\partial y}$；
>
> (2) 沿任意分段光滑有向闭曲线 L，有 $\displaystyle\oint_L P\mathrm{d}x + Q\mathrm{d}y = 0$；
>
> (3) 曲线积分 $\displaystyle\int_L P\mathrm{d}x + Q\mathrm{d}y$ 与路径无关；
>
> (4) 表达式 $P(x,y)\mathrm{d}x + Q(x,y)\mathrm{d}y$ 存在原函数.

证　这里采用循环论证的方法进行证明.

(4) $\Rightarrow$ (1)　设在 G 内存在函数 $u = u(x,y)$ 使得
$$\mathrm{d}u = P(x,y)\mathrm{d}x + Q(x,y)\mathrm{d}y,$$
则
$$\frac{\partial u}{\partial x} = P(x,y), \qquad \frac{\partial u}{\partial y} = Q(x,y).$$

由 P，Q 在 G 内具有一阶连续偏导数知 $\dfrac{\partial^2 u}{\partial x \partial y} = \dfrac{\partial P}{\partial y}$，$\dfrac{\partial^2 u}{\partial y \partial x} = \dfrac{\partial Q}{\partial x}$ 连续，从而在 G 内有
$$\frac{\partial P}{\partial y} = \frac{\partial Q}{\partial x}.$$

(1) $\Rightarrow$ (2)　设 L 是 G 内任意一条光滑的简单正向闭曲线，由 G 单连通知 L 所围的区域 D 全部含在 G 内. 于是，由格林公式得
$$\oint_L P\mathrm{d}x + Q\mathrm{d}y = \iint_D \left(\frac{\partial Q}{\partial x} - \frac{\partial P}{\partial y}\right)\mathrm{d}\sigma = \iint_D 0\mathrm{d}\sigma = 0.$$

当 L 是 G 内任意分段光滑有向闭曲线时，由对积分曲线的可加性得沿此 L 的曲线积分也为零.

(2) $\Rightarrow$ (3)　对于 G 内任意指定的两个点 A，B，以及 G 内从点 A 到点 B 的任意两段曲线 L_1，L_2，由 $L_1 + L_2^-$ 是 G 内有向闭合曲线得
$$\oint_{L_1 + L_2^-} P\mathrm{d}x + Q\mathrm{d}y = 0$$
或
$$\int_{L_1} P\mathrm{d}x + Q\mathrm{d}y = \int_{L_2} P\mathrm{d}x + Q\mathrm{d}y.$$
即在 G 内曲线积分与路径无关.

(3) $\Rightarrow$ (4)　设 $M_0(x_0, y_0)$ 是 G 内某一固定点，$M(x,y)$ 为 G 内任意一点，则在 G 内得到一个二元函数
$$u(x,y) = \int_{(x_0, y_0)}^{(x,y)} P(x,y)\mathrm{d}x + Q(x,y)\mathrm{d}y.$$

下面证明此函数就是 $P(x,y)\mathrm{d}x + Q(x,y)\mathrm{d}y$ 的一个原函数. 为此，先证明
$$\frac{\partial u}{\partial x} = P(x,y), \qquad \frac{\partial u}{\partial y} = Q(x,y).$$

设 $M(x,y)$，$N(x+\Delta x,y)$ 在 G 内变化，则由偏导数定义知在点 $M(x,y)$ 处

$$\frac{\partial u}{\partial x} = \lim_{\Delta x \to 0} \frac{u(x+\Delta x,y) - u(x,y)}{\Delta x}.$$

由于

$$u(x+\Delta x,y) = \int_{(x_0,\,y_0)}^{(x+\Delta x,y)} P(x,y)\mathrm{d}x + Q(x,y)\mathrm{d}y,$$

且右端积分与路径无关，所以路径可以取成从 M_0 到 M（对应曲线积分给出 $u(x,y)$），再从 M 沿平行于 x 轴的直线段到 N 这两段构成（见图 6.13）. 于是有

$$u(x+\Delta x,y) = u(x,y) + \int_x^{x+\Delta x} P(x,y)\mathrm{d}x.$$

由 $P(x,y)$ 的偏导数连续知 $P(x,y)$ 连续，因此，应用定积分中值定理得

$$u(x+\Delta x,y) - u(x,y) = \int_x^{x+\Delta x} P(x,y)\mathrm{d}x$$
$$= P(\xi,y)\Delta x,$$

其中 ξ 属于由 x 与 $x+\Delta x$ 构成的闭区间. 从而有

$$\lim_{\Delta x \to 0} \frac{u(x+\Delta x,y) - u(x,y)}{\Delta x} = \lim_{\xi \to x} P(\xi,y).$$

即

$$\frac{\partial u}{\partial x} = P(x,y).$$

同理可证

$$\frac{\partial u}{\partial y} = Q(x,y).$$

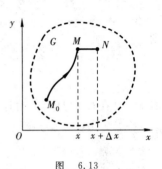

图 6.13

再由 $P(x,y)$，$Q(x,y)$ 在 G 内连续知 $u(x,y)$ 在 G 内可微，且

$$\mathrm{d}u = P(x,y)\mathrm{d}x + Q(x,y)\mathrm{d}y.$$

注： ① 定理中的 4 个等价条件是建立在单连通区域内的，并且要求 $P(x,y)$，$Q(x,y)$ 在 G 上具有一阶连续偏导数，当这两个条件之一不被满足时，等价关系都可能不成立；

② 从（2）推导（3）的证明过程可以看出，定理中条件（2）与（3）的等价区域可以不是单连通的.

在定理 6.2 的假设下，由（1）与（4）等价可知，当在 G 内成立 $\dfrac{\partial Q}{\partial x} = \dfrac{\partial P}{\partial y}$ 时，$P(x,y)\mathrm{d}x + Q(x,y)\mathrm{d}y$ 存在原函数 $u(x,y)$，且从（3）推导（4）的过程可以得到原函数

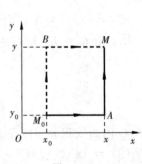

图 6.14

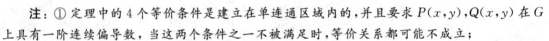
$$u(x,y) = \int_{(x_0,\,y_0)}^{(x,y)} P(x,y)\mathrm{d}x + Q(x,y)\mathrm{d}y.$$

由于右端曲线积分与路径无关，所以通常取平行于坐标轴的折线（见图 6.14）作为积分路径求原函数：

（1）若对于区域 G 内的每一点 (x,y)，总能取到完全含在 G 内的折线 M_0AM 作为积分路径，则原函数

$$u(x,y) = \int_{x_0}^x P(x,y_0)\mathrm{d}x + \int_{y_0}^y Q(x,y)\mathrm{d}y.$$

（2）若对 G 内的每一点 (x,y)，总能取到完全含在 G 内的折线 M_0BM 作为积分路径，则原函数

$$u(x,y) = \int_{y_0}^{y} Q(x_0,y)\mathrm{d}y + \int_{x_0}^{x} P(x,y)\mathrm{d}x.$$

例 6.14　求表达式 $(2x+y)\mathrm{d}x + (x-2y+1)\mathrm{d}y$ 的所有原函数.

解　令 $P(x,y)=2x+y$，$Q(x,y)=x-2y+1$，因为在整个 xOy 平面上 P,Q 的偏导数连续，且

$$\frac{\partial P}{\partial y} = 1 = \frac{\partial Q}{\partial x},$$

所以，在整个 xOy 平面上，原函数 $u(x,y)$ 存在. 取 $(x_0,y_0)=(0,0)$，且沿着先平行于 x 轴后平行于 y 轴的折线取积分得到一个原函数

$$\begin{aligned}
u_1(x,y) &= \int_{(0,0)}^{(x,y)} (2x+y)\mathrm{d}x + (x-2y+1)\mathrm{d}y \\
&= \int_0^x (2x+0)\mathrm{d}x + \int_0^y (x-2y+1)\mathrm{d}y \\
&= x^2 + xy - y^2 + y.
\end{aligned}$$

由此得到所有原函数为

$$u(x,y) = x^2 + xy - y^2 + y + C.$$

例 6.15　设函数 $Q(x,y)$ 在 xOy 面上具有一阶连续偏导数，曲线积分

$$\int_L 2xy\,\mathrm{d}x + Q(x,y)\mathrm{d}y$$

与路径无关，且对任意实数 t，恒有

$$\int_{(0,0)}^{(t,1)} 2xy\,\mathrm{d}x + Q(x,y)\mathrm{d}y = \int_{(0,0)}^{(1,t)} 2xy\,\mathrm{d}x + Q(x,y)\mathrm{d}y,$$

求函数 $Q(x,y)$.

解　由题设知曲线积分与路径无关，因而有

$$\frac{\partial Q}{\partial x} = \frac{\partial(2xy)}{\partial y}, \quad 即\frac{\partial Q}{\partial x} = 2x.$$

于是

$$Q(x,y) = x^2 + \varphi(y),$$

其中 $\varphi(y)$ 为任意可导函数.

如图 6.15 所示，取点

$$A(t,0),\ B(t,1),\ C(1,0),\ D(1,t).$$

对所给等式左端沿折线 OAB，右端沿折线 OCD 直接进行曲线积分，得

$$\int_0^t 0\mathrm{d}x + \int_0^1 Q(t,y)\mathrm{d}y = \int_0^1 0\mathrm{d}x + \int_0^t Q(1,y)\mathrm{d}y.$$

将前面得到的 $Q(x,y)$ 代入上式，得

$$\int_0^1 [t^2 + \varphi(y)]\mathrm{d}y = \int_0^t [1^2 + \varphi(y)]\mathrm{d}y,$$

即

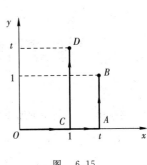

图　6.15

$$t^2 + \int_0^1 \varphi(y)\mathrm{d}y = t + \int_0^t \varphi(y)\mathrm{d}y.$$

两端对 t 求导数,得

$$2t = 1 + \varphi(t) \quad \text{或} \quad \varphi(t) = 2t - 1,$$

故

$$Q(x,y) = x^2 + 2y - 1.$$

例 6.16 证明:向量 $\mathbf{A} = \left(\dfrac{-y}{x^2+y^2}, \dfrac{x}{x^2+y^2} \right)$ 在右半平面 $(x > 0)$ 内是某个函数 $u(x,y)$ 的梯度,并求出一个这样的函数 $u(x,y)$.

解 依题意,即证存在一个函数 $u(x,y)$,使得当 $x > 0$ 时,有

$$\frac{\partial u}{\partial x} = \frac{-y}{x^2+y^2}, \qquad \frac{\partial u}{\partial y} = \frac{x}{x^2+y^2}.$$

为此,只需证明存在一个函数 $u(x,y)$,使得当 $x > 0$ 时,有

$$\mathrm{d}u = \frac{-y}{x^2+y^2}\mathrm{d}x + \frac{x}{x^2+y^2}\mathrm{d}y.$$

可见,只要证明上式右端的表达式存在原函数就行了.

为此,令

$$P(x,y) = \frac{-y}{x^2+y^2}, \qquad Q(x,y) = \frac{x}{x^2+y^2},$$

则 $P(x,y),Q(x,y)$ 当 $x > 0$ 时具有连续偏导数,且有

$$\frac{\partial P}{\partial y} = \frac{y^2-x^2}{(x^2+y^2)^2} = \frac{\partial Q}{\partial x}.$$

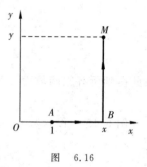

图　6.16

故当 $x > 0$ 时原函数 $u(x,y)$ 存在,从而 $\vec{A}$ 是 u 的梯度.

在右半平面选择折线 ABM(见图 6.16),得到一个原函数为

$$u(x,y) = \int_{(1,0)}^{(x,y)} \frac{-y}{x^2+y^2}\mathrm{d}x + \frac{x}{x^2+y^2}\mathrm{d}y = \int_1^x \frac{-0}{x^2+0^2}\mathrm{d}x + \int_0^y \frac{x\mathrm{d}y}{x^2+y^2}$$

$$= \arctan\frac{y}{x}.$$

习　题　6.3

1. 利用格林公式计算下列曲线积分:

(1) $\oint_L (2xy - x^2)\mathrm{d}x + (x + y^2)\mathrm{d}y$,其中 L 是由 $y = x^2$ 和 $y^2 = x$ 所围成的区域的正向边界曲线;

(2) $\oint_L (x^2 - xy^3)\mathrm{d}x + (y^2 - 2xy)\mathrm{d}y$,$L$ 是四个顶点分别为 $(0,0)$、$(2,0)$、$(0,2)$ 和 $(2,2)$ 的正方形区域的正向边界.

(3) $\oint_L (2x - y + 4)\mathrm{d}x + (5y + 3x - 6)\mathrm{d}y$,$L$ 为顶点为 $(0,0)$、$(3,0)$ 和 $(3,2)$ 的三角形正向边界;

(4) $\oint_L (x^2 y\cos x + 2xy\sin x - y^2\mathrm{e}^x)\mathrm{d}x + (x^2\sin x - 2y\mathrm{e}^x)\mathrm{d}y$,$L$ 为正向星形线 $x^{\frac{2}{3}} + y^{\frac{2}{3}} = a^{\frac{2}{3}}$;

(5) $\int_L (2xy^3 - y^2\cos x)\mathrm{d}x + (1 - 2y\sin x + 3x^2 y^2)\mathrm{d}y$,$L$ 为在抛物线 $2x = \pi y^2$ 上由点 $(0,0)$ 到 $\left(\dfrac{\pi}{2}, 1 \right)$ 的一段;

(6) $\int_L (x^2 - y)\mathrm{d}x - (x + \sin^2 y)\mathrm{d}y$，$L$ 是在圆周 $y = \sqrt{2x - x^2}$ 上由点 $(0,0)$ 到 $(1,1)$ 的一段．

(7) $\int_L \dfrac{(x+y)\mathrm{d}x - (x-y)\mathrm{d}y}{x^2 + y^2}$，已知 L 分别为下列路径：

(i) 圆周 $x^2 + y^2 = a^2$ 的正向 $(a > 0)$；

(ii) 环形域 $a^2 \leqslant x^2 + y^2 \leqslant b^0$ 的正向边界 $(h > a > 0)$；

(iii) 正方形 $|x| + |y| = 1$ 的正向；

(iv) 从点 $A(-\pi, -\pi)$ 经曲线 $y = \pi\cos x$ 到点 $B(\pi, -\pi)$ 的弧段．

(8) $\int_L \mathrm{e}^x(1 - \cos y)\mathrm{d}x + \mathrm{e}^x(\sin y - y)\mathrm{d}y$，其中 L 为从点 $O(0,0)$ 经 $y = \sin x$ 到点 $A(\pi, 0)$ 的弧段．

2. 利用曲线积分，求下列曲线所围平面图形的面积；

(1) 星形线 $x = a\cos^3 t$，$y = a\sin^3 t$ $(a > 0)$；　　　　　(2) 椭圆 $9x^2 + 16y^2 = 144$；

(3) 圆 $x^2 + y^2 = 2ax$ $(a > 0)$．

3. 证明下列曲线积分在整个 xOy 面内与积分路径无关，并计算积分值：

(1) $\int_{(1,1)}^{(2,3)} (x+y)\mathrm{d}x + (x-y)\mathrm{d}y$；

(2) $\int_{(1,2)}^{(3,4)} (6xy^2 - y^3)\mathrm{d}x + (6x^2 y - 3xy^2)\mathrm{d}y$；

(3) $\int_{(1,0)}^{(2,1)} (2xy - y^4 + 3)\mathrm{d}x + (x^2 - 4xy^3)\mathrm{d}y$．

4. 验证下列 $P(x,y)\mathrm{d}x + Q(x,y)\mathrm{d}y$ 是某一函数 $u(x,y)$ 的全微分，并求这样的一个 $u(x,y)$：

(1) $(x + 2y)\mathrm{d}x + (2x + y)\mathrm{d}y$，在整个 xOy 面；

(2) $2xy\mathrm{d}x + x^2\mathrm{d}y$，在整个 xOy 面；

(3) $4\sin x\sin 3y\cos x\mathrm{d}x - 3\cos 3y\cos 2x\mathrm{d}y$，在整个 xOy 面；

(4) $(3x^2 y + 8xy^2)\mathrm{d}x + (x^3 + 8x^2 y + 12y\mathrm{e}^y)\mathrm{d}y$，在整个 xOy 面；

(5) $(2x\cos y + y^2\cos x)\mathrm{d}x + (2y\sin x - x^2\sin y)\mathrm{d}y$，在整个 xOy 面；

(6) $\dfrac{x\mathrm{d}x + y\mathrm{d}y}{x^2 + y^2}$，在整个 xOy 平面上除 y 轴的负半轴及原点外的开区域 G 内．

5. 确定 λ 的值，使曲线积分

$$I = \int_{AB} (x^3 + 4xy^3)\mathrm{d}x + (6x^{\lambda-1} y^2 - 5y^4)\mathrm{d}y$$

与路径无关．并求 A，B 分别为 $(0,0)$，$(4,1)$ 时 I 的值．

6. 设有一变力在坐标轴上的投影为 $P = x + y^2$，$Q = 2xy - 8$，这变力确定了一个力场．证明质点在此力场移动时，场力作的功与路径无关．

6.4　对面积的曲面积分

6.4.1　对面积的曲面积分的概念与性质

引例　求空间直角坐标系 $Oxyz$ 中有界光滑曲面 Σ 上对应薄片的质量，设其面密度 $\rho(x, y, z)$ 为连续函数．

解　将曲面 Σ 任意分成 n 个直径都很小的小块曲面 ΔS_1，ΔS_2，$\cdots$，ΔS_n（并用它们表示其面积）（见图 6.17）．在 ΔS_i 上任取一点 (ξ_i, η_i, ζ_i)，由 $\rho(x, y, z)$ 连续知，可以用该点面密度 $\rho(\xi_i, \eta_i, \zeta_i)$ 近似 ΔS_i 上各点的面密度，由此得到 ΔS_i 上的质量

$$\Delta M_i \approx \rho(\xi_i, \eta_i, \zeta_i) \Delta S_i \quad (i = 1, 2, \cdots, n),$$

以及曲面 Σ 上的质量

$$M = \sum_{i=1}^{n} \Delta M_i \approx \sum_{i=1}^{n} \rho(\xi_i, \eta_i, \zeta_i) \Delta S_i.$$

记 $\lambda = \max_{1 \leqslant i \leqslant n} \{$ 小曲面 ΔS_i 的直径[①]$\}$，则 Σ 上的质量

$$M = \lim_{\lambda \to 0} \sum_{i=1}^{n} \rho(\xi_i, \eta_i, \zeta_i) \Delta S_i.$$

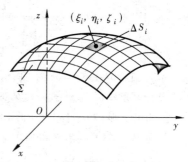

这种形式的极限还会在其他许多应用问题中遇到，如求曲面的质心，转动惯量等. 抽去它们的具体意义，我们给出如下所谓的对面积的曲面积分概念：

图 6.17

> **定义 6.3（对面积的曲面积分）** 设函数 $f(x, y, z)$ 在光滑曲面 Σ 上有界. 把 Σ 任意分成 n 个小块 $\Delta S_1, \Delta S_2, \cdots, \Delta S_n$（并用它们表示其面积）. 任取 ΔS_i 上一点 (ξ_i, η_i, ζ_i)，作乘积 $f(\xi_i, \eta_i, \zeta_i) \Delta S_i (i = 1, 2, \cdots, n)$，并作和式 $\sum_{i=1}^{n} f(\xi_i, \eta_i, \zeta_i) \Delta S_i$. 如果当所有小曲面的最大直径 $\lambda \to 0$ 时，这个和式极限的存在与对曲面 Σ 的分法及点 (ξ_i, η_i, ζ_i) 的取法无关，则称此极限为函数 $f(x, y, z)$ 在曲面 Σ 上**对面积的曲面积分**或**第一类曲面积分**，记为 $\iint_{\Sigma} f(x, y, z) \mathrm{d}S$，即
>
> $$\iint_{\Sigma} f(x, y, z) \mathrm{d}S = \lim_{\lambda \to 0} \sum_{i=1}^{n} f(\xi_i, \eta_i, \zeta_i) \Delta S_i,$$
>
> 称式中 $f(x, y, z)$ 为**被积函数**，Σ 为**积分曲面**.

当 Σ 是封闭曲面时，也可以把其上的曲面积分记作 $\oiint_{\Sigma} f(x, y, z) \mathrm{d}S$.

根据定义，引例中所求的曲面 Σ 上的质量可以表示为

$$M = \iint_{\Sigma} \rho(x, y, z) \mathrm{d}S.$$

对面积的曲面积分有着与对弧长的曲线积分类似的性质（假设以下各曲面积分均存在）：

> **性质 1（线性性质）** $\iint_{\Sigma} (k_1 f_1 + k_2 f_2) \mathrm{d}S = k_1 \iint_{\Sigma} f_1 \mathrm{d}S + k_2 \iint_{\Sigma} f_2 \mathrm{d}S.$
>
> **性质 2（对曲面的可加性）** $\iint_{\Sigma_1 + \Sigma_2} f \mathrm{d}S = \iint_{\Sigma_1} f \mathrm{d}S + \iint_{\Sigma_2} f \mathrm{d}S.$
>
> *性质 3（对称性） 以 Σ 关于 xOy 面对称为例：设其上半部分为 Σ_1，则
>
> $$\iint_{\Sigma} f(x, y, z) \mathrm{d}S = \begin{cases} 2\iint_{\Sigma_1} f(x, y, z) \mathrm{d}S & \text{当 } f(x, y, z) \text{ 是关于 } z \text{ 的偶函数} \\ \\ 0 & \text{当 } f(x, y, z) \text{ 是关于 } z \text{ 的奇函数} \end{cases}$$

---

① 指 ΔS_i 上点 (ξ_i, η_i, ζ_i) 处的切平面上与 ΔS_i 的面积为等价无穷小的小平面 $\mathrm{d}S_i$ 上最远两点间距离.

6.4.2　对面积的曲面积分计算

设光滑曲面 Σ 的方程为 $z = z(x,y)$，它在 xOy 坐标面上的投影域为 D，则由5.3.1可知，定义 6.3 的定义式中 ΔS_i 可由与其等价的面积微元

$$\mathrm{d}S_i = \sqrt{1 + z_x^2(\xi_i,\eta_i) + z_y^2(\xi_i,\eta_i)}\,\mathrm{d}\sigma_i$$

替代而得到将对面积的曲面积分化为二重积分的计算公式：

$$\iint\limits_{\Sigma} f(x,y,z)\mathrm{d}S = \iint\limits_{D} f(x,y,z(x,y))\,\sqrt{1 + z_x^2(x,y) + z_y^2(x,y)}\,\mathrm{d}\sigma.$$

说明：该公式表明，在计算对面积的曲面积分时，仍需要将其记号中的三部分同时换上，化成二重积分. 即：

(ⅰ) 将曲面 Σ 换成其在 xOy 面上的投影区域 D；

(ⅱ) 将被积函数中的 z 换成 $z(x,y)$；

(ⅲ) 将曲面的面积微元 $\mathrm{d}S$ 换成 $\sqrt{1 + z_x^2(x,y) + z_y^2(x,y)}\,\mathrm{d}\sigma$.

当曲面是以 $y = y(z,x)$，$x = x(y,z)$ 或 $F(x,y,z) = 0$ 给出时，仍由5.3.1给出面积微元的表达式，进而给出计算公式，并按照三部分同时换的方法类似计算.

例 6.17　计算 $\iint\limits_{\Sigma}\dfrac{\mathrm{d}S}{z}$，其中 Σ 是球面 $x^2 + y^2 + z^2 = R^2$ 被平面 $z = 1\ (R > 1)$ 截出的顶部.

解　如图 6.18 所示，曲面 Σ 在 xOy 面的投影域为 $D: x^2 + y^2 \leqslant R^2 - 1$，$\Sigma$ 的方程为 $z = \sqrt{R^2 - x^2 - y^2}\ (z \geqslant 1)$，代入面积微元公式并化简得

$$\mathrm{d}S = \frac{R}{\sqrt{R^2 - x^2 - y^2}}\mathrm{d}\sigma,$$

故

$$\iint\limits_{\Sigma}\frac{\mathrm{d}S}{z} = \iint\limits_{D}\frac{R}{R^2 - x^2 - y^2}\mathrm{d}x\mathrm{d}y = R\int_0^{2\pi}\mathrm{d}\theta\int_0^{\sqrt{R^2-1}}\frac{1}{R^2 - r^2}\,r\mathrm{d}r$$

$$= 2\pi R\left[-\frac{1}{2}\ln(R^2 - r^2)\right]_0^{\sqrt{R^2-1}}$$

$$= 2\pi R\ln R.$$

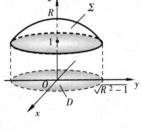

图　6.18

例 6.18　计算 $\oiint\limits_{\Sigma} z\mathrm{d}S$，其中 Σ 是由圆柱面 $x^2 + y^2 = 1$，平面 $z = 0$ 及 $z = 1 + y$ 所围成的立体的表面.

解　积分曲面如图 6.19(a) 所示，需要将此曲面分成三块分别完成计算.

(1) 斜平面 Σ_1 的方程为 $z = 1 + y$，面积元素

$$\mathrm{d}S = \sqrt{1 + z_x^2 + z_y^2}\,\mathrm{d}x\mathrm{d}y = \sqrt{2}\,\mathrm{d}x\mathrm{d}y,$$

它在 xOy 面上的投影域为 $D_{xy}: x^2 + y^2 \leqslant 1$，于是

$$\iint\limits_{\Sigma_1} z\mathrm{d}S = \iint\limits_{D_{xy}}(1 + y)\sqrt{2}\,\mathrm{d}x\mathrm{d}y = \sqrt{2}\iint\limits_{D_{xy}}\mathrm{d}x\mathrm{d}y + \sqrt{2}\iint\limits_{D_{xy}}y\mathrm{d}x\mathrm{d}y$$

$$= \sqrt{2} \times \pi + \sqrt{2} \times 0 = \sqrt{2}\,\pi.$$

（2）底面 Σ_2 的方程为 $z=0$，面积元素

$$dS = \sqrt{1 + z_x^2 + z_y^2}\,dxdy = dxdy,$$

它在 xOy 面上的投影域也是 D_{xy}；$x^2 + y^2 \leqslant 1$，所以

$$\iint\limits_{\Sigma_1} z dS = \iint\limits_{D_{xy}} 0\ dxdy = 0.$$

（3）侧面 Σ_3 关于 yOz 平面对称，$f(x,y,z) = z$ 关于 x 为偶函数，所以由对称性可知 Σ_3 上的曲面积分等于其前半部分曲面上积分的 2 倍. 前半部分曲面的方程为 $x = \sqrt{1-y^2}$，面积微元

$$dS = \sqrt{1 + x_y^2 + x_z^2}\,dydz = \frac{1}{\sqrt{1-y^2}}dydz,$$

在 yOz 面上的投影域为（见图 6.19(b)）

$$D_{yz}: 0 \leqslant z \leqslant 1+y,\ -1 \leqslant y \leqslant 1.$$

从而

$$\iint\limits_{\Sigma_3} z dS = 2\iint\limits_{D_{yz}} z \frac{1}{\sqrt{1-y^2}}dydz = 2\int_{-1}^{1} \frac{dy}{\sqrt{1-y^2}} \int_0^{1+y} z dz$$

$$= \int_{-1}^{1} \frac{1+2y+y^2}{\sqrt{1-y^2}}dy = 2\int_0^1 \frac{1+y^2}{\sqrt{1-y^2}}dy + \int_{-1}^{1} \frac{2y}{\sqrt{1-y^2}}dy$$

$$= 2\left(\int_0^1 \frac{2}{\sqrt{1-y^2}}dy - \int_0^1 \sqrt{1-y^2}\,dy\right) + 0$$

$$= 2\left(\arcsin x\,\big|_0^1 - \frac{\pi}{4}\right)$$

$$= \frac{3}{2}\pi,$$

所以

$$\oiint\limits_{\Sigma} z\,dS = \iint\limits_{\Sigma_1} z dS + \iint\limits_{\Sigma_2} z dS + \iint\limits_{\Sigma_3} z dS = \left(\sqrt{2} + \frac{3}{2}\right)\pi.$$

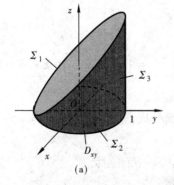
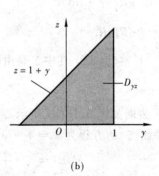

(a) (b)

图　6.19

作为曲面积分的应用，不难推出面密度为 $\rho = \rho(x,y,z)$ 的曲面 Σ 上的质心及转动惯量公

式如下：

> **Σ 的质心坐标：**
>
> $$\bar{x} = \frac{\iint\limits_{\Sigma} x\rho \, dS}{\iint\limits_{\Sigma} \rho \, dS}, \quad \bar{y} = \frac{\iint\limits_{\Sigma} y\rho \, dS}{\iint\limits_{\Sigma} \rho \, dS}, \quad \bar{z} = \frac{\iint\limits_{\Sigma} z\rho \, dS}{\iint\limits_{\Sigma} \rho \, dS}.$$
>
> **Σ 的转动惯量：**
>
> $$I_x = \iint\limits_{\Sigma} (y^2 + z^2)\rho \, dS, \quad I_y = \iint\limits_{\Sigma} (z^2 + x^2)\rho \, dS, \quad I_z = \iint\limits_{\Sigma} (x^2 + y^2)\rho \, dS.$$

例 6.19　求均匀薄片 Σ：$z = x^2 + y^2 (0 \leqslant z \leqslant 2)$ 的质心和关于 z 轴的转动惯量（设面密度为常数 ρ）.

解　因为 Σ 关于 yOz，zOx 面对称，所以 $\bar{x} = \bar{y} = 0$. Σ 的面积微元

$$dS = \sqrt{1 + 4x^2 + 4y^2} \, d\sigma,$$

Σ 在 xOy 面上的投影域

$$D：x^2 + y^2 \leqslant 2.$$

于是

$$\iint\limits_{\Sigma} dS = \iint\limits_{D} \sqrt{1 + 4x^2 + 4y^2} \, d\sigma = \int_0^{2\pi} d\theta \cdot \int_0^{\sqrt{2}} \sqrt{1 + 4r^2} \, r \, dr$$

$$= 2\pi \cdot \int_0^{\sqrt{2}} (1 + 4r^2)^{\frac{1}{2}} \cdot \frac{1}{8} d(1 + 4r^2) = \frac{\pi}{4} \frac{2}{3} (1 + 4r^2)^{\frac{3}{2}} \Big|_0^{\sqrt{2}}$$

$$= \frac{13}{3}\pi.$$

$$\iint\limits_{\Sigma} z \, dS = \iint\limits_{D} (x^2 + y^2) \sqrt{1 + 4x^2 + 4y^2} \, d\sigma = 2\pi \cdot \int_0^{\sqrt{2}} r^2 \sqrt{1 + 4r^2} \, r \, dr$$

$$= \frac{\pi}{2} \cdot \int_0^{\sqrt{2}} [(1 + 4r^2) - 1] \sqrt{1 + 4r^2} \cdot \frac{1}{8} d(1 + 4r^2)$$

$$= \frac{\pi}{16} \int_0^{\sqrt{2}} [(1 + 4r^2)^{\frac{3}{2}} - (1 + 4r^2)^{\frac{1}{2}}] d(1 + 4r^2)$$

$$= \frac{\pi}{16} \Big[\frac{5}{2}(1 + 4r^2)^{\frac{5}{2}} - \frac{3}{2}(1 + 4r^2)^{\frac{3}{2}} \Big]_0^{\sqrt{2}}$$

$$= \frac{149}{30}\pi.$$

所以

$$\bar{z} = \frac{\iint\limits_{\Sigma} z\rho \, dS}{\iint\limits_{\Sigma} \rho \, dS} = \frac{\iint\limits_{\Sigma} z \, dS}{\iint\limits_{\Sigma} dS} = \frac{149}{130},$$

故所给曲面的质心坐标为 $\left(0, 0, \dfrac{149}{130}\right)$.

关于 z 轴的转动惯量为

$$I_z = \iint\limits_{\Sigma}(x^2 + y^2)\rho\,\mathrm{d}S = \rho\iint\limits_{\Sigma}z\,\mathrm{d}S = \frac{149}{30}\pi\rho.$$

习　题　6.4

1. 计算下列曲面积分：

(1) $\iint\limits_{\Sigma}(x^2 + y^2)\mathrm{d}S$，其中 Σ 分别为：

(i) 锥面 $z = \sqrt{x^2 + y^2}$ 及平面 $z = 1$ 所围成的区域的整个边界曲面；

(ii) 锥面 $z^2 = 3(x^2 + y^2)$ 被平面 $z = 0$ 和 $z = 3$ 截得的部分.

(2) $\iint\limits_{\Sigma}f(x,y,z)\mathrm{d}S$，其中 Σ 为 $z = 2 - (x^2 + y^2)$ 在 xOy 平面以上的部分，$f(x,y,z)$ 分别为：

(i) $f(x,y,z) = 1$；

(ii) $f(x,y,z) = x^2 + y^2$；

(iii) $f(x,y,z) = 3z$.

(3) $\iint\limits_{\Sigma}(z + 2x + \dfrac{4}{3}y)\mathrm{d}S$，$\Sigma$ 为平面 $\dfrac{x}{2} + \dfrac{y}{3} + \dfrac{z}{4} = 1$ 在第一卦限中的部分.

(4) $\iint\limits_{\Sigma}(2xy - 2x^3 - x + z)\mathrm{d}S$，$\Sigma$ 为平面 $2x + 2y + z = 6$ 在第一卦限中的部分.

(5) $\iint\limits_{\Sigma}(x + y + z)\mathrm{d}S$，$\Sigma$ 为球面 $x^2 + y^2 + z^2 = a^2$ 上 $z \geqslant h(0 < h < a)$ 的部分.

(6) $\iint\limits_{\Sigma}(xy + yz + zx)\mathrm{d}S$，$\Sigma$ 为锥面 $z = \sqrt{x^2 + y^2}$ 被柱面 $x^2 + y^2 = 2ax$ 所截得的有限部分.

2. 求所给曲面的质量，已知

(1) 曲面 $z = \dfrac{1}{2}(x^2 + y^2)(0 \leqslant z \leqslant 1)$ 上每一点处的面密度等于该点到 xOy 面的距离；

(2) 半径为 R 的球面上每一点的面密度等于该点到球面的某一固定直径的距离的平方.

6.5　对坐标的曲面积分

6.5.1　对坐标的曲面积分的概念与性质

为了以下叙述问题方便，我们给出曲面的侧的约定：若曲面是闭的，则**内侧**是指法向量向内指，**外侧**是指法向量向外指；若曲面是非闭的，则**上侧**和**下侧**分别指法向量与 z 轴正向夹角为锐角和钝角，**右侧**和**左侧**分别指法向量与 y 轴正向夹角为锐角和钝角，而**前侧**和**后侧**分别指法向量与 x 轴正向夹角为锐角和钝角. 按以上约定取定了侧（即指定了法向量）的曲面称为**有向曲面**.

有了上面侧的约定，我们就可以通过物理问题建立要讨论的数学模型了.

引例　设有流速场
$$\boldsymbol{v}(x,y,z) = P(x,y,z)\boldsymbol{i} + Q(x,y,z)\boldsymbol{j} + R(x,y,z)\boldsymbol{k},$$
其中 P，Q，R 连续. 求单位时间内沿指定侧流经光滑曲面 Σ 的流量 Φ.

解　将曲面 Σ 分成 n 个直径都很小的小曲面 ΔS_1，ΔS_2，$\cdots$，ΔS_n（也用它们表示其面积），

在 ΔS_i 上任取一点 $M_i(\xi_i, \eta_i, \zeta_i)$，以点 M_i 处的流速 v_i 近似小曲面 ΔS_i 上各点的流速，则单位时间内流经该小曲面的流量 $\Delta \Phi_i$ 近似等于以 ΔS_i 为底面，以 M_i 处流速 v_i 的模为斜高的斜柱体的体积(见图6.20)，用数积表示即为

$$\Delta \Phi_i \approx (v_i \cdot n^0_i) \Delta S_i,$$

其中 $n^0_i = (\cos\alpha_i, \cos\beta_i, \cos\gamma_i)$ 为点 M_i 处有向曲面 Σ 的单位法向量，$i = 1, 2, \cdots, n$. 于是，将小曲面直径的最大者记为 λ，便得单位时间内通过 Σ 流向指定侧的流量

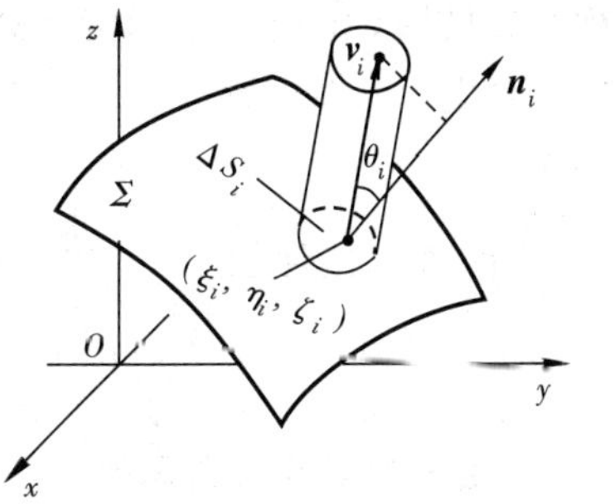

图　6.20

$$
\begin{aligned}
\Phi &= \sum_{i=1}^{n} \Delta \Phi_i = \lim_{\lambda \to 0} \sum_{i=1}^{n} (v_i \cdot n^0_i) \Delta S_i \\
&= \lim_{\lambda \to 0} \sum_{i=1}^{n} [P(M_i)\cos\alpha_i + Q(M_i)\cos\beta_i + R(M_i)\cos\gamma_i] \Delta S_i \\
&= \lim_{\lambda \to 0} \sum_{i=1}^{n} [P(M_i)\cos\alpha_i \Delta S_i + Q(M_i)\cos\beta_i \Delta S_i + R(M_i)\cos\gamma_i \Delta S_i].
\end{aligned}
$$

为了使用和叙述方法，我们将对上面和的极限分三项分别定义.

定义 6.4(对坐标的曲面积分)　设 Σ 为光滑的有向曲面，函数 $R(x, y, z)$ 在 Σ 上有界. 把 Σ 任意分成 n 块小曲面 ΔS_i(并用它表示其面积)，在其上任意取一点 (ξ_i, η_i, ζ_i) $(i = 1, 2, \cdots, n)$. 如果当 n 个面积微元的最大直径 $\lambda \to 0$ 时，极限

$$\lim_{\lambda \to 0} \sum_{i=1}^{n} R(\xi_i, \eta_i, \zeta_i) \cos\gamma_i \Delta S_i$$

的存在与对 Σ 的分法及点 (ξ_i, η_i, ζ_i) 的取法无关，则称此极限为函数 $R(x, y, z)$ 在有向曲面 Σ 上对坐标 (x, y) 的曲面积分，记为 $\iint\limits_{\Sigma} R(x, y, z) dxdy$，即

$$\iint\limits_{\Sigma} R(x, y, z) dxdy = \lim_{\lambda \to 0} \sum_{i=1}^{n} R(\xi_i, \eta_i, \zeta_i) \cos\gamma_i \Delta S_i,$$

其中，称 $R(x, y, z)$ 为被积函数，Σ 为积分曲面.

类似定义另外两个对坐标 (y, z), (z, x) 的曲面积分分别为

$$\iint\limits_{\Sigma} P(x, y, z) dydz = \lim_{\lambda \to 0} \sum_{i=1}^{n} P(\xi_i, \eta_i, \zeta_i) \cos\alpha_i \Delta S_i,$$

$$\iint\limits_{\Sigma} Q(x, y, z) dzdx = \lim_{\lambda \to 0} \sum_{i=1}^{n} Q(\xi_i, \eta_i, \zeta_i) \cos\beta_i \Delta S_i.$$

以上三个曲面积分也称为**第二类曲面积分**. 由于它们通常是同时出现的，因此，一般采用如下的简记形式：

$$\iint\limits_{\Sigma} P dydz + \iint\limits_{\Sigma} Q dzdx + \iint\limits_{\Sigma} R dxdy = \iint\limits_{\Sigma} P dydz + Q dzdx + R dxdy.$$

根据定义 6.4，引例中流向 Σ 指定侧的流量 Φ 可以表示为

$$\Phi = \iint\limits_{\Sigma} P(x, y, z) dydz + Q(x, y, z) dzdx + R(x, y, z) dxdy.$$

称为矢量场 v 沿曲面 Σ 指定侧穿过 Σ 的**通量**.

对坐标的曲面积分具有与对坐标的曲线积分相类似的性质(假设以下出现的曲面积分均存在).

性质 1(线性性质)　以对坐标 (x,y) 的曲面积分为例:

$$\iint_{\Sigma}(k_1 R_1 \pm k_2 R_2)\mathrm{d}x\mathrm{d}y = k_1 \iint_{\Sigma} R_1 \mathrm{d}x\mathrm{d}y \pm k_2 \iint_{\Sigma} R_2 \mathrm{d}x\mathrm{d}y.$$

性质 2(对积分曲面的可加性)　以对坐标 (x,y) 的曲面积分为例:

$$\iint_{\Sigma_1+\Sigma_2} R\mathrm{d}x\mathrm{d}y = \iint_{\Sigma_1} R\mathrm{d}x\mathrm{d}y + \iint_{\Sigma_2} R\mathrm{d}x\mathrm{d}y = \left(\iint_{\Sigma_1}+\iint_{\Sigma_2}\right) R\mathrm{d}x\mathrm{d}y.$$

性质 3(有向性)　记 Σ^- 是与 Σ 的侧相反的曲面,则在 Σ^- 与 Σ 上的曲面积分值相反. 即

$$\iint_{\Sigma^-} P\mathrm{d}y\mathrm{d}z + Q\mathrm{d}z\mathrm{d}x + R\mathrm{d}x\mathrm{d}y = -\iint_{\Sigma} P\mathrm{d}y\mathrm{d}z + Q\mathrm{d}z\mathrm{d}x + R\mathrm{d}x\mathrm{d}y.$$

****性质 4(对称性)**　以对坐标 (x,y) 的曲面积分为例:设曲面 Σ 关于 xOy 面对称,且上半部分 Σ_1 的侧与下半部分相反. 则

$$\iint_{\Sigma} R\mathrm{d}x\mathrm{d}y = \begin{cases} 2\iint_{\Sigma_1} R\mathrm{d}x\mathrm{d}y & \text{当 } R(x,y,z) \text{ 是关于 } z \text{ 的奇函数} \\ 0 & \text{当 } R(x,y,z) \text{ 是关于 } z \text{ 的偶函数} \end{cases}.$$

6.5.2　对坐标的曲面积分的计算方法

首先考虑对坐标 (x,y) 的曲面积分

$$\iint_{\Sigma} R(x,y,z)\mathrm{d}x\mathrm{d}y = \lim_{\lambda\to 0}\sum_{i=1}^{n} R(\xi_i,\eta_i,\zeta_i)\cos\gamma_i\Delta S_i$$

的计算. 设曲面 Σ 在 xOy 面上的投影域为 D_{xy},取小曲面 ΔS_i 上点 (ξ_i,η_i,ζ_i) 处切平面上小平面 $\mathrm{d}S_i$,使其及 ΔS_i 在 xOy 面上的投影均为小区域 $\Delta\sigma_i$(也用以表示其面积).

当 Σ 取上侧时,由 $\cos\gamma_i > 0$ 知,$\cos\gamma_i\mathrm{d}S_i = \Delta\sigma_i$,于是将上式中 ΔS_i 用其等价无穷小 $\mathrm{d}S_i$ 替换,并注意到 (ξ_i,η_i,ζ_i) 是 Σ 上的点,从而 $\zeta_i = z(\xi_i,\eta_i)$,便得

$$\iint_{\Sigma} R(x,y,z)\mathrm{d}x\mathrm{d}y = \lim_{\lambda\to 0}\sum_{i=1}^{n} R(\xi_i,\eta_i,z(\xi_i,\eta_i))\Delta\sigma_i.$$

而右端为函数 $R(x,y,z(x,y))$ 在区域 D_{xy} 上的二重积分,故

设 $R(x,y,z)$ 连续,光滑曲面 Σ 由 $z=z(x,y)$ 给出,且取上侧,则

$$\iint_{\Sigma} R(x,y,z)\mathrm{d}x\mathrm{d}y = \iint_{D_{xy}} R(x,y,z(x,y))\mathrm{d}x\mathrm{d}y.$$

当 Σ 取下侧时,由于 $\cos\gamma_i < 0$,所以 $\cos\gamma_i\mathrm{d}S_i \approx \cos\gamma_i\mathrm{d}S_i = -\Delta\sigma_i$,于是

$$\iint_{\Sigma} R(x,y,z)\mathrm{d}x\mathrm{d}y = \lim_{\lambda\to 0}\sum_{i=1}^{n} R(\xi_i,\eta_i,z(\xi_i,\eta_i))(-\Delta\sigma_i).$$

而上式右端为函数 $R(x,y,z(x,y))(-1)$ 在区域 D_{xy} 上的二重积分,故

设 $R(x,y,z)$ 连续,光滑曲面 Σ 由 $z = z(x,y)$ 给出,且取下侧,则
$$\iint\limits_{\Sigma} R(x,y,z)\mathrm{d}x\mathrm{d}y = \iint\limits_{D_{xy}} R(x,y,z(x,y))(-\mathrm{d}x\mathrm{d}y).$$

说明:由以上两个公式可以看到,将左端对坐标 (x,y) 的曲面积分化为二重积分时,其方法仍旧是将曲面积分记号中的三部分同时换. 即:

(i) 将积分曲面 Σ 换成投影域 D_{xy};

(ii) 将被积函数中的 z 换成 $z(x,y)$;

(iii) 将式中 $\mathrm{d}x\mathrm{d}y$ 视为记号,按 $\mathrm{d}x\mathrm{d}y = \cos\gamma\mathrm{d}S$ 理解:当 Σ 取上侧时,$\cos\gamma$ 为正值,$\mathrm{d}x\mathrm{d}y$ 就是 D_{xy} 的面积微元 $\mathrm{d}\sigma$,直接用在二重积分中;当 Σ 取下侧时,$\cos\gamma$ 为负值,$\mathrm{d}x\mathrm{d}y$ 就是面积微元 $\mathrm{d}\sigma$ 的反值,在二重积分中改用 $(-\mathrm{d}x\mathrm{d}y)$.

类似地,对坐标 (y,z) 的曲面积分化为二重积分的公式为:

设 $P(x,y,z)$ 连续,光滑曲面 Σ 由 $x = x(y,z)$ 给出,且取前侧,则
$$\iint\limits_{\Sigma} P(x,y,z)\mathrm{d}y\mathrm{d}z = \iint\limits_{D_{yz}} P(x(y,z),y,z)\mathrm{d}y\mathrm{d}z;$$

取 Σ 后侧,则
$$\iint\limits_{\Sigma} P(x,y,z)\mathrm{d}y\mathrm{d}z = \iint\limits_{D_{yz}} P(x(y,z),y,z)(-\mathrm{d}y\mathrm{d}z).$$

对坐标 (z,x) 的曲面积分化为二重积分的公式为:

设 $Q(x,y,z)$ 连续,光滑曲面 Σ 由 $y = y(z,x)$ 给出,且取右侧,则
$$\iint\limits_{\Sigma} Q(x,y,z)\mathrm{d}z\mathrm{d}x = \iint\limits_{D_{zx}} Q(x,y(z,x),z)\mathrm{d}z\mathrm{d}x;$$

取 Σ 左侧,则
$$\iint\limits_{\Sigma} Q(x,y,z)\mathrm{d}z\mathrm{d}x = \iint\limits_{D_{zx}} Q(x,y(z,x),z)(-\mathrm{d}z\mathrm{d}x).$$

例 6.20(部分替换、对称性) 计算曲面积分
$$\iint\limits_{\Sigma} \frac{x^2\mathrm{d}y\mathrm{d}z + y^2\mathrm{d}z\mathrm{d}x + z^2\mathrm{d}x\mathrm{d}y}{1 + x^2 + y^2 - z},$$
其中 Σ 是 $z = x^2 + y^2$ 被夹在 $z = 0$ 和 $z = 1$ 之间的部分,取下侧.

解 用积分曲面 Σ 的方程 $z = x^2 + y^2$ 替换原式分母,得到
$$原式 = \iint\limits_{\Sigma} x^2\mathrm{d}y\mathrm{d}z + y^2\mathrm{d}z\mathrm{d}x + z^2\mathrm{d}x\mathrm{d}y.$$

对于上式右端,由对称性可知其前两项的结果均为零,于是只计算第三项即可. 由于取 Σ 下侧,且 Σ 在 xOy 面上的投影域为 $D: x^2 + y^2 \leqslant 1$,式中 $z = x^2 + y^2$,所以
$$原式 = 0 + 0 + \iint\limits_{D} (x^2 + y^2)^2(-\mathrm{d}x\mathrm{d}y) = -\int_0^{2\pi}\mathrm{d}\theta \cdot \int_0^1 r^4 \cdot r\mathrm{d}r$$
$$= -\frac{\pi}{3}.$$

例 6.21(轮换对称性) 设 Σ 是锥面部分 $z=\sqrt{x^2+y^2}$ $(0\leqslant z\leqslant 1)$，取下侧，计算曲面积分 $\iint\limits_{\Sigma} x\mathrm{d}y\mathrm{d}z+2y\mathrm{d}z\mathrm{d}x+3(z-1)\mathrm{d}x\mathrm{d}y$.

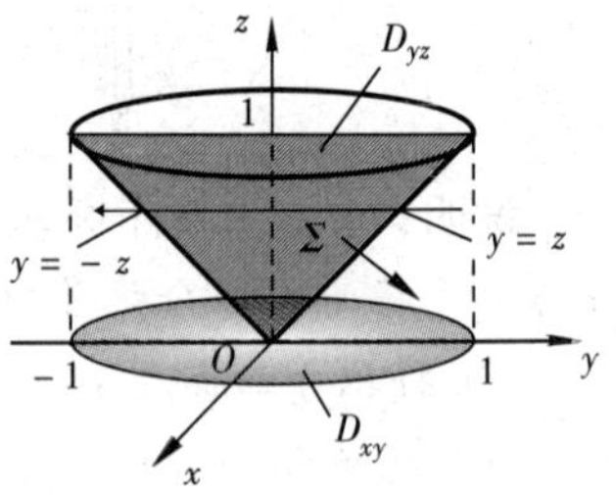

图 6.21

解 曲面 Σ 及其在坐标面上的投影如图 6.21 所示.

(1) 先计算前两项的和. 由于曲面 Σ 关于 yOz 面及 zOx 面对称，故有

$$\iint\limits_{\Sigma} x\mathrm{d}y\mathrm{d}z=\iint\limits_{\Sigma} y\mathrm{d}z\mathrm{d}x.$$

所以 $$\iint\limits_{\Sigma} x\mathrm{d}y\mathrm{d}z+2y\mathrm{d}z\mathrm{d}x=3\iint\limits_{\Sigma} x\mathrm{d}y\mathrm{d}z.$$

将曲面 Σ 位于 yOz 面前面的部分记为 Σ_1，并将 Σ_1 在 yOz 面上的投影记为 D_{yz}，则由被积函数是关于 x 的奇函数及对称性，得

$$\iint\limits_{\Sigma} x\mathrm{d}y\mathrm{d}z=2\iint\limits_{\Sigma_1} x\mathrm{d}y\mathrm{d}z.$$

于是，由前式及 Σ_1：$x=\sqrt{z^2-y^2}$，取前侧，有

$$\begin{aligned}\iint\limits_{\Sigma} x\mathrm{d}y\mathrm{d}z+2y\mathrm{d}z\mathrm{d}x&=6\iint\limits_{\Sigma_1} x\mathrm{d}y\mathrm{d}z=6\iint\limits_{D_{yz}}\sqrt{z^2-y^2}\,\mathrm{d}y\mathrm{d}z\ (\text{6 倍的前半圆锥体体积})\\&=6\int_0^1\left[\int_{-z}^{z}\sqrt{z^2-y^2}\,\mathrm{d}y\right]\mathrm{d}z\ (\text{内层积分等于以 } z \text{ 为半径的半圆形面积})\\&=6\int_0^1\left[\int_{-\frac{\pi}{2}}^{\frac{\pi}{2}} z^2\cos^2 t\mathrm{d}t\right]\mathrm{d}z=6\int_0^1\frac{1}{2}\pi z^2\mathrm{d}z\\&=\pi.\end{aligned}$$

(2) 再计算第三项. 将 Σ 在 xOy 面上的投影记为 D_{xy}，则由 Σ 取下侧有

$$\begin{aligned}\iint\limits_{\Sigma} 3(z-1)\mathrm{d}x\mathrm{d}y&=3\iint\limits_{D_{xy}}(\sqrt{x^2+y^2}-1)(-\mathrm{d}x\mathrm{d}y)\\&=3\iint\limits_{D_{xy}}(1-\sqrt{x^2+y^2})\mathrm{d}x\mathrm{d}y\ (\text{3 倍的圆锥体的体积})\\&=3\left[\pi\cdot 1^2-\int_0^{2\pi}\mathrm{d}\theta\int_0^1 r\cdot r\mathrm{d}r\right]=3\cdot\frac{1}{3}\pi\\&=\pi.\end{aligned}$$

综上，所求为 $$\iint\limits_{\Sigma} x\mathrm{d}y\mathrm{d}z+2y\mathrm{d}z\mathrm{d}x+3(z-1)\mathrm{d}x\mathrm{d}y=2\pi.$$

例 6.22(换投影域) 设 Σ：$z=1-x^2-y^2$ $(x^2+y^2\leqslant 1)$，取下侧. 计算

$$\iint\limits_{\Sigma}(y-z^2)\mathrm{d}z\mathrm{d}x+z\mathrm{d}x\mathrm{d}y.$$

解 积分曲面 Σ 在 xOy 面的投影域为 D：$x^2+y^2\leqslant 1$. Σ 下侧的法向量

$$\boldsymbol{n}=(z_x,z_y,-1)=(-2x,-2y,-1),$$

$$\boldsymbol{n}^{\circ}=\frac{(-2x,-2y,-1)}{\sqrt{1+4x^2+4y^2}}=(\cos\alpha,\cos\beta,\cos\gamma).$$

由上面给出的单位向量 $\boldsymbol{n}^0$ 的表达式知 $\dfrac{\cos\beta}{\cos\gamma}=2y$. 于是

$$
\begin{aligned}
原式 &= \iint\limits_{\Sigma}(y-z^2)\cdot\frac{\cos\beta}{\cos\gamma}\cdot\cos\gamma\mathrm{d}S+z\mathrm{d}x\mathrm{d}y\\
&= \iint\limits_{\Sigma}[(y-z^2)\cdot 2y\cdot\mathrm{d}x\mathrm{d}y+z\mathrm{d}x\mathrm{d}y]=\iint\limits_{\Sigma}[(2y^2-2yz^2)+z]\mathrm{d}x\mathrm{d}y\\
&= \iint\limits_{D}[2y^2-2y(1-x^2-y^2)^2+(1-x^2-y^2)](-\mathrm{d}x\mathrm{d}y)\\
&= -\iint\limits_{D}[y^2-x^2-2y(1-x^2-y^2)^2+1]\mathrm{d}x\mathrm{d}y\\
&= \left(\iint\limits_{D}x^2\mathrm{d}x\mathrm{d}y-\iint\limits_{D}y^2\mathrm{d}x\mathrm{d}y\right)+\iint\limits_{D}2y(1-x^2-y^2)^2\mathrm{d}x\mathrm{d}y-\iint\limits_{D}\mathrm{d}x\mathrm{d}y\\
&= 0+0-\pi\times 1^2\\
&= -\pi.
\end{aligned}
$$

6.5.3　两类曲面积分之间的联系

将第二类曲面积分定义 6.4 中定义式化为第一类曲面积分定义 6.3 中定义式,得

$$\lim_{\lambda\to 0}\sum_{i=1}^{n}[P(M_i)\cos\alpha_i\Delta S_i+Q(M_i)\cos\beta_i\Delta S_i+R(M_i)\cos\gamma_i\Delta S_i]$$
$$=\lim_{\lambda\to 0}\sum_{i=1}^{n}[P(M_i)\cos\alpha_i+Q(M_i)\cos\beta_i+R(M_i)\cos\gamma_i]\Delta S_i$$

即

$$\iint\limits_{\Sigma}P\mathrm{d}y\mathrm{d}z+Q\mathrm{d}z\mathrm{d}x+R\mathrm{d}x\mathrm{d}y=\iint\limits_{\Sigma}(P\cos\alpha+Q\cos\beta+R\cos\gamma)\mathrm{d}S,$$

式中 $\cos\alpha,\cos\beta,\cos\gamma$ 是有向曲面 Σ 的方向余弦,它们是 x,y,z 的函数.

设有向曲面 Σ 上点 M 处的面积微元为 $\mathrm{d}S,M$ 点处单位法向量为
$$\boldsymbol{n}^0=(\cos\alpha,\cos\beta,\cos\gamma),$$
则称 $\mathrm{d}\boldsymbol{S}=\boldsymbol{n}^0\mathrm{d}S$ 为**有向曲面微元**. 若将 $\mathrm{d}y\mathrm{d}z$、$\mathrm{d}z\mathrm{d}x$、$\mathrm{d}x\mathrm{d}y$ 视为 $\mathrm{d}\boldsymbol{S}$ 在三个坐标面上的投影,则有向曲面微元还可以用其投影表示为
$$\mathrm{d}\boldsymbol{S}=\boldsymbol{n}^0\mathrm{d}S=(\cos\alpha\mathrm{d}S,\cos\beta\mathrm{d}S,\cos\gamma\mathrm{d}S)=(\mathrm{d}y\mathrm{d}z,\mathrm{d}z\mathrm{d}x,\mathrm{d}x\mathrm{d}y).$$
再记 $\boldsymbol{A}=P\boldsymbol{i}+Q\boldsymbol{j}+R\boldsymbol{k}=(P,Q,R)$,$A_n$ 为向量 $\boldsymbol{A}$ 在向量 $\boldsymbol{n}$ 上的投影,则两类曲面积分间的联系又有以下向量(或投影)形式:

$$\iint\limits_{\Sigma}\boldsymbol{A}\cdot\mathrm{d}\boldsymbol{S}=\iint\limits_{\Sigma}(\boldsymbol{A}\cdot\boldsymbol{n}^0)\mathrm{d}S\left(=\iint\limits_{\Sigma}A_n\mathrm{d}S\right).$$

例 6.23　设 Σ 是锥面 $z=\sqrt{x^2+y^2}$ ($0\leqslant z\leqslant 1$),求流速场 $\boldsymbol{v}=x\boldsymbol{i}+y\boldsymbol{j}+z\boldsymbol{k}$ 沿 Σ 下侧穿过的流量 Φ.

解　由于曲面 Σ 上任意一点 (x,y,z) 的矢径 $\boldsymbol{r}=x\boldsymbol{i}+y\boldsymbol{j}+z\boldsymbol{k}$ 恰为流速 $\boldsymbol{v}$,所以流速平行于锥面 Σ 的母线,因此流速 $\boldsymbol{v}$ 与锥面的法向量 $\boldsymbol{n}$ 垂直,故有
$$\Phi=\iint\limits_{\Sigma}\boldsymbol{v}\cdot\mathrm{d}\boldsymbol{S}=\iint\limits_{\Sigma}(\boldsymbol{v}\cdot\boldsymbol{n}^0)\mathrm{d}S=\iint\limits_{\Sigma}0\mathrm{d}S=0.$$

例 6.24　将例 6.22 给出的第二类曲面积分化为第一类曲面积分,并计算其值.

解　由例 6.22 知,曲面取下侧时单位法向量

$$\boldsymbol{n}^0 = \frac{(-2x,\, -2y,\, -1)}{\sqrt{1+4x^2+4y^2}}.$$

由此将原式化为第一类曲面积分,得

$$\iint_{\Sigma}(y-z^2)\mathrm{d}z\mathrm{d}x + z\mathrm{d}x\mathrm{d}y = \iint_{\Sigma}(0,\, y-z^2,\, z)\cdot \boldsymbol{n}^0\mathrm{d}S$$

$$= \iint_{\Sigma}(0,\, y-z^2,\, z)\cdot \frac{(-2x,\, -2y,\, -1)}{\sqrt{1+4x^2+4y^2}}\mathrm{d}S$$

$$= \iint_{\Sigma}\frac{-2y^2+2yz^2-z}{\sqrt{1+4x^2+4y^2}}\mathrm{d}S \quad (\text{中间项是关于 } y \text{ 的奇函数})$$

$$= \iint_{\Sigma}\frac{-2y^2-z}{\sqrt{1+4x^2+4y^2}}\mathrm{d}S$$

$$= \iint_{\Sigma}\frac{-2y^2-(1-x^2-y^2)}{\sqrt{1+4x^2+4y^2}}\mathrm{d}S$$

$$= \iint_{\Sigma}\frac{x^2-y^2-1}{\sqrt{1+4x^2+4y^2}}\mathrm{d}S \quad (\text{由对称性,前两项可抵消})$$

$$= -\iint_{\Sigma}\frac{1}{\sqrt{1+4x^2+4y^2}}\mathrm{d}S = -\iint_{D_{xy}}|\cos\gamma|\,\mathrm{d}S$$

$$= -\iint_{D_{xy}}\mathrm{d}x\mathrm{d}y$$

$$= -\pi.$$

习　题　6.5

1. 计算下列对坐标的曲面积分:

(1) $\iint_{\Sigma}x^2y^2z\mathrm{d}x\mathrm{d}y$,$\Sigma$ 是球面 $x^2+y^2+z^2=R^2$ 的下半部分的下侧;

(2) $\iint_{\Sigma}z\mathrm{d}x\mathrm{d}y + x\mathrm{d}y\mathrm{d}z + y\mathrm{d}z\mathrm{d}x$,$\Sigma$ 是柱面 $x^2+y^2=1$ 被平面 $z=0$ 及 $z=3$ 所截得的在第一卦限部分的前侧;

(3) $\iint_{\Sigma}[f(x,y,z)+x]\mathrm{d}y\mathrm{d}z + [2f(x,y,z)+y]\mathrm{d}z\mathrm{d}x + [f(x,y,z)+z]\mathrm{d}x\mathrm{d}y$,$\Sigma$ 是平面 $x-y+z=1$ 在第四卦限部分的上侧,$f(x,y,z)$ 是连续函数.（提示:利用两类曲面积分之间的联系.）

(4) $\oiint_{\Sigma}xz\mathrm{d}x\mathrm{d}y + xy\mathrm{d}y\mathrm{d}z + yz\mathrm{d}z\mathrm{d}x$,$\Sigma$ 是由三个坐标平面及 $x+y+z=1$ 所围的有界闭区域的整个边界曲面的外侧.

2. 把对坐标的曲面积分 $\iint_{\Sigma}P(x,y,z)\mathrm{d}y\mathrm{d}z + Q(x,y,z)\mathrm{d}z\mathrm{d}x + R(x,y,z)\mathrm{d}x\mathrm{d}y$ 化成对面积的曲面积分,其中:

(1) Σ 是平面 $3x+2y+2\sqrt{3}z=6$ 在第一卦限的部分的上侧;

(2) Σ 是抛物面 $z=8-(x^2+y^2)$ 在 xOy 坐标面上方部分的上侧.

6.6　高斯公式及其应用

6.6.1　高斯公式

高斯(G. F. Gauss)[①]公式给出了有向闭曲面上第二类曲面积分与其所围空间区域上二重积分间的内在联系. 应用这个公式, 除了能将一些计算冗长的第二类曲面积分化为三重积分进行简捷的计算以外, 还能推导出许多非常有用的理论结果.

先给出一个空间区域维数的说明: 如果空间区域 G 内的任何闭曲线 Γ 都可张成全部位于 G 内的曲面, 则称 G 为**一维(线)单连通**区域; 如果区域 G 内的任何闭曲面 Σ 所围部分全部位于 G 内, 则称 G 为**二维(面)单连通**区域. 例如: 球域既是一维单连通的, 也是二维单连通的; 球壳域是一维单连通的, 但不是二维单连通的; 圆环域是二维单连通的, 但不是一维单连通的.

> **定理 6.3(高斯公式)**　设空间闭区域 Ω 由光滑或分片光滑的闭曲面 Σ 所围成, 函数 $P(x,y,z)$, $Q(x,y,z)$, $R(x,y,z)$ 在 Ω 上具有一阶连续偏导数, 则
>
> $$\oiint\limits_{\Sigma} P\,\mathrm{d}y\mathrm{d}z + Q\mathrm{d}z\mathrm{d}x + R\mathrm{d}x\mathrm{d}y = \iiint\limits_{\Omega}\left(\frac{\partial P}{\partial x} + \frac{\partial Q}{\partial y} + \frac{\partial R}{\partial z}\right)\mathrm{d}V, \tag{6.6}$$
>
> 其中 Σ 是 Ω 的整个边界曲面的外侧. 称上式为**高斯公式**.

证　先证

$$\oiint\limits_{\Sigma} R\,\mathrm{d}x\mathrm{d}y = \iiint\limits_{\Omega}\frac{\partial R}{\partial z}\mathrm{d}V. \tag{6.7}$$

(1) 当 Ω 为二维单连通区域, 其边界曲面 Σ 与穿过 Ω 内部的任一平行于 z 轴的直线只交于两点, 且边界面上没有母线平行于 z 轴的柱面时, 可将边界曲面分为上、下两部分(见图 6.22(a)).

一方面, 根据三重积分的"先线后面"积分法, 有

$$\iiint\limits_{\Omega}\frac{\partial R}{\partial z}\mathrm{d}V = \iint\limits_{D_{xy}}\left[\int_{z_1(x,y)}^{z_2(x,y)}\frac{\partial R}{\partial z}\mathrm{d}z\right]\mathrm{d}x\mathrm{d}y = \iint\limits_{D_{xy}}R(x,y,z)\bigg|_{z_1(x,y)}^{z_2(x,y)}\mathrm{d}x\mathrm{d}y$$

$$= \iint\limits_{D_{xy}}\left[R(x,y,z_2(x,y)) - R(x,y,z_1(x,y))\right]\mathrm{d}x\mathrm{d}y;$$

另一方面, 由对积分曲面的可加性, 并注意到 Σ_1 为下侧, Σ_2 为上侧, 有

$$\iint\limits_{\Sigma} R\,\mathrm{d}x\mathrm{d}y = \iint\limits_{\Sigma_2}R(x,y,z)\mathrm{d}x\mathrm{d}y + \iint\limits_{\Sigma_1}R(x,y,z)\mathrm{d}x\mathrm{d}y$$

$$= \iint\limits_{D_{xy}}R(x,y,z_2(x,y))\mathrm{d}x\mathrm{d}y - \iint\limits_{D_{xy}}R(x,y,z_1(x,y))\mathrm{d}x\mathrm{d}y.$$

由上面两个积分的结果相等证得式(6.7)成立.

(2) 当 Ω 为二维单连通区域, 且穿过 Ω 内部的任意平行于 z 轴的直线与其边界曲面只有两个交点, 而边界曲面有母线平行 z 轴的柱面时(见图 6.22(b)), 仍由三重积分的"先线后面"积

---

① 高斯(G. F. Gauss), 1777—1855, 德国数学家、物理学家、天文学家.

分法知，$\iiint\limits_{\Omega}\dfrac{\partial R}{\partial z}\mathrm{d}V$ 的结果与情况（1）相同，而由 $\iint\limits_{\Sigma_3}R\mathrm{d}x\mathrm{d}y$ 中柱面 Σ_3 在 xOy 面上的投影为曲线，

得 $\mathrm{d}x\mathrm{d}y = 0$，所以

$$\iint\limits_{\Sigma}R\mathrm{d}x\mathrm{d}y = \iint\limits_{\Sigma_2}R(x,y,z)\mathrm{d}x\mathrm{d}y + \iint\limits_{\Sigma_1}R(x,y,z)\mathrm{d}x\mathrm{d}y + \iint\limits_{\Sigma_3}R(x,y,z)\mathrm{d}x\mathrm{d}y$$

$$= \iint\limits_{D_{xy}}R(x,y,z_2(x,y))\mathrm{d}x\mathrm{d}y - \iint\limits_{D_{xy}}R(x,y,z_1(x,y))\mathrm{d}x\mathrm{d}y.$$

由此证得式（6.7）成立.

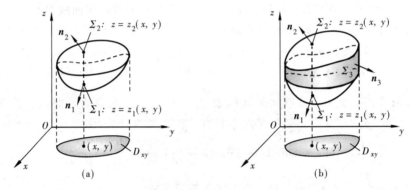

图　6.22

（3）当 Ω 为二维单连通区域，且穿过 Ω 内部且平行 z 轴的直线与其边界曲面的交点多于两个时，可以用母线平行 z 轴的柱面将其划分成若干个如图 6.22 所示的子区域，于是，原区域上的三重积分等于各子区域上三重积分的和，而沿各子区域边界曲面外侧上的积分之和恰好相当于在原区域的边界曲面上的积分（这是因为新添加的各柱面上的曲面积分之和为零）. 如图6.23 所示，若用母线平行 z 轴的柱面 Σ_4,Σ_5 将 Ω 分成 3 个子区域 $\Omega_1,\Omega_2,\Omega_3$，则由情形（2）知，在每个子区域上式（6.7）都成立. 以 $\Sigma^{左}$ 和 $\Sigma^{右}$ 分别表示"取 Σ 的左侧和右侧"等，得

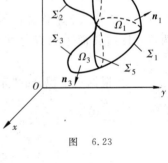

图　6.23

$$\iiint\limits_{\Omega}\dfrac{\partial R}{\partial z}\mathrm{d}V = \iiint\limits_{\Omega_1}\dfrac{\partial R}{\partial z}\mathrm{d}V + \iiint\limits_{\Omega_2}\dfrac{\partial R}{\partial z}\mathrm{d}V + \iiint\limits_{\Omega_3}\dfrac{\partial R}{\partial z}\mathrm{d}V$$

$$= \iint\limits_{\Sigma_1+\Sigma_4^{左}+\Sigma_5^{左}}R\mathrm{d}x\mathrm{d}y + \iint\limits_{\Sigma_2+\Sigma_4^{右}}R\mathrm{d}x\mathrm{d}y + \iint\limits_{\Sigma_3+\Sigma_5^{右}}R\mathrm{d}x\mathrm{d}y$$

$$= \left(\iint\limits_{\Sigma_1}+\iint\limits_{\Sigma_2}+\iint\limits_{\Sigma_3}\right)R\mathrm{d}x\mathrm{d}y + \left(\iint\limits_{\Sigma_4^{左}}+\iint\limits_{\Sigma_5^{左}}+\iint\limits_{\Sigma_4^{右}}+\iint\limits_{\Sigma_5^{右}}\right)R\mathrm{d}x\mathrm{d}y$$

$$= \iint\limits_{\Sigma}R\mathrm{d}x\mathrm{d}y + 0 = \iint\limits_{\Sigma}R\mathrm{d}x\mathrm{d}y.$$

（4）当 Ω 不是二维单连通区域时，总可以用一些曲面将其分割成若干个二维单连通区域之和. 类似情况（3）的推导方法可知，式（6.7）在这样的 Ω 区域上也成立.

综合以上 4 种情况，证明了式（6.7）在定理条件下成立.

类似证明，在定理条件下也成立着

$$\oiint\limits_{\Sigma} Q \mathrm{d}z\mathrm{d}x = \iiint\limits_{\Omega}\frac{\partial Q}{\partial y}\mathrm{d}V, \quad \oiint\limits_{\Sigma} P\mathrm{d}y\mathrm{d}z = \iiint\limits_{\Omega}\frac{\partial P}{\partial x}\mathrm{d}V.$$

最后,将式(6.7)和上面两式的左、右两端分别相加并采用简记,就得高斯公式(6.6).

由两类曲面之间的联系立即可以给出高斯公式的另一种形式:

$$\oiint\limits_{\Sigma}(P\cos\alpha + Q\cos\beta + R\cos\gamma)\mathrm{d}S = \iiint\limits_{\Omega}\left(\frac{\partial P}{\partial x}+\frac{\partial Q}{\partial y}+\frac{\partial R}{\partial z}\right)\mathrm{d}V, \tag{6.8}$$

式中 $\cos\alpha$, $\cos\beta$, $\cos\gamma$ 是 Σ 的外法向量的方向余弦.

如果将高斯公式(6.6)或(6.8)右端三重积分中的被积函数记为 $\mathrm{div}\boldsymbol{A}$,即

$$\mathrm{div}\boldsymbol{A} = \frac{\partial P}{\partial x}+\frac{\partial Q}{\partial y}+\frac{\partial R}{\partial z},$$

称为向量场 $\boldsymbol{A}$ 在点 $M(x,y,z)$ 处的**散度**,解释为 Ω 内点 M 处的"源头强度",则高斯公式描述了这样一种物理现象:(单位时间内) 矢量场 $\boldsymbol{A}$ 沿闭曲面 Σ 外侧穿过 Σ 的通量等于以 Σ 为表面的物体 Ω 上产生源的总量. 即

$$\iint\limits_{\Sigma}\boldsymbol{A}\cdot\mathrm{d}\boldsymbol{S} = \iiint\limits_{\Omega}\mathrm{div}\boldsymbol{A}\mathrm{d}V.$$

高斯公式有着与格林公式类似的使用要求和使用技巧.

例 6.25　利用高斯公式计算曲面积分

$$\oiint\limits_{\Sigma}x(y-z)\mathrm{d}y\mathrm{d}z + z(x-y)\mathrm{d}x\mathrm{d}y,$$

其中 Σ 为柱面 $x^2+y^2=1$ 及平面 $z=0$, $z=1$ 所围成的闭区域 Ω 的整个边界曲面的外侧(如图 6.24).

解　$P=x(y-z)$, $Q=0$, $R=z(x-y)$.

$$\frac{\partial P}{\partial x}+\frac{\partial Q}{\partial y}+\frac{\partial R}{\partial z} = x-z.$$

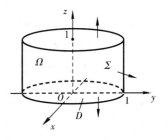

图　6.24

利用高斯公式及对称性,得

$$\begin{aligned}
\text{原式} &= \iiint\limits_{\Omega}(x-z)\mathrm{d}x\mathrm{d}y\mathrm{d}z = \iiint\limits_{\Omega}x\mathrm{d}x\mathrm{d}y\mathrm{d}z - \iiint\limits_{\Omega}z\mathrm{d}x\mathrm{d}y\mathrm{d}z\\
&= 0 - \iint\limits_{D}\mathrm{d}x\mathrm{d}y\cdot\int_0^1 z\mathrm{d}z = -\frac{\pi}{2}.
\end{aligned}$$

例 6.26(补面)　利用高斯公式计算曲面积分

$$\iint\limits_{\Sigma}(y^2-x)\mathrm{d}y\mathrm{d}z + (z^2-y)\mathrm{d}z\mathrm{d}x + (x^2-z)\mathrm{d}x\mathrm{d}y,$$

其中 Σ 是曲面 $z=x^2+y^2$　$(0\leqslant z\leqslant 1)$,取下侧.

解　为了应用高斯公式计算,补一曲面

$$\Sigma_1: z=1\quad(x^2+y^2\leqslant 1),$$

取上侧. 这样,Σ_1 与 Σ 构成一个取外侧的封闭曲面(见图 6.25),记所围成的闭区域为 Ω. 则

$$\text{原式} = \left(\iint\limits_{\Sigma+\Sigma_1} - \iint\limits_{\Sigma_1}\right)(y^2-x)\mathrm{d}y\mathrm{d}z + (z^2-y)\mathrm{d}z\mathrm{d}x + (x^2-z)\mathrm{d}x\mathrm{d}y$$

$$= \iiint_{\Omega} (-1-1-1) \mathrm{d}V - \left(0 + 0 + \iint_{\Sigma_1} (x^2 - z) \mathrm{d}x\mathrm{d}y\right)$$

$$= -3 \int_0^1 \left(\iint_{D_z} \mathrm{d}x\mathrm{d}y\right) \mathrm{d}z - \iint_D (x^2 - 1) \mathrm{d}x\mathrm{d}y$$

$$= -3 \int_0^1 S_{D_z} \mathrm{d}z - \iint_D x^2 \mathrm{d}x\mathrm{d}y + \iint_D \mathrm{d}x\mathrm{d}y$$

$$= -3 \int_0^1 \pi z \mathrm{d}z - \frac{1}{2} \iint_D (x^2 + y^2) \mathrm{d}x\mathrm{d}y + \pi$$

$$= -\frac{3}{2}\pi - \frac{1}{2} \int_0^{2\pi} \mathrm{d}\theta \cdot \int_0^1 r^2 \cdot r\mathrm{d}r + \pi$$

$$= -\frac{3}{4}\pi.$$

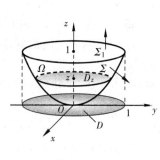

图 6.25

例 6.27(部分替换、挖洞) 计算 $\oiint_{\Sigma} \dfrac{x\mathrm{d}y\mathrm{d}z + y\mathrm{d}z\mathrm{d}x + z\mathrm{d}x\mathrm{d}y}{(x^2 + y^2 + z^2)^{\frac{3}{2}}}$，其中：

(1) Σ：$x^2 + y^2 + z^2 = a^2$，取外侧；

(2) Σ 是不过原点的任意简单闭曲面，取外侧.

解 记 $r = \sqrt{x^2 + y^2 + z^2}$，则 $P = \dfrac{x}{r^3}$，$Q = \dfrac{y}{r^3}$，$R = \dfrac{z}{r^3}$，且

$$\frac{\partial P}{\partial x} + \frac{\partial Q}{\partial y} + \frac{\partial R}{\partial z} = \frac{r^2 - 3x^2}{r^5} + \frac{r^2 - 3y^2}{r^5} + \frac{r^2 - 3z^2}{r^5} = 0, \quad r \neq 0.$$

(1) 由于 Σ 所围球域 Ω 内含有原点，而在原点处 P、Q、R 的偏导数不存在，所以不能直接用高斯公式，为此对被积函数采用部分替换来避开这一缺陷. 即

$$\oiint_{\Sigma} \frac{x\mathrm{d}y\mathrm{d}z + y\mathrm{d}z\mathrm{d}x + z\mathrm{d}x\mathrm{d}y}{(x^2 + y^2 + z^2)^{\frac{3}{2}}} = \oiint_{\Sigma} \frac{x\mathrm{d}y\mathrm{d}z + y\mathrm{d}z\mathrm{d}x + z\mathrm{d}x\mathrm{d}y}{a^3}$$

$$= \frac{1}{a^3} \iiint_{\Omega} (1 + 1 + 1) \mathrm{d}V = \frac{3}{a^3} \cdot \frac{4}{3}\pi a^3$$

$$= 4\pi.$$

(2) 若 Σ 是不过原点的任意简单闭曲面，则有两种情况：

(ⅰ) 当曲面 Σ 所围的区域 Ω 不包含原点时，P，Q，R 的偏导数在 Ω 连续，由高斯公式得

$$\oiint_{\Sigma} \frac{x\mathrm{d}y\mathrm{d}z + y\mathrm{d}z\mathrm{d}x + z\mathrm{d}x\mathrm{d}y}{(x^2 + y^2 + z^2)^{\frac{3}{2}}} = \iiint_{\Omega} \left(\frac{\partial P}{\partial x} + \frac{\partial Q}{\partial y} + \frac{\partial R}{\partial z}\right) \mathrm{d}V = \iiint_{\Omega} 0 \mathrm{d}V$$

$$= 0.$$

(ⅱ) 当曲面 Σ 所围的区域 Ω 包含原点时，此时 P、Q、R 在原点处的偏导数不存在，不能直接用高斯公式计算. 因此，任作以原点为球心，以正数 ε 为半径且完全包含在 Ω 内部的小球体 Ω_ε，记其边界曲面为 Σ_ε，取内侧. 则在 Ω 被挖去了 Ω_ε 后的差集 $\Omega - \Omega_\varepsilon$ 上，函数 P、Q、R 的偏导数连续，其边界曲面为 $\Sigma + \Sigma_\varepsilon$，是外侧 (见图 6.26). 在曲面 $\Sigma + \Sigma_\varepsilon$ 及所围的区域 $\Omega - \Omega_\varepsilon$ 上利用高斯公式及 (1) 的结果，得

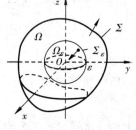

图 6.26

$$原式 = \oiint\limits_{\Sigma+\Sigma_\varepsilon} \frac{x\,\mathrm{d}y\mathrm{d}z + y\,\mathrm{d}z\mathrm{d}x + z\,\mathrm{d}x\mathrm{d}y}{r^3} - \oiint\limits_{\Sigma_\varepsilon} \frac{x\,\mathrm{d}y\mathrm{d}z + y\,\mathrm{d}z\mathrm{d}x + z\,\mathrm{d}x\mathrm{d}y}{r^3}$$

$$= \iiint\limits_{\Omega-\Omega_\varepsilon} 0\,\mathrm{d}V - (-4\pi)$$

$$= 4\pi.$$

综上，有

$$\oiint\limits_{\Sigma} \frac{x\,\mathrm{d}y\mathrm{d}z + y\,\mathrm{d}z\mathrm{d}x + z\,\mathrm{d}x\mathrm{d}y}{(x^2 + y^2 + z^2)^{\frac{3}{2}}} = \begin{cases} 0 & 当 \Sigma 所围区域不含(0,0,0) 点 \\ 4\pi & 当 \Sigma 所围区域含(0,0,0) 点 \end{cases}.$$

*6.6.2　对坐标的曲面积分与曲面无关的充要条件

类似曲线积分与路径无关的研究方法，利用高斯公式可以推得以下结果.

定理 6.4　设 G 是空间二维单连通区域，$P(x,y,z)$，$Q(x,y,z)$，$R(x,y,z)$ 在 G 内具有一阶连续偏导数，则在 G 内下列 3 个条件是等价的：

(1) 曲面积分 $\iint\limits_{\Sigma} P\,\mathrm{d}y\mathrm{d}z + Q\,\mathrm{d}z\mathrm{d}x + R\,\mathrm{d}x\mathrm{d}y$ 与曲面 Σ 无关(即只与 Σ 的边界曲线有关)；

(2) 沿任意一个闭合曲面 Σ 的曲面积分 $\oiint\limits_{\Sigma} P\,\mathrm{d}y\mathrm{d}z + Q\,\mathrm{d}z\mathrm{d}x + R\,\mathrm{d}x\mathrm{d}y = 0$；

(3) $\dfrac{\partial P}{\partial x} + \dfrac{\partial Q}{y} + \dfrac{\partial R}{\partial z} = 0.$

证明略.

注：定理中(1)与(2)等价的区域可以不是二维单连通的.

习　题　6.6

1. 利用高斯公式计算下列曲面积分：

(1) $\oiint\limits_{\Sigma} x^2\,\mathrm{d}y\mathrm{d}z + y^2\,\mathrm{d}z\mathrm{d}x + z^2\,\mathrm{d}x\mathrm{d}y$，$\Sigma$ 为由三个坐标平面及平面 $x=a$，$y=a$，$z=a$ 所围成的立体表面的外侧；

(2) $\oiint\limits_{\Sigma} x^3\,\mathrm{d}y\mathrm{d}z + y^3\,\mathrm{d}z\mathrm{d}x + z^3\,\mathrm{d}x\mathrm{d}y$，$\Sigma$ 为球面 $x^2 + y^2 + z^2 = a^2$ 的外侧；

(3) $\iint\limits_{\Sigma} xz^2\,\mathrm{d}y\mathrm{d}z + (x^2 y - z^3)\,\mathrm{d}z\mathrm{d}x + (2xy + y^2 z)\,\mathrm{d}x\mathrm{d}y$，$\Sigma$ 为上半球面 $z = \sqrt{a^2 - x^2 - y^2}$ 的下侧；

(4) $\iint\limits_{\Sigma} x\,\mathrm{d}y\mathrm{d}z + y\,\mathrm{d}z\mathrm{d}x + z\,\mathrm{d}x\mathrm{d}y$，$\Sigma$ 是介于 $z=0$ 和 $z=3$ 之间的圆柱面 $x^2 + y^2 = 9$ 的外侧；

(5) $\oiint\limits_{\Sigma} yz\,\mathrm{d}x\mathrm{d}y + zx\,\mathrm{d}y\mathrm{d}z + xy\,\mathrm{d}z\mathrm{d}x$，$\Sigma$ 是由第一卦限中的圆柱面 $x^2 + y^2 = R^2$，平面 $z = h(h>0)$ 和三个坐标平面所构成的封闭曲面的外侧；

(6) $\oiint\limits_{\Sigma} z^2\,\mathrm{d}x\mathrm{d}y$，$\Sigma$ 是椭球面 $\dfrac{x^2}{a^2} + \dfrac{y^2}{b^2} + \dfrac{z^2}{c^2} = 1$ 的外侧；

(7) $\iint\limits_{\Sigma} x\,\mathrm{d}y\mathrm{d}z + y\,\mathrm{d}z\mathrm{d}x + z\,\mathrm{d}x\mathrm{d}y$，其中 Σ 为半球面 $z = \sqrt{R^2 - x^2 - y^2}$ 的上侧；

(8) $\oiint\limits_{\Sigma} (x^3\cos\alpha + y^3\cos\beta + z^3\cos\gamma)\,\mathrm{d}S$，其中 Σ 是球面 $x^2 + y^2 + z^2 = R^2$ 的外侧，$\cos\alpha$，$\cos\beta$，$\cos\gamma$ 为 Σ

的外法线向量的方向余弦.

2. 设 $u(x,y,z)$，$v(x,y,z)$ 是两个定义在闭区域 Ω 上的具有二阶连续偏导数的函数，$\dfrac{\partial u}{\partial n}$，$\dfrac{\partial v}{\partial n}$ 依次表示 $u(x,y,z)$，$v(x,y,z)$ 沿 Σ 的外法线方向的方向导数，证明：

$$\iiint\limits_{\Omega}(u\Delta v - v\Delta u)\mathrm{d}x\mathrm{d}y\mathrm{d}z = \oiint\left(u\frac{\partial v}{\partial n} - v\frac{\partial u}{\partial n}\right)\mathrm{d}S.$$

其中，Σ 是 Ω 的边界曲面，$\Delta = \dfrac{\partial^2}{\partial x^2} + \dfrac{\partial^2}{\partial y^2} + \dfrac{\partial^2}{\partial z^2}$ 称为**拉普拉斯算子**. 这个公式叫作**第二格林公式**.

6.7　斯托克斯公式及其应用

6.7.1　斯托克斯公式

斯托克斯(S. G. G. Stokes)[①]公式给出了沿空间闭曲线对坐标的曲线积分与在以其为边界线的曲面上对坐标的曲面积分间的内在联系. 利用这个公式，常能将较为复杂的沿空间曲线对坐标的积分转化为在以该曲线为边界的曲面上对坐标的积分. 另外，它在数学理论及物理学上有着重要的作用.

> **定理 6.5(斯托克斯公式)**　设 Γ 为光滑或分段光滑的空间有向简单闭合曲线，Σ 是以 Γ 为边界的光滑或分片光滑的有向曲面，Γ 的正向与 Σ 的侧符合右手定则，函数 $P(x,y,z)$，$Q(x,y,z)$，$R(x,y,z)$ 在包含曲面 Σ 在内的一个空间区域内有一阶连续偏导数，则有
>
> $$\oint_{\Gamma}P\mathrm{d}x + Q\mathrm{d}y + R\mathrm{d}z = \iint\limits_{\Sigma}\left(\frac{\partial R}{\partial y} - \frac{\partial Q}{\partial z}\right)\mathrm{d}y\mathrm{d}z + \left(\frac{\partial P}{\partial z} - \frac{\partial R}{\partial x}\right)\mathrm{d}z\mathrm{d}x + \left(\frac{\partial Q}{\partial x} - \frac{\partial P}{\partial y}\right)\mathrm{d}x\mathrm{d}y.$$
>
> $$(6.9)$$

所谓"Γ 的正向与 Σ 的侧符合右手定则"指的是：当右手(除拇指外)的四指依 Γ 的方向绕行时，拇指所指的方向与 Σ 上法向量的指向相同. 这时称 Γ 是有向曲面 Σ 的**正向边界曲线**.

为了便于记忆，利用 3 阶行列式记号可以把斯托克斯公式(6.9)写成

$$\oint_{\Gamma}P\mathrm{d}x + Q\mathrm{d}y + R\mathrm{d}z = \iint\limits_{\Sigma}\begin{vmatrix} \mathrm{d}y\mathrm{d}z & \mathrm{d}z\mathrm{d}x & \mathrm{d}x\mathrm{d}y \\ \dfrac{\partial}{\partial x} & \dfrac{\partial}{\partial y} & \dfrac{\partial}{\partial z} \\ P & Q & R \end{vmatrix},$$

式中 $\dfrac{\partial}{\partial x}$、$\dfrac{\partial}{\partial y}$、$\dfrac{\partial}{\partial z}$ 称为**算子**，在 3 阶行列式中当作元素看待，但遇到它们与函数 P、Q、R 的"乘积"应理解为是对函数求相应的偏导数. 如 $\dfrac{\partial}{\partial x}$ 与 P 的"乘积"理解为 $\dfrac{\partial P}{\partial x}$，等等.

利用上节出现过的有向曲面 Σ 上有向面积元素表达式

$$\mathrm{d}\boldsymbol{S} = \boldsymbol{n}^0\mathrm{d}S = (\cos\alpha\mathrm{d}S, \cos\beta\mathrm{d}S, \cos\gamma\mathrm{d}S) = (\mathrm{d}y\mathrm{d}z, \mathrm{d}z\mathrm{d}x, \mathrm{d}x\mathrm{d}y),$$

可以给出斯托克斯公式(6.9)的另一形式：

---

① 斯托克斯(S. G. G. Stokes)，1819—1903，英国数学家、物理学家.

$$\oint_\Gamma P\,\mathrm{d}x + Q\,\mathrm{d}y + R\,\mathrm{d}z = \iint_\Sigma \begin{vmatrix} \cos\alpha & \cos\beta & \cos\gamma \\ \dfrac{\partial}{\partial x} & \dfrac{\partial}{\partial y} & \dfrac{\partial}{\partial z} \\ P & Q & R \end{vmatrix} \mathrm{d}S,$$

其中 $\cos\alpha,\cos\beta,\cos\gamma$ 是 Σ 的法向量的方向余弦.

借用对坐标的曲线积分引例中流量的说法,将公式左端统一称为矢量场 $\boldsymbol{A}$ 沿有向闭曲线 Γ 的**环量**. 如果再记

$$\mathbf{rot}\,\boldsymbol{A} = \begin{vmatrix} \boldsymbol{i} & \boldsymbol{j} & \boldsymbol{k} \\ \dfrac{\partial}{\partial x} & \dfrac{\partial}{\partial y} & \dfrac{\partial}{\partial z} \\ P & Q & R \end{vmatrix},$$

称为向量场 $\boldsymbol{A}$ 在点 $M(x,y,z)$ 处的**旋度**,则斯托克斯公式描述了这样一种物理现象:矢量场 $\boldsymbol{A}$ 沿有向闭曲线 Γ 的环量等于矢量场 $\boldsymbol{A}$ 的旋度(场)通过 Γ 所张成的有向曲面 Σ 的通量. 即

$$\oint_\Gamma \boldsymbol{A} \cdot \mathrm{d}\boldsymbol{s} = \oint_\Gamma \boldsymbol{A} \cdot \boldsymbol{\tau}^0\,\mathrm{d}s = \iint_\Sigma \mathbf{rot}\,\boldsymbol{A} \cdot \boldsymbol{n}^0\,\mathrm{d}S = \iint_\Sigma \mathbf{rot}\,\boldsymbol{A} \cdot \mathrm{d}\boldsymbol{S}.$$

如果 Σ 是 xOy 面上的一块平面闭区域,斯托克斯公式就化为格林公式. 因此,格林公式是斯托克斯公式的一个特殊情形. 即

$$\oint_L P\,\mathrm{d}x + Q\,\mathrm{d}y = \iint_D \begin{vmatrix} \dfrac{\partial}{\partial x} & \dfrac{\partial}{\partial y} \\ P & Q \end{vmatrix} \mathrm{d}x\mathrm{d}y,$$

其中 L 为 D 的正向边界.

例 6.28 利用斯托克斯公式计算曲线积分 $\oint_\Gamma z\,\mathrm{d}x + x\,\mathrm{d}y + y\,\mathrm{d}z$,其中 Γ 为平面 $x+y+z=1$ 被三个坐标面所截成的三角形的整个边界,它的正向与这个三角形上侧的法向量之间符合右手定则(见图 6.27).

解 取 Σ 为平面 $x+y+z=1$ 上由 Γ 围成的三角形,取上侧,则 Σ 上任意一点处的单位法向量 $\boldsymbol{n}^0 = (\cos\alpha,\cos\beta,\cos\gamma) = \dfrac{1}{\sqrt{3}}(1,1,1)$,故

$$\oint_\Gamma z\,\mathrm{d}x + x\,\mathrm{d}y + y\,\mathrm{d}z = \iint_\Sigma \begin{vmatrix} \dfrac{1}{\sqrt{3}} & \dfrac{1}{\sqrt{3}} & \dfrac{1}{\sqrt{3}} \\ \dfrac{\partial}{\partial x} & \dfrac{\partial}{\partial y} & \dfrac{\partial}{\partial z} \\ z & x & y \end{vmatrix} \mathrm{d}S = \sqrt{3} \iint_\Sigma \mathrm{d}S$$

$$= \sqrt{3} \cdot \sqrt{3}\,S_D = \frac{3}{2}.$$

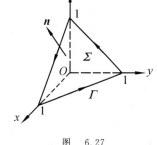

图 6.27

例 6.29 设场力 $\boldsymbol{F} = (x^2 z, xy^2, z^2)$,$\Gamma$ 为 $\begin{cases} x^2+y^2=9 \\ x+y+z=1 \end{cases}$,从 z 轴正向看上去为逆时针方向. 在 $\boldsymbol{F}$ 的作用下将质点沿 Γ 的正向运动一周,求 $\boldsymbol{F}$ 所作的功.

解 将 Γ 所围的曲面取作 $\Sigma: x + y + z = 1\ (x^2 + y^2 \leqslant 9)$，上侧，其单位法向量为 $\boldsymbol{n}^0 = \dfrac{1}{\sqrt{3}}(1,1,1)$，则 $\boldsymbol{F}$ 所作的功为

$$
W = \oint_\Gamma \boldsymbol{F} \cdot \mathrm{d}\boldsymbol{S} = \oint_\Gamma x^2 z \mathrm{d}x + xy^2 \mathrm{d}y + z^2 \mathrm{d}z = \iint\limits_\Sigma
\begin{vmatrix}
1 & 1 & 1 \\
\dfrac{\partial}{\partial x} & \dfrac{\partial}{\partial y} & \dfrac{\partial}{\partial z} \\
x^2 z & xy^2 & z^2
\end{vmatrix} \dfrac{1}{\sqrt{3}}\, \mathrm{d}S
$$

$$
= \iint\limits_\Sigma (x^2 + y^2)\dfrac{1}{\sqrt{3}}\mathrm{d}S = \iint\limits_{x^2+y^2 \leqslant 9} (x^2 + y^2)\mathrm{d}x\mathrm{d}y
$$

$$
= \dfrac{81}{2}\pi.
$$

*6.7.2 空间曲线积分与路径无关的条件

在 6.3 节中，利用格林公式推出了平面曲线积分与路径无关的条件. 类似地，利用斯托克斯公式，可以推出空间曲线积分与路径无关的条件.

> **定理 6.6** 设 G 是一维单连通区域，函数 $P(x,y,z)$，$Q(x,y,z)$，$R(x,y,z)$ 在 G 内具有一阶连续偏导数，则在 G 内以下 4 个条件等价：
>
> (1) 曲线积分 $\displaystyle\int_\Gamma P\mathrm{d}x + Q\mathrm{d}y + R\mathrm{d}z$ 与路径无关；
>
> (2) 沿任意闭合曲线 Γ 有 $\displaystyle\oint_\Gamma P\mathrm{d}x + Q\mathrm{d}y + R\mathrm{d}z = 0$；
>
> (3) $\dfrac{\partial R}{\partial y} = \dfrac{\partial Q}{\partial z}$，$\dfrac{\partial P}{\partial z} = \dfrac{\partial R}{\partial x}$，$\dfrac{\partial Q}{\partial x} = \dfrac{\partial P}{\partial y}$；
>
> (4) 表达式 $P\mathrm{d}x + Q\mathrm{d}y + R\mathrm{d}z$ 存在原函数.

注：前两个等价条件成立的区域可以不是一维单连通的.

类似定理 6.2 的证明，可以推得在上述定理条件下，表达式

$$
P\mathrm{d}x + Q\mathrm{d}y + R\mathrm{d}z
$$

在 G 内的一个原函数为

$$
u(x,y,z) = \int_{(x_0,y_0,z_0)}^{(x,y,z)} P\mathrm{d}x + Q\mathrm{d}y + R\mathrm{d}z,
$$

其中，$M_0(x_0,y_0,z_0)$ 为 G 内某一定点，$M(x,y,z)$ 是 G 内任意一点.

由于在定理条件下表示原函数的曲线积分与路径无关，所以通常在 G 内沿平行坐标轴的折线求原函数. 例如，按图 6.28 取积分路径，可以得到

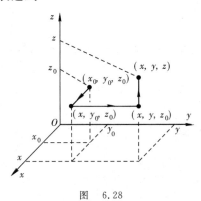

图 6.28

$$
u(x,y,z) = \int_{x_0}^x P(x,y_0,z_0)\mathrm{d}x + \int_{y_0}^y Q(x,y,z_0)\mathrm{d}y + \int_{z_0}^z R(x,y,z)\mathrm{d}z.
$$

习　题　6.7

1. 利用斯托克斯公式计算下列曲线积分:

(1) $\oint_{\Gamma} 2y\mathrm{d}x + 3x\mathrm{d}y - z^2\mathrm{d}z$, 其中 Γ 是圆周 $x^2 + y^2 + z^2 = 9$, $z = 0$, 若从 z 轴正向看去, Γ 取逆时针方向;

(2) $\oint_{\Gamma} (y-z)\mathrm{d}x + (z-x)\mathrm{d}y + (x-y)\mathrm{d}z$, 其中 Γ 为椭圆 $x^2 + y^2 = a^2$, $\dfrac{x}{a} + \dfrac{z}{b} = 1(a > 0, b > 0)$, 若从 x 轴正向看去, Γ 取逆时针方向;

(3) $\oint_{\Gamma} 3y\mathrm{d}x - xz\mathrm{d}y + yz^2\mathrm{d}z$, 其中 Γ 是圆周 $x^2 + y^2 = 2z$, $z = 2$, 若从 z 轴正向看去, Γ 取逆时针方向;

(4) $\oint_{\Gamma} y\mathrm{d}x + z\mathrm{d}y + x\mathrm{d}z$, 其中 Γ 是圆周 $x^2 + y^2 + z^2 = a^2$, $x + y + z = 0$, 若从 z 轴正向看去, Γ 取逆时针的方向.

2. 求 $\oint_{\Gamma} (y^2 - z^2)\mathrm{d}x + (2z^2 - x^2)\mathrm{d}y + (3x^2 - y^2)\mathrm{d}z$, 其中 Γ 为 $x + y + z = 2$ 与柱面 $|x| + |y| = 1$ 的交线, 从 z 轴正向看上去取逆时针方向.

*6.8　场 论 简 介

场论是研究某些物理量在空间中的分布状态及其运动形式的数学理论, 它的内容是进一步深入研究电磁场及流体等的运动规律的基础, 也是学习某些后继课程的基础, 本节主要介绍场论中几个基本概念(散度、旋度) 以及它们的应用.

6.8.1　场

1. 场的概念

设有一个区域(有限或无限)V, 如果 V 内每一点 M, 都对应着某个物理量的一个确定的值, 则称在区域 V 中确定了该物理量的一个**场**. 若该物理量是数量, 则称此场为**数量场**; 若是矢量, 则称此场为**矢量场(向量场)**. 例如温度场、密度场、电位场等为数量场, 而力场、速度场等为矢量场.

此外, 若物理量在场中各点处的对应值不随时间而变化, 则称该场为**稳定场**; 否则, 称为**不稳定场**. 后面我们只讨论稳定场(当然, 所得的结果也适合于不稳定场的每一瞬间情况).

取定了直角坐标系 $Oxyz$ 后, 数量场就为点 $M(x, y, z)$ 的坐标的函数了, 因此, 一个数量场可以表示为一个数性函数

$$u = u(M) = u(x, y, z).$$

和数量场一样, 矢量场中各点处的矢量 $\boldsymbol{A}$ 可以表示为一个矢性函数

$$\boldsymbol{A} = \boldsymbol{A}(M) = A_x \boldsymbol{i} + A_y \boldsymbol{j} + A_z \boldsymbol{k},$$

其中函数 A_x, A_y, A_z 为矢量 $\boldsymbol{A}$ 的三个坐标.

2. 数量场的等值面

在数量场中, 为了直观地研究数量 u 在场中的分布状况, 我们引入等值面的概念. 所谓**等值面**, 是指由场中使函数 取相同数值的点所组成的曲面. 例如, 温度场中的等值面, 就是由温度相同的点所组成的等温面.

显然，数量场 u 的等值面方程为

$$u(x,y,z) = c \ (c \text{ 为常数}).$$

由隐函数存在定理知道，在函数 u 为单值，且连续偏导数 u_x'，u_y'，u_z' 不全为零时，这种等值面一定存在.

在上式中，给常数 c 以不同的数值，就得到不同的等值面，如图 6.29 所示. 这些等值面充满了数量场所在的空间 V，而且互不相交. 这是因为数量场中的每一点 $M_0(x_0,y_0,z_0)$ 都有一等值面 $u(x,y,z) = u(x_0,y_0,z_0)$ 通过；而且由于函数 u 为单值，一个点就只能在一个等值面上.

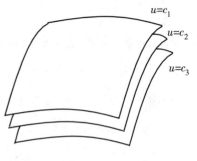

图 6.29

例 6.30 求数量场 $u = \sqrt{R^2 - x^2 - y^2 - z^2}$ 经过点 $M\left(0,0,\dfrac{R}{2}\right)$ 的等值面方程.

解 数量场 $u = \sqrt{R^2 - x^2 - y^2 - z^2}$ 的等值面族是

$$\sqrt{R^2 - x^2 - y^2 - z^2} = c \quad \text{或} \quad x^2 + y^2 + z^2 = R^2 - c^2.$$

以 $M\left(0,0,\dfrac{R}{2}\right)$ 代入上式得，$c = \dfrac{\sqrt{3}}{2}R$. 于是，经过点 的等值面方程为

$$\sqrt{R^2 - x^2 - y^2 - z^2} = \frac{\sqrt{3}}{2}R \quad \text{或} \quad x^2 + y^2 + z^2 = \frac{1}{4}R^2.$$

同样，在函数 $u(x,y)$ 所表示的平面数量场中，具有同数值 c 的点，就组成此数量场的等值线：$u(x,y) = c$. 比如地形图上的等高线，地面气象图上的等温线、等压线等等，都是平面数量场中等值线的例子.

3. 矢量场的矢量线

在前面，我们已经用等值面来形象地描绘了数量场. 对于矢量场 $\boldsymbol{A}(M)$，也可以用矢量线来形象地描绘.

矢量场 $\boldsymbol{A}$ 的**矢量线**是这样的曲线，在它上面每一点的切线方向和对应于该点的矢量 $\boldsymbol{A}$ 的方向相同，如图 6.30 所示. 例如静电场的电力线、磁场中的磁力线、流速场中的流线等，都是矢量线的例子.

下面讨论怎样求出矢量场 $\boldsymbol{A}$ 的矢量线方程.

设 $M(x,y,z)$ 为矢量线上任一点，其矢径为

$$\boldsymbol{r} = x\boldsymbol{i} + y\boldsymbol{j} + z\boldsymbol{k},$$

则微分 $\qquad\qquad \mathrm{d}\boldsymbol{r} = \mathrm{d}x\boldsymbol{i} + \mathrm{d}y\boldsymbol{j} + \mathrm{d}z\boldsymbol{k}$

位于矢量线的切线上. 由两矢量平行，其对应分量必成比例，可得矢量线所满足的微分方程

$$\frac{\mathrm{d}x}{A_x} = \frac{\mathrm{d}y}{A_y} = \frac{\mathrm{d}z}{A_z},$$

图 6.30

解之，可得矢量线族. 在 $\boldsymbol{A}$ 不为零的假定下，由微分方程的存在定理知道，当函数 A_x,A_y,A_z 为单值、连续且有一阶连续偏导数时，这族矢量线不仅存在，并且也充满了矢量场所在的空间，而且互不相交.

例 6.31 设点电荷 q 位于坐标原点，则在其周围空间的任一点 $M(x,y,z)$ 处所产生的电场强度为

$$E = \frac{q}{4\pi\varepsilon r^2}\boldsymbol{r},$$

其中 ε 为介电系数, $\boldsymbol{r} = x\boldsymbol{i} + y\boldsymbol{j} + z\boldsymbol{k}$ 为点 M 的矢径;而 $r = |\boldsymbol{r}|$, 求电场强度 E 的矢量线.

解　由已知 $\boldsymbol{E} = \frac{q}{4\pi\varepsilon r^2}(x\boldsymbol{i} + y\boldsymbol{j} + z\boldsymbol{k})$, 则矢量线所应满足的微分方程为

$$\frac{\mathrm{d}x}{\frac{qx}{4\pi\varepsilon r^2}} = \frac{\mathrm{d}y}{\frac{qy}{4\pi\varepsilon r^2}} = \frac{\mathrm{d}z}{\frac{qz}{4\pi\varepsilon r^2}} \quad 或 \quad \begin{cases} \dfrac{\mathrm{d}x}{x} = \dfrac{\mathrm{d}y}{y} \\ \dfrac{\mathrm{d}y}{y} = \dfrac{\mathrm{d}z}{z} \end{cases},$$

解得
$$\begin{cases} y = C_1 x \\ z = C_2 y \end{cases} \quad (C_1, C_2 \text{ 为任意常数}).$$

这就是电场强度 E 的矢量线方程. 其图形是一族从坐标原点出发的射线, 在电学中称为**电力线**.

6.8.2　通量与散度

在 6.5, 6.6 节中, 我们提到过通量、散度这两个概念. 下面给出它们的详细内容.

1. 通量

设有矢量场 $\boldsymbol{A} = P(x,y,z)\boldsymbol{i} + Q(x,y,z)\boldsymbol{j} + R(x,y,z)\boldsymbol{k}$, 其中, 函数 $P(x,y,z)$, $Q(x,y,z)$, $R(x,y,z)$ 有一阶连续偏导数, Σ 是场内的一片有向曲面, $\boldsymbol{n}^0$ 是曲面 Σ 的单位法向量, 把沿曲面 Σ 的第二类曲面积分

$$\Phi = \iint\limits_{\Sigma} P\,\mathrm{d}y\mathrm{d}z + Q\,\mathrm{d}z\mathrm{d}x + R\,\mathrm{d}x\mathrm{d}y = \iint\limits_{\Sigma} \boldsymbol{A} \cdot \mathrm{d}\boldsymbol{S} = \iint\limits_{\Sigma} \boldsymbol{A} \cdot \boldsymbol{n}^0 \mathrm{d}S = \iint\limits_{\Sigma} A_n \mathrm{d}S$$

称为矢量场 $\boldsymbol{A}$ 沿曲面 Σ 指定侧穿过 Σ 的通量.

当 $\boldsymbol{A}$ 与 $\boldsymbol{n}^0$ 成锐角时, $\mathrm{d}\Phi = \boldsymbol{A} \cdot \mathrm{d}\boldsymbol{S}$ 是正的, 而当 $\boldsymbol{A}$ 与 $\boldsymbol{n}^0$ 成钝角时, $\mathrm{d}\Phi = \boldsymbol{A} \cdot \mathrm{d}\boldsymbol{S}$ 是负的. 因此, 上式给出的量是一个代数和, 而不是绝对值.

特别地, 当 Σ 为封闭曲面时, 曲面的正向一侧取为外侧, 从而法矢量的正向取为朝外, 通量

$$\Phi = \oiint\limits_{\Sigma} \boldsymbol{A} \cdot \mathrm{d}\boldsymbol{S} = \oiint\limits_{\Sigma} \boldsymbol{A} \cdot \boldsymbol{n}^0 \mathrm{d}S = \oiint\limits_{\Sigma} A_n \mathrm{d}S$$

表示从内穿出 Σ 的正通量与从外穿入 Σ 的负通量的代数和. 从而当 $\Phi > 0$ 时, 就表示"穿出"多于"穿入", 此时称 Σ 内有**正源**. 同理, 当 $\Phi < 0$ 时, 称 Φ 内有**负源**. 这两种情况, 统称为内 Σ 有源. 但是, 当 $\Phi = 0$ 时, 我们不断言 Σ 内无源. 因为这时在 Σ 内可能出现既有正源又有负源, 二者恰好相互抵消而使得 $\Phi = 0$ 的情况. 此外, 我们还需要了解源的强弱程度和源在 Σ 内的分布情况. 为此, 我们引入矢量场的散度的概念.

2. 散度

定义 6.5　设有矢量场 $\boldsymbol{A}(M)$, 在场中任作包围点 M 的封闭曲面 Σ, 取其外侧, Σ 所包围的空间区域记为 Ω, 其体积为 V, 当 $\Omega \to M$ 时, 若极限

$$\lim_{\Omega \to M} \frac{\oiint\limits_{\Sigma} \boldsymbol{A} \cdot \mathrm{d}\boldsymbol{S}}{V}$$

存在, 则称此极限为矢量场 $\boldsymbol{A}(M)$ 在点 M 处的**散度**, 记作 $\mathrm{div}\boldsymbol{A}$.

由此定义可见,散度 divA 为一数量,表示在场中一点处通量对体积的变化率,称为该点处源的**强度**. 因此,当散度 divA 之值不为零时,其符号为正或为负,就顺次表示在该点处有散发通量之正源或有吸收通量之负源,而当 divA 之值为零时,就表示在该点处无源. 因此,称 divA ≡ 0 的矢量场 A 为**无源场**.

如果把矢量场 A 中每一点散度与场中之点一一对应起来,就得到一个数量场,称为由此矢量场产生的**散度场**.

下面讨论散度在直角坐标系下的计算公式.

设矢量场 $A = P(x,y,z)i + Q(x,y,z)j + R(x,y,z)k$,其中函数 $P(x,y,z)$,$Q(x,y,z)$,$R(x,y,z)$ 有一阶连续偏导数,由高斯公式,可得

$$\oiint_\Sigma A \cdot dS = \oiint_\Sigma Pdydz + Qdzdx + Rdxdy = \iiint_\Omega \left(\frac{\partial P}{\partial x} + \frac{\partial Q}{\partial y} + \frac{\partial R}{\partial z}\right)dV,$$

用 V 除等式两端,再由积分中值定理得

$$\frac{1}{V}\oiint_\Sigma A \cdot dS = \frac{1}{V}\left(\frac{\partial P}{\partial x} + \frac{\partial Q}{\partial y} + \frac{\partial R}{\partial z}\right)_{M'} \cdot V = \left(\frac{\partial P}{\partial x} + \frac{\partial Q}{\partial y} + \frac{\partial R}{\partial z}\right)_{M'}$$

其中 $M'(x',y',z')$ 为在 Ω 内某一点. 因为当 $\Omega \to M$(或 $V \to 0$),即 Σ 向点 M 无限收缩时,点 M' 无限趋近于点 M,因此

$$\text{div}A = \lim_{\Omega \to M} \frac{\oiint_\Sigma A \cdot dS}{V} = \lim_{\Omega \to M}\left(\frac{\partial P}{\partial x} + \frac{\partial Q}{\partial y} + \frac{\partial R}{\partial z}\right)_{M'} = \frac{\partial P}{\partial x} + \frac{\partial Q}{\partial y} + \frac{\partial R}{\partial z}.$$

即得到下面的定理.

定理 6.7 设矢量场 $A = P(x,y,z)i + Q(x,y,z)j + R(x,y,z)k$,其中函数 $P(x,y,z)$,$Q(x,y,z)$,$R(x,y,z)$ 有一阶连续偏导数,则矢量场 A 在任一点 $M(x,y,z)$ 处的散度为

$$\text{div}A = \frac{\partial P}{\partial x} + \frac{\partial Q}{\partial y} + \frac{\partial R}{\partial z}.$$

由此定理,我们可以得到下面的推论:

推论 1 高斯公式可以写成如下的矢量形式:

$$\oiint_\Sigma A \cdot dS = \iiint_\Omega \text{div}A dV.$$

由此可以看出通量和散度之间的一种关系,即:穿出封闭曲面 Σ 的通量,等于 Σ 所围的区域 Ω 上的散度在 Ω 上的三重积分.

推论 2 由推论 1 可知,若在封闭曲面 Σ 内处处有 divA = 0,则

$$\oiint_\Sigma A \cdot dS = 0.$$

例 6.32 设点电荷 q 位于坐标原点,它在真空中产生一电场,场中任一点 $P(x,y,z)$ 处的电场强度 $E = \frac{1}{4\pi\varepsilon}\frac{q}{r^3}r$,其中 ε 为介电系数,$r = (x,y,z)$,$r = |r|$.

(1)求场中 P 点处电场强度 E 的散度;

(2)证明:在任何不含原点的区域 G 内第二类曲面积分与曲面无关;

(3)证明:以原点为顶点的锥体上任何两个不相交的同侧截面上的通量均相等.

解 （1）将电场强度 E 改写成坐标形式得

$$E = \frac{q}{4\pi\varepsilon}\left(\frac{x}{r^3}, \frac{y}{r^3}, \frac{z}{r^3}\right) \triangleq (P, Q, R).$$

利用例 6.27 的结果可知

$$\text{div}E = \frac{\partial P}{\partial x} + \frac{\partial Q}{\partial y} + \frac{\partial R}{\partial z} = \frac{q}{4\pi\varepsilon}\frac{3r^2 - 3(x^2 + y^2 + z^2)}{r^5} = 0.$$

可见，除原点外，场中任何点处的散度都为零．即除 $r = 0$ 外，在其他任何点处 E 都是无源的．

（2）由 $\text{div}E = 0$ 及定理 6.4 可知，在不含原点的区域 G（为二维单连通区域）内第二类曲面积分与曲面无关．

（3）如图 6.31 所示，由高斯公式及（2），有

$$\oiint_{\Sigma_1^- + \Sigma_2 + \Sigma_3} E \cdot n^0 \text{d}S = \iiint_\Omega \text{div}E \, \text{d}V = \iiint_\Omega 0\text{d}V = 0,$$

即

$$-\iint_{\Sigma_1} E \cdot n_1^0 \text{d}S + \iint_{\Sigma_2} E \cdot n_2^0 \text{d}S + \iint_{\Sigma_3} E \cdot n_3^0 \text{d}S = 0.$$

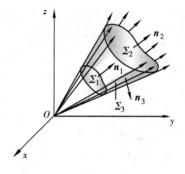

图 6.31

由于在锥面 Σ_3 上任一点处的矢径 r 与锥面的法向量 n 垂直，所以 $E \cdot n_3^0 = 0$，从而

$$\iint_{\Sigma_3} E \cdot n_3^0 \text{d}S = 0.$$

于是，有

$$\iint_{\Sigma_1} E \cdot n_1^0 \text{d}S = \iint_{\Sigma_2} E \cdot n_2^0 \text{d}S.$$

6.8.3 环量与旋度

下面，我们详细介绍一下在 6.7 节中提到过的环量与旋度．

1. 环量

设有矢量场 $A = P(x,y,z)i + Q(x,y,z)j + R(x,y,z)k$，则沿场 A 中某一封闭的有向曲线 Γ 的曲线积分

$$\oint_\Gamma P\text{d}x + Q\text{d}y + R\text{d}z = \oint_\Gamma A \cdot \text{d}s = \oint_\Gamma A \cdot \tau^0 \text{d}s = \oint_\Gamma A_\tau\text{d}s = \iint_\Sigma \text{rot}A \cdot n^0 \text{d}S$$

称为矢量场 A 沿有向闭曲线 Γ 的**环量**．

例 6.33 求电位移矢量 $D = \frac{q}{4\pi\varepsilon r^3}r$ 沿着任一圆周 C 的环量，这圆周的中心在坐标原点，半径为任一不为零的正实数．

解 所求环量为

$$\oint_\Gamma D \cdot \text{d}s = \oint_\Gamma D \cdot \tau^0 \text{d}s,$$

其中 τ^0 为圆周 C 上的单位切矢量．显然 D 与 垂直 τ^0，故所求环量为零．

2. 环量面密度

设 M 为矢量场 A 内的一点，在点 M 处取定一个方向 n，再过点 M 任作一微小曲面 Σ，同时又以 ΔS 表示其面积，它在点 M 处的法向量为 n，Σ 的边界曲线记为 Γ，其正向与 n 构成右手螺

旋关系,如图 6.32 所示. 当曲面 Σ 在保持点 M 于其上的条件下,沿着

自身缩向 M 点时,若 $\dfrac{\oint_{\Gamma} \boldsymbol{A} \cdot \mathrm{d}\boldsymbol{s}}{\Delta S}$ 的极限存在,则称此极限为矢量场 $\boldsymbol{A}$ 在

点 M 处沿方向 $\boldsymbol{n}$ 的**环量面密度**(即环量对面积的变化率),记作 μ_n,即

$$\mu_n = \lim_{\Delta S \to 0} \frac{\oint_{\Gamma} \boldsymbol{A} \cdot \mathrm{d}\boldsymbol{s}}{\Delta S}.$$

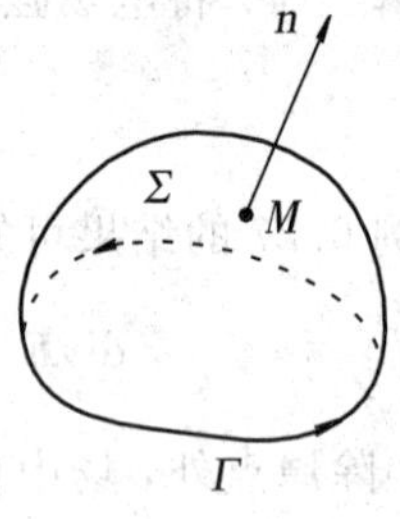

设在直角坐标系中矢量场

图 6.32

$$\boldsymbol{A} = P(x,y,z)\boldsymbol{i} + Q(x,y,z)\boldsymbol{j} + R(x,y,z)\boldsymbol{k},$$

则由斯托克斯公式及中值定理,类似散度的推导,得到

$$\mu_n = \begin{vmatrix} \cos\alpha & \cos\beta & \cos\beta \\ \dfrac{\partial}{\partial x} & \dfrac{\partial}{\partial y} & \dfrac{\partial}{\partial z} \\ P & Q & R \end{vmatrix}_M = \left(\frac{\partial R}{\partial y} - \frac{\partial Q}{\partial z}\right)\cos\alpha + \left(\frac{\partial P}{\partial z} - \frac{\partial R}{\partial x}\right)\cos\beta + \left(\frac{\partial Q}{\partial x} - \frac{\partial P}{\partial y}\right)\cos\gamma,$$

其中,$\cos\alpha$,$\cos\beta$,$\cos\gamma$ 是 Σ 在点 M 处的法向量 $\boldsymbol{n}$ 的方向余弦. 这就是环量面密度在直角坐标下的计算公式.

3. 旋度

若记

$$\boldsymbol{G} = \left(\frac{\partial R}{\partial y} - \frac{\partial Q}{\partial z}, \frac{\partial P}{\partial z} - \frac{\partial R}{\partial x}, \frac{\partial Q}{\partial x} - \frac{\partial P}{\partial y}\right),$$

则环量密度的计算公式可以改写为

$$\mu_n = \boldsymbol{G} \cdot \boldsymbol{n}^0 = |\boldsymbol{G}| \cos(\boldsymbol{G}, \boldsymbol{n}),$$

其中 $\boldsymbol{n}^0 = (\cos\alpha, \cos\beta, \cos\gamma)$ 为方向 $\boldsymbol{n}$ 上的单位向量.

正如分析梯度与方向导数之间的关系一样,上式表明,在给定点处,$\boldsymbol{G}$ 在任一方向上 $\boldsymbol{n}$ 的投影,就是该方向上的环量面密度. 显然,$\boldsymbol{G}$ 的方向为环量面密度最大的方向,其模即为最大环量面密度的数值. 把矢量 $\boldsymbol{G}$ 叫作矢量场 $\boldsymbol{A}$ 的**旋度**. 其一般定义如下:

定义 6.6 若在矢量场 $\boldsymbol{A}$ 中的一点 M 处存在这样一个矢量 $\boldsymbol{G}$,矢量场 $\boldsymbol{A}$ 在点 M 处沿其方向的环量面密度为最大,这个最大的数值,正好是 $|\boldsymbol{G}|$,则称矢量 $\boldsymbol{G}$ 为矢量场 $\boldsymbol{A}$ 在点 M 处的**旋度**,记作 $\mathbf{rot}\,\boldsymbol{A}$,即

$$\mathbf{rot}\,\boldsymbol{A} = \boldsymbol{G} = \left(\frac{\partial R}{\partial y} - \frac{\partial Q}{\partial z}, \frac{\partial P}{\partial z} - \frac{\partial R}{\partial x}, \frac{\partial Q}{\partial x} - \frac{\partial P}{\partial y}\right) = \begin{vmatrix} \boldsymbol{i} & \boldsymbol{j} & \boldsymbol{k} \\ \dfrac{\partial}{\partial x} & \dfrac{\partial}{\partial y} & \dfrac{\partial}{\partial z} \\ P & Q & R \end{vmatrix}.$$

简言之,旋度矢量在数值和方向上表示出了最大的环量面密度.

若 $\mathbf{rot}\,\boldsymbol{A}$ 处处为零,则称 $\boldsymbol{A}$ 为**无旋场**. 容易证明,如果函数 $u(x,y,z)$ 有二阶连续偏导数,则 u 产生的梯度场为无旋场,即 $\mathbf{rot}(\mathbf{grad}\,u) = \boldsymbol{0}$.

利用旋度,斯托克斯公式又可以写成向量形式

$$\oint_{\Gamma} \boldsymbol{A} \cdot \mathrm{d}\boldsymbol{s} = \iint_{\Sigma} \mathbf{rot}\,\boldsymbol{A} \cdot \mathrm{d}\boldsymbol{S} \quad \text{或} \quad \oint_{\Gamma} \boldsymbol{A} \cdot \boldsymbol{\tau}^0 \mathrm{d}s = \iint_{\Sigma} \mathbf{rot}\,\boldsymbol{A} \cdot \boldsymbol{n}^0 \mathrm{d}S,$$

式中，$\boldsymbol{\tau}^0$ 为曲面 Σ 的正向边界曲线 Γ 上的单位切向量，$\boldsymbol{n}^0$ 为 Σ 的单位法向量.

于是，斯托克斯公式可叙述为：**向量场 $\boldsymbol{A}$ 沿有向闭合曲线 Γ 的环流量等于向量场 $\boldsymbol{A}$ 的旋度场通过 Γ 所张的曲面 Σ 的通量，这里 Γ 的正向与 Σ 的侧符合右手定则.**

例 6.34　点电荷 q 在真空中产生的静电场强度 $\boldsymbol{E} = \dfrac{1}{4\pi\varepsilon}\dfrac{q}{r^3}\boldsymbol{r}$，其中向量 $\boldsymbol{r} = (x,y,z)$，$r = |\boldsymbol{r}| = \sqrt{x^2 + y^2 + z^2}$，求 $\operatorname{\textbf{rot}} \boldsymbol{E}$.

解　由旋度计算公式得

$$\operatorname{\textbf{rot}} \boldsymbol{E} = \frac{q}{4\pi\varepsilon}\begin{vmatrix} \boldsymbol{i} & \boldsymbol{j} & \boldsymbol{k} \\ \dfrac{\partial}{\partial x} & \dfrac{\partial}{\partial y} & \dfrac{\partial}{\partial z} \\ \dfrac{x}{r^3} & \dfrac{y}{r^3} & \dfrac{z}{r^3} \end{vmatrix}.$$

因为

$$\frac{\partial}{\partial y}\left(\frac{z}{r^3}\right) = -\frac{3yz}{r^5}, \qquad \frac{\partial}{\partial z}\left(\frac{y}{r^3}\right) = -\frac{3zy}{r^5}$$

所以 $\operatorname{\textbf{rot}} \boldsymbol{E}$ 的第一个分量为零. 类似可得其余两个分量也为零. 总之有（除原点外）$\boldsymbol{E}$ 的旋度 $\operatorname{\textbf{rot}} \boldsymbol{E} = \boldsymbol{0}$，即 $\boldsymbol{E}$ 为无旋场.

下面我们从力学角度对 $\operatorname{\textbf{rot}} \boldsymbol{A}$ 的含义作些解释.

例 6.35　设一刚体绕过原点的某定轴 l 转动（见图 6.33），$M(x,y,z)$ 为刚体内任意一点，则点 M 处具有线速度，从而构成一线速度场 $\boldsymbol{v}(x,y,z)$. 求 $\operatorname{\textbf{rot}} \boldsymbol{v}$.

解　将点 M 绕 l 轴旋转时的角速度 ω 视为方向与 l 轴平行的向量 $\boldsymbol{\omega} = (a,b,c)$ 的模，由点 M 的矢径 $\boldsymbol{r} = \overrightarrow{OM} = (x,y,z)$ 知，点 M 绕 l 轴旋转所得到的圆半径为 $|\boldsymbol{r}|\sin\varphi$，根据运动学知识得到点 M 的线速度大小为

$$v = \omega|\boldsymbol{r}|\sin\varphi,$$

由向量积的定义可知，它可以改记成向量形式的线速度

$$\boldsymbol{v} = \boldsymbol{\omega} \times \boldsymbol{r},$$

其中 $\boldsymbol{\omega}$ 的方向依 $\boldsymbol{v}$，$\boldsymbol{r}$ 的方向按右手法则确定. 于是

$$\boldsymbol{v} = \begin{vmatrix} \boldsymbol{i} & \boldsymbol{j} & \boldsymbol{k} \\ a & b & c \\ x & y & z \end{vmatrix} = (bz - cy, cx - az, ay - bx),$$

从而

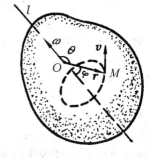

图　6.33

$$\operatorname{\textbf{rot}} \boldsymbol{v} = \begin{vmatrix} \boldsymbol{i} & \boldsymbol{j} & \boldsymbol{k} \\ \dfrac{\partial}{\partial x} & \dfrac{\partial}{\partial y} & \dfrac{\partial}{\partial z} \\ bz - cy & cx - az & ay - bx \end{vmatrix} = 2(a,b,c) = 2\boldsymbol{\omega}.$$

即速度场 $\boldsymbol{v}$ 的旋度等于角速度 $\boldsymbol{\omega}$ 的两倍，它们的模也具有两倍关系，可见当角速度大时旋度也大，表明刚体旋转快. 当角速度为零时，旋度等于 $\boldsymbol{0}$，表明刚体不旋转. 该例表明：旋度的大小可以表示旋转的快慢.

6.8.4　有势场

定义 6.7　设有矢量场 $A(M)$，若存在单值函数 $u(M)$ 满足
$$A = \mathbf{grad}\,u,$$
则称此矢量场为**有势场**；令 $v = -u$，并称 v 为这个场的**势函数**.

易见矢量 A 与势函数 v 之间的关系是
$$A = -\,\mathbf{grad}\,v.$$

由此定义可以看出：

（1）有势场是一个梯度场；

（2）有势场的势函数有无穷多个，它们之间只相差一个常数.

若已知有势场 $A(M)$ 的一个势函数 $v(M)$，则场的所有势函数的全体可表示为
$$v(M) + C \quad (C \text{ 为任意常数}).$$

然而，是否任何矢量场都为有势场呢？为了回答这个问题，先给出一个定义：具有曲线积分 $\int_{\widehat{M_0 M}} A \cdot \mathrm{d}s$ 与路径无关性质的矢量场称为**保守场**. 我们有下面的定理.

定理 6.8　在线单通连域 D 内，$A = P(x,y,z)i + Q(x,y,z)j + R(x,y,z)k$ 为有矢量场，其中 P, Q, R 具有一阶连续偏导数，则在线单通连域 D 内下列四个条件等价：

（1）A 为有势场；

（2）A 为无旋场；

（3）A 为保守场；

（4）表达式 $A \cdot \mathrm{d}s = P\mathrm{d}x + Q\mathrm{d}y + R\mathrm{d}z$ 是某个函数的全微分.

习　题　6.8

1. 求下列向量 A 穿过曲面 Σ 流向指定侧的通量：
    (1) $A = (yz, xz, xy)$，其中 Σ 为圆柱 $x^2 + y^2 \leqslant a^2\,(0 \leqslant z \leqslant h)$ 的全表面，流向外侧；
    (2) $A = (2x+3z, -(xz+y), y^2+2z)$，其中 Σ 是以点 $(3, -1, 2)$ 为球心，半径 $R = 3$ 的球面，流向外侧.

2. 求下列向量场 A 的散度：
    (1) $A = (x^2+yz,\ y^2+xz,\ z^2+xy)$；　　　　　(2) $A = (\mathrm{e}^{xy},\ \cos(xy),\ \cos(xz^2))$.

3. 求下列向量场 A 沿闭合曲线 Γ（从 z 轴正向看 Γ 依逆时针方向）的环流量：
    (1) $A = (-y, x, c)\,(c\text{ 为常数})$，其中 Γ 为圆周 $x^2 + y^2 = 1,\ z = 0$；
    (2) $A = (x-z, x^3+yz, -3xy^2)$，其中 Γ 为圆周 $z = 2 - \sqrt{x^2+y^2},\ z = 0$.

4. 求下列向量场 A 的旋度：
    (1) $A = (2z-3y, 3x-z, y-2x)$；　　　　　(2) $A = (x^2 \sin y, y^2 \sin z, z^2 \sin x)$.

5. 用斯托克斯公式把曲面积分 $\iint_{\Sigma} \mathbf{rot}\,A \cdot n\,\mathrm{d}S$ 化为曲线积分，并计算积分值，其中 A, Σ 及 n 分别为：
    (1) $A = (y^2, xy, xz)$，Σ 为上半球面 $z = \sqrt{1-x^2-y^2}$ 的上侧，n 是 Σ 的单位法向量；
    (2) $A = (y-z, yz, -xz)$，Σ 为立方体 $0 \leqslant x \leqslant 2, 0 \leqslant y \leqslant 2, 0 \leqslant z \leqslant 2$ 的表面外侧去掉底面 $z = 0$，n 是 Σ 的单位法向量.

6. 证明 $\mathbf{rot}\,(a+b) = \mathbf{rot}\,a + \mathbf{rot}\,b$.

6.9　应 用 举 例

例 6.36(摆线的等时性)　1696 年伯努利提出一个著名问题：确定一条从点 A 到点 B 的曲线(点 B 在点 A 的下方，但不在正下方)，使得一颗珠子在重力作用下，沿着这条曲线从点 A 滑到点 B 所用时间最短. 这就是著名的**最速下降线**问题，它是对变分学发展有着巨大影响的三大问题之一，这个问题在 1697 年就得到了解决，牛顿、莱布尼茨、洛必达和伯努利兄弟都独立得到了正确的结论：这条曲线不是连接 A、B 的直线，而是唯一的一条连接 A、B 的凹摆线.

之后，欧拉又证明了沿着摆线弧摆动的摆锤，不论其振幅大小，作一次全摆动所需的时间是完全相同的. 因此，摆线又叫**等时线**. 试证明欧拉的结论.

证　摆线的一拱(见图 6.34)

$$\begin{cases} x = a(t - \sin t) \\ y = a(1 - \cos t) \end{cases} \quad (0 \leqslant t \leqslant 2\pi).$$

首先证明摆线上异于最低点 C 的任何点 A 到达点 C 的时间是相同的. 为此，设点 A 的坐标为 (x_0, y_0)，对应于参数 t_0，珠子的质量为 m，初速度为 $v_0 = 0$. 现求它从点 A 沿曲线下落到最低点 C(对应 $t = \pi$) 所用的时间 T.

一方面，在 A 与 C 之间的任一点 (x, y) 处，设珠子的速度为 v，由能量守恒定理知

$$mg(y - y_0) = \frac{1}{2}mv^2 - \frac{1}{2}mv_0^2,$$

故有

$$v = \sqrt{2g(y - y_0)}.$$

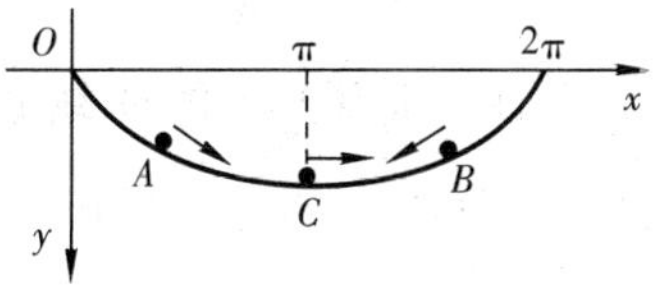

另一方面，珠子沿曲线下滑，速度为弧长 s 对时间 t 的变化率，即 $v = \dfrac{\mathrm{d}s}{\mathrm{d}t}$，从而

图　6.34

$$\frac{\mathrm{d}s}{\mathrm{d}t} = \sqrt{2g(y - y_0)} \quad \text{或} \quad \mathrm{d}t = \frac{\mathrm{d}s}{\sqrt{2g(y - y_0)}}.$$

所以珠子沿摆线从点 A 滑到点 C 所需时间为曲线积分

$$T = \int_{\widehat{AC}} \frac{\mathrm{d}s}{\sqrt{2g(y - y_0)}} = \int_{t_0}^{\pi} \frac{\sqrt{[a(1 - \cos t)]^2 + (a\sin t)^2}}{\sqrt{2g[a(1 - \cos t) - a(1 - \cos t_0)]}} \mathrm{d}t$$

$$= \sqrt{\frac{a}{g}} \int_{t_0}^{\pi} \frac{\sqrt{1 - \cos t}}{\sqrt{\cos t_0 - \cos t}} \mathrm{d}t = \sqrt{\frac{a}{g}} \int_{t_0}^{\pi} \frac{\sqrt{2\sin^2 \dfrac{t}{2}}}{\sqrt{2\cos^2 \dfrac{t_0}{2} - 2\cos^2 \dfrac{t}{2}}} \mathrm{d}t$$

$$= \sqrt{\frac{a}{g}} \int_{t_0}^{\pi} \frac{\sin \dfrac{t}{2}}{\sqrt{\cos^2 \dfrac{t_0}{2} - \cos^2 \dfrac{t}{2}}} \mathrm{d}t = (-2)\sqrt{\frac{a}{g}} \int_{t_0}^{\pi} \frac{1}{\sqrt{\cos^2 \dfrac{t_0}{2} - \cos^2 \dfrac{t}{2}}} \mathrm{d}\cos \frac{t}{2}$$

$$= -2\sqrt{\frac{a}{g}} \left[\arcsin \frac{\cos \dfrac{t}{2}}{\cos \dfrac{t_0}{2}} \right]_{t_0}^{\pi} = -2\sqrt{\frac{a}{g}}(0 - \arcsin 1) = \pi\sqrt{\frac{a}{g}}.$$

可见 T 是一个与位置 A 无关的常数.

将上面的运算沿着 C 到 A 的方向进行,可见所得到的值也是上面的常数 T.

综合以上两种情况可知,此摆线上 C 点一侧的任何一点 A 到达另一侧的任何一点 B 所用的是间是单侧的 2 倍,即都是 $2T$,可见这个值与 A 到 B 所经历的弧长无关. 这就证明了欧拉的结论.

例 6.37(开普勒第二定律) 17 世纪初,开普勒(Kepler)[①] 对他的老师和同事所做的天文观察结果进行了长达 20 年之久的研究,提出了著名的行星运动三大总结:

(1) 太阳系行星沿椭圆轨道绕太阳运转,太阳位于椭圆轨道的一个焦点;

(2) 从太阳到行星的向径,在相等的时间内扫过相等的面积(第二定律);

(3) 行星运行的周期平方正比于椭圆半长轴的立方.

解 设行星沿椭圆轨道从点 B 运行到点 D 所经过的时间是 t_0 到 t(见图 6.35),则向径 $\overrightarrow{OB}$ 扫过的面积可以用第二类曲线积分求面积公式给出为

$$A(t) = \frac{1}{2} \oint_{\overline{OB} + \widehat{BD} + \overline{DO}} - y\mathrm{d}x + x\mathrm{d}y.$$

由 $\overline{OB}$: $y = \dfrac{y_0}{x_0}x$ $(x: 0 \to x_0)$,得

$$\int_{\overline{OB}} - y\mathrm{d}x + x\mathrm{d}y = \int_0^{x_0} \left(-\frac{y_0}{x_0}x + x \cdot \frac{y_0}{x_0} \right)\mathrm{d}x = 0.$$

同理可得 $\displaystyle\int_{\overline{DO}} - y\mathrm{d}x + x\mathrm{d}y = 0.$

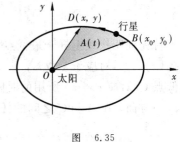

图 6.35

下面来求 $\widehat{BD}$ 上的曲线积分. 设其矢端曲线为 $\widehat{BD}$:

$\boldsymbol{r}(t) = x(t)\boldsymbol{i} + y(t)\boldsymbol{j}$,则由行星绕太阳运动过程中服从牛顿第二定律,有 $\boldsymbol{F} = m\boldsymbol{a} = m\dfrac{\mathrm{d}^2\boldsymbol{r}}{\mathrm{d}t^2}$,另

由服从万有引力定律,得 $\boldsymbol{F} = \dfrac{GMm}{r^3}\boldsymbol{r}$,由两力相等得

$$\frac{\mathrm{d}^2\boldsymbol{r}}{\mathrm{d}t^2} = \frac{GM}{r^3}\boldsymbol{r},$$

即 $\dfrac{\mathrm{d}^2\boldsymbol{r}}{\mathrm{d}t^2}$ 与 $\boldsymbol{r}$ 平行,从而它们的向量积为零,由此得

$$\frac{\mathrm{d}}{\mathrm{d}t}\left(\boldsymbol{r} \times \frac{\mathrm{d}\boldsymbol{r}}{\mathrm{d}t} \right) = \frac{\mathrm{d}\boldsymbol{r}}{\mathrm{d}t} \times \frac{\mathrm{d}\boldsymbol{r}}{\mathrm{d}t} + \boldsymbol{r} \times \frac{\mathrm{d}^2\boldsymbol{r}}{\mathrm{d}t^2} = 0 + 0 = 0.$$

可见 $\boldsymbol{r} \times \dfrac{\mathrm{d}\boldsymbol{r}}{\mathrm{d}t}$ 是垂直 $\boldsymbol{r}$ 所在 xOy 面的常向量,记为 $R\boldsymbol{k}$,其中 R 为常数. 再由

$$R\boldsymbol{k} = \boldsymbol{r} \times \frac{\mathrm{d}\boldsymbol{r}}{\mathrm{d}t} = \begin{vmatrix} \boldsymbol{i} & \boldsymbol{j} & \boldsymbol{k} \\ x(t) & y(t) & 0 \\ x'(t) & y'(t) & 0 \end{vmatrix} = [x(t)y'(t) - y(t)x'(t)]\boldsymbol{k}$$

得 $R = -y(t)x'(t) + x(t)y'(t)$. 于是

$$\int_{\widehat{BD}} - y\mathrm{d}x + x\mathrm{d}y = \int_{t_0}^{t} [-y(t)x'(t) + x(t)y'(t)]\mathrm{d}t = R(t - t_0).$$

从而 $$A(t) = \frac{1}{2} \oint_{\overline{OB} + \widehat{BD} + \overline{DO}} - y\mathrm{d}x + x\mathrm{d}y = \frac{1}{2}R(t - t_0).$$

---

① 开普勒(Johannes Kepler,1571 — 1630),德国天文学家、数学家.

即扫过的面积与经历的时间成正比.

下面计算 R 的值. 记 T 是行星绕太阳运行的周期,记椭圆的长半轴为 a,短半轴为 b,则椭圆的面积与 $A(t)$ 具有关系

$$\pi ab = A(T+t_0) - A(t_0) = \frac{1}{2}RT.$$

从而有

$$R = \frac{\pi ab}{T}.$$

例 6.38(通信卫星)　一颗地球同步轨道通信卫星的轨道投影位于地球的赤道平面内,且可近似认为是圆轨道. 通信卫星运行的角速度与地球自转的角速度相同,即人们看到它在天空不动. 已知地球半径为 R,卫星离地面的离度为 h(为一定值),计算一颗通信卫星所覆盖地球表面的面积.

解　因为通信卫星的信号传送是一种球面波方式,即与发射点等距离处收到的信号是相同的,所以卫星信号在地球表面的覆盖部分是锥面与球面相切时球面上较小部分,将其记为 Σ.

由于将卫星轨道视为圆周,因此,高度一定的卫星在不同点处覆盖的面积相等,从而可以如图 6.36 所示取坐标系. 由图可知,地球表面的方程为 $x^2 + y^2 + z^2 = R^2$,Σ 在 xOy 面上的投影为 $D_{xy}: x^2 + y^2 \leqslant (R\sin\beta)^2$,其中 $\cos\beta = \sin\alpha = \dfrac{R}{R+h}$. 于是卫星覆盖地球表面的面积

$$
\begin{aligned}
S(h) &= \iint\limits_{D_{xy}} \sqrt{1 + z_x^2 + z_y^2}\,\mathrm{d}x\mathrm{d}y = \iint\limits_{D_{xy}} \frac{R}{\sqrt{R^2 - x^2 - y^2}}\,\mathrm{d}x\mathrm{d}y \\
&= \int_0^{2\pi} \mathrm{d}\theta \cdot \int_0^{R\sin\beta} \frac{R}{\sqrt{R^2 - r^2}}\,r\mathrm{d}r \\
&= 2\pi \cdot R(-\sqrt{R^2 - r^2})\,\Big|_0^{R\sin\beta} \\
&= 2\pi R^2(1 - \cos\beta) = 2\pi R^2\left(1 - \frac{R}{R+h}\right) \\
&= \frac{2\pi R^2 h}{R+h}.
\end{aligned}
$$

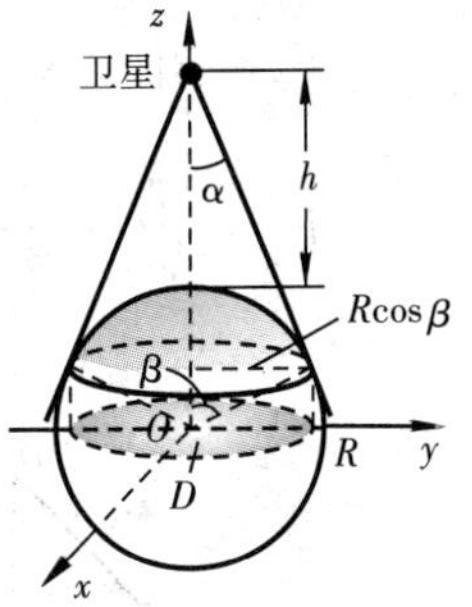

图　6.36

上式也可改写为

$$S(h) = \frac{h}{2(R+h)} \cdot 4\pi R^2,$$

即卫星覆盖面积 $S(h)$ 与地球表面积 $4\pi R^2$ 的比例系数为 $k = \dfrac{h}{2(R+h)}$. 如果取 $R = 6.4 \times 10^6\,\mathrm{m}$, $h = 36 \times 10^6\,\mathrm{m}$,就可以得到

$$k = \frac{36 \times 10^6}{2(6.4 \times 10^6 + 36 \times 10^6)} \approx 0.425.$$

即卫星覆盖了地球 $\dfrac{1}{3}$ 以上的面积. 从面积值上讲,在赤道平面内使用三颗高度同上且相间角度为 $\dfrac{2\pi}{3}$ 的通信卫星,其信号就可以覆盖几乎全部地球表面.

例 6.39(阿基米德定律)　浸没在液体中的物体,所受液体压力的合力,即浮力,其方向铅直向上、大小等于这物体所排开的液体的重量.

解 (1) 设物体体积为 V，占据的空间区域为 Ω，边界曲面 Σ 分片光滑．若物体完全浸没在液体中（见图 6.37），则 Σ 上点 $M(x,y,z)$ 处压强的大小为 $\rho g z$，该点处面积微元 $\mathrm{d}S$ 上所受压力为

$$\rho g z(-\boldsymbol{n}^0 \mathrm{d}S) = -\rho g z \cos\alpha\,\mathrm{d}S\boldsymbol{i} - \rho g z \cos\beta\,\mathrm{d}S\boldsymbol{j} - \rho g z \cos\gamma\,\mathrm{d}S\boldsymbol{k}$$

此即压力微元，其中 $\boldsymbol{n}^0$ 为 Σ 的外法向量．

于是，在 x,y,z 轴方向物体所受的合力分别为

$$F_x = \oiint_{\Sigma}(-\rho g z \cos\alpha)\mathrm{d}S = -\rho g \oiint_{\Sigma} z\,\mathrm{d}y\mathrm{d}z = -\rho g \iiint_{\Omega}\frac{\partial(z)}{\partial x}\mathrm{d}V = -\rho g \iiint_{\Omega}0\mathrm{d}V = 0,$$

$$F_y = \oiint_{\Sigma}(-\rho g z \cos\beta)\mathrm{d}S = -\rho g \oiint_{\Sigma} z\,\mathrm{d}z\mathrm{d}x = -\rho g \iiint_{\Omega}\frac{\partial(z)}{\partial y}\mathrm{d}V = 0,$$

$$F_z = \oiint_{\Sigma}(-\rho g z \cos\gamma)\mathrm{d}S = -\rho g \oiint_{\Sigma} z\,\mathrm{d}x\mathrm{d}y = -\rho g \iiint_{\Omega}\frac{\partial(z)}{\partial z}\mathrm{d}V = -\rho g \iiint_{\Omega}1\mathrm{d}V$$
$$= -\rho g V = -W.$$

其中 W 表示物体所占据区域液体的重量．

（2）若物体只有一部分浸在液体中，仍设浸在水中部分的体积为 V，占据的空间区域为 Ω，水中部分的边界曲面 Σ 分片光滑，顶面为水平面 Σ_0．则上面的结果改变为

$$F_x = \iint_{\Sigma}(-\rho g z \cos\alpha)\mathrm{d}S = \oiint_{\Sigma+\Sigma_1}(-\rho g z \cos\alpha)\mathrm{d}S - \iint_{\Sigma_1}(-\rho g \cdot 0 \cdot \cos\alpha)\mathrm{d}S = 0,$$

$$F_y = \iint_{\Sigma}(-\rho g z \cos\beta)\mathrm{d}S = \oiint_{\Sigma+\Sigma_1}(-\rho g z \cos\beta)\mathrm{d}S - \iint_{\Sigma_1}(-\rho g \cdot 0 \cdot \cos\beta)\mathrm{d}S = 0,$$

$$F_z = \iint_{\Sigma}(-\rho g z \cos\gamma)\mathrm{d}S = \oiint_{\Sigma+\Sigma_1}(-\rho g z \cos\gamma)\mathrm{d}S - \iint_{\Sigma_1}(-\rho g \cdot 0 \cdot \cos\beta)\mathrm{d}S$$
$$= -\rho g V = -W.$$

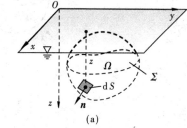 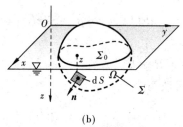

(a)   (b)

图 6.37

综上，物体所受浮力为 $\boldsymbol{F} = (F_x, F_y, F_z) = (0, 0, -W)$，即物体所受浮力的方向与重力方向相反，大小等于物体所占据区域液体的重量．

综合习题 6

1. 求 $\oint_{\Gamma} x^2 \mathrm{d}s$，$\Gamma$：$\begin{cases} x^2 + y^2 + z^2 = a^2 \\ x + y + z = 0 \end{cases}$．

2. 计算曲线积分 $\int_L \sin 2x\mathrm{d}x + 2(x^2 - 1)y\mathrm{d}y$，其中 L 是曲线 $y = \sin x$ 上从点 $(0,0)$ 到点 $(\pi, 0)$ 的一段．

3. 在过 $O(0,0)$ 和 $A(\pi, 0)$ 的曲线族 $y = \alpha\sin x\ (\alpha > 0)$ 中，求一条曲线 L，使沿该曲线从 O 到 A 的积分 $\int_L (1$

$+ y^3) \mathrm{d}x + (2x + y) \mathrm{d}y$ 的值最小.

4. 计算 $\int_L \left[\mathrm{e}^x \sin y - b(x + y) \right] \mathrm{d}x + (\mathrm{e}^x \cos y - ax) \mathrm{d}y$,其中 a、$b > 0$,L 为 $A(2a,0)$ 经 $y = \sqrt{2ax - x^2}$ 到 $O(0,$ $0)$ 的一段弧.

5. 求 $I = \oint_L \dfrac{x \mathrm{d}y - y \mathrm{d}x}{4x^2 + y^2}$,$L$ 是以 $(1,0)$ 为中心,半径为 R 的圆周($R > 1$),逆时针方向.

6. 设 $f(x)$ 在 $\mathbf{R}$ 上具有　阶连续导数,L 为上半平面 $(y > 0)$ 内的有向分段光滑曲线,其起点为 (a,h),终点为 (c,d). 记 $I = \int_L \dfrac{1}{y} \left[1 + y^2 f(xy) \right] \mathrm{d}x + \dfrac{x}{y^2} \left[y^2 f(xy) - 1 \right] \mathrm{d}y$. 证明 I 与积分路径无关;当 $ab = cd$ 时,求 I 的值.

7. 设函数 $\varphi(y)$ 具有连续导数,在围绕原点的任意分段光滑简单闭曲线 L 上,曲线积分 $\oint_L \dfrac{\varphi(y) \mathrm{d}x + 2xy \mathrm{d}y}{2x^2 + y^4}$ 的值恒为同一常数.

(1) 证明:对右半平面 $x > 0$ 内的任意分段光滑简单闭曲线 L,有 $\oint_C \dfrac{\varphi(y) \mathrm{d}x + 2xy \mathrm{d}y}{2x^2 + y^4} = 0$;

(2) 求函数 $\varphi(y)$ 的表达式.

8. 设 $\dfrac{(x + ay) \mathrm{d}x + y \mathrm{d}y}{(x + y)^2}$ 是某个函数的全微分,求 a.

9. 确定常数 λ,使在右半平面 $x > 0$ 上的向量 $\mathbf{A} = (2xy(x^2 + y^2)^\lambda, -x^2(x^2 + y^2)^\lambda)$ 为某个二元函数 $u(x,y)$ 的梯度,并求 $u(x,y)$.

10. 设曲面 $\Sigma: |x| + |y| + |z| = 1$,求 $\oiint_\Sigma (x + |y|) \mathrm{d}S$.

11. 设 $f(x,y,z)$ 连续,$\Sigma: x - y + z = 1$ 在第四卦限部分的上侧,求
$$\iint_\Sigma (f + x) \mathrm{d}y\mathrm{d}z + (2f + y) \mathrm{d}x\mathrm{d}z + (f + z) \mathrm{d}x\mathrm{d}y.$$

12. 设 S 为 $\dfrac{x^2 + y^2}{2} + z^2 = 1$ 的上半部分,点 $P(x,y,z) \in S$,π 为 S 在点 P 处的切平面,$\rho(x,y,z)$ 为点 O 到平面 π 的距离。求 $\iint_S \dfrac{z \mathrm{d}S}{\rho(x,y,z)}$.

13. 设半径为 R 的球面 Σ 的球心在定球面 $x^2 + y^2 + z^2 = a^2 (a > 0)$ 上,问 R 为何值时,球面 Σ 在定球内的面积最大?

14. 求 $\iint_\Sigma (x^2 \cos \alpha + y^2 \cos \beta + z^2 \cos \gamma) \mathrm{d}S$,其中 Σ 为 $z^2 = x^2 + y^2 (0 \leqslant z \leqslant 1)$ 部分外侧,$\{\cos \alpha, \cos \beta, \cos \gamma\}$ 为 Σ 的单位法向量.

15. 设有一高度为 $h(t)$(t 为时间)的雪堆在融化过程中,其侧面满足曲面方程 $z = h(t) - \dfrac{2(x^2 + y^2)}{h(t)}$(设长度单位为 cm,时间单位为 h),已知体积减小的速率与侧面积成正比(比例系数 0.9),问高度为 130 cm 的雪堆全部融化需要多少小时?

16. 设曲面 $\Sigma: z = \sqrt{4 - x^2 - y^2}$ 的上侧,求 $\iint_\Sigma xy \mathrm{d}y\mathrm{d}z + x \mathrm{d}z\mathrm{d}x + x^2 \mathrm{d}x\mathrm{d}y$.

17. 计算 $I = \iint_\Sigma \dfrac{x \mathrm{d}y\mathrm{d}z + z^2 \mathrm{d}x\mathrm{d}y}{x^2 + y^2 + z^2}$,其中 Σ 为 $x^2 + y^2 = R^2$ 及 $z = \pm R (R > 0)$ 所围立体表面,取外侧.

18. 计算 $I = \iint_\Sigma xz \mathrm{d}y\mathrm{d}z + 2xy \mathrm{d}z\mathrm{d}x + 3xy \mathrm{d}x\mathrm{d}y$,其中 Σ 为曲面 $z = 1 - x^2 - \dfrac{y^2}{4} (0 \leqslant z \leqslant 1)$ 的上侧.

19. 计算 $\iint_\Sigma \dfrac{ax \mathrm{d}y\mathrm{d}z + (z + a)^2 \mathrm{d}x\mathrm{d}y}{\sqrt{x^2 + y^2 + z^2}}$,其中 Σ 为下半球面 $z = -\sqrt{a^2 - x^2 - y^2}$ 的上侧,$a > 0$.

20. 计算 $\iint\limits_{\Sigma} \text{rot} \, \boldsymbol{F} \cdot \boldsymbol{n}^0 \, \mathrm{d}S$，其中 $\boldsymbol{F} = \{x - z, \, x^3 + yz, \, -3xy^2\}$，$\Sigma$ 为 $z = 2 - \sqrt{x^2 + y^2}$ 在 xOy 平面以上部分的上侧，$\boldsymbol{n}^0$ 为 Σ 的单位法向量.

数学家简介——格林

格林（George Green，1793—1841），英国著名数学家、物理学家. 他 8 岁时曾在古达克尔私立学校读书，并显示出了非凡的数学才能，然而这段学习经历仅持续了大约一年时间，他便辍学回家了. 由于对数学的钟爱，他从图书馆广借数学书籍，凭着惊人的毅力研读了当时最具影响的数学家拉普拉斯（Pierre Simon Laplace，1749—1827）、拉格朗日（Joseph Louis Lagrange，1736—1813）、泊松（Siméon Denis Poisson，1781—1840）等人的论文和著作，不仅熟练地掌握了他们所采用的分析方法，还能对其进行创造性的发展和应用.

1828 年，格林靠朋友集资自费出版了一本小册子《数学分析在电磁学理论中的应用》，书中他引入位势概念，提出了著名的格林函数与格林定理，发展了电磁理论. 由于此书仅售出了 51 本，在当时并没有引起别人的注意，也没有产生多大影响. 在为数不多的读者中，有一位是英国皇家学会会员勃隆黑德（Edward Bromhead），他建议格林到剑桥深造. 1833 年格林靠着父亲留下的一笔遗产到剑桥大学学习，四年后获得学士学位，并于 1839 年当选为冈维尔—凯厄斯学院院委，期间取得了一系列成果：发展晶体中光的反射和折射理论；研究能量守恒定律，得出弹性理论的基本方程；最先提出变分法中狄利克雷原理、超球面函数概念的雏形；等等. 然而，就在格林眼前呈现出康庄大道时，他由于长期的积劳成疾，于 1841 年去世.

格林的工作孕育了斯托克斯（George Gabriel Stokes，1819—1903）和麦克斯韦（James Clerk Maxwell 1831—1879）等人为代表的剑桥数学物理学派，现代数学物理中的许多思想都可以从格林的工作中找到源头. 然而这位靠自学成才的数学家生前却默默无闻. 他 1828 年发表的那本小册子在数学和物理研究中都有着重要的意义，开创了用纯数学方法研究电磁学等物理问题的先河，可却曾濒临淹没于历史的故纸堆中. 庆幸的是，多年后，年轻的物理学家汤姆逊（William Thompson，1824—1907）首先认识到了这本小册子的重大价值，并将其交给了当时的一流科学家. 1850 年，它得以重见天日，发表在著名的数学期刊《纯粹与应用数学杂志》上.

格林并不是一个多产的数学家，一生中共发表过 10 篇数学论文，但却包含了影响 19 世纪数学物理发展的宝贵思想. 这一点由以他名字命名的数学物理名词可见一斑，如格林定理、格林公式、格林函数、格林曲线、格林算子、格林测度、格林空间等. 其中，最常用的就是将微积分中的"平面第二类曲线积分"转换为"平面二重积分"的格林公式. 该公式在高等数学教学中起到承上启下的作用，也是高斯公式的基础之一，是高等数学中的经典理论内容.

第7章　无穷级数

无穷级数是高等数学的一个重要组成部分,它是表示函数、研究函数的性质以及进行数值计算的一种工具,在自然科学与工程技术领域中有着广泛的应用.

本章利用数列极限的存在性研究无穷多个有序数的和的存在性. 对于由函数项构成的无穷多项求和问题,视为数项级数的求和问题进行研究. 对于两类特殊的函数项级数——幂级数和傅立叶级数,则根据它们各自的特点,采用特殊的方法分别加以研究,求它们的和函数或将函数用它们表示.

7.1　常数项级数的概念和性质

7.1.1　常数项级数的概念

设 $u_1,u_2,\cdots,u_n,\cdots$ 为一数列,将各项用"+"号连接起来的表达式

$$u_1 + u_2 + \cdots + u_n + \cdots$$

称为**无穷级数**(简称**级数**),记为 $\sum\limits_{n=1}^{\infty} u_n$. 即

$$\sum_{n=1}^{\infty} u_n = u_1 + u_2 + \cdots + u_n + \cdots, \tag{7.1}$$

其中第 n 项 u_n 叫作级数的**一般项**(或**通项**).

级数(7.1)的前 n 项之和称为其**部分和**,记为 s_n. 即

$$s_n = u_1 + u_2 + \cdots + u_n.$$

当 n 依次取 $1,2,3,\cdots$ 时,它们构成一个新的数列

$$\{s_n\}: s_1, s_2, \cdots, s_n, \cdots,$$

称为级数(7.1)的**部分和数列**.

定义 7.1　设 $\{s_n\}$ 是级数(7.1)的部分和数列,s 为一有限数. 如果

$$\lim_{n\to\infty} s_n = s,$$

则称级数(7.1)**收敛**,并称 s 为级数(7.1)的**和**,记为

$$\sum_{n=1}^{\infty} u_n = u_1 + u_2 + \cdots + u_n + \cdots = s.$$

如果当 $n \to \infty$ 时,部分和 $\{s_n\}$ 的极限不存在,则称级数(7.1)**发散**.

当级数(7.1)收敛时,其和 s 与部分和 s_n 的差称为它的**余项**,记为 r_n,即

$$r_n = s - s_n = u_{n+1} + u_{n+2} + \cdots,$$

而用 s_n 近似 s 时产生的(绝对)误差为

$$|r_n| = |s - s_n| = |u_{n+1} + u_{n+2} + \cdots|.$$

例 7.1 证明**等差级数** $1+2+3+\cdots+n+\cdots$ 是发散的.

解 由于

$$s_n = 1+2+3+\cdots+n = \frac{n(n+1)}{2},$$

从而 $\lim\limits_{n\to\infty} s_n = \infty$. 所以,等差级数是发散的.

例 7.2 判定级数 $1+\dfrac{1}{2^2-1}+\dfrac{1}{3^2-1}+\cdots+\dfrac{1}{n^2-1}+\cdots$ 的收敛性.

解 当 $n>1$ 时,由于

$$u_n = \frac{1}{n^2-1} = \frac{1}{(n-1)(n+1)} = \frac{1}{2}\left(\frac{1}{n-1}-\frac{1}{n+1}\right),$$

因此,部分和

$$
\begin{aligned}
s_n &= 1+\frac{1}{1\times3}+\frac{1}{2\times4}+\frac{1}{3\times5}+\cdots+\frac{1}{(n-1)(n+1)}\\
&= 1+\frac{1}{2}\left(1-\frac{1}{3}\right)+\frac{1}{2}\left(\frac{1}{2}-\frac{1}{4}\right)+\frac{1}{2}\left(\frac{1}{3}-\frac{1}{5}\right)+\cdots+\frac{1}{2}\left(\frac{1}{n-1}-\frac{1}{n+1}\right)\\
&= 1+\frac{1}{2}\left(1+\frac{1}{2}-\frac{1}{n}-\frac{1}{n+1}\right).
\end{aligned}
$$

从而

$$\lim_{n\to\infty} s_n = \frac{7}{4},$$

所以该级数收敛 $\left(\text{且其和为}\dfrac{7}{4}\right)$.

例 7.3 讨论**等比级数**(又称为**几何级数**)

$$\sum_{n=0}^{\infty} aq^n = a+aq+aq^2+\cdots+aq^n+\cdots \quad (a\neq0)$$

的敛散性,称 q 为等比级数的**公比**.

解 需要对 q 分几种情况加以讨论:

(1)当 $q=1$ 时,$s_n = na$,因此有 $\lim\limits_{n\to\infty} s_n = \lim\limits_{n\to\infty} na = \infty$,此时级数发散.

(2)当 $q\neq1$ 时,级数的部分和

$$s_n = a+aq+\cdots+aq^n = \frac{a(1-q^n)}{1-q},$$

(i)当 $|q|<1$ 时,由于 $\lim\limits_{n\to\infty} q^n = 0$,从而 $\lim\limits_{n\to\infty} s_n = \dfrac{a}{1-q}$,此时级数收敛;

(ii)当 $|q|>1$ 时,由于 $\lim\limits_{n\to\infty} q^n = \infty$,从而 $\lim\limits_{n\to\infty} s_n = \infty$,此时级数发散;

(iii)当 $q=-1$ 时,对应级数的部分和

$$s_n = \begin{cases} 0 & \text{当 } n \text{ 为偶数}\\ a & \text{当 } n \text{ 为奇数}\end{cases}$$

构成的数列 $\{s_n\}$ 的极限不存在,故此时级数发散;

综上:当 $|q|<1$ 时,$\sum\limits_{n=0}^{\infty} aq^n$ 收敛,且和为 $\dfrac{a}{1-q}$;当 $|q|\geqslant1$ 时,$\sum\limits_{n=0}^{\infty} aq^n$ 发散. 即

$$\sum_{n=0}^{\infty} aq^n = a + aq + aq^2 + \cdots + aq^n + \cdots = \begin{cases} \dfrac{a}{1-q} & 当 \mid q \mid < 1 \\ 发散 & 当 \mid q \mid \geqslant 1 \end{cases}.$$

7.1.2　无穷级数的基本性质

性质 1　设级数 $\displaystyle\sum_{n=1}^{\infty} u_n$ 收敛于 s，k 是任意常数，则 $\displaystyle\sum_{n=1}^{\infty} ku_n$ 收敛，且收敛于 ks.

证　设级数 $\displaystyle\sum_{n=1}^{\infty} u_n$ 与级数 $\displaystyle\sum_{n=1}^{\infty} ku_n$ 的部分和分别是 s_n 与 σ_n，则有

$$\sigma_n = ku_1 + ku_2 + \cdots + ku_n = ks_n,$$

由级数 $\displaystyle\sum_{n=1}^{\infty} u_n$ 收敛于 s，即 $\displaystyle\lim_{n\to\infty} s_n = s$，得

$$\lim_{n\to\infty} \sigma_n = \lim_{n\to\infty} ks_n = k \lim_{n\to\infty} s_n = ks.$$

所以，级数 $\displaystyle\sum_{n=1}^{\infty} ku_n$ 收敛，且收敛于 ks.

在定理的证明中，由 $\sigma_n = ks_n$ 可知，如果 s_n 的极限不存在，则当 $k \neq 0$ 时，σ_n 的极限也不存在. 因此可得如下推论：

推论　当常数 $k \neq 0$ 时，级数 $\displaystyle\sum_{n=1}^{\infty} u_n$ 与 $\displaystyle\sum_{n=1}^{\infty} ku_n$ 的敛散性相同.

性质 2　设级数 $\displaystyle\sum_{n=1}^{\infty} u_n$ 与 $\displaystyle\sum_{n=1}^{\infty} v_n$ 均收敛，和分别为 s 与 σ，则级数 $\displaystyle\sum_{n=1}^{\infty} (u_n \pm v_n)$ 也收敛，且和为 $s \pm \sigma$.

证　设级数 $\displaystyle\sum_{n=1}^{\infty} u_n$、$\displaystyle\sum_{n=1}^{\infty} v_n$ 及 $\displaystyle\sum_{n=1}^{\infty} (u_n \pm v_n)$ 的部分和分别是 s_n、σ_n 及 T_n，则有

$$\begin{aligned} T_n &= (u_1 \pm v_1) + (v_2 \pm v_2) + \cdots + (u_n \pm v_n) \\ &= (u_1 + u_2 + \cdots + u_n) \pm (v_1 + v_2 + \cdots + v_n) \\ &= s_n \pm \sigma_n. \end{aligned}$$

故由题设得

$$\lim_{n\to\infty} T_n = \lim_{n\to\infty} s_n \pm \lim_{n\to\infty} \sigma_n = s \pm \sigma.$$

即级数 $\displaystyle\sum_{n=1}^{\infty} (u_n \pm v_n)$ 收敛，且其和为 $s \pm \sigma$.

性质 3　在级数的前面加上（或去掉）有限项，不改变级数的敛散性.

证　设级数 $\displaystyle\sum_{n=1}^{\infty} u_n$ 的部分和为 s_n，在其前面加上有限项（或加上将要去掉的各项的反值）的和为 S_k 得到一个新级数，设其部分和为 σ_n. 于是

$$S_k + s_n = \sigma_n.$$

显然，两端的部分和 s_n 与 σ_n 有相同的敛散性，从而对应级数敛散性相同.

性质 4 收敛级数加括号后所成的级数仍然收敛,且收敛于原级数的和.

证 因为加括号以后的级数的部分和是原级数部分和的一个子数列,所以它收敛,且收敛于原级数的和.

注:反之不成立. 即收敛的级数去括号后所成的级数不一定收敛. 例如,级数

$$(1-1)+(1-1)+\cdots+(1-1)+\cdots$$

收敛于 0,但去括号后得到的级数

$$1-1+1-1+\cdots$$

却是发散的.

推论 如果加括号后所成的级数发散,则原级数必发散.

性质 5(必要条件) 级数 $\sum\limits_{n=1}^{\infty} u_n$ 收敛的必要条件是它的通项的极限为零,即

$$\lim_{n\to\infty} u_n = 0.$$

证 设级数的和为 s,部分和为 s_n,则 $\lim\limits_{n\to\infty} s_n = s$,从而有

$$\lim_{n\to\infty} u_n = \lim_{n\to\infty}(s_n - s_{n-1}) = \lim_{n\to\infty} s_n - \lim_{n\to\infty} s_{n-1} = s - s = 0.$$

注:"$\lim\limits_{n\to\infty} u_n = 0$"只是级数 $\sum\limits_{n=1}^{\infty} u_n$ 收敛的必要条件,而不是充分条件. 因此,利用"$\lim\limits_{n\to\infty} u_n \neq 0$(或不存在)"判断级数发散是有效的,但不能单独用来判断级数收敛.

例 7.4 讨论级数 $\sum\limits_{n=1}^{\infty}\left(1+\dfrac{(-1)^{n-1}}{n}\right)$ 的敛散性.

解 由于

$$\lim_{n\to\infty} u_n = \lim_{n\to\infty}\left(1+\frac{(-1)^{n-1}}{n}\right) = 1 \neq 0,$$

所以,由性质 5 可知级数是发散的.

例 7.5 讨论调和级数

$$\sum_{n=1}^{\infty}\frac{1}{n} = 1 + \frac{1}{2} + \frac{1}{3} + \cdots + \frac{1}{n} + \cdots$$

的敛散性.

解 由于当 $m \geqslant 1$ 时,总有

$$1 + \frac{1}{2} + \left(\frac{1}{3}+\frac{1}{4}\right) + \left(\frac{1}{5}+\frac{1}{6}+\frac{1}{7}+\frac{1}{8}\right) + \cdots + \left(\frac{1}{2^{m-1}+1}+\cdots+\frac{1}{2^m}\right)$$

$$\geqslant 1 + \frac{1}{2} + \left(\frac{1}{4}+\frac{1}{4}\right) + \left(\frac{1}{8}+\frac{1}{8}+\frac{1}{8}+\frac{1}{8}\right) + \cdots + \left(\frac{1}{2^m}+\cdots+\frac{1}{2^m}\right)$$

$$= 1 + \frac{1}{2} + \frac{1}{2} + \frac{1}{2} + \cdots + \frac{1}{2} = 1 + m \cdot \frac{1}{2}.$$

而

$$1 + m \cdot \frac{1}{2} \to +\infty\,(m\to\infty),$$

所以级数

$$1 + \frac{1}{2} + \left(\frac{1}{3}+\frac{1}{4}\right) + \left(\frac{1}{5}+\frac{1}{6}+\frac{1}{7}+\frac{1}{8}\right) + \cdots + \left(\frac{1}{2^{m-1}}+\cdots+\frac{1}{2^m}\right) + \cdots$$

发散于"$+\infty$". 从而没有加括号的原级数发散于"$+\infty$".

习　题　7.1

1. 用定义或性质判别下列级数的收敛性:

(1) $\sum\limits_{n=1}^{\infty}\ln\dfrac{n+1}{n}$;

(2) $\dfrac{1}{1\times 3}+\dfrac{1}{3\times 5}+\dfrac{1}{5\times 7}+\cdots+\dfrac{1}{(2n-1)(2n+1)}+\cdots$;

(3) $-\dfrac{8}{9}+\dfrac{8^2}{9^2}-\dfrac{8^3}{9^3}+\cdots$;

(4) $\cos 1+\cos\dfrac{1}{2}+\cos\dfrac{1}{3}+\cdots$;

(5) $1+2+3+\cdots+100+\dfrac{1}{2}+\dfrac{1}{3}+\cdots+\dfrac{1}{n}+\cdots$;

(6) $\left(\dfrac{1}{2}+\dfrac{1}{3}\right)+\left(\dfrac{1}{2^2}+\dfrac{1}{3^2}\right)+\left(\dfrac{1}{2^3}+\dfrac{1}{3^3}\right)+\cdots$;

(7) $\dfrac{1}{2}+\dfrac{1}{10}+\dfrac{1}{4}+\dfrac{1}{20}+\cdots+\dfrac{1}{2^n}+\dfrac{1}{10n}+\cdots$;

(8) $(1-1)+\left(\dfrac{1}{3^2}-1\right)+\left(\dfrac{1}{5^2}-1\right)+\cdots$;

(9) $\dfrac{1}{\sqrt{2}-1}-\dfrac{1}{\sqrt{2}+1}+\dfrac{1}{\sqrt{3}-1}-\dfrac{1}{\sqrt{3}+1}+\cdots$.

2. 设有两个数项级数 $\sum\limits_{n=1}^{\infty}a_n$ 与 $\sum\limits_{n=1}^{\infty}b_n$, 若其中一个收敛, 另一个发散. 问 $\sum\limits_{n=1}^{\infty}(a_n+b_n)$ 的敛散情况如何?为什么?

7.2　常数项级数的审敛法

我们首先研究正项级数的审敛法,然后利用正项级数的审敛法研究一般项级数的敛散性.

7.2.1　正项级数及其审敛法

设级数

$$u_1+u_2+\cdots+u_n+\cdots \tag{7.2}$$

中 $u_n\geqslant 0(n=1,2,\cdots)$, 则称级数(7.2)为**正项级数**.

对于正项级数(7.2),由于其部分和数列 $\{s_n\}$ 满足

$$s_{n+1}-s_n=u_{n+1}\geqslant 0\ (n=1,2,\cdots),$$

所以, $\{s_n\}$ 是单调增加的,从而有下面一个重要的定理.

> **定理 7.1**　正项级数(7.2)收敛的充分必要条件是它的部分和数列 $\{s_n\}$ 有界.

证　设正项级数(7.2)收敛于 s, 即 $\lim\limits_{n\to\infty}s_n=s$, 则由 s_n 单调增加知

$$0\leqslant s_n\leqslant s,$$

故部分和数列 $\{s_n\}$ 有界.

反之,设 $\{s_n\}$ 有界,则由 $\{s_n\}$ 单调增加知, $\{s_n\}$ 收敛,从而正项级数(7.2)收敛.

这样，根据正项级数的部分和数列$\{s_n\}$单调增加这一特点，就可以知道：一个正项级数要么收敛于某一非负数，要么发散于"$+\infty$".

下面我们给出判定正项级数敛散性的几个常用方法.

1. 比较审敛法

> **定理 7.2（比较审敛法）**　设有两个正项级数$\sum_{n=1}^{\infty}u_n$和$\sum_{n=1}^{\infty}v_n$，且$u_n\leqslant v_n(n=1,2,\cdots)$，则
>
> （1）当级数$\sum_{n=1}^{\infty}v_n$收敛时，级数$\sum_{n=1}^{\infty}u_n$也收敛；
>
> （2）当级数$\sum_{n=1}^{\infty}u_n$发散时，级数$\sum_{n=1}^{\infty}v_n$也发散.

证　设$s_n=\sum_{i=1}^{n}u_i$，$\sigma_n=\sum_{i=1}^{n}v_i$，由$u_i\leqslant v_i(i=1,2,\cdots,n)$，有$s_n\leqslant\sigma_n$.

（1）当级数$\sum_{n=1}^{\infty}v_n$收敛时，由定理 7.1 知其部分和数列$\{\sigma_n\}$有界，由$s_n\leqslant\sigma_n$知部分和数列$\{s_n\}$也有界，于是级数$\sum_{n=1}^{\infty}u_n$收敛；

（2）当级数$\sum_{n=1}^{\infty}u_n$发散时，其部分和数列$\{s_n\}$无界，由$s_n\leqslant\sigma_n$知部分和数列$\{\sigma_n\}$也无界，于是级数$\sum_{n=1}^{\infty}v_n$发散.

说明：在使用过程中，允许将审敛法中"$u_n\leqslant v_n(n=1,2,\cdots)$"改成"对$k>0$及某正整数$N$，当$n>N$时，$u_n\leqslant kv_n$". 其正确性由性质 1 的推论及性质 3 保证.

> **定理 7.3（比较审敛法的极限形式）**　设$\sum_{n=1}^{\infty}u_n$及$\sum_{n=1}^{\infty}v_n$为两个正项级数，如果
> $$\lim_{n\to\infty}\frac{u_n}{v_n}=l\quad(0<l<+\infty),$$
> 则级数$\sum_{n=1}^{\infty}u_n$及$\sum_{n=1}^{\infty}v_n$同时收敛或同时发散.

证　由$\lim_{n\to\infty}\frac{u_n}{v_n}=l\ (0<l<+\infty)$知，对$\varepsilon=\frac{l}{2}$，存在正整数$N$，当$n>N$时，

$$\left|\frac{u_n}{v_n}-l\right|<\frac{l}{2},\quad\text{即}\quad\frac{l}{2}v_n<u_n<\frac{3l}{2}v_n.$$

根据比较审敛法及级数的性质知，级数$\sum_{n=1}^{\infty}u_n$及级数$\sum_{n=1}^{\infty}v_n$同敛散.

注：$1°$ 当$\lim_{n\to\infty}\frac{u_n}{v_n}=0$时，若$\sum_{n=1}^{\infty}v_n$收敛，则$\sum_{n=1}^{\infty}u_n$也收敛；若$\sum_{n=1}^{\infty}u_n$发散，则$\sum_{n=1}^{\infty}v_n$也发散.

$2°$ 当$\lim_{n\to\infty}\frac{u_n}{v_n}=\infty$时，结论与$1°$相反.

例 7.6　判别级数$1+\dfrac{1}{1\cdot2}+\dfrac{1}{2\cdot2^2}+\dfrac{1}{3\cdot2^3}+\cdots+\dfrac{1}{n\cdot2^n}+\cdots$的敛散性.

解　因为 $\dfrac{1}{n\cdot 2^n}\leqslant \dfrac{1}{2^n}$，而级数 $\displaystyle\sum_{n=1}^{\infty}\dfrac{1}{2^n}$ 收敛，故原级数收敛.

例 7.7　判定级数 $\displaystyle\sum_{n=2}^{\infty}\dfrac{1}{\ln n}$ 的敛散性.

解　因为 $\dfrac{1}{\ln n}>\dfrac{1}{n}(n\geqslant 2)$，而级数 $\displaystyle\sum_{n=2}^{\infty}\dfrac{1}{n}$ 发散，从而原级数发散.

例 7.8　讨论 p -级数（p 为常数）

$$\sum_{n=1}^{\infty}\frac{1}{n^p}=1+\frac{1}{2^p}+\frac{1}{3^p}+\cdots+\frac{1}{n^p}+\cdots$$

的敛散性.

解　当 $p\leqslant 1$ 时，$\dfrac{1}{n}\leqslant\dfrac{1}{n^p}$，而级数 $\displaystyle\sum_{n=1}^{\infty}\dfrac{1}{n}$ 发散，故此时 p -级数发散.

当 $p>1$ 时，由于级数

$$1+\left(\frac{1}{2^p}+\frac{1}{3^p}\right)+\left(\frac{1}{4^p}+\cdots+\frac{1}{7^p}\right)+\left(\frac{1}{8^p}+\cdots+\frac{1}{15^p}\right)+\cdots$$

的每一项不超过级数

$$1+\left(\frac{1}{2^p}+\frac{1}{2^p}\right)+\left(\frac{1}{4^p}+\cdots+\frac{1}{4^p}\right)+\left(\frac{1}{8^p}+\cdots+\frac{1}{8^p}\right)+\cdots,$$

即

$$1+\frac{1}{2^{p-1}}+\left(\frac{1}{2^{p-1}}\right)^2+\left(\frac{1}{2^{p-1}}\right)^3+\cdots$$

的对应项，而上面这个级数是公比为 $\dfrac{1}{2^{p-1}}(<1)$ 的几何级数，它收敛，故当 $p>1$ 时，前面对 p -级数加了括号后的级数是收敛的，从而不带括号的 p -级数也是收敛的（否则，如果 p -级数发散，则其部分和数列 $\{s_n\}$ 单调增加且无界，因此，如上加了括号的级数的部分和数列，作为 $\{s_n\}$ 的子数列也将单调增加且无界）.

综上，p -级数 $\displaystyle\sum_{n=1}^{\infty}\dfrac{1}{n^p}$ 当 $p\leqslant 1$ 时发散，当 $p>1$ 时收敛.

在使用比较审敛法时，通常需要根据经验事先判断出所给级数的敛散性，选择几何级数或 p -级数等作为比较对象. 如果收敛，就要对原级数各项的值进行放大，反之，则缩小各项的值.

例 7.9　判定级数 $\displaystyle\sum_{n=1}^{\infty}\dfrac{1}{\sqrt{n(n+1)}}$ 的敛散性.

解　（该级数近似为 $p=1$ 的 p -级数，应该是发散的，所以要缩小项的值.）

法 1　因为 $\dfrac{1}{\sqrt{n(n+1)}}\geqslant\dfrac{1}{n+1}$，而 $\displaystyle\sum_{n=1}^{\infty}\dfrac{1}{n+1}$ 发散，故所给级数发散.

法 2　因为 $\displaystyle\lim_{n\to\infty}\dfrac{\dfrac{1}{\sqrt{n(n+1)}}}{\dfrac{1}{n}}=1$，而 $\displaystyle\sum_{n=1}^{\infty}\dfrac{1}{n}$ 发散，所以原级数发散.

例 7.10　判定级数 $\displaystyle\sum_{n=1}^{\infty}\dfrac{6^n-5^n}{7^n-6^n}$ 的敛散性.

解 由 $\dfrac{6^n-5^n}{7^n-6^n}$ 中分子的主部为 6^n，分母的主部为 7^n 知，通项的主部为 $\left(\dfrac{6}{7}\right)^n$. 由

$$\lim_{n\to\infty}\frac{u_n}{v_n}=\lim_{n\to\infty}\frac{\dfrac{6^n-5^n}{7^n-6^n}}{\left(\dfrac{6}{7}\right)^n}=\lim_{n\to\infty}\frac{1-\left(\dfrac{5}{6}\right)^n}{1-\left(\dfrac{6}{7}\right)^n}=1$$

及 $\displaystyle\sum_{n=1}^{\infty}\left(\dfrac{6}{7}\right)^n$ 收敛知，$\displaystyle\sum_{n=1}^{\infty}\dfrac{6^n-5^n}{7^n-6^n}$ 收敛.

2. 比值审敛法

定理 7.4(比值审敛法(达朗贝尔[①]) 审敛法) 设有正项级数 $\displaystyle\sum_{n=1}^{\infty}u_n$，且

$$\lim_{n\to\infty}\frac{u_{n+1}}{u_n}=\rho\quad(0\leqslant\rho\leqslant+\infty),$$

则所给级数：(1) 当 $\rho<1$ 时收敛；(2) 当 $\rho>1$ 时发散.

证 (1) 当 $\rho<1$ 时，取 $\varepsilon=\dfrac{1-\rho}{2}$，则存在正整数 m，使当 $n>m$ 时，有

$$\left|\frac{u_{n+1}}{u_n}-\rho\right|<\varepsilon\quad\text{或}\quad\rho-\varepsilon<\frac{u_{n+1}}{u_n}<\rho+\varepsilon.$$

记 $r=\rho+\varepsilon$，则 $r<1$，且上面不等式右边可以改写为 $\dfrac{u_{n+1}}{u_n}<r$. 由此推出从第 m 项起有

$$u_{m+1}<ru_m,\ u_{m+2}<ru_{m+1}<r^2u_m,\ u_{m+3}<ru_{m+2}<r^3u_m,\ \cdots$$

即

$$u_{m+k}<r^ku_m\quad(k=1,2,\cdots).$$

由于 $r=\dfrac{1+\rho}{2}<1$，所以等比级数 $\displaystyle\sum_{k=1}^{\infty}r^ku_m$ 收敛，从而 $\displaystyle\sum_{k=1}^{\infty}u_{m+k}$ 收敛，所以在它前面加上 m 项的原级数也收敛.

(2) 当 $1<\rho<+\infty$ 时，取 $\varepsilon=\dfrac{\rho-1}{2}$，则存在正整数 m，使当 $n\geqslant m$ 时，有

$$\rho-\varepsilon<\frac{u_{n+1}}{u_n}<\rho+\varepsilon.$$

记 $q=\rho-\varepsilon=\dfrac{\rho+1}{2}$，则 $q>1$，所以由上面左不等式得当 $n\geqslant m$ 时，有

$$q^ku_m<u_{m+k}\quad(k=1,2,\cdots).$$

故 $\lim\limits_{n\to\infty}q^ku_m=+\infty$，即 $\lim\limits_{n\to\infty}u_n=+\infty$，因此级数发散.

(3) 当 $\rho=+\infty$ 时，对某 $q>1$，存在正整数 m，当 $n\geqslant m$ 时，有 $\dfrac{u_{n+1}}{u_n}>q$，从而

$$q^ku_m<u_{m+k}\quad(k=1,2,\cdots),$$

而 $q^ku_m\to\infty\ (k\to\infty)$，故 $u_{m+k}\to\infty\ (k\to\infty)$，即 $\lim\limits_{n\to\infty}u_n=+\infty$，因此级数发散.

---

① 达朗贝尔(D'Alembet)，1717—1783，法国数学家、力学家、哲学家.

注：当 $\rho = 1$ 时不能确定级数的敛散性，需要用其他方法加以判定. 例如，对于 p-级数 $\sum\limits_{n=1}^{\infty} \dfrac{1}{n^p}$，无论 p 为何值都有

$$\lim_{n \to \infty} \frac{u_{n+1}}{u_n} = \lim_{n \to \infty} \frac{1}{(n+1)^p} \frac{n^p}{1} = 1 = \rho.$$

但 p-级数当 $p > 1$ 时收敛，当 $p \leqslant 1$ 时发散. 因此，比值审敛法对 p-级数失效.

例 7.11 判别级数

$$\frac{1}{1 \cdot 3} + \frac{1}{3 \cdot 3^3} + \frac{1}{5 \cdot 3^5} + \cdots + \frac{1}{(2n+1) \cdot 3^{2n+1}} + \cdots$$

的敛散性.

解 因为

$$\lim_{n \to \infty} \frac{u_{n+1}}{u_n} = \lim_{n \to \infty} \frac{1}{(2n+3) \cdot 3^{2n+3}} \bigg/ \frac{1}{(2n+1) \cdot 3^{2n+1}} = \lim_{n \to \infty} \frac{1}{9} \frac{2n+1}{2n+3}$$

$$= \frac{1}{9} < 1,$$

所以级数收敛.

例 7.12 判别级数 $\dfrac{1}{10} + \dfrac{2!}{10^2} + \dfrac{3!}{10^3} + \cdots + \dfrac{n!}{10^n} + \cdots$ 的敛散性.

解 因为

$$\lim_{n \to \infty} \frac{u_{n+1}}{u_n} = \lim_{n \to \infty} \frac{(n+1)!}{10^{n+1}} \frac{10^n}{n!} = \lim_{n \to \infty} \frac{n+1}{10} = \infty,$$

所以级数发散.

例 7.13 证明级数 $1 + \dfrac{1}{1} + \dfrac{1}{2!} + \dfrac{1}{3!} + \cdots + \dfrac{1}{n!} + \cdots$ 是收敛的，并估计以级数的部分和 s_n 近似代替 s 所产生的误差.

证 因为 $u_n = \dfrac{1}{(n-1)!}$，而

$$\lim_{n \to \infty} \frac{u_{n+1}}{u_n} = \lim_{n \to \infty} \frac{1}{n!} \bigg/ \frac{1}{(n-1)!} = \lim_{n \to \infty} \frac{1}{n} = 0 < 1,$$

所以级数收敛.

以这级数的部分和 s_n 近似代替 s 所产生的误差为

$$|r_n| = \frac{1}{n!} + \frac{1}{(n+1)!} + \frac{1}{(n+2)!} + \cdots$$

$$= \frac{1}{n!} \left(1 + \frac{1}{n+1} + \frac{1}{(n+1)(n+2)} + \cdots \right)$$

$$< \frac{1}{n!} \left(1 + \frac{1}{n} + \frac{1}{n^2} + \cdots \right) = \frac{1}{n!} \frac{1}{1 - \dfrac{1}{n}}$$

$$= \frac{1}{(n-1)(n-1)!}.$$

3. 根值审敛法

定理 7.5(根值审敛法(柯西审敛法)) 设有正项级数 $\sum\limits_{n=1}^{\infty} u_n$，且

$$\lim_{n \to \infty} \sqrt[n]{u_n} = \rho \quad (0 \leqslant \rho \leqslant +\infty),$$

则所给级数：(1) 当 $\rho < 1$ 时收敛；(2) $1 < \rho \leqslant +\infty$ 时发散.

本定理的证明与比值审敛法的证明类似，请读者完成. 在使用时，如果 $\rho = 1$，则此审敛法失效.

注：用"比值审敛法"或"根值审敛法"判断正项级数的敛散性时：

(1) 级数从某项开始不再有零项，即存在正整数 m，使当 $n \geqslant m$ 时恒有 $u_n > 0$.

(2) 当 $\rho > 1$ 时，由比值审敛法(2)的证明过程可以看出，不仅级数发散，而且

$$\lim_{n \to \infty} u_n = +\infty.$$

例 7.14 讨论级数 $\sum\limits_{n=1}^{\infty} \dfrac{a^n}{n^p} (a > 0)$ 的敛散性.

解 由洛必达法则得 $\lim\limits_{n \to \infty} \sqrt[n]{n} = 1$，因此

$$\lim_{n \to \infty} \sqrt[n]{\frac{a^n}{n^p}} = \lim_{n \to \infty} \frac{a}{(\sqrt[n]{n})^p} = a.$$

于是，当 $0 < a < 1$ 时，级数收敛；当 $a > 1$ 时，级数发散；当 $a = 1$ 时，由 p-级数的敛散性知，若 $p > 1$，则级数收敛，若 $p \leqslant 1$，则级数发散.

例 7.15 判定级数 $\sum\limits_{n=1}^{\infty} \dfrac{1}{2^{n+(-1)^n}}$ 的敛散性.

解 因为

$$\lim_{n \to \infty} \sqrt[n]{u_n} = \lim_{n \to \infty} \sqrt[n]{\frac{1}{2^{n+(-1)^n}}} = \lim_{n \to \infty} \frac{1}{2^{1+\frac{(-1)^n}{n}}} = \frac{1}{2} < 1,$$

所以级数收敛.

注：本题不适合用比值审敛法，但例 7.14 可以使用.

4. * 积分审敛法

定理 7.6(积分审敛法) 设 $f(x)$ 为 $[1, +\infty)$ 上的非负减函数，$u_n = f(n) (n = 1, 2, \cdots)$，则正项级数 $\sum\limits_{n=1}^{\infty} u_n$ 与广义积分 $\displaystyle\int_1^{+\infty} f(x) \mathrm{d}x$ 的敛散性相同.

证明略.

说明：这一审敛法对一些特殊的正项级数敛散性的判别是非常有效的. 例如，对于正项级数 $\sum\limits_{n=2}^{\infty} \dfrac{1}{n\ln n}$，取 $f(x) = \dfrac{1}{x\ln x}$，则 $f(x)$ 在 $[2, +\infty)$ 上单调减少，$f(n) = \dfrac{1}{n\ln n}$. 由广义积分 $\displaystyle\int_2^{+\infty} \dfrac{1}{x\ln x} \mathrm{d}x = \ln\ln x \mid_2^{+\infty} = +\infty$ 知，该级数发散.

7.2.2 任意项级数的审敛法

所谓的任意项级数是指不是正数项级数的常数项级数. 这里,先对其中一种特殊的交错级数进行讨论,然后再进行一般研究.

1. 交错级数及其审敛法

设 $u_n > 0 \ (n = 1, 2, \cdots)$,则称

$$\sum_{n=1}^{\infty} (-1)^{n-1} u_n = u_1 - u_2 + u_3 - u_4 + \cdots + (-1)^{n-1} u_n + \cdots \qquad (7.3)$$

为**交错级数**. 这里,交错级数对项 u_n 的约定与数项级数(7.1)不同.

> **定理 7.7（莱布尼茨定理）** 如果交错级数 $\sum_{n=1}^{\infty} (-1)^{n-1} u_n$ 满足:
>
> (1) $u_n \geqslant u_{n+1} \quad (n = 1, 2, \cdots)$,
> (2) $\lim\limits_{n \to \infty} u_n = 0$,
>
> 则该级数收敛,且其和 $s \leqslant u_1$,余项 r_n 的绝对值 $|r_n| \leqslant u_{n+1}$.

证 设级数的部分和数列为 $\{s_n\}$,则由条件(1)可知,

$$s_{2n} = (u_1 - u_2) + (u_3 - u_4) + \cdots + (u_{2n-1} - u_{2n})$$

中每一项都非负,因此 $\{s_{2n}\}$ 是单调增加的. 再由

$$s_{2n} = u_1 - (u_2 - u_3) - (u_4 - u_5) - \cdots - (u_{2n-2} - u_{2n-1}) - u_{2n}$$

中每个括号中的值都非负且 $u_{2n} > 0$ 得 $s_{2n} < u_1$,即 $\{s_{2n}\}$ 有界.

综上可知,$\{s_{2n}\}$ 的极限存在,且记 $\lim\limits_{n \to \infty} s_{2n} = s$,有

$$\lim_{n \to \infty} s_{2n} = s \leqslant u_1.$$

利用这个结果,再由条件(2)可得

$$\lim_{n \to \infty} s_{2n+1} = \lim_{n \to \infty} (s_{2n} + u_{2n+1}) = \lim_{n \to \infty} s_{2n} + \lim_{n \to \infty} u_{2n+1} = s.$$

可见,数列 $\{s_n\}$ 的偶数项及奇数项所组成的数列趋于同一极限 s,故有

$$\lim_{n \to \infty} s_n = s \leqslant u_1.$$

又因级数的余项 r_n 可以写成

$$r_n = \pm (u_{n+1} - u_{n+2} + \cdots),$$

其绝对值

$$|r_n| = u_{n+1} - u_{n+2} + \cdots$$

的右端也是一个交错级数,且满足收敛的两个条件,因此其和小于等于级数的第一项,即 $|r_n| \leqslant u_{n+1}$.

例 7.16 证明级数 $1 - \dfrac{1}{2} + \dfrac{1}{3} - \dfrac{1}{4} + \cdots (-1)^{n-1} \dfrac{1}{n} + \cdots$ 收敛,并估计此级数的部分和 s_n 近似代替 s 所产生的误差.

解 因为

$$u_n = \frac{1}{n} > \frac{1}{n+1} = u_{n+1} \quad (n = 1, 2, \cdots),$$

$$\lim_{n\to\infty} u_n = \lim_{n\to\infty} \frac{1}{n} = 0,$$

所以级数是收敛的,其和 $s < 1$,误差 $|r_n| \leqslant \dfrac{1}{n+1}$.

例 7.17 设 $a_n > 0, a_n$ 单调减少,$\displaystyle\sum_{n=1}^{\infty} (-1)^n a_n$ 发散,试判定 $\displaystyle\sum_{n=1}^{\infty} \left(\dfrac{1}{a_n+1}\right)^n$ 的敛散性.

解 由于 a_n 单调减少及 $\displaystyle\sum_{n=1}^{\infty} (-1)^n a_n$ 发散,所以,利用莱布尼茨定理得 $\lim\limits_{n\to\infty} a_n = a \neq 0$,再由 $a_n > 0$ 知 $a > 0$. 所以

$$\lim_{n\to\infty} \sqrt[n]{\left(\frac{1}{a_n+1}\right)^n} = \lim_{n\to\infty} \frac{1}{a_n+1} = \frac{1}{1+a} < 1.$$

由根值审敛法知该级数收敛.

2. 绝对收敛与条件收敛

若级数 $\displaystyle\sum_{n=1}^{\infty} u_n$ 的 **绝对值级数** $\displaystyle\sum_{n=1}^{\infty} |u_n|$ 收敛,则称级数 $\displaystyle\sum_{n=1}^{\infty} u_n$ 是 **绝对收敛** 的;若级数 $\displaystyle\sum_{n=1}^{\infty} |u_n|$ 发散,而级数 $\displaystyle\sum_{n=1}^{\infty} u_n$ 收敛,则称级数 $\displaystyle\sum_{n=1}^{\infty} u_n$ 是 **条件收敛** 的.

定理 7.8 绝对收敛的级数一定收敛. 即若 $\displaystyle\sum_{n=1}^{\infty} |u_n|$ 收敛,则 $\displaystyle\sum_{n=1}^{\infty} u_n$ 收敛.

证 记

$$W_n = \frac{|u_n| + u_n}{2} = \begin{cases} u_n & u_n > 0 \\ 0 & u_n \leqslant 0 \end{cases}, \quad V_n = \frac{|u_n| - u_n}{2} = \begin{cases} -u_n & u_n < 0 \\ 0 & u_n \geqslant 0 \end{cases},$$

则

$$0 \leqslant W_n \leqslant |u_n|, \quad 0 \leqslant V_n \leqslant |u_n|.$$

由 $\displaystyle\sum_{n=1}^{\infty} |u_n|$ 收敛知,正项级数 $\displaystyle\sum_{n=1}^{\infty} V_n$ 和 $\displaystyle\sum_{n=1}^{\infty} W_n$ 均收敛,从而级数 $\displaystyle\sum_{n=1}^{\infty} (V_n - W_n)$ 收敛. 由 $u_n = V_n - W_n$ 知,即级数 $\displaystyle\sum_{n=1}^{\infty} u_n$ 收敛.

注意:1° 当 $\displaystyle\sum_{n=1}^{\infty} |u_n|$ 发散时,$\displaystyle\sum_{n=1}^{\infty} u_n$ 未必发散,例如 $\displaystyle\sum_{n=1}^{\infty} (-1)^{n-1} \dfrac{1}{n}$;但如果 $\displaystyle\sum_{n=1}^{\infty} |u_n|$ 的发散是用比值审敛法或根值审敛法由 $\rho > 1$ 得到的,或用其他方法得到了 $\lim\limits_{n\to\infty} |u_n| \neq 0$,那么级数 $\displaystyle\sum_{n=1}^{\infty} u_n$ 必定发散. 因为前者给出了 $\lim\limits_{n\to\infty} u_n = \infty$,而后者给出了 $\lim\limits_{n\to\infty} u_n \neq 0$.

2° 当 $\displaystyle\sum_{n=1}^{\infty} u_n$ 条件收敛时,上面的级数 $\displaystyle\sum_{n=1}^{\infty} V_n$ 和 $\displaystyle\sum_{n=1}^{\infty} W_n$ 均发散.

例 7.18 讨论级数 $\displaystyle\sum_{n=1}^{\infty} \dfrac{\sin n\alpha}{n^2}$ 的敛散性.

解 因为 $\left| \dfrac{\sin n\alpha}{n^2} \right| \leqslant \dfrac{1}{n^2}$,而级数 $\displaystyle\sum_{n=1}^{\infty} \dfrac{1}{n^2}$ 收敛,所以 $\displaystyle\sum_{n=1}^{\infty} \left| \dfrac{\sin n\alpha}{n^2} \right|$ 收敛,因此原级数绝对收

敛.

例 7.19　讨论级数 $\sum\limits_{n=1}^{\infty}(-1)^{n-1}\dfrac{x^n}{n}$ 的敛散性.

解　因为

$$\lim_{n\to\infty}\left|\frac{u_{n+1}}{u_n}\right|=\lim_{n\to\infty}\left|\frac{x^{n+1}}{n+1}\frac{n}{x^n}\right|=\lim_{n\to\infty}\frac{n}{n+1}|x|=|x|,$$

所以

(1) 当 $|x|<1$ 时, 级数 $\sum\limits_{n=1}^{\infty}\left|(-1)^{n-1}\dfrac{x^n}{n}\right|$ 收敛, 从而原级数绝对收敛;

(2) 当 $|x|>1$ 时, 级数 $\sum\limits_{n=1}^{\infty}\left|(-1)^{n-1}\dfrac{x^n}{n}\right|$ 发散, 从而由上面的注意 1° 知, 原级数也发散;

(3) 当 $x=1$ 时, 所给级数为 $\sum\limits_{n=1}^{\infty}(-1)^{n-1}\dfrac{1}{n}$, 它是条件收敛的;

(4) 当 $x=-1$ 时, 所给级数为 $\sum\limits_{n=1}^{\infty}(-1)\dfrac{1}{n}=-\sum\limits_{n=1}^{\infty}\dfrac{1}{n}$, 它是发散的.

综上, 当 $-1<x\leqslant 1$ 时, 原级数收敛; x 取其他值时, 原级数发散.

例 7.20　设 $u_n=(-1)^n\ln\left(1+\dfrac{1}{\sqrt{n}}\right)$, 确定 $\sum\limits_{n=1}^{\infty}u_n$, $\sum\limits_{n=1}^{\infty}u_n^2$ 的敛散性; 若收敛, 指出是绝对收敛, 还是条件收敛.

解　由

$$\sum_{n=1}^{\infty}|u_n|=\sum_{n=1}^{\infty}\left|(-1)^n\ln\left(1+\frac{1}{\sqrt{n}}\right)\right|=\sum_{n=1}^{\infty}\ln\left(1+\frac{1}{\sqrt{n}}\right)$$

及

$$\lim_{n\to\infty}\ln\left(1+\frac{1}{\sqrt{n}}\right)\Big/\frac{1}{\sqrt{n}}=1$$

得 $\sum\limits_{n=1}^{\infty}|u_n|$ 发散, 而由莱布尼茨定理判知 $\sum\limits_{n=1}^{\infty}u_n$ 收敛, 因此, $\sum\limits_{n=1}^{\infty}u_n$ 条件收敛.

又由于 $\sum\limits_{n=1}^{\infty}u_n^2=\sum\limits_{n=1}^{\infty}\ln^2\left(1+\dfrac{1}{\sqrt{n}}\right)$, 且

$$\lim_{n\to\infty}\ln^2\left(1+\frac{1}{\sqrt{n}}\right)\Big/\frac{1}{n}=1,$$

所以由比较审敛法的极限形式知, 级数 $\sum\limits_{n=1}^{\infty}u_n^2$ 发散.

绝对收敛级数有很多性质是条件收敛级数所没有的. 例如: **绝对收敛的级数可以任意交换各项的位置而不改变其收敛性与和; 两个绝对收敛级数的乘积所成的级数, 也是绝对收敛的, 且其和就等于两级数各自的和之积.**

习　题　7.2

1. 判别下列级数的敛散性:

(1) $\sum\limits_{n=1}^{\infty}\dfrac{1}{2n-1}$;

(2) $\sum\limits_{n=1}^{\infty}(\sqrt{n^3+1}-\sqrt{n^3})$;

(3) $\displaystyle\sum_{n=1}^{\infty} \frac{1}{(n+1)(n+4)}$;

(4) $\displaystyle\sum_{n=1}^{\infty} \sin \frac{\pi}{2^n}$;

(5) $\displaystyle\sum_{n=1}^{\infty} \frac{n+1}{n^3+1}$;

(6) $\displaystyle\sum_{n=1}^{\infty} \frac{n+1}{n(n+2)}$;

(7) $\displaystyle\sum_{n=1}^{\infty} \frac{1}{na+b}$ $(a,b>0)$;

(8) $\displaystyle\sum_{n=1}^{\infty} \frac{2^n+1}{3^n+n}$;

(9) $\displaystyle\sum_{n=1}^{\infty} \int_0^{\frac{1}{n}} \frac{\sqrt{x}}{1+x^2}\mathrm{d}x$;

(10) $\displaystyle\sum_{n=1}^{\infty} \frac{1}{1+a^n}$ $(a>0)$;

(11) $\displaystyle\sum_{n=1}^{\infty} \frac{\sqrt{n}}{\sqrt{n^4+1}}$;

(12) $\displaystyle\sum_{n=1}^{\infty} \frac{1}{\int_0^n \sqrt[4]{1+x^4}\,\mathrm{d}x}$.

2. 判别下列级数的敛散性:

(1) $\displaystyle\sum_{n=1}^{\infty} \frac{n^2}{3^n}$;

(2) $\displaystyle\sum_{n=1}^{\infty} n\tan \frac{\pi}{2^{n+1}}$;

(3) $\displaystyle\sum_{n=1}^{\infty} \frac{2^n n!}{n^n}$;

(4) $\displaystyle\sum_{n=1}^{\infty} \frac{n\cos^2 \frac{n\pi}{3}}{2^n}$;

(5) $\displaystyle\sum_{n=1}^{\infty} \frac{5^n(n+2)!}{(2n)!}$;

(6) $\displaystyle\sum_{n=1}^{\infty} n!\left(\frac{x}{n}\right)^n$ $(x>0)$.

3. 判别级数 $\displaystyle\sum_{n=1}^{\infty} \left(\frac{n}{4n+1}\right)^{\lambda n}$ 的敛散性.

4. 判别下列级数是否收敛. 如果是收敛,是绝对收敛还是条件收敛?

(1) $\displaystyle\sum_{n=1}^{\infty} \frac{\sin n}{n^2}$;

(2) $\displaystyle\sum_{n=1}^{\infty} (-1)^n \frac{n}{2n-1}$;

(3) $\displaystyle\sum_{n=1}^{\infty} (-1)^n \frac{1}{\sqrt{n+1}}$;

(4) $\displaystyle\sum_{n=1}^{\infty} (-1)^{n+1} \frac{2^{n^2}}{n!}$;

(5) $\dfrac{1}{\pi^2}\sin\dfrac{\pi}{2} - \dfrac{1}{\pi^3}\sin\dfrac{\pi}{3} + \dfrac{1}{\pi^4}\sin\dfrac{\pi}{4} - \cdots$;

(6) $\displaystyle\sum_{n=1}^{\infty} (-1)^{n+1} \frac{\ln\left(2+\frac{1}{n}\right)}{\sqrt{(3n-2)(3n+2)}}$;

(7) $\displaystyle\sum_{n=2}^{\infty} \frac{(-1)^n \ln^2 n}{n}$.

7.3 幂 级 数

首先对函数项级数作一介绍.

设函数列 $u_1(x)$, $u_2(x)$, $\cdots$, $u_n(x)$, $\cdots$ 定义在集合 D 上,将表达式

$$\sum_{n=1}^{\infty} u_n(x) = u_1(x) + u_2(x) + \cdots + u_n(x) + \cdots \tag{7.4}$$

称为集合 D 上的**函数项级数**. 对集合 D 上的每一点 x,由函数项级数(7.4)确定一个常数项级数,如果该常数项级数收敛,就称点 x 为函数项级数(7.4)的**收敛点**,否则,称点 x 为**发散点**. 函数项级数(7.4)的收敛点的全体称为它的**收敛域**.

当收敛域非空时,函数项级数在它的收敛域上确定了一个函数,称为其**和函数**,记为 $s(x)$. 即在收敛域上有

$$\sum_{n=1}^{\infty} u_n(x) = u_1(x) + u_2(x) + \cdots + u_n(x) + \cdots = s(x).$$

将函数项级数(7.4)的前 n 项的和称为其**部分和**,记为 $s_n(x)$. 即

$$s_n(x) = u_1(x) + u_2(x) + \cdots + u_n(x),$$

则在收敛域上有

$$\lim_{n\to\infty} s_n(x) = s(x),$$

并称 $s(x) - s_n(x)$ 为函数项级数(7.4)的**余项**,记为 $r_n(x)$,即

$$r_n(x) = u_{n+1}(x) + u_{n+2}(x) + \cdots.$$

显然在收敛域上有

$$\lim_{n\to\infty} r_n(x) = 0.$$

对于函数项级数,我们主要研究幂级数及三角级数.

7.3.1　幂级数及其收敛性

幂级数的一般形式为

$$\sum_{n=0}^{\infty} a_n(x-x_0)^n = a_0 + a_1(x-x_0) + a_2(x-x_0)^2 + \cdots +$$
$$a_n(x-x_0)^n + \cdots, \tag{7.5}$$

称为 $x-x_0$ 的**幂级数**. 其中常数 $a_0, a_1, a_2, \cdots, a_n, \cdots$ 称为幂级数的**系数**.

在式(7.5)中取 $x_0 = 0$,得到特殊的幂级数

$$\sum_{n=0}^{\infty} a_n x^n = a_0 + a_1 x_1 + a_2 x^2 + \cdots + a_n x^n + \cdots, \tag{7.6}$$

称为 x **的幂级数**.

显然,级数(7.5)在 $x = x_0$ 处,级数(7.6)在 $x = 0$ 处均收敛于 a_0.

为简便起见,我们侧重研究幂级数(7.6). 对于(7.5),通常是令 $X = x - x_0$ 将其转换为 X 的幂级数(7.6)间接处理.

幂级数的收敛域研究,是它的一个重要内容.

例 7.21　求下列幂级数的收敛域:

(1) $\sum_{n=0}^{\infty} n! x^n$;　　　　　(2) $\sum_{n=0}^{\infty} \dfrac{x^n}{n!}$;　　　　　(3) $\sum_{n=1}^{\infty} \dfrac{x^n}{n}$.

解　(1) 对于任意的 $x \neq 0$,由 $\lim\limits_{n\to\infty} \dfrac{(1/x)^n}{n!} = 0$ 得 $\lim\limits_{n\to\infty} n! x^n = +\infty$,故该幂级数只在 $x = 0$ 处收敛.

(2) 对于任意的 $x \neq 0$,有

$$\lim_{n\to\infty} \frac{|u_{n+1}|}{|u_n|} = \lim_{n\to\infty} \left| \frac{x^{n+1}}{(n+1)!} \right| \bigg/ \left| \frac{x^n}{n!} \right| = \lim_{n\to\infty} \frac{|x|}{n+1} = 0 < 1.$$

由比值审敛法知,级数 $\sum\limits_{n=0}^{\infty} \left| \dfrac{x^n}{n!} \right|$ 对任意的 x 均收敛,故级数 $\sum\limits_{n=0}^{\infty} \dfrac{x^n}{n!}$ 在整个数轴上都绝对收敛. 因此,它的收敛域为 $(-\infty, +\infty)$.

(3) 对于任意的 $x \neq 0$,有

$$\lim_{n \to \infty} \frac{|u_{n+1}|}{|u_n|} = \lim_{n \to \infty} \left| \frac{x^{n+1}}{n+1} \right| \Big/ \left| \frac{x^n}{n} \right| = |x| \lim_{n \to \infty} \frac{n}{n+1} = |x|.$$

由比值审敛法及其注意事项知,所给级数当 $|x| < 1$ 时绝对收敛,当 $|x| > 1$ 时发散,又当 $x = 1$ 时发散,当 $x = -1$ 时收敛. 因此,级数的收敛域为 $[-1, 1)$.

由这个例题可以看到,幂级数有着非常好的收敛域特点.

定理 7.9(阿贝尔[①]定理) 对于幂级数(7.6):
(1) 若它在点 $x_0(x_0 \neq 0)$ 处收敛,则它在满足 $|x| < |x_0|$ 的任何点 x 处都绝对收敛;
(2) 若它在点 x_0 处发散,则它在满足 $|x| > |x_0|$ 的任何点 x 处也发散.

证 (1) 设 $\sum\limits_{n=0}^{\infty} a_n x_0^n$ 收敛,则 $\lim\limits_{n \to \infty} a_n x_0^n = 0$,于是,存在常数 $M > 0$,使得

$$|a_n x_0^n| \leqslant M \quad (n = 0, 1, 2, \cdots).$$

于是,对于各项取了绝对值的级数 $\sum\limits_{n=0}^{\infty} |a_n x^n|$,有

$$|a_n x^n| = \left| a_n x_0^n \frac{x^n}{x_0^n} \right| = |a_n x_0^n| \left| \frac{x}{x_0} \right|^n \leqslant M \left| \frac{x}{x_0} \right|^n.$$

由于当 $|x| < |x_0|$ 时,$\left| \dfrac{x}{x_0} \right| < 1$,所以等比级数 $\sum\limits_{n=0}^{\infty} M \left| \dfrac{x}{x_0} \right|^n$ 收敛,从而 $\sum\limits_{n=0}^{\infty} |a_n x^n|$ 收敛,因此,当 $|x| < |x_0|$ 时,级数(7.6)绝对收敛.

(2) 反证法. 若存在一点 x_1 满足 $|x_1| > |x_0|$,且在 x_1 处(7.6)收敛,则由(1)知级数(7.6)在 $|x| < |x_1|$ 内绝对收敛,从而级数(7.6)在 x_0 处绝对收敛. 但这与假设矛盾.

由阿贝尔定理可以推得:如果级数(7.6)既有收敛点,也有发散点,则一定存在一个正值 R,使得当 $|x| < R$ 时(7.6)绝对收敛,当 $|x| > R$ 时(7.6)发散,我们称这个值为(7.6)的**收敛半径**,称 $(-R, R)$ 为**收敛区间**,称 $x = 0$ 为**收敛中心**. 借此,当级数只在 $x = 0$ 收敛时,记 $R = 0$,在 $(-\infty, +\infty)$ 内收敛时,记 $R = +\infty$.

在例 7.21 中:(1) 的收敛半径为 $R = 0$,收敛域为 $\{0\}$;(2) 的收敛半径为 $R = +\infty$,收敛区间及收敛域均为 $(-\infty, +\infty)$;(3) 的收敛半径 $R = 1$,收敛区间为 $(-1, 1)$,收敛域为 $[-1, 1)$.

类似例 7.21(3) 的做法,结合上面的约定容易得到求收敛半径的下述方法:

定理 7.10 对于幂级数(7.6),设 $\lim\limits_{n \to \infty} \left| \dfrac{a_{n+1}}{a_n} \right| = \rho$. 则

(1) 当 $\rho \neq 0, +\infty$ 时,$R = \dfrac{1}{\rho}$;
(2) 当 $\rho = 0$ 时,$R = +\infty$;
(3) 当 $\rho = +\infty$ 时,$R = 0$.

证 对于 $\sum\limits_{n=0}^{\infty} |a_n x^n|$,当 $x = 0$ 时收敛,当 $x \neq 0$ 时有

---

① 阿贝尔(N. H. Abel),1802—1829,挪威数学家.

$$\lim_{n\to\infty}\frac{|a_{n+1}x^{n+1}|}{|a_nx^n|}=\lim_{n\to\infty}\left|\frac{a_{n+1}}{a_n}\right||x|=\begin{cases}\rho|x| & \text{当 }\rho\neq+\infty\\+\infty & \text{当 }\rho=+\infty.\end{cases}$$

（1）当 $\rho\neq0,+\infty$ 时：若 x 满足 $\rho|x|<1$，即 $|x|<\dfrac{1}{\rho}$，则 $\sum\limits_{n=0}^{\infty}|a_nx^n|$ 收敛，从而(7.6)

绝对收敛；若 x 满足 $\rho|x|>1$，即 $|x|>\dfrac{1}{\rho}$，则 $\sum\limits_{n=0}^{\infty}|a_nx^n|$ 发散，从而(7.6)发散. 因此，收敛

半径 $R=\dfrac{1}{\rho}$；

（2）当 $\rho=0$ 时，对任意的 x 均有 $\rho|x|=0<1$，$\sum\limits_{n=0}^{\infty}|a_nx^n|$ 收敛，从而(7.6)绝对收敛.

由此得 $R=+\infty$；

（3）当 $\rho=+\infty$ 时，因为 $\lim\limits_{n\to\infty}a_nx^n=\infty$，从而(7.6)发散，即(7.6)只在 $x=0$ 处收敛，由

此得 $R=0$.

注：① 收敛半径还可以直接按 $R=\lim\limits_{n\to\infty}\left|\dfrac{a_n}{a_{n+1}}\right|$ 计算.

② 幂级数(7.5)的收敛半径应该是相对 $x-x_0$ 而言的，因此，其收敛半径也由定理7.4给

出，而相应的收敛区间为 (x_0-R, x_0+R).

例 7.22　求幂级数 $\sum\limits_{n=1}^{\infty}\dfrac{2^n}{n}x^n$ 的收敛半径、收敛区间及收敛域.

解　因为

$$\rho=\lim_{n\to\infty}\left|\frac{a_{n+1}}{a_n}\right|=\lim_{n\to\infty}\frac{2^{n+1}}{n+1}\frac{n}{2^n}=2\lim_{n\to\infty}\frac{n}{n+1}=2,$$

所以收敛半径 $R=\dfrac{1}{2}$，收敛区间为 $\left(-\dfrac{1}{2},\dfrac{1}{2}\right)$.

当 $x=-\dfrac{1}{2}$ 时，该级数为交错级数 $\sum\limits_{n=1}^{\infty}(-1)^n\dfrac{1}{n}$，是收敛的；

当 $x=\dfrac{1}{2}$ 时，该级数为调和级数 $\sum\limits_{n=1}^{\infty}\dfrac{1}{n}$，是发散的.

故收敛域是 $\left[-\dfrac{1}{2},\dfrac{1}{2}\right)$.

例 7.23　求幂级数 $\sum\limits_{n=0}^{\infty}\dfrac{(-1)^{n+1}}{n!}x^n$ 的收敛半径、收敛区间与收敛域.

解　因为

$$\rho=\lim_{n\to\infty}\left|\frac{a_{n+1}}{a_n}\right|=\lim_{n\to\infty}\left|\frac{(-1)^{n+2}}{(n+1)!}\frac{n!}{(-1)^{n+1}}\right|=\lim_{n\to\infty}\frac{1}{n+1}=0,$$

所以收敛半径 $R=+\infty$，故收敛区间和收敛域均为 $(-\infty,+\infty)$.

例 7.24　求幂级数 $\sum\limits_{n=0}^{\infty}n^nx^n$ 的收敛半径及收敛域.

解　因为

$$\rho=\lim_{n\to\infty}\left|\frac{a_{n+1}}{a_n}\right|=\lim_{n\to\infty}\frac{(n+1)^{n+1}}{n^n}=\lim_{n\to\infty}\left(1+\frac{1}{n}\right)^n(n+1)=+\infty,$$

所以收敛半径 $R = 0$，故级数仅在 $x = 0$ 处收敛，即收敛域为 $\{0\}$.

例 7.25　求幂级数 $\displaystyle\sum_{n=1}^{\infty} (-1)^{n-1} \frac{(x-2)^n}{n}$ 的收敛半径、收敛区间和收敛域.

解　因为

$$\rho = \lim_{n \to \infty} \left| \frac{a_{n+1}}{a_n} \right| = \lim_{n \to \infty} \left| \frac{(-1)^n}{n+1} \frac{n}{(-1)^{n-1}} \right| = \lim_{n \to \infty} \frac{n}{n+1} = 1,$$

故收敛半径 $R = 1$，收敛区间为 $(2-1, 2+1)$，即 $(1, 3)$.

当 $x = 1$ 时，级数为 $\displaystyle\sum_{n=1}^{\infty} \frac{-1}{n}$，是发散的，

当 $x = 3$ 时，级数为交错级数 $\displaystyle\sum_{n=1}^{\infty} (-1)^{n-1} \frac{1}{n}$，是收敛的.

所以收敛域为 $(1, 3]$.

我们还会经常遇到仅含奇或偶次幂项构成的幂级数 $\displaystyle\sum_{n=0}^{\infty} a_n x^{2n+1}$，$\displaystyle\sum_{n=0}^{\infty} a_n x^{2n}$ 等. 一般来说，它们的收敛半径可以用证明定理 7.4 的方法求出. 当然，也可先找到关于 x^2 的收敛半径，然后解出关于 x 的收敛半径. 下面我们通过例题把这两个方法介绍给读者.

例 7.26　求幂级数 $\displaystyle\sum_{n=0}^{\infty} \frac{(2n)!}{(n!)^2} x^{2n}$ 的收敛半径和收敛区间.

解　**法 1**　因为

$$\lim_{n \to \infty} \left| \frac{u_{n+1}}{u_n} \right| = \lim_{n \to \infty} \left| \frac{[2(n+1)]!}{[(n+1)!]^2} x^{2(n+1)} \middle/ \frac{(2n)!}{(n!)^2} x^{2n} \right| = 4|x|^2,$$

所以，当 $4|x|^2 < 1$，即 $|x| < \dfrac{1}{2}$ 时级数收敛；当 $4|x|^2 > 1$，即 $|x| > \dfrac{1}{2}$ 时级数发散. 故收敛半径 $R = \dfrac{1}{2}$，收敛区间为 $\left(-\dfrac{1}{2}, \dfrac{1}{2} \right)$.

法 2　将级数改写为 $\displaystyle\sum_{n=0}^{\infty} \frac{(2n)!}{(n!)^2} (x^2)^n$，视 x^2 为变量，求收敛半径. 因为

$$\rho = \lim_{n \to \infty} \left| \frac{a_{n+1}}{a_n} \right| = \lim_{n \to \infty} \left| \frac{[2(n+1)]!}{[(n+1)!]^2} \middle/ \frac{(2n)!}{(n!)^2} \right| = 4,$$

所以 $R_{x^2} = \dfrac{1}{4}$，故所求收敛半径 $R = \dfrac{1}{2}$，收敛区间为 $\left(-\dfrac{1}{2}, \dfrac{1}{2} \right)$.

7.3.2　幂级数的运算

1. 幂级数的加、减运算

设幂级数 $\displaystyle\sum_{n=0}^{\infty} a_n x^n$ 和 $\displaystyle\sum_{n=0}^{\infty} b_n x^n$ 的收敛半径分别为 R_1，R_2，记 $R = \min\{R_1, R_2\}$，则在 $(-R, R)$ 内 $\displaystyle\sum_{n=0}^{\infty} (a_n \pm b_n) x^n$ 绝对收敛，且

$$\sum_{n=0}^{\infty} (a_n \pm b_n) x^n = \sum_{n=0}^{\infty} a_n x^n \pm \sum_{n=0}^{\infty} b_n x^n.$$

2. 幂级数的分析运算

设幂级数 $\sum\limits_{n=0}^{\infty} a_n x^n$ 的收敛半径为 R，和函数为 $s(x)$，则

(1) 和函数 $s(x)$ 在收敛域上连续；

(2) 和函数 $s(x)$ 在收敛区间 $(-R, R)$ 上是可微的，且有逐项求导数公式

$$s'(x) = \sum_{n=0}^{\infty} (a_n x^n)' = \sum_{n=0}^{\infty} n a_n x^{n-1},$$

右端幂级数的收敛半径仍为 R，即逐项求导数不改变收敛半径.

(3) 和函数 $s(x)$ 在收敛区间 $(-R, R)$ 上是可积的，且有逐项求积分公式

$$\int_0^x s(x) \mathrm{d}x = \sum_{n=0}^{\infty} \int_0^x a_n x^n \mathrm{d}x = \sum_{n=0}^{\infty} \frac{a_n}{n+1} x^{n+1},$$

右端幂级数的收敛半径仍为 R，即逐项积分不改变收敛半径.

上面的分析运算可以帮助解决幂级数的另一个问题——求和函数.

例 7.27 求幂级数的和函数：(1) $\sum\limits_{n=1}^{\infty} n x^{n-1}$；(2) $\sum\limits_{n=1}^{\infty} n x^n$.

解 (1) $R = 1$，收敛域为 $(-1, 1)$. 记和函数为 $s(x)$，即

$$s(x) = \sum_{n=1}^{\infty} n x^{n-1},$$

则当 $|x| < 1$ 时，由分析运算有

$$\int_0^x s(x) \mathrm{d}x = \sum_{n=1}^{\infty} \int_0^x n x^{n-1} \mathrm{d}x = \sum_{n=1}^{\infty} x^n = x + x^2 + \cdots = \frac{x}{1-x}.$$

上式两端对 x 求导数得

$$s(x) = \left(\frac{x}{1-x} \right)' = \frac{1}{(1-x)^2}, \quad -1 < x < 1.$$

(2) 由 (1) 得和函数

$$s(x) = x \sum_{n=1}^{\infty} n x^{n-1} = \frac{x}{(1-x)^2}, \quad -1 < x < 1.$$

例 7.28 求幂级数的和函数：(1) $\sum\limits_{n=1}^{\infty} \frac{x^n}{n}$；(2) $\sum\limits_{n=1}^{\infty} \frac{x^{n-1}}{n}$.

解 (1) $R = 1$，收敛域为 $[-1, 1)$. 记 $s(x) = \sum\limits_{n=1}^{\infty} \frac{x^n}{n}$，当 $|x| < 1$ 时，由分析运算有

$$s'(x) = \sum_{n=1}^{\infty} \left(\frac{x^n}{n} \right)' = \sum_{n=1}^{\infty} x^{n-1} = 1 + x + x^2 + \cdots = \frac{1}{1-x}.$$

两端取变限积分

$$\int_0^x s'(x) \mathrm{d}x = \int_0^x \frac{1}{1-x} \mathrm{d}x,$$

得

$$s(x) - s(0) = -\ln(1-x).$$

由 $s(0) = 0$ 及 $s(x)$ 在收敛域 $[-1, 1)$ 上连续得和函数

$$s(x) = -\ln(1-x), \quad -1 \leqslant x < 1.$$

(2) 记 $f(x) = \sum_{n=1}^{\infty} \dfrac{x^{n-1}}{n}$，其收敛域为 $[-1, 1)$. 由 (1) 知，当 $x \in [-1, 1)$，且 $x \neq 0$ 时，

$$f(x) = \frac{1}{x}\sum_{n=1}^{\infty} \frac{x^n}{n} = \frac{1}{x}s(x) = -\frac{1}{x}\ln(1-x).$$

由和函数 $f(x)$ 在收敛域 $[-1, 1)$ 上连续及 $f(0) = 1$ 有

$$f(x) = \begin{cases} -\dfrac{1}{x}\ln(1-x) & \text{当} -1 \leqslant x < 1, x \neq 0 \\ 1 & \text{当} x = 0 \end{cases}.$$

注：由于求导数或积分只能保证幂级数的收敛半径不改变，因此，上例的分析运算应在收敛区间上进行，对区间端点要另行考虑.

习　题　7.3

1. 求下列幂级数的半径及收敛域：

(1) $\dfrac{x}{1} - \dfrac{x^2}{2^2} + \dfrac{x^3}{2^3} - \dfrac{x^4}{2^4} + \cdots$；

(2) $x + 2x^2 + 3x^3 + \cdots$；

(3) $\dfrac{x}{2} + \dfrac{x^2}{2 \cdot 4} + \dfrac{x^3}{2 \cdot 4 \cdot 6} + \cdots$；

(4) $\dfrac{x}{1 \cdot 2} + \dfrac{x^3}{3 \cdot 2^3} + \dfrac{x^5}{5 \cdot 2^5} + \cdots$；

(5) $\sum_{n=0}^{\infty} \dfrac{1}{4^n}(x-1)^{2n}$；

(6) $\sum_{n=1}^{\infty} \dfrac{(x-5)^n}{\sqrt{n}}$.

2. 求下列幂级数在收敛域内的和函数：

(1) $\sum_{n=1}^{\infty} nx^{n-1}$；

(2) $\sum_{n=1}^{\infty} \dfrac{x^{4n+1}}{4n+1}$；

(3) $\sum_{n=0}^{\infty} (2n+1)x^n$；

(4) $\sum_{n=1}^{\infty} \dfrac{x^n}{n(n+1)}$；

(5) $\sum_{n=1}^{\infty} \dfrac{1}{2n \cdot 4^n}(x-1)^{2n}$；

(6) $\sum_{n=0}^{\infty} \dfrac{x^{2n+1}}{n!}$.

7.4　函数展开成幂级数

上一节，我们讨论了一些幂级数求和函数的问题，但幂级数的大量应用却是它的逆运算，即将函数展开成幂级数，解决这个问题的理论依据是泰勒公式.

7.4.1　泰勒级数

设 $f(x)$ 在 x_0 的某邻域 $U(x_0)$ 内具有任意阶导数，则对 $U(x_0)$ 内的任意 x，由泰勒公式得

$$f(x) = f(x_0) + f'(x_0)(x-x_0) + \frac{f''(x_0)}{2!}(x-x_0)^2 + \cdots + \frac{f^{(n)}(x_0)}{n!}(x-x_0)^n + R_n(x)$$

$$\triangleq P_n(x) + R_n(x),$$

可见，若在 x 处 $\lim\limits_{n \to \infty} R_n(x) = 0$，则有

$$\sum_{n=0}^{\infty} \frac{f^{(n)}(x_0)}{n!}(x-x_0)^n = \lim_{n \to \infty} P_n(x) = \lim_{n \to \infty}[f(x) - R_n(x)] = f(x) - \lim_{n \to \infty} R_n(x) = f(x);$$

反之，若在 x 处 $f(x) = \sum_{n=0}^{\infty} \dfrac{f^{(n)}(x_0)}{n!}(x-x_0)^n = \lim\limits_{n \to \infty} P_n(x)$，则有

$$\lim_{n \to \infty} R_n(x) = \lim_{n \to \infty} [f(x) - P_n(x)] = f(x) - f(x) = 0.$$

由此得到下面的定理：

定理 7.11　设函数 $f(x)$ 在点 x_0 的某一邻域 $U(x_0)$ 内具有任意阶导数，则在 $U(x_0)$ 内

$$f(x) = f(x_0) + f'(x_0)(x - x_0) + \frac{f''(x_0)}{2!}(x - x_0)^2 + \cdots + \frac{f^{(n)}(x_0)}{n!}(x - x_0)^n + \cdots \quad (7.7)$$

的充分必要条件是在 $U(x_0)$ 内 $\lim\limits_{n \to \infty} R_n(x) = 0$.

称式(7.7)右端为函数 $f(x)$ 的泰勒级数. 称式(7.7)为函数 $f(x)$ 在 x_0 处的 **泰勒级数** 或 **幂级数**. 特别地，当 $x_0 = 0$ 时，称式(7.7)为函数 $f(x)$ 的 **麦克劳林级数**.

7.4.2　函数展开成幂级数

将一个函数展开成幂级数，通常有两种方法：一种是用定理 7.5 展开的方法，称为 **直接展开法**；而另一种则是依据展开式的唯一性，利用某些已知展开式、各种运算等展开的方法，称为 **间接展开法**.

例 7.29(直接展开)　将函数 $f(x) = e^x$ 展开成 x 的幂级数.

解　对任意的 $x \in \mathbf{R}$，函数在 $x = 0$ 处的 n 阶泰勒展式为

$$e^x = 1 + x + \frac{x^2}{2!} + \cdots + \frac{x^n}{n!} + R_n(x),$$

其中 $R_n(x) = \dfrac{e^\xi}{(n+1)!} x^{n+1}$，$\xi$ 位于 0 与 x 之间. 由此得到对于任意的 $x \in \mathbf{R}$，余项的绝对值

$$|R_n(x)| = \left| \frac{e^\xi}{(n+1)!} x^{n+1} \right| < e^{|x|} \frac{|x|^{n+1}}{(n+1)!}.$$

因为 $\sum\limits_{n=0}^{\infty} \dfrac{|x|^{n+1}}{(n+1)!}$ 在 $(-\infty, +\infty)$ 内收敛，从而对任意的 x 有 $\lim\limits_{n \to \infty} \dfrac{|x|^{n+1}}{(n+1)!} = 0$，又 $e^{|x|}$ 有界(与 n 无关)，所以

$$\lim_{n \to \infty} |R_n(x)| \leqslant e^{|x|} \lim_{n \to \infty} \frac{|x|^{n+1}}{(n+1)!} = 0,$$

从而对任意的 $x \in \mathbf{R}$，有 $\lim\limits_{n \to \infty} |R_n(x)| = 0$. 于是得展开式：

$$e^x = \sum_{n=0}^{\infty} \frac{x^n}{n!} = 1 + x + \frac{x^2}{2!} + \cdots + \frac{x^n}{n!} + \cdots, \ x \in \mathbf{R}.$$

例 7.30(直接展开)　将函数 $f(x) = \sin x$ 展开成 x 的幂级数.

解　对任意的 $x \in \mathbf{R}$，函数的 n 阶麦克劳林展式为

$$\sin x = x - \frac{x^3}{3!} + \frac{x^5}{5!} - \frac{x^7}{7!} + \cdots + (-1)^{n-1} \frac{x^{2n-1}}{(2n-1)!} + R_n(x),$$

其中，$R_n(x) = \dfrac{\sin\left(\xi + (2n+1)\dfrac{\pi}{2}\right)}{(2n+1)!} x^{2n+1}$，$\xi$ 位于 0 与 x 之间. 于是，对于任意的 $x \in \mathbf{R}$，余项的绝对值

$$|R_n(x)| = \left| \frac{\sin\left(\xi + \dfrac{(2n+1)\pi}{2}\right)}{(2n+1)!} x^{2n+1} \right| \leqslant \frac{|x|^{2n+1}}{(2n+1)!} \to 0 \ (n \to \infty).$$

因此得展开式：

$$\sin x = x - \frac{x^3}{3!} + \frac{x^5}{5!} - \frac{x^7}{7!} + \cdots + (-1)^{n-1} \frac{x^{2n-1}}{(2n-1)!} + \cdots, \ x \in \mathbf{R}.$$

例 7.31(间接展开)　将函数 $f(x) = \cos x$ 展开成 x 的幂级数.

解　由幂级数的分析运算 $2°$，对 $\sin x$ 及其展开式逐项求导数即得展开式：

$$\cos x = 1 - \frac{x^2}{2!} + \frac{x^3}{4!} - \frac{x^6}{6!} + \cdots + (-1)^n \frac{x^{2n}}{(2n)!} + \cdots, \ x \in \mathbf{R}.$$

例 7.32(间接展开)　将函数 $f(x) = \ln(1+x)$ 展开成 x 的幂级数.

解　对任意的 $x \in (-1, 1)$，有

$$f'(x) = \frac{1}{1+x} = 1 - x + x^2 - x^3 + \cdots + (-1)^{n-1} x^{n-1} + \cdots.$$

利用幂级数的分析运算(3)，对上式两端积分，得

$$\ln(1+x) = x - \frac{x^2}{2} + \frac{x^3}{3} - \frac{x^4}{4} + \cdots + (-1)^{n-1} \frac{x^n}{n} + \cdots, \ |x| < 1.$$

由于右端幂级数在 $x = 1$ 处收敛，因此其和函数在 $x = 1$ 处连续，且可以用左端函数表示. 故

$$\ln(1+x) = x - \frac{x^2}{2} + \frac{x^3}{3} - \cdots + (-1)^{n-1} \frac{x^n}{n} + \cdots, \ -1 < x \leqslant 1.$$

例 7.33(直接展开)　将函数 $f(x) = (1+x)^\mu$ 展开成 x 的幂级数.

解　对任意的 $x \in (-1, 1)$，函数在 $x = 0$ 处的 n 阶泰勒展式为

$$(1+x)^\mu = 1 + \mu x + \frac{\mu(\mu-1)}{2!} x^2 + \cdots + \frac{\mu(\mu-1)\cdots(\mu-n+1)}{n!} x^n + R_n(x),$$

其中 $R_n(x) = \dfrac{\mu(\mu-1)\cdots(\mu-n)}{(n+1)!}(1+\xi)^{\mu-n-1} x^{n+1}$，$\xi$ 位于 0 与 x 之间.

对于任意满足 $|x| < 1$ 的 x，可以证明有 $\lim\limits_{n \to \infty} R_n(x) = 0$. 因此得展开式：

$$(1+x)^\mu = 1 + \mu x + \frac{\mu(\mu-1)}{2!} x^2 + \cdots + \frac{\mu(\mu-1)\cdots(\mu-n+1)}{n!} x^n + \cdots, \ |x| < 1.$$

通常将上式称为**二项展开式**. 式中所给的收敛区间是对任何 μ 都成立的公共区间. 当 μ 为正整数时，上式恰为二项式，因此对任意的 x 均成立；当 μ 不是非负整数时，右端为无穷级数，其收敛域由展开式确定. 例如，当 $m = -1, \dfrac{1}{2}, -\dfrac{1}{2}$ 时，二项展开式及收敛域对应为

$$\frac{1}{1+x} = 1 - x + x^2 - x^3 + \cdots + (-1)^n x^n + \cdots, \ -1 < x < 1;$$

$$\sqrt{1+x} = 1 + \frac{1}{2} x - \frac{1}{2 \cdot 4} x^2 + \frac{1 \cdot 3}{2 \cdot 4 \cdot 6} x^3 - \frac{1 \cdot 3 \cdot 5}{2 \cdot 4 \cdot 6 \cdot 8} x^4 + \cdots +$$

$$(-1)^{n-1} \frac{1 \cdot 3 \cdot 5 \cdots (2n-3)}{2 \cdot 4 \cdot 6 \cdots 2n} x^n + \cdots, \ -1 \leqslant x \leqslant 1;$$

$$\frac{1}{\sqrt{1+x}} = 1 - \frac{1}{2} x + \frac{1 \cdot 3}{2 \cdot 4} x^2 - \frac{1 \cdot 3 \cdot 5}{2 \cdot 4 \cdot 6} x^3 + \frac{1 \cdot 3 \cdot 5 \cdot 7}{2 \cdot 4 \cdot 6 \cdot 8} x^4 + \cdots +$$

$$(-1)^n \frac{1 \cdot 3 \cdot 5 \cdots (2n-1)}{2 \cdot 4 \cdot 6 \cdots (2n)} x^n + \cdots, \quad -1 < x \leqslant 1.$$

其中后两个级数在端点处的敛散性判定方法超出了本课程的要求.

以上给出了将函数展为幂级数的五个常用的基本展式. 利用它们既可以间接地将较为复杂的函数展开为 x 的幂级数,也可间接地展开为 $x - x_0$ 的幂级数.

例 7.34　将函数 $\arctan x$ 展开成 x 的幂级数.

解　$\because (\arctan x)' = \dfrac{1}{1+x^2} = 1 - x^2 + x^4 - \cdots + (-1)^n x^{2n} + \cdots, \quad |x| < 1.$

$$\therefore \arctan x = \int_0^x (1 - x^2 + x^4 - \cdots + (-1)^n x^{2n} + \cdots)\mathrm{d}x$$

$$= \sum_{n=0}^{\infty} (-1)^n \frac{x^{2n+1}}{2n+1}, \quad |x| < 1.$$

由于当 $x = \pm 1$ 时右端收敛,从而其和函数在 $[-1,1]$ 上连续,可以用左端函数表示,故有

$$\arctan x = \sum_{n=0}^{\infty} (-1)^n \frac{x^{2n+1}}{2n+1}, \quad -1 \leqslant x \leqslant 1.$$

例 7.35　将 $\ln x$ 展开成 $(x-2)$ 的幂级数.

解　利用展开式 $\ln(1+x) = \displaystyle\sum_{n=1}^{\infty} \frac{(-1)^{n-1}}{n} x^n \quad (-1 < x \leqslant 1)$,得

$$\ln x = \ln[2 + (x-2)] = \ln 2 + \ln\left(1 + \frac{x-2}{2}\right) \quad \left(-1 < \frac{x-2}{2} \leqslant 1\right)$$

$$= \ln 2 + \sum_{n=1}^{\infty} \frac{(-1)^{n-1}}{n} \left(\frac{x-2}{2}\right)^n$$

$$= \ln 2 + \sum_{n=1}^{\infty} \frac{(-1)^{n-1}}{n \cdot 2^n} (x-2)^n, \quad 0 < x \leqslant 4.$$

例 7.36　将 $f(x) = \dfrac{1}{x^2 + 4x + 3}$ 展开成 $(x-1)$ 的幂级数.

解　由 $\dfrac{1}{1+x} = \displaystyle\sum_{n=0}^{\infty} (-1)^n x^n$,得

$$f(x) = \frac{1}{(x+1)(x+3)} = \frac{1}{2(1+x)} - \frac{1}{2(3+x)}$$

$$= \frac{1}{2[2 + (x-1)]} - \frac{1}{2[4 + (x-1)]} = \frac{1}{4} \frac{1}{1 + \dfrac{x-1}{2}} - \frac{1}{8} \frac{1}{1 + \dfrac{x-1}{4}}$$

$$= \frac{1}{4} \sum_{n=0}^{\infty} (-1)^n \frac{(x-1)^n}{2^n} - \frac{1}{8} \sum_{n=0}^{\infty} (-1)^n \frac{(x-1)^n}{4^n} \quad \left(\left|\frac{x-1}{2}\right| < 1, \left|\frac{x-1}{4}\right| < 1\right)$$

$$= \sum_{n=0}^{\infty} (-1)^n \left(\frac{1}{2^{n+2}} - \frac{1}{2^{2n+3}}\right)(x-1)^n, \quad -1 < x < 3.$$

例 7.37　将 $f(x) = \dfrac{1}{(3-x)^2}$ 展开为 $(x-2)$ 的幂级数.

解　法 1　$\dfrac{1}{(3-x)^2} = \left(\dfrac{1}{3-x}\right)' = \left(\dfrac{1}{1-(x-2)}\right)' = \left(\displaystyle\sum_{n=0}^{\infty} (x-2)^n\right)'$

$$= \sum_{n=1}^{\infty} n(x-2)^{n-1}, \quad 1 < x < 3.$$

法 2　利用二项展开式得

$$f(x) = (3-x)^{-2} = \left[1+(2-x)\right]^{-2}$$

$$= 1 + (-2)(2-x) + \frac{(-2)(-2-1)}{2!}(2-x)^2 + \cdots +$$

$$\frac{(-2)(-2-1)\cdots(-2-n+1)}{n!}(2-x)^n + \cdots \quad (\mid 2-x \mid < 1)$$

$$= 1 + 2(x-2) + 3(x-2)^2 + \cdots + (n+1)(x-2)^n + \cdots, \quad 1 < x < 3.$$

*7.4.3　幂级数的应用

这里仅通过欧拉公式的推导及几个例子,对幂级数的应用作一简要的介绍.

1. 欧拉公式

在实数或实函数问题中,经常可以利用**欧拉(Euler)[1] 公式**

$$e^{iy} = \cos y + i\sin y$$

将共轭复结果相加或相减得到实结果,这里 $i = \sqrt{-1}$. 这个公式的正确性可以由复变函数 e^z 的幂级数展开式

$$e^z = 1 + z + \frac{z^2}{2!} + \cdots + \frac{z^n}{n!} + \cdots \quad \mid z \mid < + \infty$$

来证明,其中 $z = x + iy$. 事实上,在上式中取 $z = iy$ 得

$$e^{iy} = 1 + iy + \frac{(iy)^2}{2!} + \frac{(iy)^3}{3!} + \frac{(iy)^4}{4!} + \frac{(iy)^5}{5!} + \cdots$$

$$= 1 + iy - \frac{y^2}{2!} - i\frac{y^3}{3!} + \frac{y^4}{4!} + i\frac{y^5}{5!} - \cdots$$

$$= \left(1 - \frac{y^2}{2!} + \frac{y^4}{4!} - \cdots\right) + i\left(y - \frac{y^3}{3!} + \frac{y^5}{5!} - \cdots\right)$$

$$= \cos y + i\sin y.$$

2. 幂级数在近似计算等方面的应用

用幂级数作函数值的近似计算,是幂级数的应用之一. 另外,由于幂级数具有良好的分析运算性质,使得我们可以应用幂级数处理一些特殊的微分或积分问题.

例 7.38(近似计算)　求 $\sin 9°$ 的近似值,使误差不超过 10^{-5}.

解　由 $9° = \frac{\pi}{180} \times 9$(弧度)$ = \frac{\pi}{20}$(弧度),得

$$\sin \frac{\pi}{20} = \frac{\pi}{20} - \frac{1}{3!}\left(\frac{\pi}{20}\right)^3 + \frac{1}{5!}\left(\frac{\pi}{20}\right)^5 - \cdots.$$

展开式的右端为交错级数,且满足莱布尼茨定理条件,因此,当取右端前两项作为 $\sin \frac{\pi}{20}$ 的近似值时,就有

$$\mid r_2 \mid \leqslant u_3 = \frac{1}{5!}\left(\frac{\pi}{20}\right)^5 < \frac{1}{120}\left(\frac{4}{20}\right)^5 = \frac{32}{120}\left(\frac{1}{10}\right)^5 < 10^{-5}.$$

---

① 欧拉(Euler),1707 - 1783,瑞士数学家及自然科学家.

于是取

$$\sin 9° = \sin \frac{\pi}{20} \approx \frac{\pi}{20} - \frac{1}{3!}\left(\frac{\pi}{20}\right)^3.$$

时误差不超过 10^{-5}. 若再取 $\frac{\pi}{20} \approx 0.157\,080$, 得 $\sin 9° \approx 0.156\,43$.

例 7.39(计算定积分)　计算积分 $\int_0^{0.2} \mathrm{e}^{-x^2}\,\mathrm{d}x$, 使误差不超过 10^{-5}.

解　由于 e^{-x^2} 的原函数不能表示为初等函数, 所以这里利用它的幂级数展开式进行计算. 由 e^x 的展开式按间接展开法得到

$$\mathrm{e}^{-x^2} = 1 - x^2 + \frac{x^4}{2!} - \frac{x^6}{3!} + \cdots + (-1)^n \frac{x^{2n}}{n!} + \cdots, \quad x \in \mathbf{R}.$$

故有

$$\int_0^{0.2} \mathrm{e}^{-x^2}\,\mathrm{d}x = \int_0^{0.2}\left(1 - x^2 + \frac{x^4}{2!} - \frac{x^6}{3!} + \frac{x^8}{4!} - \cdots\right)\mathrm{d}x$$

$$= \left[x - \frac{x^3}{3} + \frac{x^5}{10} - \frac{x^7}{42} + \frac{x^9}{216} - \cdots\right]_0^{\frac{1}{5}}$$

$$= \frac{1}{5} - \frac{1}{3 \cdot 5^3} + \frac{1}{10 \cdot 5^5} - \frac{1}{42 \cdot 5^7} + \frac{1}{216 \cdot 5^9} - \cdots$$

若取前三项作为近似值, 则误差

$$|r_3| = \frac{1}{42 \cdot 5^7} - \frac{1}{216 \cdot 5^9} + \cdots \leqslant \frac{1}{42 \cdot 5^7} \leqslant \frac{1}{32 \cdot 5^5} = 10^{-5}.$$

故有

$$\int_0^{0.2} \mathrm{e}^{-x^2}\,\mathrm{d}x \approx \frac{1}{5} - \frac{1}{3 \cdot 5^3} + \frac{1}{10 \cdot 5^5} = 0.2 - \frac{1}{3} \times 0.2^3 + 0.1 \times 0.2^5$$

$$\approx 0.2 - 0.002\,667 + 0.000\,032$$

$$= 0.197\,365.$$

例 7.40(计算不定积分)　求不定积分 $\int \frac{\sin x}{x}\,\mathrm{d}x$.

解　由于 $\frac{\sin x}{x}$ 的原函数不能用初等函数形式表示, 所以可以利用 $\frac{\sin x}{x}$ 的幂级数展开式及幂级数的分析运算 2° 求解. 注意到 $x = 0$ 是被积函数的可去间断点, 得到在 $(-\infty, +\infty)$ 内

$$\int \frac{\sin x}{x}\,\mathrm{d}x = \int \frac{1}{x}\left(x - \frac{x^3}{3!} + \cdots + (-1)^{n-1}\frac{x^{2n-1}}{(2n-1)!} + \cdots\right)\mathrm{d}x$$

$$= \int\left(1 - \frac{x^2}{3!} + \cdots + (-1)^{n-1}\frac{x^{2n-2}}{(2n-1)!} + \cdots\right)\mathrm{d}x$$

$$= C + x - \frac{x^3}{3 \cdot 3!} + \cdots + (-1)^{n-1}\frac{x^{2n-1}}{(2n-1) \cdot (2n-1)!} + \cdots.$$

其是 C 为任意常数.

例 7.41(求解方程)　求解方程 $2y' - y = \mathrm{e}^x$, $y(0) = 1$.

解　设方程有幂级数解

$$y = a_0 + a_1 x + a_2 x^2 + \cdots + a_n x^n + \cdots,$$

则由 $y(0) = 1$ 得 $a_0 = 1$. 将上面级数代入方程, 并将右端函数展为 x 的幂级数, 得

$$2(a_1 + 2a_2 x + 3a_3 x^2 + \cdots) - (a_0 + a_1 x + a_2 x^2 + \cdots) = 1 + x + \frac{x^2}{2!} + \cdots.$$

比较两端同次幂的系数可得

$$\begin{cases} -a_0 + 2a_1 = 1 \\ -a_1 + 2 \times 2a_2 = 1 \\ -a_2 + 2 \times 3a_3 = \dfrac{1}{2!} \\ -a_3 + 2 \times 4a_4 = \dfrac{1}{3!} \\ \vdots \end{cases}$$

由 $a_0 = 1$ 代入第一个方程得 $a_1 = 1$；将 a_1 代入第二个方程得 $a_2 = \dfrac{1}{2!}$；将 a_2 代入第三个

方程得 $a_3 = \dfrac{1}{3!}$；将 a_3 代入第四个方程得 $a_4 = \dfrac{1}{4!}$；…．于是方程的解

$$y = 1 + x + \frac{1}{2!}x^2 + \frac{1}{3!}x^3 + \frac{1}{4!}x^4 + \cdots,$$

即解为
$$y = e^x.$$

习　题　7.4

1. 将下列函数展成 x 的幂级数，并指出展开式成立的区间.

(1) $\sinh x = \dfrac{e^x - e^{-x}}{2}$；

(2) $\ln(a + x) \quad (a > 0)$；

(3) a^{-x}；

(4) $\sin \dfrac{x}{2}$；

(5) $\cos^2 x$；

(6) $(1 + x)\ln(1 + x)$；

(7) $\dfrac{d}{dx}\left(\dfrac{e^x - 1}{x}\right)$；

(8) $\displaystyle\int_0^x \dfrac{\ln(1 + t)}{t} dt$；

(9) $\ln \dfrac{1 + x}{1 - x}$；

(10) $\dfrac{x}{1 + x - 2x^2}$；

(11) $\dfrac{1}{(1 - x)^3}$；

(12) $\arcsin x$；

(13) $\arctan \dfrac{1 + x}{1 - x}$.

2. 在指定的点处将下列函数展开为幂级数：

(1) 将函数 $f(x) = \lg x$ 展开成 $(x - 1)$ 的幂级数，并指出展开式成立的区间；

(2) 将函数 $f(x) = \dfrac{1}{x^2}$ 展开成 $(x + 1)$ 的幂级数；

(3) 将函数 $f(x) = \dfrac{1}{x^2 + 3x + 2}$ 展开成 $(x + 4)$ 的幂级数；

(4) 将函数 $f(x) = \sqrt{x^3}$ 展开成 $(x - 1)$ 的幂级数；

(5) 将函数 $f(x) = \cos x$ 展开成 $\left(x + \dfrac{\pi}{3}\right)$ 的幂级数.

3. 设 $f(x) = x^{100} e^{x^2}$，利用幂级数求 $f^{(200)}(0)$.

4. 利用函数的幂级数展开式求下列各数的近似值：

(1) $\sqrt{e}$（精确到 $0.000\,1$）；

(2) $\cos 2°$（精确到 $0.000\,1$）.

(3) $\displaystyle\int_0^{0.5} \dfrac{1}{1 + x^4} dx$（精确到 $0.000\,1$）；

(4) $\displaystyle\int_0^{0.5} \dfrac{\arctan x}{x} dx$（精确到 0.01）.

7.5 傅里叶级数

引例 长为 l、均匀柔软的弦,两端固定,作微小横振动时,弦上振幅函数 $u(x,t)$ 满足的定解问题为

$$\begin{cases} \dfrac{\partial^2 u}{\partial t^2} = a^2 \dfrac{\partial^2 u}{\partial x^2}, \ 0 < x < l, \ t > 0 \ (\text{波动方程}) \\ u\big|_{x=0} = 0, \ u\big|_{x=l} = 0, \ t > 0 \ (\text{边界条件}) \\ u\big|_{t=0} = \varphi(x), \ \dfrac{\partial u}{\partial t}\Big|_{t=0} = \psi(x), \ 0 < x < l \ (\text{初始条件}) \end{cases}$$

首先,由波动方程及边界条件,利用分离变量法得到

$$u(x,t) = \sum_{n=1}^{\infty} \left(a_n \cos \frac{n\pi a}{l} t + b_n \sin \frac{n\pi a}{l} t \right) \sin \frac{n\pi}{l} x,$$

其中 a_n, b_n 待定.

然后,让上式满足初始条件,即

$$\begin{cases} \varphi(x) = \sum_{n=1}^{\infty} a_n \sin \frac{n\pi}{l} x \\ \psi(x) = \sum_{n=1}^{\infty} b_n \dfrac{n\pi a}{l} \sin \frac{n\pi}{l} x \end{cases},$$

由此确定出待定系数 a_n, b_n. 最终给出如上的形式解 $u(x,t)$.

许多实际问题中出现的函数需要像 $\varphi(x), \psi(x)$ 一样,表示为由正弦函数构成的级数,或由余弦函数构成的级数,甚至需要表示为正弦、余弦函数两者都有的所谓**三角级数**

$$\frac{a_0}{2} + \sum_{n=1}^{\infty} \left(a_n \cos \frac{n\pi}{l} x + b_n \sin \frac{n\pi}{l} x \right). \tag{7.8}$$

7.5.1 三角函数系的正交性

为了确定函数展开为三角级数时式中的系数,我们要用到三角函数系的正交性. 函数列

$$1, \ \cos \frac{\pi}{l} x, \ \sin \frac{\pi}{l} x, \ \cos \frac{2\pi}{l} x, \ \sin \frac{2\pi}{l} x, \ \cdots, \ \cos \frac{n\pi}{l} x, \ \sin \frac{n\pi}{l} x, \ \cdots,$$

称为**区间** $[-l, l]$ **上的正交函数系**. 即任意两个函数之积在该区间上的定积分等于零,而每一个函数的平方在该区间上的定积分不等于零. 容易验证:

$$\int_{-l}^{l} \cos \frac{n\pi}{l} x \sin \frac{k\pi}{l} x \, dx = 0 \quad (n = 0, 1, 2, \cdots; k = 1, 2, \cdots),$$

$$\int_{-l}^{l} \cos \frac{n\pi}{l} x \cos \frac{k\pi}{l} x \, dx = 0 \quad (k, n = 0, 1, 2, \cdots, k \neq n),$$

$$\int_{-l}^{l} \sin \frac{n\pi}{l} x \sin \frac{k\pi}{l} x \, dx = 0 \quad (k, n = 1, 2, \cdots, k \neq n),$$

$$\int_{-l}^{l} 1 \, dx = 2l, \quad \int_{-l}^{l} \cos^2 \frac{n\pi}{l} x \, dx = \int_{-l}^{l} \sin^2 \frac{n\pi}{l} x \, dx = l \quad (n = 1, 2, \cdots).$$

特别地,当 $l = \pi$ 时,函数列

$$1, \ \cos x, \ \sin x, \ \cos 2x, \ \sin 2x, \ \cdots, \ \cos nx, \ \sin nx, \ \cdots$$

是区间 $[-\pi, \pi]$ 上的正交函数系.

7.5.2 函数展开成傅里叶级数

许多数学物理方程的解可以表示成形如式(7.8)所示的三角级数,因此,我们需要研究函数展开为三角级数的问题. 由于式(7.8)中正交函数列的公共周期为 $2l$,所以,如果 $f(x)$ 是以周期为 $2l$ 的周期函数,则可设

$$f(x) = \frac{a_0}{2} + \sum_{k=1}^{\infty} \left(a_k \cos \frac{k\pi}{l}x + b_k \sin \frac{k\pi}{l}x \right). \tag{7.9}$$

再利用正交函数系的特点,形式地导出式(7.9)右端的系数公式,并给出式(7.9)成立的收敛定理.

对式(7.9)两端取区间 $[-l, l]$ 上的定积分,得到

$$\int_{-l}^{l} f(x)\mathrm{d}x = \frac{a_0}{2} \int_{-l}^{l} \mathrm{d}x + \sum_{k=1}^{\infty} \left(a_k \int_{-l}^{l} \cos \frac{k\pi}{l}x + b_k \int_{-l}^{l} \sin \frac{k\pi}{l}x\mathrm{d}x \right).$$

根据三角函数系的正交性得右端和式中的两个积分均为零,所以 $\int_{-l}^{l} f(x)\mathrm{d}x = \frac{a_0}{2} \cdot 2l$,解得

$$a_0 = \frac{1}{l} \int_{-l}^{l} f(x)\mathrm{d}x.$$

在式(7.9)两端同乘 $\cos \frac{n\pi}{l}x$,并取区间 $[-l, l]$ 上的定积分,得到

$$\int_{-l}^{l} f(x)\cos \frac{n\pi}{l}x\mathrm{d}x = \frac{a_0}{2} \int_{-l}^{l} \cos \frac{n\pi}{l}x\mathrm{d}x +$$

$$\sum_{k=1}^{\infty} \left[a_k \int_{-l}^{l} \cos \frac{k\pi}{l}x \cos \frac{n\pi}{l}x\mathrm{d}x + b_k \int_{-l}^{l} \sin \frac{k\pi}{l}x \cos \frac{n\pi}{l}x\mathrm{d}x \right].$$

根据三角函数系的正交性知右端第一项、和式中的第二项均为零,所以

$$\int_{-l}^{l} f(x)\cos \frac{n\pi}{l}x\mathrm{d}x = \sum_{k=1}^{\infty} a_k \int_{-l}^{l} \cos \frac{k\pi}{l}x \cos \frac{n\pi}{l}x\mathrm{d}x = 0 + \cdots + 0 + a_n \cdot l + 0 + \cdots$$

解得

$$a_n = \frac{1}{l} \int_{-l}^{l} f(x)\cos \frac{n\pi}{l}x\mathrm{d}x \quad (n = 1, 2, \cdots).$$

类似地,用 $\sin \frac{n\pi}{l}x$ 乘式(7.9)两端,再取 $[-l, l]$ 上的定积分可以得到

$$b_n = \frac{1}{l} \int_{-l}^{l} f(x)\sin \frac{n\pi}{l}x\mathrm{d}x \quad (n = 1, 2, \cdots).$$

由于对三角级数求定积分化为逐项求定积分是有条件的,所以,在没有明确成立条件之前,将函数 $f(x)$ 与三角级数间的关系记为

$$f(x) \sim \frac{a_0}{2} + \sum_{n=1}^{\infty} \left(a_n \cos \frac{n\pi}{l}x + b_n \sin \frac{n\pi}{l}x \right). \tag{7.10}$$

其中

$$\begin{cases} a_n = \dfrac{1}{l} \displaystyle\int_{-l}^{l} f(x)\cos \dfrac{n\pi}{l}x\mathrm{d}x \quad (n = 0, 1, \cdots) \\ b_n = \dfrac{1}{l} \displaystyle\int_{-l}^{l} f(x)\sin \dfrac{n\pi}{l}x\mathrm{d}x \quad (n = 1, 2, \cdots) \end{cases}. \tag{7.11}$$

一般来说,如果一个周期为 $2l$ 的函数 $f(x)$ 使得式(7.11)中的积分都存在,则称 $a_0, a_n,$

$b_n(n = 1, 2, \cdots)$ 为 $f(x)$ 的 **傅里叶**[①] **系数**,而由傅里叶系数确定的三角级数,即(7.10)的右端称为函数 $f(x)$ 的 **傅里叶级数**.

接下来给出判断函数的傅里叶级数收敛、函数与其傅里叶级数相等的如下定理:

> **定理 7.12(收敛定理)**　设 $f(x)$ 是周期为 $2l$ 的周期函数. 如果 $f(x)$ 在一个周期上满足狄利克莱(Dirichlet)[②] 条件:
>
> (1) 连续或只有有限个第一类间断点;
>
> (2) 至多有有限个极值点.
>
> 则:当 x 是 $f(x)$ 的连续点时, 有
>
> $$f(x) = \frac{a_0}{2} + \sum_{n=1}^{\infty}\left(a_n\cos\frac{n\pi}{l}x + b_n\sin\frac{n\pi}{l}x\right); \tag{7.12}$$
>
> 当 x 是 $f(x)$ 的间断点时,上式右端级数收敛于 $\dfrac{f(x-0)+f(x+0)}{2}$.
>
> 其中
>
> $$\begin{cases} a_n = \dfrac{1}{l}\displaystyle\int_{-l}^{l} f(x)\cos\dfrac{n\pi}{l}x\,\mathrm{d}x & (n = 0, 1, \cdots) \\[3mm] b_n = \dfrac{1}{l}\displaystyle\int_{-l}^{l} f(x)\sin\dfrac{n\pi}{l}x\,\mathrm{d}x & (n = 1, 2, \cdots) \end{cases}. \tag{7.13}$$

注:在定理的条件下,其结果可以合在一起写成

$$\frac{a_0}{2} + \sum_{n=1}^{\infty}\left(a_n\cos\frac{n\pi}{l}x + b_n\sin\frac{n\pi}{l}x\right) = \frac{f(x-0)+f(x+0)}{2}. \tag{7.14}$$

从计算傅里叶系数公式(7.13)可以看出:当 $f(x)$ 为奇函数时,$a_n = 0$ $(n = 0, 1, 2, \cdots)$,此时级数中只有正弦项,称为 **正弦级数**,其系数

$$b_n = \frac{2}{l}\int_0^l f(x)\sin\frac{n\pi}{l}x\,\mathrm{d}x \ (n = 1, 2, \cdots); \tag{7.15}$$

而当 $f(x)$ 为偶函数时,$b_n = 0$ $(n = 1, 2, 3, \cdots)$,此时级数中只有余弦项,称为 **余弦级数**,其系数

$$a_n = \frac{2}{l}\int_0^l f(x)\cos\frac{n\pi}{l}x\,\mathrm{d}x \ (n = 0, 1, \cdots). \tag{7.16}$$

特别地,周期为 2π 的函数是使用较多的函数,在收敛定理中取 $l = \pi$,并化简,得到周期为 2π 的函数在连续点处的傅里叶级数为

$$f(x) = \frac{a_0}{2} + \sum_{n=1}^{\infty}(a_n\cos nx + b_n\sin nx), \tag{7.17}$$

其中

$$\begin{cases} a_n = \dfrac{1}{\pi}\displaystyle\int_{-\pi}^{\pi} f(x)\cos nx\,\mathrm{d}x & (n = 0, 1, \cdots) \\[3mm] b_n = \dfrac{1}{\pi}\displaystyle\int_{-\pi}^{\pi} f(x)\sin nx\,\mathrm{d}x & (n = 1, 2, \cdots) \end{cases}. \tag{7.18}$$

例 7.42(周期 2π)　设 $f(x)$ 是周期为 2π 的周期函数,且

---

① 傅里叶(J. B. J. Fourier),1786—1830,法国数学家、物理学家.

② 狄利克莱(Dirichlet),1805—1859,德国数学家.

$$f(x) = \begin{cases} -1 & \text{当} -\pi \leqslant x < 0 \\ 1 & \text{当} 0 \leqslant x < \pi \end{cases},$$

将 $f(x)$ 展开成傅里叶级数.

解 函数只有第一类间断点 $x = k\pi(k = 0, \pm 1, \pm 2, \cdots)$, 无极值点(见图 7.1), 满足收敛定理的条件. 由于函数 $f(x)$ 为奇函数, 所以

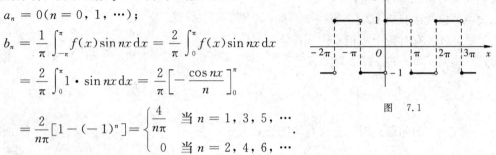

图 7.1

$$a_n = 0 (n = 0, 1, \cdots);$$

$$b_n = \frac{1}{\pi} \int_{-\pi}^{\pi} f(x) \sin nx \, dx = \frac{2}{\pi} \int_0^{\pi} f(x) \sin nx \, dx$$

$$= \frac{2}{\pi} \int_0^{\pi} 1 \cdot \sin nx \, dx = \frac{2}{\pi} \left[-\frac{\cos nx}{n} \right]_0^{\pi}$$

$$= \frac{2}{n\pi} [1 - (-1)^n] = \begin{cases} \dfrac{4}{n\pi} & \text{当} n = 1, 3, 5, \cdots \\ 0 & \text{当} n = 2, 4, 6, \cdots \end{cases}.$$

于是, $f(x)$ 的傅里叶级数展开式为

$$f(x) = \frac{4}{\pi} \left[\sin x + \frac{1}{3} \sin 3x + \cdots + \frac{1}{2n-1} \sin(2n-1)x + \cdots \right]$$

$$(-\infty < x < +\infty, \ x \neq k\pi(k = 0, \pm 1, \pm 2, \cdots)).$$

当 $x = k\pi(k = 0, \pm 1, \pm 2, \cdots)$ 时, 级数收敛于

$$\frac{f(\pi - 0) + f(\pi + 0)}{2} = \frac{-1 + 1}{2} = 0.$$

上述展开式说明: 一个矩形波可以用一系列正弦波叠加而成.

由于实际问题中函数的定义域常常是有限区间, 不具备周期性. 因此, 当要将它表示为三角级数时, 需要根据情况先将定义域进行延拓, 使之成为周期函数, 再将其展为三角级数.

一般来说: 当函数的定义域为关于原点对称的区间时, 可先将函数视为以这个区间长为周期的周期函数(即**作周期延拓**), 再将其展开为傅里叶级数, 之后, 只在原区间上建立函数与其傅里叶级数的关系就可以了; 而当定义域是以原点为一个端点的区间时, 可先对函数作对称区间上的延拓, 再作周期延拓. 对后一种情况, 如果将函数延拓为奇函数(即**作奇延拓**), 则得正弦级数; 如果延拓为偶函数(即**作偶延拓**), 则得余弦级数.

例 7.43(作周期延拓) 将函数

$$f(x) = 2 + |x| \ (-1 \leqslant x \leqslant 1)$$

展开成傅里叶级数, 并由此求级数 $\sum_{n=1}^{\infty} \dfrac{1}{n^2}$ 的和.

解 对函数作周期延拓. 则它是 $(-\infty, +\infty)$ 上的连续偶函数(见图 7.2). 于是

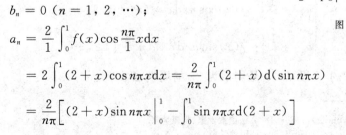

图 7.2

$$b_n = 0 \ (n = 1, 2, \cdots);$$

$$a_n = \frac{2}{1} \int_0^1 f(x) \cos \frac{n\pi}{1} x \, dx$$

$$= 2 \int_0^1 (2+x) \cos n\pi x \, dx = \frac{2}{n\pi} \int_0^1 (2+x) \, d(\sin n\pi x)$$

$$= \frac{2}{n\pi} \left[(2+x) \sin n\pi x \Big|_0^1 - \int_0^1 \sin n\pi x \, d(2+x) \right]$$

$$= \frac{2}{n\pi} \Big[0 - 0 + \frac{1}{n\pi} \cos n\pi x \Big|_0^1 \Big] = \frac{2}{n^2\pi} (\cos n\pi - 1)$$

$$= \begin{cases} -\dfrac{4}{n^2\pi} & \text{当 } n = 1, 3, 5, \cdots; \\ 0 & \text{当 } n = 2, 4, 6, \cdots \end{cases}$$

$$a_0 = \frac{2}{1} \int_0^1 f(x)\,\mathrm{d}x = 2\int_0^1 (2+x)\,\mathrm{d}x = 5.$$

故 $f(x)$ 的傅里叶级数展开式为

$$f(x) = \frac{5}{2} - \frac{4}{\pi^2} \sum_{n=1}^{\infty} \frac{1}{(2n-1)^2} \cos(2n-1)\pi x \quad (-1 \leqslant x \leqslant 1).$$

在上式中令 $x = 0$，得 $2 = \dfrac{5}{2} - \dfrac{4}{\pi^2} \sum\limits_{n=1}^{\infty} \dfrac{1}{(2n-1)^2}$，解得 $\sum\limits_{n=1}^{\infty} \dfrac{1}{(2n-1)^2} = \dfrac{\pi^2}{8}$.

又

$$\sum_{n=1}^{\infty} \frac{1}{n^2} = \sum_{n=1}^{\infty} \frac{1}{(2n-1)^2} + \sum_{n=1}^{\infty} \frac{1}{(2n)^2} = \sum_{n=1}^{\infty} \frac{1}{(2n-1)^2} + \frac{1}{4} \sum_{n=1}^{\infty} \frac{1}{n^2},$$

所以

$$\sum_{n=1}^{\infty} \frac{1}{n^2} = \frac{4}{3} \sum_{n=1}^{\infty} \frac{1}{(2n-1)^2} = \frac{\pi^2}{6}.$$

例 7.44(作奇延拓；作偶延拓) 将函数 $f(x) = x+1 (0 \leqslant x \leqslant \pi)$ 分别展开成：(1) 正弦级数；(2) 余弦级数.

解 (1) 作奇延拓，再作周期延拓(见图 7.3(a))，有

$$b_n = \frac{2}{\pi} \int_0^{\pi} f(x)\sin nx\,\mathrm{d}x = \frac{2}{\pi} \int_0^{\pi} (x+1)\sin nx\,\mathrm{d}x$$

$$= \frac{-2}{n\pi} \int_0^{\pi} (x+1)\,\mathrm{d}\cos nx = \frac{-2}{n\pi} \Big[(x+1)\cos nx \Big|_0^{\pi} - \int_0^{\pi} \cos nx\,\mathrm{d}x \Big]$$

$$= \frac{-2}{n\pi} \Big[(\pi+1)\cos n\pi - 1 - \frac{\sin nx}{n} \Big|_0^{\pi} \Big]$$

$$= \frac{-2}{n\pi} \big[(\pi+1)(-1)^n - 1 - 0 \big]$$

$$= \begin{cases} \dfrac{2(\pi+2)}{n\pi} & \text{当 } n = 1, 3, 5, \cdots \\ -\dfrac{2}{n} & \text{当 } n = 2, 4, 6, \cdots \end{cases}.$$

此时 $f(x)$ 的连续范围是 $(0, \pi)$，所以 $f(x)$ 在 $0 < x < \pi$ 内的正弦级数为

$$f(x) = \frac{2}{\pi} \Big((\pi+2)\sin x - \frac{\pi}{2}\sin 2x + \frac{\pi+2}{3}\sin 3x - \frac{\pi}{4}\sin 4x + \cdots \Big),$$

而在 $x = 0, \pi$ 处，函数的正弦级数收敛于

$$\frac{f(0-0) + f(0+0)}{2} = \frac{f(\pi-0) + f(\pi+0)}{2} = 0.$$

(2) 作偶延拓，再作周期延拓(见图 7.3(b))，有

$$a_n = \frac{2}{\pi} \int_0^{\pi} (x+1)\cos nx\,\mathrm{d}x = \frac{2}{n\pi} \Big[(x+1)\sin nx \Big|_0^{\pi} - \int_0^{\pi} \sin nx\,\mathrm{d}x \Big]$$

$$= \frac{2}{n\pi} \Big[0 - 0 + \frac{\cos nx}{n} \Big|_0^{\pi} \Big] = \frac{2}{n^2\pi} \big[(-1)^n - 1 \big]$$

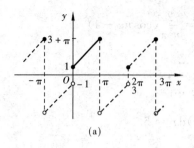

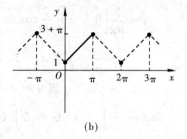

$$\text{图 } 7.3$$

$$= \begin{cases} 0 & \text{当 } n = 2,4,6,\cdots \\ -\dfrac{4}{n^2\pi} & \text{当 } n = 1,3,5,\cdots \end{cases}.$$

$$a_0 = \frac{2}{\pi}\int_0^\pi (x+1)\mathrm{d}x = \frac{2}{\pi}\left[\frac{x^2}{2}+x\right]_0^\pi = \pi+2.$$

此时 $f(x)$ 的连续范围是 $[0,\pi]$，所以 $f(x)$ 在 $0 \leqslant x \leqslant \pi$ 上的余弦级数为

$$f(x) = \frac{\pi+2}{2} - \frac{4}{\pi}\left(\cos x + \frac{1}{3^2}\cos 3x + \cdots + \frac{1}{(2n-1)^2}\cos(2n-1)x + \cdots\right).$$

习 题 7.5

1. 将下列函数展开成傅里叶级数：

(1) $f(x) = 1 - x^2 \ \left(-\dfrac{1}{2} \leqslant x < \dfrac{1}{2}\right)$，周期 1；　　(2) $f(x) = \begin{cases} 0 & \text{当} -2 \leqslant x < 0 \\ k & \text{当 } 0 \leqslant x < 2 \end{cases}$（常数 $k \neq 0$）.

2. 将下列函数展开成傅里叶级数：

(1) $f(x) = \mathrm{e}^{2x} \ (-\pi \leqslant x < \pi)$，周期为 2π；　　(2) $f(x) = \pi - |x| \ (-\pi \leqslant x \leqslant \pi)$，周期为 2π；

(3) $f(x) = 2\sin\dfrac{x}{3} \ (-\pi \leqslant x \leqslant \pi)$；　　(4) $f(x) = \cos\dfrac{x}{2} \ (-\pi \leqslant x \leqslant \pi)$.

3. 将函数 $f(x) = x^2 \ (0 \leqslant x \leqslant \pi)$：(1) 展开为正弦级数；(2) 展开为余弦级数；(3) 求 $\displaystyle\sum_{n=1}^{\infty}\dfrac{(-1)^{n+1}}{n^2}$ 的和.

4. 求函数 $f(x) = \begin{cases} x & \text{当 } |x| \leqslant 1 \\ 0 & \text{当 } 1 < |x| \leqslant 2 \end{cases}$ 的以 4 为周期的傅里叶级数的和函数 $s(x)$ 在 $|x| \leqslant 2$ 上的表达式，并求 $s(5)$.

7.6 应用举例

例 7.45 证明 e 是无理数

解 由第 1 章的数列及函数极限部分知道，有

$$\mathrm{e} = \lim_{n\to\infty}\left(1+\frac{1}{n}\right)^n \quad \text{或} \quad \mathrm{e} = \lim_{x\to\infty}\left(1+\frac{1}{x}\right)^x.$$

另外，从本章函数 e^x 的麦克劳林展式又有

$$\mathrm{e} = 1 + 1 + \frac{1}{2!} + \cdots + \frac{1}{n!} + \cdots \tag{7.19}$$

下面就来证明：尽管 e 是无穷多个有理数的和，但它本身却不是有理数. 为此，先给出一个不等式：

$$0 < q! \sum_{n=q+1}^{\infty} \frac{1}{n!} < 1 \quad (q>1).\tag{7.20}$$

记级数 $q! \sum_{n=q+1}^{\infty} \frac{1}{n!}$ 前 k 项和为 s_k, 则有

$$
\begin{aligned}
s_k &= q! \left(\frac{1}{(q+1)!} + \frac{1}{(q+2)!} + \cdots + \frac{1}{(q+k)!} \right) \\
&= q! \frac{1}{(q+1)!} \left(1 + \frac{1}{q+2} + \cdots + \frac{1}{(q+2)(q+3)\cdots(q+k)} \right) \\
&< \frac{1}{q+1} \left(1 + \frac{1}{q+1} + \frac{1}{(q+1)^2} + \cdots + \frac{1}{(q+1)^{k-1}} \right) \\
&< \frac{1}{q+1} \left(1 + \frac{1}{q+1} + \frac{1}{(q+1)^2} + \cdots + \frac{1}{(q+1)^{k-1}} + \cdots \right) \\
&= \frac{1}{q+1} \frac{1}{1 - \frac{1}{q+1}} \\
&= \frac{1}{q}.
\end{aligned}
$$

可见, 对任意的 $q>1$, 式 (7.20) 成立.

反证法. 设 e 是有理数, 则存在互质的整数 $p, q(q>1)$ 使

$$\mathrm{e} = \frac{p}{q}.$$

于是, 由 $p = \mathrm{e}q$ 及等式 (7.19) 得

$$
\begin{aligned}
p(q-1)! = \mathrm{e}q(q-1)! = \mathrm{e}q! &= q! \sum_{n=0}^{\infty} \frac{1}{n!} \\
&= q! \sum_{n=0}^{q} \frac{1}{n!} + q! \sum_{n=q+1}^{\infty} \frac{1}{n!} \\
&= \left(q! + q! + \frac{q!}{2!} + \cdots + \frac{q!}{q!} \right) + q! \sum_{n=q+1}^{\infty} \frac{1}{n!}.
\end{aligned}
$$

虽然左端为正整数, 右端第一项为正整数, 而由式 (7.19) 知第二项为小数, 现在两端相等导致矛盾结果. 故 e 是无理数.

例 7.46 如果某人打算在银行存入一笔钱, 希望在第 n 年末取钱时能以 $n^2(n=1,2,\cdots)$ 的规律取下去. 问他事先需要存入多少本金?

解 设银行年利率为 p, 需存本金为 S. 按复利的计算方法, 第 n 年末的本利和为 $S(1+p)^n (n=1,2,\cdots)$. 用 u_n 表示保证第 n 年末能取到 n^2 时应事先存入的本金, 则这部分本金到第 n 年末可得到的本利和为 $u_n(1+p)^n (n=1,2,\cdots)$, 恰好用来支取, 即

$$u_1(1+p) = 1^2, \quad u_2(1+p)^2 = 2^2, \quad \cdots, \quad u_n(1+p)^n = n^2, \quad \cdots,$$

由此解得

$$u_1 = (1+p)^{-1}, \quad u_2 = 2^2(1+p)^{-2}, \quad \cdots, \quad u_n = n^2(1+p)^{-n}, \quad \cdots.$$

于是事先需要存入的本金为

$$
\begin{aligned}
S &= u_1 + u_2 + \cdots + u_n + \cdots \\
&= (1+p)^{-1} + 2^2(1+p)^{-2} + \cdots + n^2(1+p)^{-n} + \cdots.
\end{aligned}
$$

上面和的计算, 归结为求和函数 $\sum_{n=1}^{\infty} n^2 x^n$ 在 $(1+p)^{-1}$ 处的值的问题.

由

$$\frac{1}{1-x} = \sum_{n=0}^{\infty} x^n (\mid x \mid < 1).$$

两边求导数得

$$\frac{1}{(1-x)^2} = \sum_{n=1}^{\infty} n x^{n-1} (\mid x \mid < 1),$$

两边乘 x 得

$$\frac{x}{(1-x)^2} = \sum_{n=1}^{\infty} n x^n (\mid x \mid < 1),$$

两边再求导数得

$$\frac{1+x}{(1-x)^3} = \sum_{n=1}^{\infty} n^2 x^{n-1} (\mid x \mid < 1),$$

两边再乘 x 即得

$$\sum_{n=0}^{\infty} n^2 x^n = \frac{x+x^2}{(1-x)^3} \ (\mid x \mid < 1).$$

由 $p > 0$ 知,$(1+p)^{-1} < 1$,故有

$$S = \frac{(1+p)^{-1} + (1+p)^{-2}}{[1-(1+p)^{-1}]^3} = \frac{(1+p)(2+p)}{p^3}.$$

若 $p = 7\%$,则事先需要存入的本金为 6457;

若 $p = 5\%$,则事先需要存入的本金为 17220;

若 $p = 3\%$,则事先需要存入的本金为 77440.

综合习题 7

1. 选择题:

(1) 设 $\sum\limits_{n=1}^{\infty} u_n$ 收敛,则必收敛的级数为(   )

(A) $\sum\limits_{n=1}^{\infty} (-1)^n \dfrac{u_n}{n}$ (B) $\sum\limits_{n=1}^{\infty} u_n^2$ (C) $\sum\limits_{n=1}^{\infty} (u_{2n-1} - u_{2n})$ (D) $\sum\limits_{n=1}^{\infty} (u_n + u_{n+1})$

(2) 下列选项正确的是(   )

(A) 若 $\sum\limits_{n=1}^{\infty} u_n^2, \sum\limits_{n=1}^{\infty} v_n^2$ 收敛,则 $\sum\limits_{n=1}^{\infty} (u_n + u_n)^2$ 收敛   (B) 若 $\sum\limits_{n=1}^{\infty} \mid u_n v_n \mid$ 收敛,则 $\sum\limits_{n=1}^{\infty} u_n^2, \sum\limits_{n=1}^{\infty} v_n^2$ 收敛

(C) 若 $\sum\limits_{n=1}^{\infty} u_n (u_n \geqslant 0)$ 发散,则 $u_n \geqslant \dfrac{1}{n}$ (D) 若 $\sum\limits_{n=1}^{\infty} u_n$ 收敛,且 $u_n \geqslant v_n$,则 $\sum\limits_{n=1}^{\infty} v_n$ 收敛

(3) 设 $a_n > 0, \sum\limits_{n=1}^{\infty} a_n$ 收敛,且 $\lambda \in \left(0, \dfrac{\pi}{2}\right)$,则 $\sum\limits_{n=1}^{\infty} (-1)^n n \tan \dfrac{\lambda}{n} \cdot a_{2n}$ 为(   )

(A) 绝对收敛   (B) 条件收敛

(C) 发散   (D) 收敛性与 λ 有关

(4) 设 $\sum a_n^2$ 收敛,$\alpha > 0$,则 $\sum (-1)^n \dfrac{\mid a_n \mid}{\sqrt{n^2 + \alpha}}$ 为(   )

(A) 绝对收敛   (B) 条件收敛

(C) 发散   (D) 收敛性与 α 有关

(5) 设 α 为常数,则 $\sum\limits_{n=1}^{\infty} \left(\dfrac{\sin n\alpha}{n^2} - \dfrac{1}{\sqrt{n}}\right)$ 为(   )

(A) 绝对收敛   (B) 条件收敛

(C) 发散   (D) 收敛性与 α 有关

2. 判定下列级数的敛散性：

(1) $\sum\limits_{n=1}^{\infty}\left(\dfrac{1}{n}-\ln\dfrac{1+n}{n}\right)$

(2) $\sum\limits_{n=2}^{\infty}\dfrac{(-1)^n}{\sqrt{n}+(-1)^n}$

3. 设 $a_n=\int_0^{\frac{\pi}{4}}\tan^n x\,\mathrm{d}x$. (1) 求 $\sum\limits_{n=1}^{\infty}\dfrac{1}{n}(a_n+a_{n+2})$ 的值；(2) 证明：对任何 $\lambda>0$，级数 $\sum\limits_{n=1}^{\infty}\dfrac{a_n}{n^{\lambda}}$ 收敛.

4. 设 $\{nu_n\}$ 收敛，$\sum\limits_{n=2}^{\infty}n(a_n-a_{n-1})$ 收敛，证明 $\sum\limits_{n=1}^{\infty}a_n$ 收敛.

5. 设 $u_n=(-1)^n\ln\left(1+\dfrac{1}{\sqrt{n}}\right)$，确定 $\sum\limits_{n=1}^{\infty}u_n,\sum\limits_{n=1}^{\infty}u_n^2$ 的敛散性，并指出是绝对收敛，还是条件收敛.

6. 设 $\sum\limits_{n=1}^{\infty}(a_n-a_{n-1})$ 收敛，又 $\sum\limits_{n=1}^{\infty}b_n$ 为收敛的正项级数，证明 $\sum\limits_{n=1}^{\infty}a_nb_n$ 绝对收敛.

7. 设正项级数 $\sum\limits_{n=1}^{\infty}a_n$ 与 $\sum\limits_{n=1}^{\infty}b_n$ 均收敛，证明 $\sum\limits_{n=1}^{\infty}\sqrt{a_nb_n}$ 与 $\sum\limits_{n=1}^{\infty}\dfrac{\sqrt{a_n}}{n}$ 都收敛.

8. 设 $\sum\limits_{n=0}^{\infty}a_n(x+1)^n$ 在 $x=3$ 处条件收敛，求它的收敛半径及收敛区间.

9. 已知 $\sum\limits a_n x^n$ 的收敛半径为 3.

(1) 求 $\sum\limits_{n=1}^{\infty}na_n(x-1)^{n+1}$ 的收敛半径及收敛区间；

(2) 已知 $\sum\limits_{n=1}^{\infty}a_n x^n$ 在 $x=2$ 处收敛，试判定 $\sum\limits_{n=1}^{\infty}(-1)^n a_n$ 的收敛性，若收敛，是条件收敛，还是绝对收敛？

10. 设 $\sum\limits_{n=0}^{\infty}a_n(x+2)^n$ 在 $x=0$ 处收敛，在 $x=-4$ 处发散，求 $\sum\limits_{n=0}^{\infty}a_n(x-3)^n$ 的收敛域.

11. 求下列函数项级数的收敛域：

(1) $\sum\limits_{n=1}^{\infty}\left(\dfrac{a^n}{n^2}+\dfrac{b^n}{n}\right)x^n$ $(a>0,b>0)$；

(2) $\sum\limits_{n=1}^{\infty}(-1)^n\left(1+\dfrac{1}{2}+\cdots+\dfrac{1}{n}\right)x^n$；

(3) $\sum\limits_{n=1}^{\infty}\dfrac{1}{3^n+(-2)^n}\dfrac{x^n}{n}$；

(4) $\sum\limits_{n=1}^{\infty}\dfrac{(-1)^n}{n^2}\left(\dfrac{x-1}{x+1}\right)^n$.

12. 求下列级数的和或和函数.

(1) $\sum\limits_{n=1}^{\infty}n\left(\dfrac{1}{2}\right)^{n-1}$；

(2) $\sum\limits_{n=2}^{\infty}\dfrac{1}{(n^2-1)2^n}$；

(3) $\sum\limits_{n=0}^{\infty}\dfrac{(-1)^n(n^2-n+1)}{2^n}$；

(4) $\sum\limits_{n=0}^{\infty}\dfrac{x^{2n}}{(2n)!}$.

13. 求级数 $x+\dfrac{x^3}{3}+\dfrac{x^5}{5}+\cdots$ 的和函数及收敛域，并求级数 $\sum\limits_{n=1}^{\infty}\dfrac{1}{(2n-1)2^n}$ 的和.

14. 求级数 $\sum\limits_{n=1}^{\infty}n^2 x^{n-1}$ 的和函数及收敛域，并求 $\sum\limits_{n=1}^{\infty}(-1)^{n-1}\dfrac{n^2}{2^{n-1}}$ 的和.

15. 求 $\sum\limits_{n=1}^{\infty}(-1)^{n-1}\left(1+\dfrac{1}{n(2n-1)}\right)x^{2n}$ 的收敛域与和函数.

16. 设 $\sum\limits_{n=0}^{\infty}a_n x^n$ 在 $(-\infty,+\infty)$ 内收敛，其和函数 $y=y(x)$ 满足 $y''-2xy'-4y=0$，$y(0)=0$，$y'(0)=1$.

(1) 证明：$a_{n+2}=\dfrac{2}{n+1}a_n$，$n=1,2,\cdots$；(2) 求 $y(x)$ 的表达式.

17. 将 $f(x)=\ln(1-x-2x^2)$ 展成为 x 的幂级数，并指出其收敛域.

18. 设函数 $f(x)=\begin{cases}\dfrac{1+x^2}{x}\arctan x & \text{当 } x\neq 0 \\ 1 & \text{当 } x=0\end{cases}$，将 $f(x)$ 展开成 x 的幂级数，并求级数 $\sum\limits_{n=1}^{\infty}\dfrac{(-1)^n}{1-4n^2}$ 的和.

19. 利用幂级数的展开式求极限 $\lim\limits_{x\to 0}\dfrac{\cos x-\mathrm{e}^{-\frac{x^2}{2}}}{x^4}$ 及积分 $\int\mathrm{e}^{x^2}\,\mathrm{d}x$.

20. 设函数 $f(x) = \begin{cases} x & \text{当 } 0 \leqslant x < \dfrac{1}{2} \\ 2-2x & \text{当 } \dfrac{1}{2} < x < 1 \end{cases}$，$S(x) = \dfrac{a_0}{2} + \displaystyle\sum_{n=1}^{\infty} a_n \cos n\pi x, x \in \mathbf{R}, a_n = 2\int_0^1 f(x)\cos n\pi x \mathrm{d}x,$

$n = 0, 1, 2, \cdots$. 求 $S\left(-\dfrac{5}{2}\right)$.

21. 设 $f(x) = \begin{cases} -1 & \text{当 } x \in (-\pi, 0] \\ 1+x^2 & \text{当 } x \in (0, \pi] \end{cases}$，则其以 2π 为周期的 Fourier 级数在 $x = \pi$ 处收敛于何值？

22. 设 $f(x) = x - 1(0 \leqslant x \leqslant 2)$，将 $f(x)$ 展开成周期为 4 的余弦级数.

23. 将 $f(x) = 1 - x^2 (0 < x \leqslant 1)$ 展开为周期为 2 的余弦级数，并求 $\displaystyle\sum_{n=1}^{\infty} \dfrac{(-1)^{n+1}}{n^2}$ 的和.

数学家简介——傅里叶

傅里叶(Jean Baptiste Joseph Fourier，1768—1830)，法国数学家、物理学家，出生于欧塞尔，9 岁父母双亡，被当地教堂收养. 12 岁由一主教送入地方军事学校读书. 17 岁(1785)回乡教数学，1794 年到巴黎，成为高等师范学校的首批学员，次年到巴黎综合工科学校执教. 1798 年随拿破仑远征埃及时任军中文书和埃及研究院秘书，1817 年当选为巴黎科学院院士、终身秘书等.

数学方面

傅里叶在研究热的传播时创立了一套数学理论. 1807 年向巴黎科学院呈交《热的传播》论文，推导出著名的热传导方程，并在求解该方程时发现解函数可以由三角函数构成的级数形式表示，从而提出任一函数都可以展成三角函数的无穷级数. 傅里叶级数、傅里叶分析等理论均由此创始.

最早使用定积分符号，改进了代数方程符号法则的证法和实根个数的判别法等.

傅里叶变换的基本思想首先由傅里叶提出. 从现代数学的眼光来看，傅里叶变换是一种特殊的积分变换. 它能将满足一定条件的某个函数表示成正弦基函数的线性组合或者积分. 傅里叶变换具有多种不同的变体形式，如连续傅里叶变换和离散傅里叶变换.

傅里叶变换属于调和分析的内容. "分析"二字，可以解释为深入的研究. 从字面上来看，"分析"二字，实际就是"条分缕析"而已. 它通过对函数的"条分缕析"来达到对复杂函数的深入理解和研究. 从哲学上看，"分析主义"和"还原主义"，就是要通过对事物内部适当的分析达到增进对其本质理解的目的. 比如近代原子论试图把世界上所有物质的本源分析为原子，而原子不过数百种而已，相对物质世界的无限丰富，这种分析和分类无疑为认识事物的各种性质提供了很好的手段.

在数学领域，也是这样，尽管最初傅里叶分析是作为热过程的解析分析的工具，但是其思想方法仍然具有典型的还原论和分析主义的特征. "任意"的函数通过一定的分解，都能够表示为正弦函数的线性组合的形式，而正弦函数在物理上是被充分研究而相对简单的函数类，这一想法跟化学上的原子论想法何其相似！奇妙的是，现代数学发现傅里叶变换具有非常好的性质，使得它如此的好用和有用，让人不得不感叹造物的神奇：

(1)傅里叶变换是线性算子，若赋予适当的范数，它还是酉算子；

(2)傅里叶变换的逆变换容易求出，而且形式与正变换非常类似；

(3)正弦基函数是微分运算的本征函数，从而使得线性微分方程的求解可以转化为常系数的代数方程的求解；

(4)著名的卷积定理指出：傅里叶变换可以化复杂的卷积运算为简单的乘积运算，从而提供了计算卷积的一种简单手段；

(5)离散形式的傅里叶变换可以利用数字计算机快速地算出.

正是由于上述的良好性质，傅里叶变换在物理学、数论、组合数学、信号处理、概率、统计、密码学、声学、光学等领域都有着广泛的应用.

物理方面

他是傅里叶定律的创始人，1822 年在代表作《热的分析理论》中解决了热在非均匀加热的固体中分布传播问题，成为分析学在物理中应用的最早例证之一，对 19 世纪的理论物理学的发展产生深远影响.

第8章 常微分方程

微分方程在人类的生活实践中大量存在着，微分方程的建立及其求解具有相当重要的理论和应用价值.

8.1 微分方程的建立及基本概念

我们以前所研究的函数，反映了客观世界运动过程中量与量之间的一种关系.但是遇到稍微复杂的一些运动时，反映运动规律的函数关系往往不能直接写出来，却比较容易建立这些变量与它们的导数（或微分）的关系式，这种联系着自变量、未知函数及它的导数（或微分）的关系式，数学上称之为微分方程.本节将通过两个具体例子，简单介绍常微分方程的一些物理背景和微分方程的建立问题，并介绍一些最本概念.

8.1.1 微分方程的建立

首先，我们研究两个实际问题.

引例 1 求曲线 $y = y(x)$ 满足的方程，使该曲线上任一点 P 处的切线与 Ox 轴的交点 T 到切点 P 的距离等于 T 到原点的距离.

解 如图 8.1 所示，设 $P(x,y)$ 是曲线 $y = y(x)$ 上任意一点，则 P 处的切线方程为
$$Y - y = y'(X - x).$$

令 $Y = 0$ 得 P 处切线与 Ox 轴的交点 T 处横坐标 $X_0 = x - \dfrac{y}{y'}$. 由此得到：T 到切点 P 的距离为 $\sqrt{(X_0 - x)x^2 + y^2}$，$T$ 到原点 O 的距离为 $|X_0|$. 故由两者相等得
$$\sqrt{(X_0 - x)^2 + y^2} = |X_0|,$$

两边平方，展开化简，并代入 $X_0 = x - \dfrac{y}{y'}$ 得
$$-x^2 + \frac{2xy}{y'} + y^2 = 0,$$

整理得动点 $P(x,y)$ 满足的方程
$$y' = \frac{2xy}{x^2 - y^2}.$$

后面将它称为**微分方程**.

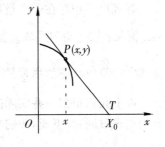

图 8.1

引例 2（弹簧振动问题） 一弹簧上端点固定，下端点处挂一质量为 m 的物体，受重力作用弹簧被拉长 a. 现用力将物体向下拉伸，并在拉伸过程中突然松开，则物体便会在弹簧恢复力的作用下产生运动，常称为**振动系统**. 求该物体运动规律满足的方程.

解 依题意，取弹簧自由状态的下端点作为数轴 Ox 的原点，向下的方向为正向（见

图 8.2).

（1）如果不计介质阻力，物体只受弹簧的恢复力 $F = -kx$（k 为弹簧的恢复系数，$k > 0$）和重力 mg 的作用而产生运动．由挂着物体时弹簧伸长 a 及 $F = -mg$ 得到等式 $-mg = -ka$，

解得 $k = \dfrac{mg}{a}$，即 $F = -\dfrac{mg}{a}x$．于是，由牛顿第二定律得到物体满足的运动方程为

$$m \frac{\mathrm{d}^2 x}{\mathrm{d}t^2} = mg - \frac{mg}{a}x,$$

即

$$\frac{\mathrm{d}^2 x}{\mathrm{d}t^2} + \frac{g}{a}x = g.$$

这也是一个微分方程．方程所描述的运动称为**无阻尼自由振动**或**简谐振动**.

（2）如果考虑物体振动过程中受到的空气阻力，则由实验可知，当振动不大时，阻力 $R = -\mu \dfrac{\mathrm{d}x}{\mathrm{d}t}(\mu > 0)$．于是，物体满足的运动方程为

$$m \frac{\mathrm{d}^2 x}{\mathrm{d}t^2} = mg - \frac{mg}{a}x - \mu \frac{\mathrm{d}x}{\mathrm{d}t},$$

即

$$\frac{\mathrm{d}^2 x}{\mathrm{d}t^2} + \frac{\mu}{m} \frac{\mathrm{d}x}{\mathrm{d}t} + \frac{g}{a}x = g.$$

方程所描述的运动称为**有阻尼自由振动**.

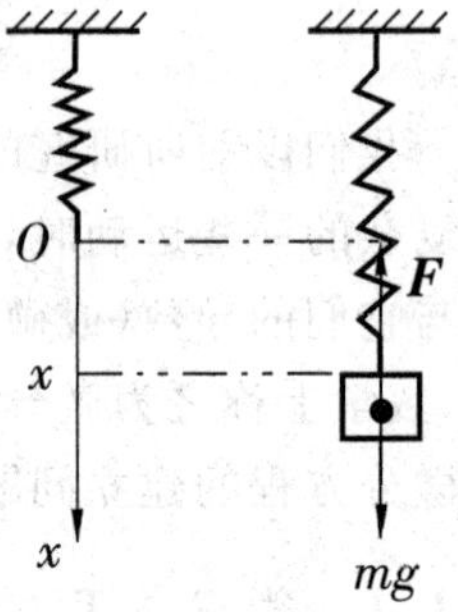

（3）如果还考虑振动过程中铅直干扰力 $f(t)$，则物体满足的运动方程为

图 8.2

$$m \frac{\mathrm{d}^2 x}{\mathrm{d}t^2} = mg - \frac{mg}{a}x - \mu \frac{\mathrm{d}x}{\mathrm{d}t} + g(t),$$

即

$$\frac{\mathrm{d}^2 x}{\mathrm{d}t^2} + \frac{\mu}{m} \frac{\mathrm{d}x}{\mathrm{d}t} + \frac{g}{a}x = g(t),$$

其中 $g(t) = g + \dfrac{1}{m}f(t)$．方程所描述的运动称为**有阻尼强迫振动**.

客观世界中存在着大量用类似上面的微分方程描述的问题，并且还会出现更为复杂的方程．例如：描述均匀柔软的弦作微小横振动时，振幅 $u(x,t)$ 满足一维波动方程 $\dfrac{\partial^2 u}{\partial t^2} = a^2 \dfrac{\partial^2 u}{\partial x^2}$；描述空间稳恒状态的物理量 $u(x,y,z)$ 满足三维拉普拉斯方程 $\dfrac{\partial^2 u}{\partial x^2} + \dfrac{\partial^2 u}{\partial y^2} + \dfrac{\partial^2 u}{\partial z^2} = 0$，等等.

以上我们根据一些实际问题建立了数学模型．为了解决这些问题，还需要进一步研究微分方程的求解问题．下面，我们首先介绍一些基本概念.

8.1.2　微分方程的基本概念

1. 微分方程

微分方程　含有未知函数的导数（微分或偏导数）的方程称为**微分方程**．未知函数为一元函数的微分方程称为**常微分方程**；未知函数是多元函数的微分方程称为**偏微分方程**．微分方程中未知函数的导数（或偏导数）的最高阶数称为该微分方程的**阶**.

为了简便起见,在本章中的常微分方程简称为微分方程或方程.

一般的 n 阶常微分方程具有形式

$$F\left(x,\ y,\ \frac{\mathrm{d}y}{\mathrm{d}x},\ \cdots,\ \frac{\mathrm{d}^n y}{\mathrm{d}x^n}\right) = 0, \tag{8.1}$$

这里 $F\left(x,\ y,\ \frac{\mathrm{d}y}{\mathrm{d}x},\ \cdots,\ \frac{\mathrm{d}^n y}{\mathrm{d}x^n}\right)$ 是 x,y,$\frac{\mathrm{d}y}{\mathrm{d}x}$,$\cdots$,$\frac{\mathrm{d}^n y}{\mathrm{d}x^n}$ 的已知函数,而且一定含有 $\frac{\mathrm{d}^n y}{\mathrm{d}x^n}$;$y$ 是未知函数,x 是自变量.

线性、非线性微分方程 在一个微分方程中,如果关于未知函数以及它的导数都是线性的,即一次有理式,则称该方程为**线性微分方程**,否则称为**非线性微分方程**.

一般地,n 阶线性常微分方程的形式为

$$y^{(n)} + a_1(x)y^{(n-1)} + \cdots + a_{n-1}(x)y' + a_n(x)y = f(x). \tag{8.2}$$

这里 $a_1(x)$,$a_2(x)$,$\cdots$,$a_n(x)$,$f(x)$ 均是 x 的已知函数.

2. 微分方程的解

解 若函数 $y = y(x)$ 代入微分方程(8.1)后能使其成为恒等式,则称 $y = y(x)$ 为(8.1)的**解**.

通解 若 $y = y(x, C_1, C_2, \cdots, C_n)$ 为微分方程(8.1)的解,且所含的 n 个任意常数 C_1,C_2,$\cdots$,C_n 相互独立,则称它为方程(8.1)的**通解**. 所谓 C_1,C_2,$\cdots$,C_n 相互独立是指:

$$\begin{vmatrix} \dfrac{\partial y}{\partial C_1} & \dfrac{\partial y}{\partial C_2} & \cdots & \dfrac{\partial y}{\partial C_n} \\[2mm] \dfrac{\partial y'}{\partial C_1} & \dfrac{\partial y'}{\partial C_2} & \cdots & \dfrac{\partial y'}{\partial C_n} \\[2mm] \vdots & \vdots & & \vdots \\[2mm] \dfrac{\partial y^{(n-1)}}{\partial C_1} & \dfrac{\partial y^{(n-1)}}{\partial C_2} & \cdots & \dfrac{\partial y^{(n-1)}}{\partial C_n} \end{vmatrix} \not\equiv 0. \tag{8.3}$$

例如,对于二阶微分方程

$$(y' - 1)(y'' - y) = 0$$

来说,函数 $y = x + C$ 及函数 $y = C_1 \mathrm{e}^{-x} + C_2 \mathrm{e}^x$ 都是它的解. 因为解 $y = x + C$ 中只含一个任意常数,所以它不是通解;而解 $y = C_1 \mathrm{e}^{-x} + C_2 \mathrm{e}^x$ 中的 C_1 和 C_2 因为"合不到一起"而构成两个独立的任意常数,因此它是通解. 通过本例可以看出:微分方程的通解未必是其全部解.

初始条件 由未知函数所描述的问题的初始状态给出的条件,称为**初始条件**.

特解 满足初始条件的解.

定解问题 微分方程连同初始条件或边界条件(统称为定解条件)共同构成的确定微分方程解的问题.

例如,求上一段引例 1 中过点 $M(-2, 1)$ 的曲线 $y = y(x)$ 的定解问题为

$$\begin{cases} y' = \dfrac{2xy}{x^2 - y^2}. \\[2mm] y\,|_{x=-2} = 1 \end{cases} \tag{8.4}$$

常微分方程(8.1)的解可以用 $y = y(x, C_1, C_2, \cdots, C_n)$ 或 $x = x(y, C_1, C_2, \cdots, C_n)$ 表示,称为**显式解**,也可以用方程 $\varphi(x, y, C_1, C_2, \cdots, C_n) = 0$ 表示,称为**隐式解**.

3. 积分曲线

一阶微分方程

$$\frac{\mathrm{d}y}{\mathrm{d}x} = f(x,y) \tag{8.5}$$

的每一个解对应的 xOy 平面上的曲线, 称为**积分曲线**; 而其通解对应的一族曲线, 称为**积分曲线族**.

顺便指出: 满足初始条件 $y(x_0) = y_0$ 的特解就是通过平面上点 (x_0, y_0) 的一条积分曲线; 积分曲线上点 (x_0, y_0) 处切线的斜率恰为微分方程(8.2)中函数 $f(x,y)$ 的值 $f(x_0, y_0)$.

习　题　8.1

1. 设曲线上点 $P(x,y)$ 处法线与 x 轴的交点为 Q, 且 PQ 被 y 轴平分, 建立曲线所满足的微分方程.
2. 设曲线 L 位于 xOy 平面的第一象限内, L 上任一点 $M(x,y)$ 处的切线总与 y 轴相交, 记交点为 A. 已知 $|MA| = |OA|$, 且 L 过点 $(1.5, 1.5)$. 建立曲线所满足的微分方程.

8.2　一阶微分方程

本节研究几种典型的一阶常微分方程的求解问题.

8.2.1　变量可分离方程

形如

$$\frac{\mathrm{d}y}{\mathrm{d}x} = f(x)\varphi(y) \tag{8.6}$$

的微分方程, 称为**变量可分离方程**, 这里 $f(x)$, $\varphi(y)$ 分别是 x, y 的连续函数.

解法: 如果存在 y_0 使 $\varphi(y_0) = 0$, 则方程有解 $y = y_0$;

如果 $\varphi(y) \neq 0$, 则 方程(8.6)可化为

$$\frac{\mathrm{d}y}{\varphi(y)} = f(x)\mathrm{d}x.$$

这一过程称为**分离变量**. 假设已经从方程(8.6)解出了 $y = y(x)$, 并代入了上面的方程, 则上面方程的两端微分相等, 因此它们的原函数至多相差一常数, 于是

$$\int \frac{\mathrm{d}y}{\varphi(y)} = \int f(x)\mathrm{d}x + C.$$

注: 为了某些微分方程求解公式的需要, 在此约定式中每一个不定积分只表示一个原函数.

例 8.1　求解微分方程 $x(y^2 - 1)\mathrm{d}x + y(x^2 - 1)\mathrm{d}y = 0$.

解　将方程分离变量, 并且两边同乘以 2, 得

$$\frac{2y\mathrm{d}y}{y^2 - 1} = -\frac{2x\mathrm{d}x}{x^2 - 1}.$$

两边积分, 得

$$\ln|y^2 - 1| = -\ln|x^2 - 1| + \ln|C|$$

或

$$\ln|(x^2-1)(y^2-1)| = \ln|C|.$$

通解为
$$(x^2-1)(y^2-1) = C \quad (C \text{ 为任意常数}).$$

例 8.2　求方程 $y' + P(x)y = 0$ 的通解，其中 $P(x)$ 为连续函数.

解　分离变量，得

$$\frac{\mathrm{d}y}{y} = -P(x)\mathrm{d}x,$$

两边积分，得

$$\ln|y| = -\int P(x)\mathrm{d}x + \ln|C|.$$

通解为
$$y = Ce^{-\int P(x)\mathrm{d}x} \quad (C \text{ 为任意常数}).$$

8.2.2　可化为变量可分离的方程

1. 齐次型方程

形如

$$\frac{\mathrm{d}y}{\mathrm{d}x} = f\left(\frac{y}{x}\right) \tag{8.7}$$

的方程叫**齐次型方程**. 这里 $f(u)$ 是 u 的连续函数.

解法：作函数替换 $u = \dfrac{y}{x}$ 或 $y = xu$，则 $\dfrac{\mathrm{d}y}{\mathrm{d}x} = u + x\dfrac{\mathrm{d}u}{\mathrm{d}x}$. 代入方程(8.7)，则原方程变为

$$u + x\frac{\mathrm{d}u}{\mathrm{d}x} = f(u),$$

整理得

$$\frac{\mathrm{d}u}{\mathrm{d}x} = \frac{1}{x}\left[f(u) - u\right].$$

这是一个变量可分离的方程，设它的通解为
$$u = \varphi(x, C),$$

则方程(8.7)的解为

$$\frac{y}{x} = \varphi(x, C) \text{ 或 } y = x\varphi(x, C).$$

例 8.3　求解方程 $y' = \dfrac{y}{x} + \tan\dfrac{y}{x}$.

解　令 $u = \dfrac{y}{x}$ 或 $y = xu$，则 $\dfrac{\mathrm{d}y}{\mathrm{d}x} = u + x\dfrac{\mathrm{d}u}{\mathrm{d}x}$，代入方程得

$$u + x\frac{\mathrm{d}u}{\mathrm{d}x} = u + \tan u.$$

分离变量，原方程化为

$$\cot u\,\mathrm{d}u = \frac{\mathrm{d}x}{x},$$

两边积分，整理得

$$\ln|\sin u| = \ln|x| + \ln|C|,$$

所以，原方程的通解为

$$\sin\frac{y}{x} = Cx \quad (C \text{ 为任意常数}).$$

2. 准齐次型方程

形如

$$\frac{\mathrm{d}y}{\mathrm{d}x} = f\left(\frac{a_1 x + b_1 y + c_1}{a_2 x + b_2 y + c_2}\right) \tag{8.8}$$

的方程称为**准齐次型方程**，其中 a_1，a_2，b_1，b_2，c_1，c_2 为常数且 c_1，c_2 不同时为零.

解法：

(1) 当 $\dfrac{a_1}{a_2} = \dfrac{b_1}{b_2} = \lambda$（$\lambda$ 为一常数）时，令 $u = a_2 x + b_2 y$，则 $y = \dfrac{1}{b_2}(u - a_2 x)$，代入方程 (8.8)，得

$$\frac{1}{b_2}\left(\frac{\mathrm{d}u}{\mathrm{d}x} - a_2\right) = f\left(\frac{\lambda u + c_1}{u + c_2}\right).$$

这是变量可分离的方程，求出其解再以 $u = a_2 x + b_2 y$ 代回，即得方程(8.8) 的解.

(2) 当 $\dfrac{a_1}{a_2} \neq \dfrac{b_1}{b_2}$ 时，作变换 $\begin{cases} x = X + \alpha \\ y = Y + \beta \end{cases}$，方程(8.8) 化为

$$\frac{\mathrm{d}y}{\mathrm{d}x} = f\left(\frac{a_1 X + b_1 Y + (a_1\alpha + b_1\beta + c_1)}{a_2 X + b_2 Y + (a_2\alpha + b_2\beta + c_2)}\right)$$

其中 α，β 为满足线性方程组 $\begin{cases} a_1 x + b_1 y + c_1 = 0 \\ a_2 x + b_2 y + c_2 = 0 \end{cases}$ 的解. 注意到 $\dfrac{\mathrm{d}y}{\mathrm{d}x} = \dfrac{\mathrm{d}Y}{\mathrm{d}X}$，上面的方程就可以化为齐次型方程

$$\frac{\mathrm{d}Y}{\mathrm{d}X} = f\left(\frac{a_1 X + b_1 Y}{a_2 X + b_2 Y}\right).$$

求解上述齐次型方程后，代回原变量即得方程(8.8) 的解.

例 8.4 求解方程 $\dfrac{\mathrm{d}y}{\mathrm{d}x} = \dfrac{x - y + 1}{x + y - 3}$.

解 解线性方程组 $\begin{cases} x - y + 1 = 0 \\ x + y - 3 = 0 \end{cases}$ 得 $\begin{cases} x = 1 \\ y = 2 \end{cases}$，令 $\begin{cases} x = X + 1 \\ y = Y + 2 \end{cases}$，则原方程化为

$$\frac{\mathrm{d}Y}{\mathrm{d}X} = \frac{X - Y}{X + Y}.$$

再令 $u = \dfrac{Y}{X}$，得

$$u + X\frac{\mathrm{d}u}{\mathrm{d}X} = \frac{1 - u}{1 + u} \quad \text{或} \quad X\frac{\mathrm{d}u}{\mathrm{d}X} = \frac{1 - 2u - u^2}{1 + u}.$$

分离变量，两端再乘以 -2，得

$$\frac{2 + 2u}{-1 + 2u + u^2}\mathrm{d}u = -2\frac{\mathrm{d}X}{X}.$$

两边积分，得

$$\ln|u^2 + 2u - 1| = -\ln X^2 + \ln|C_1|,$$

整理为

$$X^2(u^2 + 2u - 1) = C_1.$$

将 $u = \dfrac{Y}{X}$ 代入, 得

$$Y^2 + 2XY - X^2 = C_1,$$

将 $\begin{cases} X = x - 1 \\ Y = y - 2 \end{cases}$ 代入上述方程可得原方程的通解为

$$y^2 + 2xy - x^2 - 6y - 2x = C \quad (C \text{ 为任意常数}).$$

8.2.3 一阶线性微分方程

形如

$$y' + P(x)y = Q(x) \tag{8.9}$$

的方程称为**一阶线性微分方程**. 它是方程(8.2)中 $n = 1$ 的情形. 当 $Q(x) \not\equiv 0$ 时, 称该方程为**非齐次线性方程**, 若 $Q(x) = 0$, 得到的方程

$$y' + P(x)y = 0, \tag{8.10}$$

称为方程(8.9)**对应的齐次方程**.

我们已经在例 8.2 中得到了方程(8.10)的通解

$$y = C\mathrm{e}^{-\int P(x)\mathrm{d}x} \quad (C \text{ 为任意常数}). \tag{8.11}$$

下面, 利用这个通解求出当方程(8.6)为非齐次线性方程时的通解. 假设

$$y = C(x)\mathrm{e}^{-\int P(x)\mathrm{d}x}$$

是(8.9)的解, 代入(8.9)得

$$C'(x)\mathrm{e}^{-\int P(x)\mathrm{d}x} + C(x)\mathrm{e}^{-\int P(x)\mathrm{d}x}\big[-P(x)\big] + P(x) \cdot C(x)\mathrm{e}^{-\int P(x)\mathrm{d}x} = Q(x).$$

整理为

$$C'(x)\mathrm{e}^{-\int P(x)\mathrm{d}x} = Q(x) \quad \text{或} \quad C'(x) = Q(x)\mathrm{e}^{\int P(x)\mathrm{d}x}.$$

解得

$$C(x) = \int Q(x)\mathrm{e}^{\int P(x)\mathrm{d}x}\mathrm{d}x + C \quad (C \text{ 是任意常数}).$$

将 $C(x)$ 代入(8.11), 得到一阶线性微分方程(8.9)的通解公式:

$$y = \mathrm{e}^{-\int P(x)\mathrm{d}x}\left(\int Q(x)\mathrm{e}^{\int P(x)\mathrm{d}x}\mathrm{d}x + C\right). \tag{8.12}$$

上面解非齐次线性方程(8.9)所用的方法是: 先求出对应齐次方程(8.10)的通解, 再将解中的任意常数 C 换成 $C(x)$, 代入非齐次方程(8.9)确定出 $C(x)$, 由此得到非齐次方程(8.9)的通解(8.12). 这种方法称为**常数变易法**. 在求解高阶线性微分方程中, 这种方法也经常被采用.

注: ① 根据约定及公式推导过程可知, 通解公式(8.12)中的每一个不定积分记号只表示一个原函数, 因此, 计算过程中不能再加任意常数;

② 当遇到 $\mathrm{e}^{\int \frac{1}{x}\mathrm{d}x} = \mathrm{e}^{\ln|x|} = |x|$ 或类似情况时, 由于对数号可以被化去, 因此对 x 可以不加

绝对值. 但在需要考虑定义域的问题中,绝对值符号不能轻易省略;

③ 如果是初值问题,通常可以根据初始条件 $y(x_0) = y_0$,选用解公式

$$y = e^{-\int_{x_0}^x P(x)dx}\left(\int_{x_0}^x Q(x)e^{\int_{x_0}^x P(x)dx}dx + y_0\right). \tag{8.13}$$

例 8.5 求方程 $(x+1)y' - \alpha y = e^x(1+x)^{\alpha+1}$ 的通解,这里 α 为常数.

法 1(常数变易法) 原方程对应的齐次方程为

$$(1+x)\frac{dy}{dx} - \alpha y = 0,$$

分离变量,得

$$\frac{dy}{y} = \frac{\alpha dx}{1+x}.$$

两边积分,得

$$\ln|y| = \ln|1+x|^\alpha + \ln|C|,$$

整理为

$$y = C(1+x)^\alpha.$$

设 $y = C(x)(1+x)^\alpha$ 是原方程的解,代入并化简得

$$C'(x) = e^x \quad 即 \quad C(x) = e^x + C.$$

于是,原方程的通解为

$$y = (1+x)^\alpha(e^x + C).$$

法 2(公式法) 将方程化为标准形式

$$\frac{dy}{dx} - \frac{\alpha}{1+x}y = e^x(1+x)^\alpha,$$

由式(8.12)得原方程的通解

$$y = e^{-\int\left(-\frac{\alpha}{1+x}\right)dx}\left(\int e^x(1+x)^\alpha \cdot e^{\int\left(-\frac{\alpha}{1+x}\right)dx}dx + C\right)$$

$$= e^{\ln(1+x)^\alpha}\left(\int e^x(1+x)^\alpha \cdot e^{\ln(1+x)^{-\alpha}}dx + C\right)$$

$$= (1+x)^\alpha\left(\int e^x(1+x)^\alpha \cdot (1+x)^{-\alpha}dx + C\right)$$

$$= (1+x)^\alpha(e^x + C).$$

其中 C 为任意常数.

注: 在上面求通解过程中出现了 $\ln(1+x)^\alpha$,在此对"$1+x$"没有加绝对号,这是因为对数号经化简后将被去掉.

例 8.6 求方程 $\dfrac{dy}{dx} = \dfrac{y}{2x - y^2}$ 的通解.

解 视 y 为未知函数时方程不是线性方程,但以 x 为未知函数,便构成线性方程

$$\frac{dx}{dy} - \frac{2}{y}x = -y.$$

由式(8.12)得原方程的通解

$$x = e^{-\int\frac{-2}{y}dy}\left(\int(-y)e^{\int\frac{-2}{y}dy}dy + C\right) = y^2\left(\int(-y)\cdot\frac{1}{y^2}dy + C\right)$$

$$= y^2 \left(-\int \frac{1}{y} \mathrm{d}y + C \right) = y^2 (-\ln |y| + C).$$

其中 C 为任意常数.

注：上面通解中的绝对值符号一般不能省略.

8.2.4 伯努利(Bernoulli)[①] 方程

形如

$$\frac{\mathrm{d}y}{\mathrm{d}x} + P(x)y = Q(x)y^a \quad (\alpha \neq 0, 1) \tag{8.14}$$

的方程称为**伯努利方程**.

求解方法：方程(8.14)两边同除以 y^a，并凑微分得

$$\frac{1}{1-\alpha} \frac{\mathrm{d}(y^{1-\alpha})}{\mathrm{d}x} + P(x)y^{1-\alpha} = Q(x),$$

即

$$\frac{\mathrm{d}(y^{1-\alpha})}{\mathrm{d}x} + (1-\alpha)P(x)y^{1-\alpha} = (1-\alpha)Q(x).$$

这是以 $y^{1-\alpha}$ 为未知函数的一阶线性微分方程. 由通解公式(8.12)得它的通解公式：

$$y^{1-\alpha} = \mathrm{e}^{-\int (1-\alpha)P(x)\mathrm{d}x} \left(\int (1-\alpha)Q(x)\mathrm{e}^{\int (1-\alpha)P(x)\mathrm{d}x} \mathrm{d}x + C \right). \tag{8.15}$$

此外，当 $\alpha > 0$ 时，原方程还有解 $y = 0$.

例 8.7 解方程 $\dfrac{\mathrm{d}y}{\mathrm{d}x} - \dfrac{6}{x}y = -xy^2$.

解 这是 $\alpha = 2$ 的伯努利方程，由式(8.15)得

$$y^{-1} = \mathrm{e}^{-\int (-1)\frac{-6}{x}\mathrm{d}x} \left(\int (-1)(-x)\mathrm{e}^{\int (-1)\frac{-6}{x}\mathrm{d}x} \mathrm{d}x + \frac{C}{8} \right) = \frac{1}{x^6} \left(\int x \cdot x^6 \mathrm{d}x + \frac{C}{8} \right)$$

$$= \frac{1}{x^6} \left(\frac{x^8}{8} + \frac{C}{8} \right) = \frac{1}{8x^6}(x^8 + C).$$

整理为

$$y = \frac{8x^6}{x^8 + C} \quad （其中 C 为任意常数）.$$

另外，原方程还有解 $y = 0$.

8.2.5 全微分方程(恰当方程)与积分因子

下面我们讨论形如

$$P(x, y)\mathrm{d}x + Q(x, y)\mathrm{d}y = 0. \tag{8.16}$$

的一阶微分方程.

1. 全微分方程

若存在一个可微函数 $u = u(x, y)$，使

---

① 伯努利(Bernoulli)家族是瑞士的一个数学家族，大约在一个世纪内，这个家族出了 8 位杰出的数学家. 这里指雅格·伯努利(Jacob Bernoulli)，1654—1705.

$$\mathrm{d}u = P(x,y)\mathrm{d}x + Q(x,y)\mathrm{d}y,$$

则称方程(8.16)为**全微分方程**(或**恰当方程**).

由定理 6.2 可知,单连通区域 G 内 $P(x,y)\mathrm{d}x + Q(x,y)\mathrm{d}y$ 存在原函数的充要条件是在 G 内成立 $\dfrac{\partial P}{\partial y} = \dfrac{\partial Q}{\partial x}$. 由此给出全微分方程的判断法及其通解.

设在单连通区域 G 内 $P(x,y)$, $Q(x,y)$ 具有一阶连续偏导数,则方程(8.16)是全微分方程的充要条件是在单连通区域 G 内恒有

$$\frac{\partial P}{\partial y} = \frac{\partial Q}{\partial x}.$$

当(8.16)是全微分方程时,其通解为

$$u(x,y) = C,$$

其中 $u(x,y)$ 是方程(8.16)左端 $P(x,y)\mathrm{d}x + Q(x,y)\mathrm{d}y$ 的一个原函数.

$$u(x,y) = \int_{x_0}^{x} P(x,y_0)\mathrm{d}x + \int_{y_0}^{y} Q(x,y)\mathrm{d}y$$

或

$$u(x,y) = \int_{x_0}^{x} P(x,y)\mathrm{d}x + \int_{y_0}^{y} Q(x_0,y)\mathrm{d}y.$$

另外,原函数 $u(x,y)$ 还可以采用如下方法之一找到:

(1) 对 $P(x,y)\mathrm{d}x + Q(x,y)\mathrm{d}y$ 凑微分,即分项组合法;

(2) 利用关系式 $\dfrac{\partial u}{\partial x} = P(x,y)$, $\dfrac{\partial u}{\partial y} = Q(x,y)$, 即不定积分法.

例 8.8　求 $(3x^2 + 6xy^2)\mathrm{d}x + (6x^2y + 4y^3)\mathrm{d}y = 0$ 的通解.

解　令 $P(x,y) = 3x^2 + 6xy^2$, $Q(x,y) = 6x^2y + 4y^3$, 因为 P 和 Q 具有连续偏导数,且对任何 $(x,y) \in \mathbf{R}^2$, 有

$$\frac{\partial P}{\partial y} = 12xy = \frac{\partial Q}{\partial x},$$

所以,原方程是 xOy 平面上的全微分方程. 下面用三种方法得到 $u(x,y)$:

法 1(曲线积分法)　选取起点 $(0,0)$, 得

$$\begin{aligned}
u(x,y) &= \int_0^x P(x,0)\mathrm{d}x + \int_0^y Q(x,y)\mathrm{d}y \\
&= \int_0^x 3x^2\mathrm{d}x + \int_0^y (6x^2y + 4y^3)\mathrm{d}y \\
&= x^3 + 3x^2y^2 + y^4,
\end{aligned}$$

于是,原方程的通解为

$$x^3 + 3x^2y^2 + y^4 = C.$$

法 2(凑微分法或分项组合法)　根据求全微分的逆运算,先将方程化为

$$3x^2\mathrm{d}x + (6xy^2\mathrm{d}x + 6x^2y\mathrm{d}y) + 4y^3\mathrm{d}y = 0,$$

分项组合得

$$\mathrm{d}x^3 + \mathrm{d}(3x^2y^2) + \mathrm{d}y^4 = 0$$

整理得

$$\mathrm{d}(x^3 + 3x^2y^2 + y^4) = 0,$$

由此得原方程的通解为

$$x^3 + 3x^2 y^2 + y^4 = C.$$

法 3(不定积分法) 由 $\dfrac{\partial u}{\partial x} = P(x,y) = 3x^2 + 6xy^2$ 两边关于 x 取不定积分,得

$$u(x,y) = x^3 + 3x^2 y^2 + \varphi(y) \quad (其中 \varphi(y) 为待定函数),$$

将上面结果代入 $\dfrac{\partial u}{\partial y} = Q(x,y) = 6x^2 y + 4y^3$,得

$$6x^2 y + \varphi'(y) = 6x^2 y + 4y^3,$$

由此可得

$$\varphi'(y) = 4y^3,$$

解得 $\varphi(y) = y^4 + C_1$. 因为是找某一个原函数 $u(x,y)$,所以可取 $\varphi(y) = y^4$,得到一个原函数

$$u(x,y) = x^3 + 3x^2 y^2 + y^4.$$

故得原方程的通解为

$$x^3 + 3x^2 y^2 + y^4 = C.$$

例 8.9 求解方程 $\left(\cos x + \dfrac{1}{y}\right)\mathrm{d}x + \left(\dfrac{1}{y} - \dfrac{x}{y^2}\right)\mathrm{d}y = 0.$

解 因为 $P = \cos x + \dfrac{1}{y}$, $Q = \dfrac{1}{y} - \dfrac{x}{y^2}$,且

$$\frac{\partial P}{\partial y} = -\frac{1}{y^2} = \frac{\partial Q}{\partial x} \quad y \neq 0,$$

所以,原方程在 $y > 0$(或 $y < 0$) 内为全微分方程. 采用"凑微分法",得

$$\cos x\mathrm{d}x + \frac{1}{y}\mathrm{d}y + \frac{y\mathrm{d}x - x\mathrm{d}y}{y^2} = 0,$$

即

$$\mathrm{d}\sin x + \mathrm{d}\ln|y| + \mathrm{d}\frac{x}{y} = 0,$$

或

$$\mathrm{d}\left(\sin x + \ln|y| + \frac{x}{y}\right) = 0.$$

所以,原方程的通解为

$$\sin x + \ln|y| + \frac{x}{y} = C \text{（}C\text{ 为任意常数）}.$$

2. 积分因子

对于微分方程 $P(x,y)\mathrm{d}x + Q(x,y)\mathrm{d}y = 0$,当 $\dfrac{\partial P}{\partial y} \neq \dfrac{\partial Q}{\partial x}$ 时,它不是全微分方程. 如果存在函数 $\mu = \mu(x,y)$,使得方程

$$\mu(x,y)P(x,y)\mathrm{d}x + \mu(x,y)Q(x,y)\mathrm{d}y = 0$$

是全微分方程,则称 $\mu(x,y)$ 为方程 $P(x,y)\mathrm{d}x + Q(x,y)\mathrm{d}y = 0$ 的一个**积分因子**.

由积分因子的定义可见,一般来说,寻找方程的积分因子并不是件容易的事. 对于具有某种特点的 $P(x,y)$ 和 $Q(x,y)$,已经有专门的求法,这里不作讨论,下面以 $y\mathrm{d}x - x\mathrm{d}y = 0$ 为例给出几个常见的积分因子.

$$\begin{cases} \dfrac{y\mathrm{d}x - x\mathrm{d}y}{y^2} = \mathrm{d}\left(\dfrac{x}{y}\right) \\[2mm] \dfrac{-y\mathrm{d}x + x\mathrm{d}y}{x^2} = \mathrm{d}\left(\dfrac{y}{x}\right) \\[2mm] \dfrac{y\mathrm{d}x - x\mathrm{d}y}{xy} = \mathrm{d}\left(\ln\left|\dfrac{x}{y}\right|\right) \\[2mm] \dfrac{y\mathrm{d}x - x\mathrm{d}y}{x^2 + y^2} = \mathrm{d}\left(\arctan\dfrac{x}{y}\right) \\[2mm] \dfrac{y\mathrm{d}x - x\mathrm{d}y}{x^2 - y^2} = \dfrac{1}{2}\mathrm{d}\left(\ln\left|\dfrac{x-y}{x+y}\right|\right) \end{cases}$$

以上各公式左端 $y\mathrm{d}x - x\mathrm{d}y$ 所乘函数均是 $y\mathrm{d}x - x\mathrm{d}y = 0$ 的积分因子，其积分因子的多样性，增大了找到非全微分方程积分因子的可能性，从而有利于求解.

例 8.10　求解微分方程 $\dfrac{\mathrm{d}y}{\mathrm{d}x} = -\dfrac{x}{y} + \sqrt{1 + \left(\dfrac{x}{y}\right)^2}$ $(y > 0)$.

解　由于 $y > 0$，原方程可变为

$$x\mathrm{d}x + y\mathrm{d}y - \sqrt{x^2 + y^2}\,\mathrm{d}x = 0.$$

令 $P = x - \sqrt{x^2 + y^2}$，$Q = y$，显然 $\dfrac{\partial P}{\partial y} \neq \dfrac{\partial Q}{\partial x}$，所以，原方程不是全微分方程. 由前两项及后一项的关系可以看出，$\mu = \dfrac{1}{\sqrt{x^2 + y^2}}$ 是上述方程的一个积分因子，故有

$$\frac{x\mathrm{d}x + y\mathrm{d}y}{\sqrt{x^2 + y^2}} - \mathrm{d}x = 0 \quad \text{或} \quad \mathrm{d}\left(\sqrt{x^2 + y^2} - x\right) = 0.$$

所以，原方程的通解为

$$\sqrt{x^2 + y^2} - x = C \ (C \text{ 为任意常数}).$$

注：本例也是齐次型方程.

例 8.11　求解方程 $(1 + xy)y\mathrm{d}x + (1 - xy)x\mathrm{d}y = 0$.

解　令 $P = y(1 + xy)$，$Q = x(1 - xy)$，显然 $\dfrac{\partial P}{\partial y} \neq \dfrac{\partial Q}{\partial x}$，故原方程不是全微分方程，将该方程左边各项重新组合，得

$$(y\mathrm{d}x + x\mathrm{d}y) + xy^2\mathrm{d}x - x^2y\mathrm{d}y = 0,$$

整理得

$$\mathrm{d}(xy) + (xy)^2\left(\frac{\mathrm{d}x}{x} - \frac{\mathrm{d}y}{y}\right) = 0.$$

可以看出 $\mu = \dfrac{1}{(xy)^2}$ 是上述方程的一个积分因子，故有

$$\frac{\mathrm{d}(xy)}{(xy)^2} + \frac{\mathrm{d}x}{x} - \frac{\mathrm{d}y}{y} = 0,$$

即

$$\mathrm{d}\left(-\frac{1}{xy}\right) + \mathrm{d}\ln|x| - \mathrm{d}\ln|y| = 0.$$

所以通解为

$$-\frac{1}{xy} + \ln\left|\frac{x}{y}\right| = C \ (C \text{ 为任意常数}).$$

习 题 8.2

1. 求解变量可分离的微分方程：

(1) $xy' - y\ln y = 0$；

(2) $y' = \sqrt{\dfrac{1-y^2}{1-x^2}}$；

(3) $y' - xy' = a(y' + y^2)$；

(4) $\sec^2 x\tan y\mathrm{d}x + \sec^2 y\tan x\mathrm{d}y = 0$；

(5) $y' = 3^{x+y}$；

(6) $(\mathrm{e}^{x+y} - \mathrm{e}^x)\mathrm{d}x + (\mathrm{e}^{x+y} + \mathrm{e}^y)\mathrm{d}y = 0$.

(7) $y' = \mathrm{e}^{2x-y}$，$y(0) = 0$；

(8) $\cos y\mathrm{d}x + (1 + \mathrm{e}^{-x})\sin y\mathrm{d}y = 0$，$y(0) = \dfrac{\pi}{4}$；

(9) $\dfrac{x}{1+y}\mathrm{d}x - \dfrac{y}{1+x}\mathrm{d}y = 0$，$y(0) = 1$.

2. 求解可化为变量可分离的微分方程：

(1) $xy' - y - \sqrt{y^2 - x^2} = 0$；

(2) $xy' = y(\ln y - \ln x)$；

(3) $\left(2x\sinh\dfrac{y}{x} + 3y\cosh\dfrac{y}{x}\right)\mathrm{d}x - 3x\cosh\dfrac{y}{x}\mathrm{d}y = 0$；

(4) $(x+y)\mathrm{d}x + x\mathrm{d}y = 0$；

(5) $(3y - 7x + 7)\mathrm{d}x - (3x - 7y - 3)\mathrm{d}y = 0$；

(6) $x^2\mathrm{d}y = (y^2 - xy + x^2)\mathrm{d}x$；

(7) $(x - y - 1)\mathrm{d}x + (4y + x - 1)\mathrm{d}y = 0$；

(8) $(x+y)\mathrm{d}x + (3x + 3y - 4)\mathrm{d}y = 0$.

3. 求解一阶线性微分方程：

(1) $y' + y = \mathrm{e}^{-x}$；

(2) $y' + y\cos x = \mathrm{e}^{-\sin x}$；

(3) $(\cos x)y' + y\sin x = 1$；

(4) $y' + y\tan x = \sin 2x$；

(5) $\dfrac{\mathrm{d}x}{\mathrm{d}y} - 2yx = 2y\mathrm{e}^{y^2}$；

(6) $y' - y\tan x = \sec^3 x$；

(7) $(2x - y^2)y' = 2y$；

(8) $y' + y\cot x = 5\mathrm{e}^{\cos x}$.

4. 求解伯努利通解：

(1) $y' + y = y^2(\cos x - \sin x)$；

(2) $y' - 3xy = xy^2$

(3) $y' + \dfrac{1}{x}y = 2\sqrt{\dfrac{y}{x}}$；

(4) $x\mathrm{d}y - [y + xy^3\ln(\mathrm{e}x)]\mathrm{d}x = 0$.

5. 下列方程中哪些是全微分方程？并求全微分方程的通解：

(1) $(3x^2 + 6xy^2)\mathrm{d}x + (6x^2y + 4y^2)\mathrm{d}y = 0$；

(2) $\mathrm{e}^y\mathrm{d}x + (x\mathrm{e}^y - 4y^3)\mathrm{d}y = 0$；

(3) $(x\cos y + \cos x)y' - y\sin x + \sin y = 0$；

(4) $(1 + \mathrm{e}^{2x})\mathrm{d}y + 2y\mathrm{e}^{2x}\mathrm{d}x = 0$；

(5) $2xy^2\mathrm{d}x + 3x\cos y\mathrm{d}y = 0$.

6. 利用积分因子求下列微分方程的通解：

(1) $y^2(x - 3y)\mathrm{d}x + (1 - 3xy^2)\mathrm{d}y = 0$；

(2) $(x+y)(\mathrm{d}x - \mathrm{d}y) = \mathrm{d}x + \mathrm{d}y$；

(3) $x\mathrm{d}x + y\mathrm{d}y = (x^2 + y^2)\mathrm{d}x$；

(4) $2y\mathrm{d}x - 3xy^2\mathrm{d}x - x\mathrm{d}y = 0$.

7. 通过变量替换，求下列方程的通解：

(1) $y' = \cos(x + y)$；

(2) $y' = \dfrac{1}{x - y} + 1$；

(3) $xy' + y = y\ln(xy)$；

(4) $y' = y^2 + 2(\sin x - 1)y + \sin^2 x - 2\sin x - \cos x + 1$；

(5) $y(xy + 1)\mathrm{d}x + x(1 + xy + x^2y^2)\mathrm{d}y = 0$.

(6) $yf(xy)\mathrm{d}x + xg(xy)\mathrm{d}y = 0$（提示：令 $v = xy$）.

8. 设曲线积分 $\displaystyle\int_L yf(x)\mathrm{d}x + [2xf(x) - x^2]\mathrm{d}y$ 在 $x > 0$ 内与路径无关，其中 $f(x)$ 可导，$f(1) = 1$，求 $f(x)$.

8.3 可降阶的高阶微分方程

前面我们已经使用过自变量变换或函数变换求解微分方程的方法. 本节我们将把低阶导数当作未知函数降低微分方程的阶, 以达到求解微分方程的目的.

下面以二阶方程 $F(x,y,y',y'') = 0$ 为例, 讨论当解出 $y'' = f(x,y,y')$ 时, 右端缺少一个或两个量的求解方法.

8.3.1 $y'' = f(x)$ 型微分方程

显然, 这种形式的方程, 只需连续对右端积分两次即可得到方程的通解.

例 8.12 求 $y'' = x + \cos x$ 的通解.

解 对右端积分一次, 得

$$y' = \frac{1}{2}x^2 + \sin x + C_1,$$

再积分一次, 便得方程的通解

$$y = \frac{x^3}{6} - \cos x + C_1 x + C_2,$$

其中 C_1, C_2 为任意常数.

8.3.2 $y'' = f(x,y')$ 型微分方程

由于方程 $y'' = f(x,y')$ 的右端不显含未知变量 y, 若令 $y' = p$, 则有

$$y'' = \frac{\mathrm{d}(y')}{\mathrm{d}x} = \frac{\mathrm{d}p}{\mathrm{d}x},$$

将它们代入方程左端, 便将方程降为一阶方程

$$\frac{\mathrm{d}p}{\mathrm{d}x} = f(x,p).$$

设它的解为 $p = \varphi(x, C_1)$, 即 $y' = \varphi(x, C_1)$, 则 $y'' = f(x,y')$ 的通解为

$$y = \int \varphi(x, C_1)\mathrm{d}x + C_2$$

其中 C_1, C_2 为任意常数.

例 8.13 求 $xy'' = (1 + 2x^2)y'$ 的通解.

解 方程为 $y'' = f(x,y')$ 型, 令 $y' = p$, 则 $y'' = \frac{\mathrm{d}p}{\mathrm{d}x}$, 代入原方程, 得

$$x\frac{\mathrm{d}p}{\mathrm{d}x} = (1 + 2x^2)p,$$

分离变量

$$\frac{\mathrm{d}p}{p} = \frac{1 + 2x^2}{x}\mathrm{d}x \ (p = y' \neq 0),$$

解得

$$p = C_1 x \mathrm{e}^{x^2}, \ \text{即} \ \frac{\mathrm{d}y}{\mathrm{d}x} = C_1 x \mathrm{e}^{x^2},$$

两端积分后得到通解

$$y = \frac{C_1}{2}e^{x^2} + C_2,$$

其中 C_1, C_2 为任意常数. 另外, 由 $p = y' = 0$ 得到的解 $y = C$ 已在通解中.

8.3.3 $y'' = f(y, y')$ 型微分方程

方程 $y'' = f(y, y')$ 的右端不显含自变量 x, 若令 $y' = p$, 则有

$$y'' = \frac{\mathrm{d}(y')}{\mathrm{d}x} = \frac{\mathrm{d}p}{\mathrm{d}x} = \frac{\mathrm{d}p}{\mathrm{d}y}\frac{\mathrm{d}y}{\mathrm{d}x} = p\frac{\mathrm{d}p}{\mathrm{d}y},$$

将它们代入方程, 得降阶后的一阶方程

$$p\frac{\mathrm{d}p}{\mathrm{d}y} = f(y, p).$$

设这个方程的解为 $p = \psi(y, C_1)$, 即 $\frac{\mathrm{d}y}{\mathrm{d}x} = \psi(y, C_1)$, 则原方程的通解为

$$\int \frac{\mathrm{d}y}{\psi(y, C_1)} = x + C_2,$$

其中 C_1, C_2 为任意常数.

例 8.14 求初值问题 $y'' = e^{2y} + e^y$, $y(0) = 0$, $y'(0) = 2$.

解 令 $y' = p$, 则 $y'' = p\frac{\mathrm{d}p}{\mathrm{d}y}$, 代入原方程得

$$p\frac{\mathrm{d}p}{\mathrm{d}y} = e^{2y} + e^y.$$

解得

$$p^2 = e^{2y} + 2e^y + C_1,$$

即

$$y' = \pm\sqrt{e^{2y} + 2e^y + C_1}.$$

由 $y(0) = 0$ 及 $y'(0) = 2 > 0$ 得, $C_1 = 1$. 于是

$$y' = \sqrt{e^{2y} + 2e^y + 1} = 1 + e^y$$

整理得

$$\frac{\mathrm{d}y}{1 + e^y} = \mathrm{d}x.$$

解得

$$y - \ln(1 + e^y) = x + C_2.$$

由 $y(0) = 0$ 得到 $C_2 = -\ln 2$. 于是, 所求特解为

$$y - \ln(1 + e^y) = x - \ln 2.$$

特别地, 对于形如 $y'' = f(y')$ 的方程, 选用变换 $y' = p(x)$ 或 $y' = p(y)$ 要视具体情况而定.

习   题   8.3

求解下列可降阶的高阶微分方程:

1. $y''' = x^3 + \cos x$;

2. $y'' = 1 + y'^2$;

3. $xy'' + y' = 0$;

4. $y'' = y'^2 + y'$.

5. $y'y' = 1$, $y(0) = 1$, $y'(0) = 0$;

6. $y'' - ay'^2 = 0$, $y(0) = 0$, $y'(0) = -1$.

8.4 高阶线性微分方程

在微分方程理论中,线性微分方程是非常值得重视的一部分内容.这不仅是因为线性微分方程的一般理论已被研究的十分清楚,而且线性微分方程是研究非线性微分方程的基础,它在物理、力学和工程技术中也有广泛的应用. 本节首先给出高阶线性微分方程的解结构,然后以二阶常系数线性微分方程为例进行求解,并将求解方法推广到高阶常系数线性微分方程.最后,简单介绍欧拉方程和一阶线性微分方程组的求解方法.

8.4.1 高阶线性微分方程解的性质与通解结构

在 n 阶线性微分方程

$$y^{(n)} + a_1(x)y^{(n-1)} + \cdots + a_{n-1}(x)y' + a_n(x)y = f(x) \tag{8.17}$$

中,当 $f(x) \not\equiv 0$ 时,称为 n 阶非齐次线性微分方程;把右端改写为"0"得到的方程

$$y^{(n)} + a_1(x)y^{(n-1)} + \cdots + a_{n-1}(x)y' + a_n(x)y = 0 \tag{8.18}$$

称为(8.17)**对应的齐次线性微分方程**.

定理 8.1(齐次线性微分方程解的线性性质)

(1) 若 y_1 与 y_2 是(8.18)的解,则它们的和 $y_1 + y_2$ 也是(8.18)的解;

(2) 若 y 是(8.18)的解,则对任意常数 C,Cy 也是它的解.

证 直接验证即可.

显然,上面定理给出了齐次线性方程解的叠加性,即若 y_1 与 y_2 是(8.18)的解,则它们的线性组合 $C_1y_1 + C_2y_2$ 也为(8.18)的解(其中 C_1,C_2 为任意常数).

为了给出齐次线性方程(8.18)的通解,需要引入函数的线性相关性概念.

定义(函数的线性相关性) 设 y_1,y_2,$\cdots$,y_n 为区间 I 上的 n 个函数,若存在不全为零的 n 个常数 k_1,k_2,$\cdots$,k_n,使它们的线性组合

$$k_1y_1 + k_2y_2 + \cdots + k_ny_n \equiv 0, \quad x \in I$$

成立,则称函数组 y_1,y_2,$\cdots$,y_n 在区间 I 上**线性相关**,否则称它们**线性无关**.

特别地,两个函数 y_1,y_2 线性无关的充要条件是 y_1 与 y_2 的比值不恒等于常数. 例如,函数 e^x 与 xe^x,及 $\cos x$ 与 $\sin x$ 均是线性无关的.

由定义可知,函数 1,$\cos^2 x$,$\sin^2 x$,x 在 $(-\infty, +\infty)$ 上是线性相关的,因为存在不全为零的数 1,-1,-1,0,使

$$1 \cdot 1 + (-1)\cos^2 x + (-1)\sin^2 x + 0 \cdot x \equiv 0 \quad x \in (-\infty, +\infty).$$

定理 8.2(齐次线性微分方程的通解) 若 y_1,y_2,$\cdots$,y_n 是齐次线性方程(8.18)的 n 个线性无关的解,则

$$y = C_1y_1 + C_2y_2 + \cdots + C_ny_n \tag{8.19}$$

是齐次线性方程(8.18)的通解,其中 C_1,C_2,$\cdots$,C_n 为 n 个任意常数.

　　证　由齐次线性微分方程解的叠加原理知，(8.19)是齐次方程(8.18)的解，另外，由 $y_1, y_2, \cdots, y_n$ 线性无关可以证明(8.19)右端中任意常数 $C_1, C_2, \cdots, C_n$ 是相互独立的，因此，(8.19)是齐次方程(8.18)的通解.

> **定理 8.3**　若齐次线性方程(8.18)中 $a_1, a_1, \cdots, a_n$ 均为实函数，且实变量复值函数 $y = u(x) + iv(x)$ 是(8.18)的解，则实值函数 $u(x), v(x)$ 均是(8.18)的解.

　　证　直接验证即可.

> **定理 8.4**　若 y_1^* 和 y_2^* 是非齐次线性微分方程(8.17)的任意两个解，则它们的差 $y_1^* - y_2^*$ 是对应齐次方程(8.18)的解.

　　证　直接验证即可.

> **定理 8.5(非齐次线性方程的通解)**　若 y^* 是非齐次线性微分方程(8.17)的一个解，Y 是对应齐次方程(8.18)的通解，则
> $$y = Y + y^*$$
> 为非齐次方程(8.17)的通解.

　　证　直接验知 $y = Y + y^*$ 是(8.17)的解. 又因为 Y 是(8.18)的通解，其中含有 n 个独立的任意常数，所以(8.17)的解 $y = Y + y^*$ 中含有 n 个独立的任意常数. 因此，它是(8.17)的通解.

> **定理 8.6**　设 y_1^* 与 y_2^* 分别为方程
> $$y^{(n)} + a_1(x)y^{(n-1)} + \cdots + a_{n-1}(x)y' + a_n(x)y = f_1(x)$$
> 与
> $$y^{(n)} + a_1(x)y^{(n-1)} + \cdots + a_{n-1}(x)y' + a_n(x)y = f_2(x)$$
> 的解，则 $y^* = y_1^* + y_2^*$ 为
> $$y^{(n)} + a_1(x)y^{(n-1)} + \cdots + a_{n-1}(x)y' + a_n(x)y = f_1(x) + f_2(x)$$
> 的解.

　　证　直接验证即可.

　　例 8.15　设 y_1^*, y_2^*, y_3^* 是 $y'' + p(x)y' + q(x)y = f(x)$ $(f(x) \not\equiv 0)$ 的三个线性无关的解，证明：该方程的通解为
$$y = C_1 y_1^* + C_2 y_2^* + C_3 y_3^*,$$
其中 $C_1 + C_2 + C_3 = 1$.

　　证　记 $y_1 = y_1^* - y_3^*$，$y_2 = y_2^* - y_3^*$，则由定理 8.4 知，y_1 和 y_2 是原方程对应的齐次方程的两个解. 下面证明 y_1, y_2 线性无关，令
$$k_1 y_1 + k_2 y_2 \equiv 0,$$
则有
$$k_1 y_1^* + k_2 y_2^* - (k_1 + k_2)y_3^* \equiv 0.$$
由于 y_1^*, y_2^*, y_3^* 线性无关，所以，只有当 $k_1 = k_2 = 0$ 时，上式才能成立. 故该方程的通解为

$$y = C_1 y_1 + C_2 y_2 + y_3^* = C_1 y_1^* + C_2 y_2^* + (1 - C_1 - C_2) y_3^*.$$

令 $C_3 = 1 - C_1 - C_2$，得 $C_1 + C_2 + C_3 = 1$，且

$$y = C_1 y_1^* + C_2 y_2^* + C_3 y_3^*.$$

8.4.2 二阶常系数齐次线性微分方程

当 p，q 为实数时，称

$$y'' + py' + qy = 0 \tag{8.20}$$

为二阶常系数齐次线性微分方程.

设方程(8.20)有指数形式的解 $y = \mathrm{e}^{rx}$（其中 r 为待定常数）. 则

$$y' = r\mathrm{e}^{rx},\ y'' = r^2 \mathrm{e}^{rx}.$$

代入方程(8.20)，得

$$\mathrm{e}^{rx}(r^2 + pr + q) = 0.$$

因为 $\mathrm{e}^{rx} \neq 0$，所以，e^{rx} 是方程(8.20)的解当且仅当 r 为代数方程

$$r^2 + pr + q = 0 \tag{8.21}$$

的解. 称代数方程(8.21)为方程(8.20)的**特征方程**，称它的根 r_1，r_2 为**特征根**. 下面讨论方程(8.20)的通解.

(1) 当 r_1，r_2 为两个不同的实根时，则 $y_1 = \mathrm{e}^{r_1 x}$，$y_2 = \mathrm{e}^{r_2 x}$ 都是方程(8.20)的解，且 $\dfrac{y_2}{y_1} = \mathrm{e}^{(r_2 - r_1)x} \not\equiv$ 常数，即 y_1 与 y_2 是方程(8.20)的两个线性无关的解. 此时，方程(8.20)的通解为

$$y = C_1 \mathrm{e}^{r_1 x} + C_2 \mathrm{e}^{r_2 x} \quad (C_1，C_2 \text{ 为任意常数}).$$

(2) 当 r_1，r_2 为相同实根时，方程(8.20)有一个解 $y_1 = \mathrm{e}^{rx}$，需要另找一个与它线性无关的解构造其通解. 为此，令 $y_2 = u(x)y_1$（其中 $u(x)$ 为待定函数），即 $y_2 = u(x)\mathrm{e}^{rx}$. 将

$$y_2' = u'(x)\mathrm{e}^{rx} + u(x)r\mathrm{e}^{rx},$$
$$y_2'' = u''(x)\mathrm{e}^{rx} + 2ru'(x)\mathrm{e}^{rx} + r^2 u(x)\mathrm{e}^{rx}$$

代入方程(8.20)整理 得

$$\mathrm{e}^{rx}[u''(x) + (2r + p)u'(x) + (r^2 + pr + q)u(x)] = 0.$$

因为 $\mathrm{e}^{rx} \neq 0$，$r^2 + pr + q = 0$，$2r + p = 0$，所以

$$u''(x) = 0.$$

取 $u(x) = x$，便得 $y_2 = x\mathrm{e}^{rx}$ 是(8.20)的解，且与 $y_1 = \mathrm{e}^{rx}$ 线性无关，此时，方程(8.20)的通解为

$$y = (C_1 + C_2 x)\mathrm{e}^{rx} \quad (C_1，C_2 \text{ 为任意常数}).$$

(3) 当 $r_{1,2} = \alpha \pm \mathrm{i}\beta\,(\alpha，\beta \in \mathbf{R}\text{ 且 }\beta \neq 0)$ 为一对共轭复根时，根据欧拉公式得

$$\tilde{y}_1 = \mathrm{e}^{(\alpha + \mathrm{i}\beta)x} = \mathrm{e}^{\alpha x}(\cos\beta x + \mathrm{i}\sin\beta x),$$
$$\tilde{y}_2 = \mathrm{e}^{(\alpha - \mathrm{i}\beta)x} = \mathrm{e}^{\alpha x}(\cos\beta x - \mathrm{i}\sin\beta x)$$

均为方程(8.20)的复数解. 由齐次线性方程解的叠加原理可知

$$y_1 = \frac{\tilde{y}_1 + \tilde{y}_2}{2} = \mathrm{e}^{\alpha x}\cos\beta x,$$

$$y_2 = \frac{\tilde{y}_1 - \tilde{y}_2}{2i} = e^{\alpha x} \sin \beta x.$$

为方程(8.20)的实数解,且 $\dfrac{y_2}{y_1} = \tan \beta x \not\equiv$ 常数,得到方程(8.20)的通解为

$$y = e^{\alpha x}(C_1 \cos \beta x + C_2 \sin \beta x) \quad (C_1, C_2 \text{ 为任意常数}).$$

综上,方程(8.20)的通解如下表:

特　征　根	方程 $y'' + py' + qy = 0$ 的通解
r_1, r_2 为相异实根	$y = C_1 e^{r_1 x} + C_2 e^{r_2 x}$
r 为二重实根	$y = (C_1 + C_2 x) e^{rx}$
$r = \alpha \pm i\beta (\beta \neq 0)$ 为共轭复根	$y = e^{\alpha x}(C_1 \cos \beta x + C_2 \sin \beta x)$

例 8.16　求方程 $y'' - 3y' + 2y = 0$ 的通解.

解　特征方程　　　　　　　　　　$r^2 - 3r + 2 = 0,$

特征根　　　　　　　　　　　　$r_1 = 1, r_2 = 2,$

原方程通解　　　　　　$y = C_1 e^x + C_2 e^{2x} \quad (C_1, C_2 \text{ 为任意常数}).$

例 8.17　求方程 $y'' + 6y' + 9y = 0$ 的通解.

解　特征方程为　　　　　　　　$r^2 + 6r + 9 = 0,$

特征根　　　　　　　　　　　　$r_1 = r_2 = -3,$

原方程的通解　　　　$y = (C_1 + C_2 x) e^{-3x} \quad (C_1, C_2 \text{ 为任意常数}).$

例 8.18　求方程 $y'' + y' + y = 0$ 的通解.

解　特征方程　　　　　　　　　$r^2 + r + 1 = 0,$

特征根　　　　　$r_{1,2} = \dfrac{-1 \pm \sqrt{1-4}}{2} = \dfrac{-1}{2} \pm \dfrac{\sqrt{3}}{2} i,$

原方程的通解

$$y = e^{-\frac{1}{2}x}\left(C_1 \cos \frac{\sqrt{3}}{2}x + C_2 \sin \frac{\sqrt{3}}{2}x\right) \quad (C_1, C_2 \text{ 为任意常数}).$$

例 8.19　设 $y_1 = xe^x$, $y_2 = xe^x + e^{-x}$, $y_3 = xe^x + e^{2x} - e^{-x}$ 是某个常系数非齐次线性方程的解,求该方程及其通解.

解　由线性方程解的结构理论知,$y_2 - y_1 = e^{-x}$ 及 $y_3 - y_1 = e^{2x} - e^{-x}$ 是所求方程对应齐次方程的解,进而 $(y_2 - y_1) + (y_3 - y_1) = e^{2x}$ 也是齐次方程的解,于是得到齐次方程的两个线性无关解 e^{-x} 及 e^{2x},故特征根为 $r_1 = -1$, $r_2 = 2$,齐次方程为

$$y'' - y' - 2y = 0.$$

设所求方程为

$$y'' - y' - 2y = f(x),$$

其中 $f(x)$ 为待定函数. 将 $y_1 = xe^x$ 代入上式,得

$$f(x) = (x+2)e^x - (x+1)e^x - 2xe^x = (1-2x)e^x,$$

故所求方程为

$$y'' - y' - 2y = (1-2x)e^x.$$

它的通解为

$$y = C_1 e^{-x} + C_2 e^{2x} + x e^x \quad (C_1, C_2 \text{ 为任意常数}).$$

一般地，n 阶常系数齐次线性微分方程的形式为

$$y^{(n)} + p_1 y^{(n-1)} + p_2 y^{(n-2)} + \cdots + p_{n-1} y' + p_n y = 0, \tag{8.22}$$

其中 p_1, p_2, $\cdots$, p_n 均为实数. 方程(8.22)与(8.18)有着完全类似的解结构，其通解仍由它的特征方程

$$r^n + p_1 r^{n-1} + p_2 r^{n-2} + \cdots + p_{n-1} r + p_n = 0 \tag{8.23}$$

的根确定. 根据特征值的情况从下表找出相应的解，通解就是这些解的和.

特征根情况	方程(8.22) 的通解中相应的项
r 是单实根	给出 1 项：Ce^{rx}
r 是 k 重实根	给出 k 项：$(C_1 + C_2 x + \cdots + C_k x^{k-1}) e^{rx}$
$\alpha \pm i\beta$ 是 k 重共轭复根	给出 $2k$ 项：$e^{\alpha x}[(C_1 + C_2 x + \cdots + C_k x^{k-1}) \cos \beta x + (D_1 + D_2 x + \cdots + D_k x^{k-1}) \sin \beta x]$

例 8.20 求方程 $y''' + 2y'' - y' - 2y = 0$ 的通解

解 特征方程 $r^3 + 2r^2 - r - 2 = 0$，特征根 $r_1 = -2$，$r_2 = -1$，$r_3 = 1$，通解

$$y = C_1 e^{-2x} + C_2 e^{-x} + C_3 e^x \quad (C_1, C_2, C_3 \text{ 为任意常数}).$$

例 8.21 求 $y^{(4)} - 2y''' + 5y'' = 0$ 的通解.

解 特征方程 $r^4 - 2r^3 + 5r^2 = 0$，特征根 $r_{1,2} = 0$，$r_{3,4} = \dfrac{2 \pm \sqrt{-16}}{2} = 1 \pm 2i$，通解

$$y = (C_1 + C_2 x) + (C_3 \cos 2x + C_4 \sin 2x) e^x, (C_1, C_2, C_3, C_4 \text{ 为任意常数}).$$

8.4.3 二阶常系数非齐次线性微分方程

形如

$$y'' + py' + qy = f(x) \tag{8.24}$$

的方程称为**二阶常系数非齐次线性微分方程**，其中 p, q 为实数，连续函数 $f(x) \not\equiv 0$.

由解的结构知道，非齐次方程(8.24)的通解等于它对应齐次方程

$$y'' + py' + qy = 0 \tag{8.25}$$

的通解 Y 加上其一个特解 y^*. 由于齐次方程(8.25)的通解可以由其特征方程

$$r^2 + pr + q = 0 \tag{8.26}$$

的特征根 r_1, r_2 完全确定，因此，问题就归结为求非齐次方程(8.24)的一个特解 y^*.

当 $f(x)$ 是较特殊的函数时，可以用**待定系数法**求出特解 y^*.

1. $f(x) = P_m(x) e^{\lambda x}$ **型**

当 $P_m(x)$ 是 m 次实系数多项式，λ 为实数时，设非齐次方程(8.24)具有形如

$$y^* = Q(x) e^{\lambda x}$$

的解，其中 $Q(x)$ 是待定多项式. 则将 y^* 及其导数

$$y^{*\prime} = \lambda e^{\lambda x} Q(x) + e^{\lambda x} Q'(x),$$

$$y^{*\prime\prime} = \lambda^2 e^{\lambda x} Q(x) + 2\lambda e^{\lambda x} Q'(x) + e^{\lambda x} Q''(x),$$

代入方程(8.24)并约去非零因子 $e^{\lambda x}$，得

$$Q''(x) + (2\lambda + p)Q'(x) + (\lambda^2 + p\lambda + q)Q(x) = P_m(x). \tag{8.27}$$

显然，待定多项式 $Q(x)$ 的次数的选取与(8.27)左端各项的系数是否为零有关.

(1) 若 λ 不是特征根，则 $\lambda^2 + p\lambda + q \neq 0$，此时式(8.27)左端最高次项在第三项，设 $Q(x)$ 是与 $P_m(x)$ 同次的待定多项式，即

$$Q(x) = Q_m(x) = a_0 x^m + a_1 x^{m-1} + \cdots + a_{m-1}x + a_m,$$

特解形式设为

$$y^* = Q_m(x)e^{\lambda x}.$$

(2) 若 λ 是单特征根，则 $\lambda^2 + p\lambda + q = 0$，但 $2\lambda + p \neq 0$，此时式(8.27)左端最高次项在第二项，设 $Q'(x)$ 是与 $P_m(x)$ 同次的多项式，即设 $Q(x)$ 为 $m+1$ 次的多项式，考虑到其常数项经求导后对式(8.27)没有影响，取为 0. 于是可设

$$Q(x) = xQ_m(x) = x(a_0 x^m + a_1 x^{m-1} + \cdots + a_{m-1}x + a_m),$$

特解形式设为

$$y^* = xQ_m(x)e^{\lambda x}.$$

(3) 若 λ 是二重特根，则 $\lambda^2 + p\lambda + q = 0$，$2\lambda + p = 0$，此时式(8.27)左端仅剩第一项，设 $Q''(x)$ 是与 $P_m(x)$ 同次的多项式，考虑到常数及一次项的二阶导数为零，可设

$$Q(x) = Q_{m+2}(x) = x^2 Q_m(x) = x^2(a_0 x^m + a_1 x^{m-1} + \cdots + a_{m-1}x + a_m),$$

特解形式设为

$$y^* = x^2 Q_m(x)e^{\lambda x}.$$

综上，得到：

方程 $y'' + py' + qy = P_m(x)e^{\lambda x}$ 的特解形式：

$$y^* = x^k Q_m(x)e^{\lambda x},$$

其中，$k = \begin{cases} 0 & \text{当} \lambda \text{不是特征根} \\ 1 & \text{当} \lambda \text{是单特征根} \\ 2 & \text{当} \lambda \text{是二重特征根} \end{cases}$，$Q_m(x) = a_0 x^m + a_1 x^{m-1} + \cdots + a_{m-1}x + a_m.$

将上述特解的形式推广，可以得到 n 阶常系数非齐次线性微分方程

$$y^{(n)} + p_1 y^{(n-1)} + \cdots + p_n y = P_m(x)\, e^{\lambda x} \tag{8.28}$$

的特解形式为

$$y^* = x^k Q_m(x)e^{\lambda x}, \quad k = \begin{cases} 0 & \text{当} \lambda \text{不是特征根} \\ 1 & \text{当} \lambda \text{是单特征根} \\ \vdots & \\ n & \text{当} \lambda \text{是} n \text{重特征根} \end{cases}. \tag{8.29}$$

例 8.22　写出下列方程的特解形式：

(1) $y'' - 2y' - 3y = 3x + 1$;　　　　　　(2) $y'' + 3y' + 2y = xe^{-x}$;

(3) $y'' - 2y' + y = x^2 e^x$;　　　　　　　(4) $y'' + 5y' + 6y = 2e^{2x}$.

解　(1) 特征方程 $r^2 - 2r - 3 = 0$，特征根 $r_1 = -1, r_2 = 3$. 因为 $\lambda = 0$ 不是特征根，且

$m = 1$，所以，设它的特解形式为

$$y^* = ax + b.$$

（2）特征方程 $r^2 + 3r + 2 = 0$，特征根 $r_1 = -2$，$r_2 = -1$. 因为 $\lambda = -1$ 是单特征根，且 $m = 1$，所以，设特解形式为

$$y^* = xe^{-x}(ax + b).$$

（3）特征根 $r_1 = r_2 = 1$. 因为 $\lambda = 1$ 是二重特征根，且 $m = 2$，所以，设特解形式为

$$y^* = x^2(ax^2 + bx + c)e^x.$$

（4）特征根 $r_1 = -3$，$r_2 = -2$. 因为 $\lambda = 2$ 不是特征根，且 $m = 0$，所以，设特解形式为

$$y^* = ae^{2x}.$$

例 8.23　求方程 $y'' - 3y' + 2y = xe^x$ 的通解.

解　对应齐次线性方程

$$y'' - 3y' + 2y = 0$$

的特征方程为 $r^2 - 3r + 2 = 0$，特征根为 $r_1 = 1$，$r_2 = 2$，所以齐次方程的通解

$$Y = C_1 e^x + C_2 e^{2x}.$$

因为 $\lambda = 1$ 是单特征根，而 $m = 1$，所以，设特解形式为

$$y^* = x(a + bx)e^x.$$

将 $Q(x) = ax + bx^2$ 代入式(8.27)，得

$$(ax + bx^2)'' + (2 \times 1 - 3)(ax + bx^2)' + 0 = x.$$

比较同次幂系数，有 $\begin{cases} 2b - a = 0 \\ -2b = 1 \end{cases}$，解得 $a = -1$，$b = -\dfrac{1}{2}$. 所以

$$y^* = -x\left(1 + \frac{1}{2}x\right)e^x.$$

故原方程的通解为

$$y = C_1 e^x + C_2 e^{2x} - x\left(1 + \frac{1}{2}x\right)e^x \quad (C_1, C_2 \text{ 为任意常数}).$$

例 8.24　求 8.1 引例 2 中满足下列振动方程的物体的振动规律：

$$\begin{cases} x'' + \dfrac{g}{a}x = g. \\ x(0) = 2a,\ x'(0) = 0 \end{cases}$$

解　对应齐次方程 $x'' + \dfrac{g}{a}x = 0$ 的特征根为 $r_{1,2} = \pm i\sqrt{\dfrac{g}{a}}$，通解为

$$x = C_1 \cos\sqrt{\frac{g}{a}}t + C_2 \sin\sqrt{\frac{g}{a}}t.$$

设非齐次方程的特解形式为 $x^* = A$，代入得 $A = a$，即特解为 $x^* = a$. 所以，非齐次方程的通解为

$$x = C_1 \cos\sqrt{\frac{g}{a}}t + C_2 \sin\sqrt{\frac{g}{a}}t + a.$$

代入初始条件 $x(0) = 2a$，$x'(0) = 0$ 得

$$\begin{cases} C_1 + a = 2a \\ \sqrt{\dfrac{g}{a}}\, C_2 = 0 \end{cases},$$

解得 $C_1 = a$，$C_2 = 0$. 所以，该物体的振动方程为

$$x = a\cos\sqrt{\frac{g}{a}}\, t + a.$$

顺便指出，若引例中将原点设在悬挂单个物体的平衡位置处，则可以得到一个齐次线性方程.

2. $f(x) = [P_l(x)\cos\omega x + P_n(x)\sin\omega x]\mathrm{e}^{\lambda x}$ 型

对于这种类型的函数，有以下结论.

> 方程 $y'' + py' + qy = [P_l(x)\cos\omega x + P_n(x)\sin\omega x]\mathrm{e}^{\lambda x}$ 的特解形式：
> $$y^* = x^k[Q_m(x)\cos\omega x + R_m(x)\sin\omega x]\mathrm{e}^{\lambda x},$$
> 其中，$k = \begin{cases} 0 & \text{当}\ \lambda \pm \mathrm{i}\omega\ \text{不是特征根} \\ 1 & \text{当}\ \lambda \pm \mathrm{i}\omega\ \text{是特征根} \end{cases}$，$Q_m(x)$ 与 $R_m(x)$ 为两个 m 次待定多项式，$m = \max\{l, n\}$.

例 8.25　写出下列方程的特解形式：

(1) $y'' + 3y' + 2y = x^2(\cos x + \sin x)\mathrm{e}^{-x}$；

(2) $y'' + y = 2x\cos x - 3\sin x$；

(3) $y'' - y = \mathrm{e}^x + 4\cos x$.

解　(1) 特征根：$r_1 = -1$，$r_2 = -2$，而 $\lambda = -1$，$\omega = 1$，$m = 2$，所以，$\lambda \pm \omega\mathrm{i} = -1 \pm \mathrm{i}$ 不是特征根. 设方程的特解形式为

$$y^* = [(Ax^2 + Bx + C)\cos x + (Dx^2 + Ex + F)\sin x]\mathrm{e}^{-x}.$$

(2) 特征根 $r_{1,2} = \pm\mathrm{i}$，而 $\lambda = 0$，$\omega = 1$，$m = 1$，所以，$\lambda \pm \omega\mathrm{i} = \pm\mathrm{i}$ 是特征根. 设特解形式为

$$y^* = x[(Ax + B)\cos x + (Dx + C)\sin x].$$

(3) 特征根 $r_{1,2} = \pm 1$，根据定理 8.6，该方程可以分解为两个方程求特解：

对于方程 $y'' - y = \mathrm{e}^x$，由 $\lambda = 1$ 是单特征根，且 $m = 0$，得它的特解形式为

$$y_1^* = Ax\mathrm{e}^x;$$

对于方程 $y'' - y = 4\cos x$，由 $\lambda = 0$，$\omega = 1$，得 $\lambda \pm \omega\mathrm{i} = \pm\mathrm{i}$ 不是特征根，其特解形式为

$$y_2^* = B\cos x + C\sin x.$$

综上，设原方程的特解形式为

$$y^* = Ax\mathrm{e}^x + B\cos x + C\sin x.$$

例 8.26　求方程 $y'' - y = x\cos x$ 的一个特解.

解　特征根 $r_{1,2} = \pm 1$，由于 $m = 1$，$\lambda = 0$，$\omega = 1$，$\lambda \pm \omega\mathrm{i} = \pm\mathrm{i}$ 不是特征根，所以，设特解形式为

$$y^* = (a + bx)\cos x + (c + dx)\sin x.$$

由此可得

$$y^{*\prime} = b\cos x - (a+bx)\sin x + d\sin x + (c+dx)\cos x$$
$$= (b+c+dx)\cos x + (d-a-bx)\sin x,$$
$$y^{*\prime\prime} = d\cos x + (b+c+dx)(-\sin x) - b\sin x + (d-a-bx)\cos x$$
$$= (2d-a-bx)\cos x - (2b+c+dx)\sin x.$$

代入方程，得

$$2(d-a-bx)\cos x - 2(b+c+dx)\sin x = x\cos x.$$

比较 $\cos x$，$x\cos x$，$\sin x$，$x\sin x$ 的系数，得
$$
\begin{cases}
2(d-a)=0 \\
-2b=1 \\
-2(b+c)=0 \\
-2d=0
\end{cases}. \ d=0,\ a=0,\ b=-\frac{1}{2},\ c=\frac{1}{2},
$$

即方程的一个特解为
$$y^* = -\frac{1}{2}x\cos x + \frac{1}{2}\sin x.$$

*8.4.4 常数变易法

以上我们用待定系数法解决了二阶常系数线性微分方程(8.24)中 $f(x)$ 为两种特殊类型函数时的求特解问题. 对于不是常系数的微分方程
$$y'' + p(x)y' + q(x)y = f(x), \tag{8.30}$$
我们将利用常数变易法给出它的求解方法. 首先写出相应齐次微分方程
$$y'' + p(x)y' + q(x)y = 0 \tag{8.31}$$
的两个线性无关的解 y_1，y_2，得齐次微分方程的通解
$$Y = C_1 y_1 + C_2 y_2,$$
其中 C_1，C_2 为任意常数；再将 Y 中任意常数换为任意待定函数的表达式
$$y = C_1(x)y_1 + C_2(x)y_2, \tag{8.32}$$
代入非齐次微分方程(8.30)，令 $C_1'(x)y_1 + C_2'(x)y_2 = 0$，因为 y_1，y_2 是齐次微分方程(8.31)的解，因此整理为
$$
\begin{cases}
C_1'(x)y_1 + C_2'(x)y_2 = 0 \\
C_1'(x)y_1' + C_2'(x)y_2' = f(x)
\end{cases}.
$$
从中解出 $C_1(x)$，$C_2(x)$，代入(8.32)即得非齐次线性微分方程(8.30)的通解.

*例 8.27 已知齐次微分方程 $(x-1)y'' - xy' + y = 0$ 通解为 $Y(x) = C_1 x + C_2 \mathrm{e}^x$，求 $(x-1)y'' - xy' + y = (x-1)^2$ 的通解.

解 将所求解方程化为(8.30)的形式
$$y'' - \frac{x}{x-1}y' + \frac{1}{x-1}y = (x-1).$$

设方程的通解为 $y = C_1(x)x + C_2(x)\mathrm{e}^x$. 则由
$$
\begin{cases}
C_1'(x)x + C_2'(x)\mathrm{e}^x = 0 \\
C_1'(x) + C_2'(x)\mathrm{e}^x = x-1
\end{cases},
$$

解得
$$
\begin{cases}
C_1'(x) = -1 \\
C_2'(x) = x\mathrm{e}^{-x}
\end{cases}. \ 于是，有
$$

$$C_1(x) = -x + D_1,$$

$$C_2(x) = \int xe^{-x}dx + D_2 = D_2 - xe^{-x} - e^{-x}.$$

所以，原方程的通解为

$$y = D_1 x + D_2 e^x - (x^2 + x + 1).$$

一般地，对于 n 阶非齐次线性方程

$$y^{(n)} + p_1(x)y^{(n-1)} + \cdots + p_{n-1}(x)y' + p_n(x)y = f(x),$$

若 $y_1, y_2, \cdots, y_n$ 为它对应齐次方程的 n 个线性无关的解，则由

$$\begin{cases} C_1'(x)y_1 + C_2'(x)y_2 + \cdots + C_n'(x)y_n = 0 \\ C_1'(x)y_1' + C_2'(x)y_2' + \cdots + C_n'(x)y_n' = 0 \\ \cdots\cdots\cdots\cdots\cdots\cdots\cdots\cdots\cdots\cdots\cdots\cdots \\ C_1'(x)y_1^{(n-2)} + C_2'(x)y_2^{(n-2)} + \cdots + C_n'(x)y_n^{(n-2)} = 0 \\ C_1'(x)y_1^{(n-1)} + C_2'(x)y_2^{(n-1)} + \cdots + C_n'(x)y_n^{(n-1)} = f(x) \end{cases}$$

解得 $C_1(x), C_2(x), \cdots, C_n(x)$，并代入

$$y = C_1(x)y_1 + C_2(x)y_2 + \cdots + C_n(x)y_n$$

便可得方程的通解 y.

*8.4.5　欧拉方程

形如

$$x^n y^{(n)} + p_1 x^{n-1} y^{(n-1)} + \cdots + p_{n-1} xy' + p_n y = f(x) \tag{8.33}$$

的方程称为**欧拉方程**，其中 $p_1, p_2, \cdots, p_n$ 为常数，$f(x)$ 为连续函数.

作变换 $x = e^t$，即 $t = \ln x$，可得

$$\frac{dy}{dx} = \frac{dy}{dt}\frac{dt}{dx} = \frac{1}{x}\frac{dy}{dt},$$

$$\frac{d^2 y}{dx^2} = -\frac{1}{x^2}\frac{dy}{dt} + \frac{1}{x}\frac{d^2 y}{dt^2} \cdot \frac{dt}{dx} = \frac{1}{x^2}\left(\frac{d^2 y}{dt^2} - \frac{dy}{dt}\right).$$

若记微分算子 $D = \dfrac{d}{dt}$，$D^2 = \dfrac{d^2}{dt^2}$，$\cdots$，则有

$$xy' = x\frac{dy}{dx} = x\frac{dy}{dt}\frac{dt}{dx} = x\frac{dy}{dt}\frac{1}{x} = \frac{dy}{dt} = Dy,$$

$$x^2 y'' = \left(\frac{d^2}{dt^2} - \frac{d}{dt}\right)y = (D^2 - D)y = D(D-1)y,$$

一般地，有

$$x^k y^{(k)} = D(D-1)\cdots(D-k+1)y, \ k = 1, 2, \cdots, n.$$

将它们代入方程(8.33)可得以 t 为自变量的常系数微分方程

$$D(D-1)\cdots(D-n+1)y + \cdots + p_{n-1}Dy + p_n y = f(e^t), \tag{8.34}$$

其中，$D(D-1)\cdots(D-k)$ 是 D 的多项式. 由方程(8.33)求出常系数微分方程的通解 $y(t)$，并把 $t = \ln x$ 代入即得(8.28)的通解.

例 8.28　求欧拉方程 $x^3 y''' + x^2 y'' - 4xy' = 3x^2$ 的通解.

解　作变换 $x = e^t$，原方程化为

$$D(D-1)(D-2)y + D(D-1)y - 4Dy = 3e^{2t},$$

即

$$D^3 y - 2D^2 y - 3Dy = 3e^{2t},$$

亦即

$$\frac{d^3 y}{dt^3} - 2\frac{d^2 y}{dt^2} - 3\frac{dy}{dt} = 3e^{2t}.$$

解得它的通解为

$$y = C_1 + C_2 e^{-t} + C_3 e^{3t} - \frac{1}{2}e^{2t}.$$

将 $t = \ln x$ 代入上式，得原方程的通解为

$$y = C_1 + \frac{C_2}{x} + C_3 x^3 - \frac{1}{2}x^2 \quad (其中 C_1, C_2, C_3 为任意常数).$$

*8.4.6 一阶常系数线性微分方程组

我们仅以包含两个未知函数，一个自变量的一阶常系数线性微分方程组为例，说明微分方程组的基本解法 —— 消元法.

解题思路：

（1）从方程组中消去一个未知函数及其各阶导数，得到一个只含一个未知函数的二阶常系数线性微分方程；

（2）求解所得的二阶常系数线性微分方程；

（3）将已求得的函数代入原方程组，求得另一个未知函数.

例 8.29 求解常系数线性微分方程组

$$\begin{cases} \dfrac{dx}{dt} = x + y + t \\ \dfrac{dy}{dt} = -4x - 3y + 2t \end{cases}$$

解 由第一个方程解得 $y = x' - x - t,$

两边关于 t 求导数，得 $\dfrac{dy}{dt} = x'' - x' - 1.$

将以上两式代入第二个方程，得 $x'' + 2x' + x = 5t + 1.$

解之得 $x = (C_1 + C_2 t)e^{-t} + 5t - 9.$

代入 y 的表达式，得 $y = (C_2 - 2C_1)e^{-t} - 2C_2 t e^{-t} - 6t + 14.$

故原方程组的通解为

$$\begin{cases} x = (C_1 + C_2 t)e^{-t} + 5t - 9 \\ y = (C_2 - 2C_1)e^{-t} - 2C_2 t e^{-t} - 6t + 14 \end{cases},$$

其中 C_1, C_2 为任意常数.

习 题 8.4

1. 求解二阶常系数齐次线性微分方程：

（1）$y'' + y' + y = 0$；

（2）$4y'' - 20y' + 25y = 0$；

（3）$y'' + 3y' + 2y = 0$；

（4）$y'' - 6y' + 9y = 0$；

（5）$y^{(4)} - y = 0$；

（6）$y^{(4)} + 2y'' + y = 0$；

(7) $y^{(4)} + 5y'' - 36y = 0$.

2. 求解二阶常系数非齐次线性微分方程:

(1) $2y'' + y' - y = 2e^x$；

(2) $y'' + a^2y = e^x (a > 0)$；

(3) $2y'' + 5y' = x$；

(4) $y'' + 3y' + 2y = 3xe^{-x}$；

(5) $y'' - 6y' + 9y = e^{3x}$；

(6) $y'' + 4y = x\cos x$；

(7) $y'' + y = e^x + \cos x$；

(8) $y'' - y = \sin^2 x$；

(9) $y'' + y + \sin 2x = 0$，$y(\pi) = 1$，$y'(\pi) = 1$；

(10) $y'' - 3y' + 2y = 5$，$y(0) = 1$，$y'(0) = 2$；

(11) $y'' - y = 4xe^x$，$y(0) = 0$，$y'(0) = 1$.

3. 确定微分方程,并给出通解:

(1) $y_1 = e^{-x}$，$y_2 = 2xe^{-x}$，$y_3 = 3e^x$ 是三阶常系数齐次线性方程的解；

(2) $y_1 = x$，$y_2 = x + e^{2x}$，$y_3 = x(1 + e^{2x})$ 是二阶常系数非齐次线性方程的解.

* 4. 求解欧拉方程:

(1) $x^2 y'' + xy' - y = 0$；

(2) $x^2 y'' - xy' + y = 2x$；

(3) $x^2 y'' + xy' - 4y = x^3$；

(4) $x^2 y'' - xy' + 4y = x\sin(\ln x)$.

* 5. 求解一阶线性方程组:

(1) $\begin{cases} \dfrac{dx}{dt} + 5x + y = e^t \\ \dfrac{dy}{dt} - x - 3y = e^{2t} \end{cases}$；

(2) $\begin{cases} \dfrac{dx}{dt} + 2x - \dfrac{dy}{dt} = 10\cos t，x(0) = 2 \\ \dfrac{dx}{dt} + \dfrac{dy}{dt} + 2y = 4e^{-2t}，y(0) = 0 \end{cases}$.

8.5   应 用 举 例

微分方程在数学领域中处于重要地位,主要是因为许多实际问题的研究最终归结为求解微分方程.它成为当今科学研究不可或缺的工具,广泛应用于物理、化学、生物、经济等各个领域.利用微分方程解决实际问题的基本步骤:(1) 建立起实际问题的数学模型,也就是建立反映实际问题的微分方程;(2) 求解这个微分方程;(3) 用所得的数学结果解释实际问题,从而预测某些特定性质.本节主要对一阶微分方程与二阶微分方程的应用做一些简单介绍.

例 8.30(悬链线)   设均匀、柔软且无弹性的细绳,两端固定.确定当细绳因重力而自然下垂时所处的曲线形状.

解   作平面直角坐标系 xOy,使 y 轴竖直且过细绳最低点 A,设细绳对应一条光滑曲线 $L: y = y(x)$(见图 8.3). 在 L 上任取一点 $M(x, y)$,考虑弧段 $\overset{\frown}{MA}$ 上的受力. 由于细绳是柔软的,所以其端点 A 和 M 处的受力方向为切线方向. 设 A 处受有水平方向的张力 H,M 处受有与 x 轴夹角为 α 的张力 T,则由细绳静止可知,作用在 $\overset{\frown}{AM}$ 上的合力为零. 于是,两个轴向的分力满足

$$\begin{cases} T\cos\alpha = H \\ T\sin\alpha = \rho sg \end{cases}$$

其中,ρ 为细绳的线密度,g 为重力加速度. 两端相除,得

$$\tan\alpha = \frac{\rho g}{H} s.$$

将 $\tan\alpha = y'$，$s = \displaystyle\int_0^x \sqrt{1 + y'^2}\,dx$ 代入得

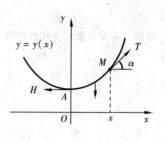

图 8.3

$$y' = \frac{1}{a}\int_0^x \sqrt{1+y'^2}\,\mathrm{d}x,$$

其中 $a = \dfrac{H}{\rho g}$. 两边关于 x 求导数，得

$$y'' = \frac{1}{a}\sqrt{1+y'^2}.$$

这是一个可降阶的微分方程. 令 $y' = p$，则 $y'' = \dfrac{\mathrm{d}p}{\mathrm{d}x} = p'$，代入上面的方程，得

$$\frac{\mathrm{d}p}{\sqrt{1+p^2}} = \frac{1}{a}\mathrm{d}x,$$

解得

$$\ln(1+\sqrt{1+p^2}) = \frac{x}{a} + C_1,$$

即

$$\operatorname{arsinh} p = \frac{x}{a} + C_1.$$

取 OA 为定值 a，可得初始条件：$y(0) = a$，$p(0) = y'(0) = 0$. 代入上式得 $C_1 = 0$. 所以，有

$$\operatorname{arsinh} p = \frac{x}{a}, \quad 或 \quad y' = \sinh\frac{x}{a}.$$

两边积分，得

$$y = a\cosh\frac{x}{a} + C_2.$$

由 $y(0) = a$，得 $C_2 = 0$，所以，所求的曲线的方程为

$$y = a\cosh\frac{x}{a},$$

称它为**悬链线**. 例如，悬在两根相邻电线杆之间的电缆线的形状近似为悬链线.

例 8.31（弹簧振动问题） 求解 8.1 中引例 2 得到的振动问题. 设将物体从平衡位置拉伸到 $s_0 + a$，突然松开的时刻为 $t = 0$，速度是 v_0.

解 为了研究方便，通常是将坐标原点取在物体振动的平衡位置，即 Ox 轴上 a 处. 为此，作变换 $x = s - a$. 下面，给出引例 2 中两种自由振动方程的解及物理意义.

（1）无阻尼自由振动

$$\frac{\mathrm{d}^2 s}{\mathrm{d}t^2} + \omega^2 s = 0, \quad s\big|_{t=0} = s_0, \quad \frac{\mathrm{d}s}{\mathrm{d}t}\Big|_{t=0} = v_0,$$

其中 $\omega^2 = \dfrac{g}{a}$. 方程的通解

$$s = C_1\cos\omega t + C_2\sin\omega t.$$

由初始条件得到物体的振动规律

$$s = s_0\cos\omega t + \frac{v_0}{\omega}\sin\omega t = A\sin(\omega t + \varphi),$$

其中，$A = \sqrt{s_0^2 + \dfrac{v_0^2}{\omega^2}}$，$\sin\varphi = \dfrac{s_0}{A}$.

由上式看出,物体在平衡位置上下以正弦规律振动,这种运动称为**简谐振动**. 分别称 A、ω、$\dfrac{2\pi}{\omega}$、φ 为简谐振动的**振幅**、**圆频率**、**周期**和**初相位**. 由于圆频率 $\omega = \sqrt{\dfrac{mg/a}{m}} = \sqrt{\dfrac{k}{m}}$ 只与弹簧的特性及物体的质量有关,与物体的初始条件及其他受力无关,故称为系统的**固有频率**.

（2）有阻尼自由振动

$$\frac{\mathrm{d}^2 s}{\mathrm{d}t^2} + 2\lambda \frac{\mathrm{d}s}{\mathrm{d}t} + \omega^2 s = 0, \ s\big|_{t=0} = s_0, \ \frac{\mathrm{d}s}{\mathrm{d}t}\bigg|_{t=0} = v_0,$$

其中,$2\lambda = \dfrac{\mu}{m}, \omega^2 = \dfrac{g}{a}$. 方程的特征方程为 $r^2 + 2\lambda r + \omega^2 = 0$,特征根 $r_{1,2} = -\lambda \pm \sqrt{\lambda^2 - \omega^2}$.

（a）小阻尼情形,即 $\lambda < \omega$. 记 $\beta = \sqrt{\omega^2 - \lambda^2}$,则 $r_{1,2} = -\lambda \pm \beta \mathrm{i}$,通解为

$$s = \mathrm{e}^{-\lambda t}(C_1 \cos \beta t + C_2 \sin \beta t).$$

由初始条件得 $C_1 = s_0, C_2 = \dfrac{v_0 + \lambda s_0}{\beta}$,故物体的振动规律

$$s = \mathrm{e}^{-\lambda t}\left(s_0 \cos \beta t + \frac{v_0 + \lambda s_0}{\beta} \sin \beta t\right) = A \mathrm{e}^{-\lambda t} \sin(\beta t + \varphi),$$

其中,$A = \sqrt{s_0^2 + \left(\dfrac{v_0 + \lambda s_0}{\beta}\right)^2}, \sin \varphi = \dfrac{s_0}{A}$.

由上式看出,物体的运动也是振动的,但其振幅 $A\mathrm{e}^{-\lambda t} \to 0 (t \to +\infty)$. 这说明振动着的物体随时间增大而趋于平衡位置,这种运动称为**衰减振动**.

（b）大阻尼情形,即 $\lambda > \omega$. 则两个实特征根 $r_{1,2} = -\lambda \pm \sqrt{\lambda^2 - \omega^2}$,通解为

$$s = C_1 \mathrm{e}^{(-\lambda - \sqrt{\lambda^2 - \omega^2})t} + C_2 \mathrm{e}^{(-\lambda + \sqrt{\lambda^2 - \omega^2})t}.$$

利用初始条件确定出 C_1, C_2. 由 $r_{1,2} = -\lambda \pm \sqrt{\lambda^2 - \omega^2} < 0$ 知,上式表示的振幅 $s \to 0 (t \to +\infty)$,即物体随时间的增大而趋于平衡位置,且至多经过平衡位置一次. 可见,大阻尼情形物体不再具有振动的特性.

（c）临界阻尼情形,即 $\lambda = \omega$. 则两个实特征根 $r_{1,2} = -\lambda$,通解为

$$s = (C_1 + C_2 t)\mathrm{e}^{-\lambda t}.$$

利用初始条件确定出 C_1, C_2. 由 $r_{1,2} = -\lambda < 0$ 知,上式表示的振幅 $s \to 0 (t \to +\infty)$,即物体随时间的增大而趋于平衡位置.

综上,当 $\lambda < \omega$ 时物体作衰减振动,当 $\lambda \geqslant \omega$ 时物体不再振动,即当外阻尼 λ 大于或等于固有频率 ω 时就抑制了物体的振动. 因此 $\lambda = \omega$ 是使物体振动与不振动的阻尼分界值,称为**阻尼临界值**.

例 8.32（数学摆）　将一根长为 l 的细线的上端点固定在 O 处,下端点 A 处系一质量为 m 的质点,让质点在重力的作用下在垂直地面的平面上运动,我们称该质点为**数学摆**. 现将质点拉至与 OA 成微小角度 φ_0 后松开,求数学摆的运动规律.

解　知数学摆将作平面内的圆周运动. 取逆时针运动的方向作为数学摆与垂线 OA 所成角 φ 的正向（见图8.4）,则质点 M 沿圆周运动的切向速度为 $v = l\dfrac{\mathrm{d}\varphi}{\mathrm{d}t}$,从而切向加速度

$$a = \frac{\mathrm{d}v}{\mathrm{d}t} = l\frac{\mathrm{d}^2\varphi}{\mathrm{d}t^2},$$

又知质点 M 所受重力 mg 在运动轨迹的切向分力为 $F = -mg\sin\varphi$（F 取负值是因为质点受重力作用的方向总是指向平衡位置 A，与 φ 的增大方向相反）. 于是由牛顿第二定律，得数学摆满足的运动方程为

$$-mg\sin\varphi = ml\,\frac{\mathrm{d}^2\varphi}{\mathrm{d}t^2},$$

即

$$\frac{\mathrm{d}^2\varphi}{\mathrm{d}t^2} + \frac{g}{l}\sin\varphi = 0.$$

这是一个二阶非线性方程. 当数学摆作微小运动，即 $|\varphi|$ 比较小时，$\sin\varphi \approx \varphi$，方程近似为二阶常系数齐次线性微分方程

$$\frac{\mathrm{d}^2\varphi}{\mathrm{d}t^2} + \frac{g}{l}\varphi = 0.$$

于是，数学摆近似满足定解问题

$$\begin{cases} \dfrac{\mathrm{d}^2\varphi}{\mathrm{d}t^2} + \dfrac{g}{l}\varphi = 0 \\ \varphi\big|_{t=0} = \varphi_0, \ \dfrac{\mathrm{d}\varphi}{\mathrm{d}t}\Big|_{t=0} = 0 \end{cases}.$$

方程的通解为

$$\varphi = \varphi_0\cos\sqrt{\frac{g}{l}}\,t + C_2\sin\sqrt{\frac{g}{l}}\,t,$$

代入初始条件得 $C_1 = \varphi_0$，$C_2 = 0$，得到数学摆的运动规律近似为

$$\varphi = \varphi_0\cos\sqrt{\frac{g}{l}}\,t,$$

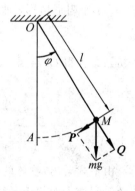

图 8.4

即在不考虑空气阻力的情况下，数学摆近似作简谐运动.

例 8.33（凹镜镜面方程） 设有旋转曲面形状的凹镜，假设由旋转轴上一定点 O 发出的光线经此凹镜反射后都与旋转轴平行（如汽车的照明灯、探照灯等），求该旋转曲面的方程.

解 任取一个过旋转轴的平面作为 xOy 面，其坐标原点 O 在光源处，与镜面的截痕是曲线 L（见图 8.5）. 任取 L 上一点 $M(x,y)$，则点 O 处发出的光线经 M 点反射后成为一条平行于 x 轴的直线 MS. 设点 M 处的切线为 MT，切线的倾角为 α，则由光学反射定律知，入射角与反射角相等，所以它们的余角也相等，即 $\angle SMT = \angle OMA = \alpha$，所以 $|AO| = |OM|$. 由点 M 处的切线方程

$$Y - y = y'(X - x)$$

得到点 $A(X, 0)$ 处的横坐标 $X = x - \dfrac{y}{y'}$，即 $AO = \dfrac{y}{y'} - x$. 又

$OM = \sqrt{x^2 + y^2}$，将它们代入上面的等式 $|AO| = |OM|$ 得到

$$\frac{y}{y'} - x = \sqrt{x^2 + y^2}.$$

这是一个齐次型微分方程，且以 x 为未知函数. 由于 L 关于 x 轴对称，所以只需讨论 $y > 0$ 即可，于是上面的方程可以改写为

$$\frac{\mathrm{d}x}{\mathrm{d}y} - \frac{x}{y} = \sqrt{\frac{x^2}{y^2} + 1}.$$

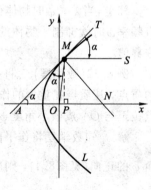

图 8.5

令 $u = \dfrac{x}{y}$，得

$$u + y\frac{\mathrm{d}u}{\mathrm{d}y} - u = \sqrt{u^2 + 1} \quad \text{或} \quad \frac{\mathrm{d}u}{\sqrt{1 + u^2}} = \frac{\mathrm{d}y}{y}.$$

两边积分，得通解

$$\ln(u + \sqrt{1 + u^2}) = \ln y - \ln C$$

或

$$u + \sqrt{1 + u^2} = \frac{y}{C}.$$

将 $u = \dfrac{x}{y}$ 代入上式整理得曲线 L 的方程

$$y^2 = 2Cx + C^2.$$

因此，所求的凹镜曲面方程为上述曲线绕 x 轴旋转得到的旋转抛物面，其方程为

$$y^2 + z^2 = 2Cx + C^2.$$

当给出镜面的某些参数要求之后，由这个曲面方程确定具体的曲面.

例 8.34(渡船问题) 设河边点 O 的正对岸为点 A，河宽 $OA = h$，两岸为平行直线，水流速度为 a. 设某船从点 A 划向点 O，船在静水中的速度为 $b(b > a)$，且船游动方向始终朝向 O 点. 求渡船经过的路线.

解 根据题意建立坐标系如图 8.6 所示. 一方面，当渡船行进到河中点 $M(x, y)$ 处时，渡船的速度由在两个轴向的分速度给出为

$$\boldsymbol{v} = (v_x, \ v_y) = (a - b\cos\alpha, \ -b\sin\alpha)$$

$$= \left(a - b\frac{x}{\sqrt{x^2 + y^2}}, \ -b\frac{y}{\sqrt{y^2 + y^2}} \right).$$

另一方面，设渡船经过的路线方程为 $\begin{cases} x = x(t) \\ y = y(t) \end{cases}$，则在点 $M(x, y)$ 处的船速应为

$$\boldsymbol{v} = (x'_t, \ y'_t).$$

结合以上两点，得速度 $\boldsymbol{v}$ 的对应分量相等，即

$$x'_t = a - b\frac{x}{\sqrt{x^2 + y^2}},$$

$$y'_t = -b\frac{y}{\sqrt{x^2 + y^2}}.$$

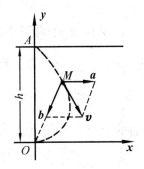

图 8.6

上面两个方程两端相除并整理，得到渡船行进路线 $y = y(x)$ 满足的方程为

$$\frac{\mathrm{d}x}{\mathrm{d}y} = -\frac{a}{b}\sqrt{1 + \left(\frac{x}{y}\right)^2} + \frac{x}{y}.$$

这是一个齐次型微分方程. 由题意得初始条件：$x(0) = 0$，$y(0) = h$.

令 $u = \dfrac{x}{y}$，代入方程得

$$u + y\frac{\mathrm{d}u}{\mathrm{d}y} = -\frac{a}{b}\sqrt{1 + u^2} + u$$

或
$$\frac{\mathrm{d}u}{\sqrt{1+u^2}} = -\frac{a}{b}\frac{\mathrm{d}y}{y}.$$

解得
$$\mathrm{arsinh}\, u = -\frac{a}{b}\ln(Cy),$$

将 $u = \dfrac{x}{y}$ 代入上式得通解
$$\mathrm{arsinh}\,\frac{x}{y} = -\frac{a}{b}\ln(Cy).$$

代入初始条件 $x = 0$, $y = h$ 可得 $C = \dfrac{1}{h}$. 所以, 渡船行进的路线为
$$\mathrm{arsinh}\,\frac{x}{y} = -\frac{a}{b}\ln\frac{y}{h}.$$

例 8.35(桥墩设计) 建造一个 12 m 高, 水平截面为圆形的桥墩, 均匀载荷为 $P = 900$ kN(不含自重), 材料的密度 $\rho = 2500$ kg/m³, 允许压强 $\sigma = 1.5$ MPa[①], 试求桥墩的形状, 并算出上、下底面的半径(要求建筑材料的用量最省).

解 设桥墩表面是由连续曲线 $y = y(x)(y \geqslant 0)$ 绕 x 轴旋转一周所形成的曲面(见图 8.7). 由在距顶面 x 处的截面上, 允许承载力 $Q(x) = \pi y^2 \cdot \sigma$, 自重
$$T(x) = \int_0^x \pi y^2(x)\mathrm{d}x \cdot \rho g$$

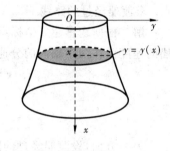

图 8.7

知, 当 $Q(x) = P + T(x)$ 时建筑材料用量最省, 即有
$$\pi y^2 \sigma = 900 + \pi\rho g \int_0^x y^2(x)\mathrm{d}x \quad (0 \leqslant x \leqslant 12).$$

两边关于 x 求导并整理, 得
$$y' = \frac{\rho g}{2\sigma}y.$$

这是一个变量分离的微分方程, 通解为
$$y = C\mathrm{e}^{\frac{\rho g}{2\sigma}x}.$$

由顶面允许载荷等于载荷时材料的用量最省, 得 $y(0)$ 满足 $\pi y^2(0)\sigma = P$, 即 $y(0) = \sqrt{\dfrac{3}{5\pi}}$. 为计算方便, 这里取 $g = 10$ m/s², 故所求曲线为
$$y = \sqrt{\frac{3}{5\pi}}\mathrm{e}^{\frac{x}{120}}.$$

由此可得
$$y(12) = \sqrt{\frac{3}{5\pi}}\mathrm{e}^{\frac{12}{120}} \approx 0.48.$$

因此所求曲线旋转而成的曲面形状为
$$y^2 + z^2 = \frac{3}{5\pi}\mathrm{e}^{\frac{x}{60}},$$

顶面与底面半径分别为 0.44 m, 0.44 m.

---

① M 为兆, 1 Pa = 1 N/m², 所以 1 MPa = 10⁶ N/m².

例 8.36(_R_-_L_ 电路模型)　如图 8.8 所示 _R_-_L_ 电路，包含电感 _L_，电阻 _R_ 和电源 _E_，设 $t=0$ 时，电路中无电流．当开关 _K_ 闭合之后，求电流 $i(t)$ 的变化规律，设 _R_,_L_,_E_ 均为常数．

解　闭合回路基尔霍夫定律：**在闭合回路中，所有支路上的电压的代数和为零**．因为，电阻上的电压降为 Ri，电感 _L_ 上的电压降为 $L\dfrac{\mathrm{d}i}{\mathrm{d}t}$，所以

$$E - L\frac{\mathrm{d}i}{\mathrm{d}t} - Ri = 0$$

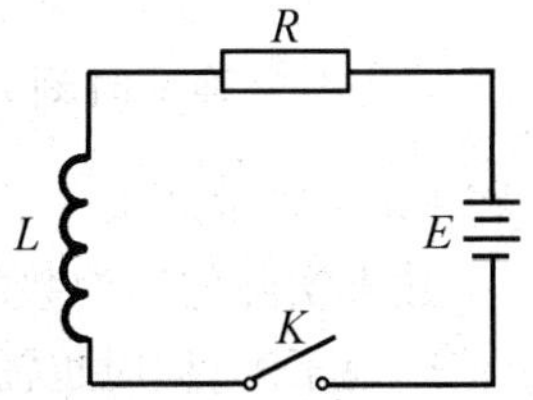

或

$$\frac{\mathrm{d}i}{\mathrm{d}t} + \frac{R}{L}i = \frac{E}{L}.$$

这是一个一阶线性微分方程．通解为

$$i(t) = \mathrm{e}^{-\int \frac{R}{L}\mathrm{d}t}\left(\int \frac{E}{L}\mathrm{e}^{\int \frac{R}{L}\mathrm{d}t}\mathrm{d}t + C\right) = \mathrm{e}^{-\frac{R}{L}t}\left(\frac{E}{R}\mathrm{e}^{\frac{R}{L}t} + C\right).$$

图　8.8

由 $i(0)=0$ 得 $C = -\dfrac{E}{R}$，从而有

$$i(t) = \frac{E}{R}\left(1 - \mathrm{e}^{-\frac{R}{L}t}\right).$$

例 8.37(利率问题)　某银行账户以当年余额 3% 的年利率连续每年获取利息，假设最初存入的数额为 1 万元，且在这之后没有其他数额的存入与支出，求：(1) 账户中余额所满足的方程；(2) 余额与时间的关系式．

解　(1) 根据题意，利率 = 3% × 当时余额．若 _y_ 为时刻 _t_ 的余额，且在这之后没有存入支出，余额的变化率 = 利率余额增长率 = 3% × 当时余额，即

$$\frac{\mathrm{d}y}{\mathrm{d}t} = 0.03y.$$

(2) 对上面的方程分离变量得

$$\frac{\mathrm{d}y}{y} = 0.03\mathrm{d}t,$$

两边积分

$$\ln|y| = 0.03t + \ln|C| \quad \text{或} \quad y = C\mathrm{e}^{0.03t}.$$

将 $y(0) = 10000$ 代入上式得 $C = 10000$，得余额与时间的关系式为

$$y = 10000\mathrm{e}^{0.03t}.$$

例 8.38(材料质量衰减问题)　已知一放射材料以与当前的质量成正比的速度衰减，最初有 50 mg 的物体，两小时后减少了 10%，求：

(1) 任何时刻 _t_ 该材料质量的表达式；

(2) 四小时后的质量；

(3) 在何时质量比最初减半．

解　(1) 令 $N(t)$ 为任意时刻材料的质量，则根据题目所给条件，$N(t)$ 应该满足微分方程

$$\frac{\mathrm{d}N}{\mathrm{d}t} = kN,$$

其中 _k_ 是待定常数．该方程为变量可分离的方程，其通解为

$$N(t) = C\mathrm{e}^{kt}.$$

由条件 $N(0) = 50$，又 $N(2) = 50 - 50 \times 10\%$ 解得 $C = 50$，$k = \dfrac{1}{2}\ln\dfrac{45}{50} = -0.053$. 故在任意时刻 t 的质量为

$$N(t) = 50e^{-0.053t}.$$

（2）当 $t = 4$ 时，材料的质量为

$$N(4) = 50e^{-0.053 \times 4} = 50 \times 0.809 = 40.5 \text{ mg}.$$

（3）需要确定时刻 t，使得 $N = \dfrac{50}{2} = 25$. 将 $N = 25$ 代入 $N(t) = 50e^{-0.053t}$，解得 $t = 13 \text{ h}$，即 13 h 时质量衰减一半.

　　建立实际问题的数学模型一般是比较困难的，因为这需要对实际问题有关的自然规律有个清晰地了解，同时也需要一定的数学知识. 此外，常微分方程与数学其他分支的关系也是非常密切的，它们往往互相联系、互相促进. 由于常微分方程与实际联系比较紧密，我们应该注意它的实际背景与应用；而作为一门数学基础课程，还应该重视解决这些实际问题的数学方法. 因此读者在掌握微分方程基本理论和求解方法的基础上，不应忽视教材中所举出的实际例子以及有关习题，并从中注意培养解决实际问题的能力.

习　题　8.5

1. 设有一盛满水的圆锥形漏斗，高为 10 cm，顶角为 $60°$，漏斗下面有面积为 0.5 cm^2 的小孔，水从小孔中流出，求水面高度变化的规律及流完所需的时间.

2. 求过点 $M(-2, 1)$ 的曲线方程，使该曲线上任一点 P 处的切线与 Ox 轴的交点 T 到切点 P 的距离等于 T 到原点的距离.

3. 一子弹以 $v_0 = 200 \text{ m/s}$ 的速度垂直打入厚 10 cm 的木板，又以 $v_1 = 100 \text{ m/s}$ 的速度穿此板. 设子弹在板内作直线运动，且只受与速度的平方成正比的阻力，求子弹在板内的运动规律，并问子弹穿过此板所用的时间是多少？

4. 设一个单位质量的质点在数轴上运动，开始时质点在原点 O 处且速度为 v_0，在运动过程中，它受到一个力的作用，它的大小与质点到原点的距离成正比（比例系数 $k_1 > 0$）而方向与初速度一致. 而介质的阻力与速度成正比（比例系数 $k_2 > 0$），求该质点的运动规律.

5. 设有一链条悬挂在一钉子上，起动时一端离开钉子 8 m，另一端离开钉子 12 m. 分别在以下情况下求链条滑下钉子所需的时间：
   （1）若不计钉与链条的摩擦力；
   （2）若摩擦力为链条 1 m 长的重量.

6. 设有一弹簧的上端挂在定点上，质量同为 m 的六个物体挂在弹簧的下端点处，在它们的作用下弹簧伸长 $6a \text{ cm}$，今拿去一个物体，求弹簧下端点的振动方程（阻力忽略不计）.

综合习题 8

1. 设 $y_1(x)$，$y_2(x)$ 是 $y'' + a_1 y' + a_2 y = 0 \; (a_1, a_2 \in R)$ 的两个解，则由 $y_1(x)$ 与 $y_2(x)$ 能构成通解的充要条件是（　　）
   (A) $y_1 y_2' - y_2 y_1' = 0$ 　　　　　　　　(B) $y_1 y_2' - y_1' y_2 \neq 0$
   (C) $y_1 y_2' + y_1' y_2 = 0$ 　　　　　　　　(D) $y_1 y_2' + y_1' y_2 \neq 0$

2. 设 $F'(x) = f(x)$，$G'(x) = \dfrac{1}{f(x)}$，$F(x)G(x) = -1$，$f(0) = 1$，求 $f(x)$.

3. 设 $f(x)$ 在 $[0, +\infty)$ 上有连续导数，并且 $\lim\limits_{x \to +\infty}[f'(x) + f(x)] = 0$，求证：$\lim\limits_{x \to +\infty} f(x) = 0$.

4. 设 $y = y(x)$ 连续，且 $\displaystyle\int_1^x [2y(t) + \sqrt{t^2 + y^2(t)}] \, dt = xy(x)$，求 $y(x)$.

5. 设函数 $\varphi(x)$ 连续，且满足 $\varphi(x) = \mathrm{e}^x + \displaystyle\int_0^x t\varphi(t)\mathrm{d}t - x\int_0^x \varphi(t)\mathrm{d}t$，求 $\varphi(x)$.

6. 设 $f(x)$ 二阶连续可导且 $f(0) = f'(0) = 1$，求 $f(x)$，使方程 $[5\mathrm{e}^{2x} - f(x)]y\mathrm{d}x + [f'(x) - \sin y]\mathrm{d}y = 0$ 为全微分方程，并求此方程的通解.

7. 设函数 $f(x)$ 在 $[0, +\infty)$ 上可导，$f(0) = 0$，且其反函数为 $g(x)$，若它们满足方程 $\displaystyle\int_0^{f(x)} g(t)\mathrm{d}t = x^2\mathrm{e}^x$，求 $f(x)$.

8. 设 $f_n'(x) = f_n(x) + x^{n-1}\mathrm{e}^x$（$n$ 为正整数），且 $f_n(1) = \dfrac{\mathrm{e}}{n}$，求 $\displaystyle\sum_{n=1}^{\infty} f_n(x)$ 的和函数.

9. 求满足 $x\mathrm{d}y + (x - 2y)\mathrm{d}x = 0$ 的一条曲线 $y = y(x)$，使得它与 $x = 1, x = 2$ 及 x 轴所围成的平面图形绕 x 轴旋转一周所得旋转体体积最小.

10. 设 $f(x)$ 在 $[1, +\infty)$ 上连续，$f(2) = \dfrac{2}{9}$，曲线 $y = f(x)$ 与 $x = 1, x = t$（$t > 1$）及 $y = 0$ 所围平面图形绕 x 轴旋转一周所得立体的体积为 $V(t) = \dfrac{\pi}{3}[t^2 f(t) - f(1)]$，求 $f(x)$.

11. 设对于半空间 $x > 0$ 内任意的光滑有向封闭曲面 S，有

$$\oiint_{\Sigma} x f(x)\mathrm{d}y\mathrm{d}z - xy f(x)\mathrm{d}x\mathrm{d}z - \mathrm{e}^{2x}z\mathrm{d}x\mathrm{d}y = 0,$$

其中 $f(x)$ 在 $(0, +\infty)$ 内有一阶连续导数，且 $\displaystyle\lim_{x \to 0^+} f(x) = 1$，求 $f(x)$.

12. 设 $y = f(x)$ 在 $[0, +\infty)$ 上连续，且 $f(x) - \displaystyle\int_0^x \dfrac{f(t)}{1+t}\mathrm{d}t + \int_0^x \dfrac{\mathrm{e}^t f^2(t)}{1+t}\mathrm{d}t = 1$，求 $f(x)$.

13. 求 $x + \dfrac{x^3}{1 \cdot 3} + \dfrac{x^5}{1 \cdot 3 \cdot 5} + \cdots + \dfrac{x^{2n+1}}{(2n+1)!!} + \cdots$ 的收敛域及和函数.

14. 设 $\varphi(x)$ 是以 2π 为周期的连续函数，$\Phi'(x) = \varphi(x)$，$\Phi(0) = 0$.
(1) 求 $y' + y\sin x = \varphi(x)\mathrm{e}^{\cos x}$ 的通解；
(2) 问该方程是否有以 2π 为周期的解？

15. 设 $f(x)$ 在 $[0, +\infty)$ 上有连续的一阶导数，且 $f(0) = 0$，$f'(x) + f(x) - \dfrac{1}{x+1}\displaystyle\int_0^x f(t)\mathrm{d}t = 1$，求 $f(x)$.

16. 设 $y = f(x)$ 是一条向上凸的连续曲线，其上任意 (x, y) 处的曲率为 $\dfrac{1}{\sqrt{1 + (y')^2}}$，且此曲线过点 $(0, 1)$ 的切线方程为 $y = x + 1$，求该曲线的方程，并求 $y = f(x)$ 的极值.

17. 设 f 二阶可导，$f(0) = 0$，$f'(0) = 1$，且
$$[xy(x + y) - f(x)y]\mathrm{d}x + (f'(x) + x^2 y)\mathrm{d}y = 0$$
是全微分方程，求 $f(x)$ 及该方程的解.

18. (1) 验证 $y(x) = \displaystyle\sum_{n=0}^{\infty} \dfrac{x^{3n}}{(3n)!}$（$x \in \mathbf{R}$），满足方程 $y'' + y' + y = \mathrm{e}^x$；

(2) 利用(1)的结果求 $I = \displaystyle\sum_{n=0}^{\infty} \dfrac{1}{(3n)!}$ 的和.

19. 设函数 $f(x)$ 和 $g(x)$ 满足方程 $f'(x) = g(x)$，$g'(x) = 2\mathrm{e}^x - f(x)$，且 $f(0) = 0$，$g(0) = 2$，求定积分
$$\int_0^{\pi} \left(\dfrac{g(x)}{1+x} - \dfrac{f(x)}{(1+x)^2}\right)\mathrm{d}x.$$

20. 设 $f(x)$ 连续，且满足 $f(x) = x\sin x - \displaystyle\int_0^x (x - t)f(t)\mathrm{d}t$，求 $f(x)$.

21. 求方程 $y'' - \dfrac{1}{x}y' + \dfrac{y}{x^2} = \dfrac{\ln x}{x}$ 的通解.

*22. 求通解已知 $y_1 = \mathrm{e}^x$ 是齐次线性方程 $(2x - 1)y'' - (2x + 1)y' + 2y = 0$ 的一个解，求它的通解.

*23. 已知 $y_1(x) = x$ 是 $x^2 y'' - 2xy' + 2y = 0$ 的一个解，求非齐次线性方程 $x^2 y'' - 2xy' + 2y = 2x^3$ 的通解.

*24. 已知 $x^2 y'' - xy' + y = 0$ 的通解为 $Y = C_1 x + C_2 x\ln x$，求方程 $x^2 y'' - xy' + y = x$ 的通解.

数学家简介 —— 欧拉

欧拉(Leonhard Euler,1707—1783),18世纪优秀的数学家,也是历史上最伟大的数学家之一,被称为"分析的化身".

欧拉1707年出生在瑞士的巴塞尔城,小时候他就特别喜欢数学,不满10岁就开始自学《代数学》.这本书连他的几位老师都没读过.13岁就进巴塞尔大学读书,在大学里得到当时最有名的数学家微积分权威约翰·伯努利的精心指导,使欧拉一开始就学习那些虽然难学却十分必要的书,少走了不少弯路.这段历史对欧拉的影响极大,以至于欧拉成为大科学家之后仍不忘记育新人,这主要体现在编写教科书和直接培养有才华的数学工作者,其中包括后来成为大数学家的拉格朗日.

年仅26岁的欧拉在担任彼得堡科学院数学教授期间,解决了一个天文学的难题(计算彗星轨道),这个问题经几个著名数学家几个月的努力才得到解决,而欧拉却用自己发明的方法,三天便完成了.然而过度的工作使他得了眼病,并且不幸右眼失明了,这时他才28岁.1771年彼得堡的大火灾将带病而失明的64岁的欧拉被围困在大火中,虽然他被别人从火海中救了出来,但他的书房和大量研究成果全部化为灰烬了.

沉重的打击仍然没有使欧拉倒下,他发誓要把损失夺回来.欧拉完全失明以后,虽然生活在黑暗中,但仍然以惊人的毅力与黑暗搏斗,凭着记忆和心算进行研究,直到逝世,竟达17年之久.

欧拉的记忆力和心算能力是罕见的,他能够复述年青时代笔记的内容,心算并不限于简单的运算,高等数学一样可以用心算去完成.有一个例子足以说明他的本领,欧拉的两个学生把一个复杂的收敛级数的17项加起来,算到第50位数字,两人相差一个单位.欧拉为了确定究竟谁对,用心算进行全部运算,最后把错误找了出来.欧拉在失明的17年中,还解决了使牛顿头痛的月离问题和很多复杂的分析问题.

欧拉的风格是很高的,拉格朗日是稍后于欧拉的大数学家,从19岁起和欧拉通信,讨论等周问题的一般解法,这引起变分法的诞生.等周问题是欧拉多年来苦心考虑的问题,拉格朗日的解法,得到欧拉的热烈赞扬.1759年10月2日欧拉在回信中盛称拉格朗日的成就,并谦虚地压下自己在这方面较不成熟的作品暂不发表,使年青的拉格朗日的工作得以发表和流传,并赢得巨大的声誉.他晚年的时候,欧洲所有的数学家都把他当作老师,著名数学家拉普拉斯(Laplace)曾说过:"读读欧拉、读读欧拉,它是我们大家的老师!"当欧拉64岁高龄之时,一场突如其来的大火烧掉了他几乎全部的著述,而神奇的欧拉用了一年的时间口述了所有这些论文并作了修订.一年以后,1783年9月18日下午,欧拉为了庆祝他计算气球上升定律的成功,请朋友们吃饭,那时天王星刚发现不久,欧拉写出了计算天王星轨道的要领,还和他的孙子逗笑,喝完茶后,突然疾病发作,烟斗从手中落下,口里喃喃地说:"我要死了."欧拉终于"停止了生命和计算".

欧拉一生能取得伟大成就的原因在于:惊人的记忆力;聚精会神,从不受嘈杂和喧闹的干扰;镇静自若,孜孜不倦.

部分习题答案

第 4 章

习 题 4.1

1. (1) $|x| \geqslant |y|$;   (2) $1 < x^2 + y^2 < 2$;   (3) $x^2 + y^2 = 4$;   (4) $x^2 + y^2 + z^2 \leqslant 1$.

2. $t^2 f(x, y)$.   **3.** $\dfrac{x^2(1-y)}{1+y}$ **4.** (1) 1;   (2) $-\dfrac{1}{4}$;   (3) e;   (4) 2.

5. (1) $(0,0)$;   (2) $x^2 + y^2 = 2$.

习 题 4.2

1. $\dfrac{x-1}{1} = \dfrac{y-1}{0} = \dfrac{z-2}{2}$.

2. (1) $\dfrac{\partial z}{\partial x} = \dfrac{x-y}{x^2+y^2}$, $\dfrac{\partial z}{\partial x} = \dfrac{x+y}{x^2+y^2}$;   (2) $\dfrac{\partial z}{\partial x} = 2y\csc 2xy$, $\dfrac{\partial z}{\partial y} = 2x\csc 2xy$;

   (3) $\dfrac{\partial u}{\partial x} = \dfrac{y}{z}x^{\frac{y}{z}-1}$, $\dfrac{\partial u}{\partial y} = \dfrac{1}{z}x^{\frac{y}{z}}\ln x$, $\dfrac{\partial u}{\partial z} = -\dfrac{y}{z^2}x^{\frac{y}{z}}\ln x$;

   (4) $\dfrac{\partial u}{\partial x} = \dfrac{z(x-y)^{z-1}}{1+(x-y)^{2z}}$, $\dfrac{\partial u}{\partial y} = \dfrac{-z(x-y)^{z-1}}{1+(x-y)^{2z}}$, $\dfrac{\partial u}{\partial z} = \dfrac{(x-y)^z\ln(x-y)}{1+(x-y)^{2z}}$;

   (5) $\dfrac{\partial u}{\partial x} = y^z x^{y^z-1}$, $\dfrac{\partial u}{\partial y} = zx^{y^z}y^{z-1}\ln x$, $\dfrac{\partial y}{\partial z} = y^z x^{y^z}\ln x \ln y$;

   (6) $\dfrac{\partial u}{\partial x} = x^{y-1}y^{z+1}z^x + x^y y^z z^x \ln z$, $\dfrac{\partial u}{\partial y} = x^y y^{z-1}z^{x+1} + x^y y^z z^x \ln x$,

     $\dfrac{\partial u}{\partial z} = x^{y+1}y^z z^{x-1} + x^y y^z z^x \ln y$.

4. $f_x'(x,1) = 1$.   **5.** $f_{xx}''(0,0,1) = 2$, $f_{xx}''(1,0,2) = 2$, $f_{yz}''(0,-1,0) = 0$, $f_{zzx}'''(2,0,1) = 0$.

6. $\dfrac{\partial u}{\partial x} = \dfrac{y^2}{|y|(x^2+y^2)}$, $\dfrac{\partial u}{\partial y} = \dfrac{-xy}{|y|(x^2+y^2)}$; $\dfrac{\partial u}{\partial y}\Big|_{(x,0)}$ 不存在.

7. (1) $\dfrac{\partial^2 z}{\partial x^2} = 12x^2 - 4y^2$, $\dfrac{\partial^2 z}{\partial y^2} = 12y^2 - 4x^2$, $\dfrac{\partial^2 z}{\partial y\partial x} = \dfrac{\partial^2 z}{\partial x\partial y} = -8xy$;

   (2) $\dfrac{\partial^2 z}{\partial x^2} = \dfrac{2xy}{(x^2+y^2)^2}$, $\dfrac{\partial^2 z}{\partial y^2} = \dfrac{-2xy}{(x^2+y^2)^2}$, $\dfrac{\partial^2 z}{\partial y\partial x} = \dfrac{\partial^2 z}{\partial x\partial y} = \dfrac{y^2-x^2}{(x^2+y^2)^2}$;

   (3) $\dfrac{\partial^2 z}{\partial x^2} = y^2 e^{xy} - \sin(x+y)$, $\dfrac{\partial^2 z}{\partial y^2} = x^2 e^{xy} - \sin(x+y)$,

     $\dfrac{\partial^2 z}{\partial y\partial x} = \dfrac{\partial^2 z}{\partial x\partial y} = (1+xy)e^{xy} - \sin(x+y)$;

   (4) $\dfrac{\partial^2 z}{\partial x^2} = -\dfrac{2}{y}(2x^2\cos x^2 + \sin x^2)$, $\dfrac{\partial^2 z}{\partial y^2} = \dfrac{2}{y^3}\cos x^2$, $\dfrac{\partial^2 z}{\partial y\partial x} = \dfrac{\partial^2 z}{\partial x\partial y} = \dfrac{2}{y^2}x\sin x^2$.

10. $\dfrac{\partial^2 u}{\partial x^2} = yz(2+x)e^{x+y+z}$, $\dfrac{\partial^2 u}{\partial y^2} = xz(2+y)e^{x+y+z}$, $\dfrac{\partial^2 u}{\partial z^2} = xy(2+z)e^{x+y+z}$.

11. $\dfrac{\partial^3 z}{\partial y\partial x\partial y} = \dfrac{\partial}{\partial y}\left(\dfrac{\partial^2 z}{\partial y\partial x}\right) = \dfrac{\partial}{\partial y}\left(\dfrac{\partial^2 z}{\partial x\partial y}\right) = \dfrac{\partial^3 z}{\partial x\partial y^2}$.

习 题 4.3

1. $\mathrm{d}z\Big|_{\substack{x=1,\ y=1 \\ \Delta x=0.15,\ \Delta y=0.1}} = (\mathrm{e}^{xy}y\Delta x + \mathrm{e}^{xy}x\Delta y)\Big|_{\substack{x=1,\ y=1 \\ \Delta x=0.15,\ \Delta y=0.1}} = 0.25\mathrm{e}.$

2. (1) $\mathrm{d}z = \left(2xy + \dfrac{1}{y^2}\right)\mathrm{d}x + \left(x^2 - \dfrac{2x}{y^3}\right)\mathrm{d}y;$ (2) $\mathrm{d}z = \dfrac{1}{2x\sqrt{\ln(xy)}}\mathrm{d}x + \dfrac{1}{2y\sqrt{\ln(xy)}}\mathrm{d}y;$

    (3) $\mathrm{d}z = \dfrac{1}{y}\mathrm{e}^{\frac{x}{y}}\left(\mathrm{d}x - \dfrac{x}{y}\mathrm{d}y\right);$ (4) $\dfrac{4xy}{(x^2+y^2)^2}(y\mathrm{d}x - x\mathrm{d}y);$

    (5) $\mathrm{d}z = y(\cos xy - \sin 2xy)\mathrm{d}x + x(\cos xy - \sin 2xy)\mathrm{d}y;$

    (6) $\mathrm{d}u = a^{xyz}\ln a \cdot (yz\mathrm{d}x + xz\mathrm{d}y + xy\mathrm{d}z).$

3. $55.3\ \mathrm{cm}^3.$

习 题 4.4

1. (1) $\dfrac{\partial z}{\partial x} = 3x^2(\cos^2 y\sin y - \cos y\sin 2y),\quad \dfrac{\partial z}{\partial y} = x^3[\cos^3 y - \sin^3 y - x^3(\cos y + \sin y)\sin^2 y];$

    (2) $\dfrac{\partial z}{\partial x} = \dfrac{2x}{y^2}\ln(3x-2y) + \dfrac{3x^2}{(3x-2y)y^2},\quad \dfrac{\partial z}{\partial y} = -\dfrac{2x^2}{y^3}\ln(3x-2y) - \dfrac{2x^2}{(3x-2y)y^2}.$

2. (1) $\dfrac{\mathrm{d}z}{\mathrm{d}x} = \dfrac{\mathrm{e}^x(1+x)}{1+x^2\mathrm{e}^{2x}};$ (2) $\dfrac{\mathrm{d}z}{\mathrm{d}t} = \mathrm{e}^{\sin t - 2t^3}(\cos t - 6t^2);$ (3) $\dfrac{\mathrm{d}z}{\mathrm{d}t} = \dfrac{3(1-4t^2)}{\sqrt{1-(3t-4t^3)^2}};$

    (4) $\dfrac{\mathrm{d}z}{\mathrm{d}t} = \dfrac{1}{3x^2y+1}\left[2(6yt^2+2t+3)\cos(3x-y) - \dfrac{3}{2}(2t^2-2tx^2-3x^2)\cos(3x-y)\right].$

3. (1) $\dfrac{\partial z}{\partial x} = 2xf_1' + y\mathrm{e}^{xy}f_2',\quad \dfrac{\partial z}{\partial y} = -2yf_1' + x\mathrm{e}^{xy}f_2';$

    (2) $\dfrac{\partial u}{\partial x} = f_1' + 2xf_2',\quad \dfrac{\partial u}{\partial y} = f_1' + 2yf_2',\quad \dfrac{\partial u}{\partial z} = f_1' + 2zf_2'.$

4. $51.$ 5. $\dfrac{\partial^2 z}{\partial x\partial y} = yf'' + y\varphi'' + \varphi'.$

6. (1) $\dfrac{\partial^2 z}{\partial x^2} = 2f' + 4x^2f'',\quad \dfrac{\partial^2 z}{\partial y\partial x} = \dfrac{\partial^2 z}{\partial x\partial y} = 4xyf'',\quad \dfrac{\partial^2 z}{\partial y^2} = 2f' + 4y^2f''.$

    (2) $\dfrac{\partial^2 z}{\partial x^2} = f_{11}'' + \dfrac{2}{y}f_{12}'' + \dfrac{1}{y^2}f_{22}'',\quad \dfrac{\partial^2 z}{\partial y\partial x} = \dfrac{\partial^2 z}{\partial x\partial y} = -\dfrac{x}{y^2}f_{12}'' - \dfrac{x}{y^3}f_{22}'' - \dfrac{1}{y^2}f_2',$

    $\dfrac{\partial^2 z}{\partial y^2} = \dfrac{2x}{y^3}f_2' + \dfrac{x^2}{y^4}f_{22}'';$

    (3) $\dfrac{\partial^2 z}{\partial x^2} = 2yf_2' + y^4f_{11}'' + 4xy^3f_{12}'' + 4x^2y^2f_{22}'',$

    $\dfrac{\partial^2 z}{\partial y\partial x} = \dfrac{\partial^2 z}{\partial x\partial y} = 2yf_1' + 2xf_2' + 2xy^3f_{11}'' + 5x^2y^2f_{12}'' + 2x^3yf_{22}'',$

    $\dfrac{\partial^2 z}{\partial y^2} = 2xf_1' + 4x^2y^2f_{11}'' + 4x^3yf_{12}'' + x^4f_{22}'';$

    (4) $\dfrac{\partial^2 z}{\partial x^2} = \mathrm{e}^{x+y}f_3' - f_1'\sin x + f_{11}''\cos^2 x + 2f_{13}''\mathrm{e}^{x+y}\cos x + f_{33}''\mathrm{e}^{2(x+y)},$

    $\dfrac{\partial^2 z}{\partial y\partial x} = \dfrac{\partial^2 z}{\partial x\partial y} = \mathrm{e}^{x+y}f_3' - f_{12}''\cos x\sin y + \mathrm{e}^{x+y}f_{13}''\cos x - \mathrm{e}^{x+y}f_{23}''\sin y + \mathrm{e}^{2(x+y)}f_{33}'',$

    $\dfrac{\partial^2 z}{\partial y^2} = \mathrm{e}^{x+y}f_3' - f_2'\cos y + f_{22}''\sin^2 y - 2\mathrm{e}^{x+y}f_{23}''\sin y + \mathrm{e}^{2(x+y)}f_{33}''.$

习 题 4.5

1. (1) $\dfrac{\mathrm{d}y}{\mathrm{d}x} = \dfrac{y^2 - \mathrm{e}^x}{\cos y - 2xy},\quad \dfrac{\mathrm{d}y}{\mathrm{d}x}\Big|_{\substack{x=1 \\ y=0}} = -\mathrm{e};$ (2) $\dfrac{\mathrm{d}y}{\mathrm{d}x} = \dfrac{x+y}{x-y},\quad \dfrac{\mathrm{d}y}{\mathrm{d}x}\Big|_{\substack{x=1 \\ y=0}} = 1.$

2. (1) $\dfrac{\partial z}{\partial x} = \dfrac{2yz - \sqrt{xyz}}{\sqrt{xyz} - 2xy}$, $\dfrac{\partial z}{\partial y} = \dfrac{2xz - 2\sqrt{xyz}}{\sqrt{xyz} - 2xy}$, $\dfrac{\partial z}{\partial x}\Big|_{(1,1,1)} = -1$, $\dfrac{\partial z}{\partial y}\Big|_{(1,1,1)} = 0$;

 (2) $\dfrac{\partial z}{\partial x} = \dfrac{z}{x+z}$, $\dfrac{\partial z}{\partial y} = \dfrac{z^2}{y(x+z)}$, $\dfrac{\partial z}{\partial x}\Big|_{(1,1,1)} = \dfrac{1}{2}$, $\dfrac{\partial z}{\partial y}\Big|_{(1,1,1)} = \dfrac{1}{2}$.

6. $\dfrac{\partial^2 z}{\partial x \partial y} = \dfrac{z(z^4 - 2xyz^2 - x^2 y^2)}{(z^2 - xy)^3}$.　**7.** $\dfrac{\partial^2 V}{\partial T^2} = \dfrac{(F''_{TT}F'_V - (F''_{VT}F'_T)F'_V - F''_{VT}F'_V - F''_{VV}F'_T)F'_T}{(F'_V)^3}$.

8. $\dfrac{\mathrm{d}x}{\mathrm{d}z} = \dfrac{y-z}{x-y}$, $\dfrac{\mathrm{d}y}{\mathrm{d}z} = \dfrac{z-x}{x-y}$.

9. $\dfrac{\partial x}{\partial r} = \dfrac{r(r-y)}{x(x+y)}$, $\dfrac{\partial x}{\partial s} = \dfrac{1-y}{x(x+y)}$, $\dfrac{\partial y}{\partial r} = \dfrac{r(r-x)}{y(x+y)}$, $\dfrac{\partial y}{\partial s} = \dfrac{1+x}{y(x+y)}$.

10. (1) $\dfrac{\partial u}{\partial x} = \dfrac{-u(2vyg'_2 - 1)f'_1 - f'_2 g'_1}{(xf'_1 - 1)(2vyg'_2 - 1) - f'_2 g'_1}$, $\dfrac{\partial v}{\partial x} = \dfrac{(xf'_1 + uf'_1 - 1)g'_1}{(xf'_1 - 1)(2vyg'_2 - 1) - f'_2 g'_1}$;

 (2) $\dfrac{\partial z}{\partial x} = -\mathrm{e}^{-u}(v\cos v - u\sin v)$, $\dfrac{\partial z}{\partial y} = \mathrm{e}^{-u}(u\cos v - v\sin v)$.

习　题　4.6

1. (1) $x - \dfrac{1}{2} = \dfrac{y-2}{-4} = \dfrac{z-1}{8}$, $2x - 8y + 16z = 1$;

 (2) $\dfrac{x - \dfrac{\pi}{2}}{2} = \dfrac{y-3}{-2} = \dfrac{z-1}{3}$, $2x - 2y + 3z = \pi - 3$;

 (3) $\dfrac{x-1}{16} = \dfrac{y-1}{9} = \dfrac{z-1}{-1}$, $16x + 9y - z = 24$.

2. (1) $\begin{cases} x - 2 = \dfrac{y-1}{2}, \\ z = 0 \end{cases}$ $x + 2y = 4$;　(2) $x + y - 2z = 0$, $x - 1 = y - 1 = \dfrac{z-1}{-2}$;

 (3) $x - y + 2z = \dfrac{\pi}{2}$, $x - 1 = \dfrac{y-1}{-1} = \dfrac{z - \dfrac{\pi}{4}}{2}$.

3. $(-1, 1, -1)$ 和 $\left(-\dfrac{1}{3}, \dfrac{1}{9}, -\dfrac{1}{27}\right)$.　**4.** $x - y + 2z = \pm\dfrac{\sqrt{22}}{2}$.

5. $(-3, -1, 3)$；$x + 3 = \dfrac{y+1}{3} = z - 3$.

习　题　4.7

1. (1) $1 + 2\sqrt{3}$;　(2) $-\sqrt{2}\mathrm{e}^5$;　(3) $\dfrac{98}{13}$;　(4) $\dfrac{1}{ab}\sqrt{2(a^2 + b^2)}$.

2. (1) $(8, 5)$;　(2) $\left(-\dfrac{1}{2}, 1\right)$;　(3) $(0, 3)$;　(4) $(\mathrm{e}, 2\mathrm{e}, 3\mathrm{e})$.

4. (1) $\dfrac{\partial u}{\partial l}\Big|_{(1,2,1)} = \dfrac{5}{\sqrt{3}}\left(1 + \dfrac{1}{2\ln 10}\right)$;

 (2) 沿与 $\mathbf{grad}\, u\big|_{(1,2,1)}$ 正交方向上的方向导数为零,即方向向量

$$l_1 = \lambda(-1, 2, 0) + \mu(-1, 0, 1) \quad (\lambda, \mu \text{ 为不同时为零的任意实数});$$

 (3) 沿梯度的方向导数取得最大值, 最大值为 $3\left(1 + \dfrac{1}{2\ln 10}\right)$.

5. $\dfrac{11}{7}$.

习　题　4.8

1. (1) 极大值 $f(2,-2)=8$；　(2) 极小值 $f\left(\dfrac{1}{2},-1\right)=-\dfrac{e}{2}$.

2. 两直角边均为 $\dfrac{l}{\sqrt{2}}$.　　**3.** $\dfrac{l}{3}$ 和 $\dfrac{2l}{3}$.　　**4.** 边长均为 $\dfrac{2a}{\sqrt{3}}$.　　**5.** $\dfrac{\sqrt{2}}{2}$.

6. $\sqrt{9+5\sqrt{3}}$ 和 $\sqrt{9-5\sqrt{3}}$.　　**7.** 切点 $M\left(\dfrac{a}{\sqrt{3}},\dfrac{b}{\sqrt{3}},\dfrac{c}{\sqrt{3}}\right)$，最小体积 $V_{\min}=\dfrac{\sqrt{3}}{2}abc$.

综合习题 4

1. (1) (D)；　(2) (D).　(3) (A)；　(4) (D).

2. (1) $\varphi(0,0)(\mathrm{d}x+\mathrm{d}y)$；　(2) 2；　(3) $y=x+1$；　(4) $\dfrac{1}{\sqrt{3}}$；　(5) $2x=x(y,z)$ 和 $y=y(z,x)$.

3. $\dfrac{\mathrm{d}u}{\mathrm{d}x}=f_1'+f_2'\cos x-\dfrac{f_3'}{\varphi_3'}(2x\varphi_1'+\varphi_2'\mathrm{e}^y\cos x)$.　　**4.** $\dfrac{\mathrm{d}u}{\mathrm{d}x}=f_x'-\dfrac{y}{x}f_y'+\dfrac{\sin(x-y)-\mathrm{e}^x(x-z)}{\sin(x-z)}f_z'$.

5. $f(u)=\ln|u|$.　　**6.** $\cos\theta=\dfrac{3}{\sqrt{22}}$.　　**7.** $V=\dfrac{9}{2}a^3$.　　**8.** $(-4,-6)$.

9. 最大值为 $f(0,2)=8$，　最小值为 $f(0,0)=0$.

10. $|z|_{\max}=\dfrac{1}{\sqrt{2}}\sqrt{x^2+y^2}\Big|_{(-5,-5)}=5$，　$|z|_{\min}=\dfrac{1}{\sqrt{2}}\sqrt{x^2+y^2}\Big|_{(1,1)}=1$.

第　5　章

习　题　5.1

1. (1) $\displaystyle\iint\limits_{D}(x+y)^2\mathrm{d}\sigma\geqslant\iint\limits_{D}(x+y)^3\mathrm{d}\sigma$；　(2) $\displaystyle\iint\limits_{D}\ln(x+y)\mathrm{d}\sigma\geqslant\iint\limits_{D}[\ln(x+y)]^2\mathrm{d}\sigma$；

2. (1) $0\leqslant I\leqslant\pi^2$；　(2) $\dfrac{3\pi}{\mathrm{e}^4}\leqslant I\leqslant\dfrac{3\pi}{\mathrm{e}}$.　　**3.** $\pi f(0,0)$.

习　题　5.2

1. (1) $\displaystyle\int_0^4\mathrm{d}x\int_x^{\sqrt{4x}}f(x,y)\mathrm{d}y$，　$\displaystyle\int_0^4\mathrm{d}y\int_{\frac{y^2}{4}}^y f(x,y)\mathrm{d}x$；

(2) $\displaystyle\int_{\frac{1}{2}}^1\mathrm{d}y\int_{\frac{1}{y}}^2 f(x,y)\mathrm{d}x+\int_1^2\mathrm{d}y\int_y^2 f(x,y)\mathrm{d}x$，　$\displaystyle\int_1^2\mathrm{d}x\int_{\frac{1}{x}}^x f(x,y)\mathrm{d}y$；

2. (1) $\dfrac{8}{3}$；　(2) $\dfrac{6}{55}$；　(3) $\mathrm{e}-\dfrac{1}{\mathrm{e}}$；　(4) $\dfrac{13}{6}$；　(5) $\pi^2-\dfrac{32}{9}$；　(6) $14a^4$；　(7) $-\dfrac{2}{3}$；　(8) π；

(9) $\mathrm{e}-1$；　(10) 4π.

3. (1) $\displaystyle\int_0^1\mathrm{d}x\int_x^1 f(x,y)\mathrm{d}y$；　　(2) $\displaystyle\int_0^4\mathrm{d}x\int_{\frac{x}{2}}^{\sqrt{x}}f(x,y)\mathrm{d}y$；　　(3) $\displaystyle\int_0^1\mathrm{d}y\int_{2-y}^{1+\sqrt{1-y^2}}f(x,y)\mathrm{d}x$；

(4) $\displaystyle\int_0^1\mathrm{d}y\int_{\mathrm{e}^y}^{\mathrm{e}}f(x,y)\mathrm{d}x$；　　(5) $\displaystyle\int_{-2}^0\mathrm{d}x\int_{2x+4}^{4-x^2}f(x,y)\mathrm{d}y$；　　(6) $\displaystyle\int_0^2\mathrm{d}x\int_{\frac{x}{2}}^{3-x}f(x,y)\mathrm{d}y$.

4. (1) $\dfrac{1}{2}(1-\cos 1)$；　(2) $\dfrac{1}{12}\pi$.　　**5.** $\dfrac{17}{6}$.　　**6.** $\dfrac{16}{3}R^3$.　　**7.** $\dfrac{4}{3}$.

8. (1) $\pi(\mathrm{e}^4-1)$；　(2) $\dfrac{\pi}{4}(2\ln 2-1)$；　(3) $\dfrac{3}{64}\pi^2$.　　(4) $\dfrac{9}{4}$；　(5) $\dfrac{\pi}{8}(\pi-2)$；

(6) $\dfrac{2}{3}\pi(b^3-a^3)$;　　　(7) $\dfrac{R^3}{3}\left(\pi-\dfrac{4}{3}\right)$;　　　(8) $\dfrac{\pi}{2}\left(1-\dfrac{1}{e}\right)$.

9. (1) $\displaystyle\int_0^{\frac{\pi}{2}}d\theta\int_0^{2a\cos\theta}r^3\,dr=\dfrac{3}{4}\pi a^4$;　　　(2) $\displaystyle\int_0^{\frac{\pi}{4}}d\theta\int_0^{a\sec\theta}r^2\,dr=\dfrac{a^3}{6}[\sqrt{2}+\ln(1+\sqrt{2})]$;

（3) $\displaystyle\int_0^{\frac{\pi}{4}}d\theta\int_0^{\sec\theta\tan\theta}dr=\sqrt{2}-1$;　　　(4) $\displaystyle\int_0^{\frac{\pi}{2}}d\theta\int_0^{a}r^3\,dr=\dfrac{1}{8}\pi a^4$.

(5) $\displaystyle\int_{\frac{\pi}{4}}^{\frac{\pi}{3}}d\theta\int_0^{2\sec\theta}f(r)r\,dr$;　　　(6) $\displaystyle\int_0^{\frac{\pi}{2}}d\theta\int_{\frac{1}{\cos\theta+\sin\theta}}^{1}f(r\cos\theta,r\sin\theta)r\,dr$.

10. $\left(\dfrac{\sqrt{3}}{2}+\dfrac{\pi}{3}\right)a^2$.　　**11.** 6π.　　**12.** $\dfrac{3}{32}\pi a^4$.　　**13.** $\dfrac{5}{3}k\pi a^3$.

14. (1) $\dfrac{1}{3}\pi^4$;　(2) $\dfrac{7}{3}\ln 2$;　(3) $\dfrac{1}{2}(e-1)$;　(4) $\dfrac{1}{2}\pi ab$.　　**15.** (1) $2\ln 3$;　(2) $\dfrac{1}{8}$.

习　题　5.3

1. (1) $\dfrac{1}{2}\sqrt{a^2b^2+b^2c^2+a^2c^2}$;　(2) $\sqrt{2}\pi$;　(3) $2a^2(\pi-2)$, $4a^2$;　(4) $2a^2$.

2. (1) $\bar{x}=\dfrac{3}{5}x_0$, $\bar{y}=\dfrac{3}{8}y_0$;　(2) $\bar{x}=0$, $\bar{y}=\dfrac{4b}{3\pi}$;　(3) $\bar{x}=\dfrac{a^2+ab+b^2}{2(a+b)}$, $\bar{y}=0$;　(4) $\bar{x}=\dfrac{35}{48}$, $\bar{y}=\dfrac{35}{54}$.

3. (1) $I_y=\dfrac{1}{4}\pi a^3b$;　(2) $I_x=\dfrac{72}{5}$, $I_y=\dfrac{96}{7}$;　(3) $\dfrac{368}{105}\rho$.

4. $F=G\rho\left(2\ln\dfrac{R_2+\sqrt{R_2^2+a^2}}{R_1+\sqrt{R_1^2+a^2}}-\dfrac{2R_2}{\sqrt{R_2^2+a^2}}+\dfrac{2R_1}{\sqrt{R_1^2+a^2}},\ 0,\ a\pi\left(\dfrac{1}{\sqrt{R_2^2+a^2}}-\dfrac{1}{\sqrt{R_1^2+a^2}}\right)\right)$.

习　题　5.4

1. (1) $\dfrac{1}{364}$;　(2) $\dfrac{1}{2}\left(\ln 2-\dfrac{5}{8}\right)$;　(3) $\dfrac{1}{48}$;　(4) $\dfrac{1}{4}\pi h^2R^2$.

2. (1) $\dfrac{7\pi}{12}$;　(2) $\dfrac{16}{3}\pi$;　(3) $\dfrac{3}{2}\pi a^3$;　(4) $\dfrac{1024}{3}\pi$.

3. $2\pi ht\left[f(t^2)+\dfrac{h^2}{3}\right]$.　　**4.** (1) $\dfrac{4}{5}\pi$;　(2) $\dfrac{7}{6}\pi a^4$;　(3) $\dfrac{4}{3}\pi a^2$;　(4) $\dfrac{59}{480}\pi R^5$.

5. (1) $\dfrac{1}{8}$;　(2) 2π;　(3) 8π;　(4) $\dfrac{4}{15}\pi(A^5-a^5)$;　(5) 0.　　**6.** $k\pi R^4$.

7. (1) $\left(0,0,\dfrac{3}{4}\right)$;　(2) $\left(0,0,\dfrac{3(A^4-a^4)}{8(A^3-a^3)}\right)$;　(3) $\left(\dfrac{2}{5}a,\dfrac{2}{5}a,\dfrac{7}{30}a^2\right)$.

8. (1) $\dfrac{8}{3}a^4$;　(2) $\left(0,0,\dfrac{7}{15}a^2\right)$;　(3) $\dfrac{112}{45}\rho a^6$.

9. $F=\left(0,\ \ 0,\ \ -2\pi G\rho[\sqrt{(h-a)^2+R^2}-\sqrt{R^2+a^2}+h]\right)$.

综合习题 5

1. (1) (C);　(2) (C).　　**2.** (1) $4-\dfrac{\pi}{2}$;　(2) $\dfrac{\pi}{2}\ln 2$;　(3) $\dfrac{\pi}{4}R^4\left(\dfrac{1}{a^2}+\dfrac{1}{b^2}\right)$;　(4) $\dfrac{8}{15}$;　(5) $\dfrac{3}{8}$.

3. $\dfrac{A^2}{2}$.　　**4.** $4ac\pi^2$.　　**5.** (1) $\dfrac{\pi}{4}$;　(2) $\left(\dfrac{8\sqrt{2}}{5}-\dfrac{89}{60}\right)\pi$;　(3) $\dfrac{256}{3}\pi$;　(4) $\dfrac{4\pi}{15}abc(a^2+b^2+c^2)$.

6. 至少为三阶无穷小.　　**7.** (1) $\dfrac{1}{2}\pi h\rho a^4$;　　(2) $\dfrac{1}{12}\pi a^2h^3+\dfrac{1}{4}\pi ha^4$.

第 6 章

习 题 6.1

1. (1) $2\pi a^{2n+1}$. (2) $2a^3$. (3) $\frac{3}{2}\sqrt{2}$; (4) $e^a\left(2+\frac{1}{4}\pi a\right)-2$; (5) $\frac{32}{3}a^3$;

(6) $\frac{\sqrt{3}}{2}\left(1-\frac{1}{e^2}\right)$; (7) $4a^{\frac{7}{3}}$; (8) $\frac{2\sqrt{2}}{3}a^3$.

2. 以圆心为坐标原点, 对称轴为 y 轴, 则质心为 $\left(0,\frac{a\sin\varphi}{\varphi}\right)$.

3. (1) 质心坐标: $\left(\frac{6ak^2}{3a^2+4\pi^2k^2},\frac{-6\pi ak^2}{3a^2+4\pi^2k^2},\frac{3k(\pi a^2+2\pi^3k^2)}{3a^2+4\pi^2k^2}\right)$;

(2) 转动惯量: $I_z=\frac{2}{3}\pi a^2\sqrt{a^2+k^2}(3a^2+4\pi^2k^2)$.

习 题 6.2

1. (1) $-\frac{56}{15}$; (2) 0; (3) $-\frac{1}{2}\pi a^3$; (4) -2π; (5) $-\frac{14}{15}$;

(6) (i) $\frac{34}{3}$, (ii) 11, (iii) 14, (iv) $\frac{32}{3}$; (7) 0; (8) $\frac{1}{3}k^3\pi^3-a^2\pi$;

(9) 13; (10) $\frac{1}{2}$;. (11) -2π.

2. $\left(\frac{a}{\sqrt{3}},\frac{b}{\sqrt{3}},\frac{c}{\sqrt{3}}\right),W_{\max}=\frac{\sqrt{3}}{9}abc$.

3. (1) (i) $\int_L\frac{P+2xQ}{\sqrt{1+4x^2}}ds$, (ii) $\int_L[\sqrt{2x-x^2}P+(1-x)Q]ds$; (2) $\int_\Gamma\frac{P+2xQ+3yR}{\sqrt{1+4x^2+9y^2}}ds$.

习 题 6.3

1. (1) $\frac{1}{30}$; (2) 8; (3) 12; (4) 0; (5) $\frac{\pi^2}{4}$; (6) $\frac{\sin 2}{4}-\frac{7}{6}$;

(7) (i) -2π, (ii) 0, (iii) -2π, (iv) $\frac{3}{2}\pi$; (8) $\frac{4}{25}(1-e^\pi)$.

2. (1) $\frac{3}{8}\pi a^2$; (2) 12π; (3) πa^2. **3.** (1) $\frac{5}{2}$; (2) 236; (3) 5.

4. (1) $\frac{1}{2}x^2+2xy+\frac{1}{2}y^2$; (2) x^2y; (3) $-\cos 2x\cdot\sin 3y$;

(4) $x^3y+4x^2y^2-12e^y+12ye^y$; (5) $y^2\sin x+x^2\cos y$; (6) $\frac{1}{2}\ln(x^2+y^2)$.

5. $\lambda=3$, $I=95$.

习 题 6.4

1. (1) (i) $\frac{1+\sqrt{2}}{2}\pi$, (ii) 9π; (2) (i) $\frac{13}{3}\pi$, (ii) $\frac{149}{30}\pi$, (iii) $\frac{111}{10}\pi$; (3) $4\sqrt{61}$; (4) $-\frac{27}{4}$;

(5) $\pi a(a^2-h^2)$; (6) $\frac{64}{15}\sqrt{2}a^4$.

2. (1) $\frac{2\pi}{15}(1+6\sqrt{3})$; (2) $\frac{8}{3}\pi R^4$.

习　题　6.5

1. (1) $\dfrac{2}{105}\pi R^7$；　(2) $\dfrac{3}{2}\pi$；　(3) $\dfrac{1}{2}$；　(4) $\dfrac{1}{8}$.

2. (1) $\displaystyle\iint\limits_{\Sigma}\left(\dfrac{3}{5}P+\dfrac{2}{5}Q+\dfrac{2}{5}\sqrt{3}R\right)\mathrm{d}S$；　(2) $\displaystyle\iint\limits_{\Sigma}\dfrac{2xP+2yQ+R}{\sqrt{1+4x^2+4y^2}}\mathrm{d}S.$

习　题　6.6

1. (1) $3a^4$；　(2) $\dfrac{12}{5}\pi a^5$；　(3) $-\dfrac{2}{5}\pi a^5$；　(4) 108π；　(5) $\dfrac{2}{3}hR^3+\dfrac{\pi}{8}h^2R^2$；

(6) 0；　(7) $2\pi R^3$；　(8) $\dfrac{12}{5}\pi R^5$.

习　题　6.7

1. (1) 9π；　(2) $-2\pi a(a+b)$；　(3) -20π；　(4) $-\sqrt{3}\pi a^2$.

2. -24.

习　题　6.8

1. (1) 0；　(2) 108π.

2. (1) $2(x+y+z)$；　(2) $y\mathrm{e}^{xy}-x\sin(xy)-2xz\sin(xz^2)$.

3. (1) 2π；　(2) 12π.

4. (1) $(2,4,6)$；　(2) $-(y^2\cos z,\ z^2\cos x,\ x^2\cos y)$.

5. (1) 0；　(2) -4.

综合习题 6

1. $\dfrac{2}{3}\pi a^3$.　　**2.** $-\dfrac{1}{2}\pi^2$.　　**3.** $a=1$；$\pi-\dfrac{8}{3}$.　　**4.** $\dfrac{\pi}{2}a^2(b-a)+2a^2b$.　　**5.** π.

6. $\dfrac{c}{d}-\dfrac{a}{b}$.　　**7.** (2) $\varphi(y)=-y^2$.　　**8.** 2.　　**9.** $\lambda=-1$；$u=C-\arctan\dfrac{y}{x^2}$.　　**10.** $\dfrac{4}{\sqrt{3}}$.

11. $\dfrac{1}{2}$.　**12.** $\dfrac{3}{2}\pi$.　**13.** $S(R)=2\pi R^2-\dfrac{\pi}{a}R^3$；$S\left(\dfrac{4a}{3}\right)=\dfrac{32}{27}\pi a^2$.　**14.** $-\dfrac{\pi}{2}$.

15. $V(t)=\dfrac{\pi}{4}h^3(t)$，$S(t)=\dfrac{13}{12}\pi h^2(t)$，$\dfrac{\mathrm{d}V}{\mathrm{d}t}=-0.9S$. $T=100(\mathrm{h})$.

16. 4π.　**17.** $\dfrac{\pi^2R}{2}$.　**18.** $\dfrac{\pi}{3}$.　**19.** $-\dfrac{\pi}{2}a^3$.　**20.** 12π.

第　7　章

习　题　7.1

1. (1) 发散；(2) 收敛；　(3) 收敛；(4) 发散；　(5) 发散；(6) 收敛；

(7) 发散；(8) 发散；(9) 发散.

2. 级数 $\displaystyle\sum_{n=1}^{\infty}(a_n+b_n)$ 必发散. 事实上，不妨设级数 $\displaystyle\sum_{n=1}^{\infty}a_n$ 收敛，$\displaystyle\sum_{n=1}^{\infty}b_n$ 发散，若 $\displaystyle\sum_{n=1}^{\infty}c_n$ 收敛，则级数

$\displaystyle\sum_{n=1}^{\infty}b_n=\sum_{n=1}^{\infty}(c_n-a_n)$ 收敛，与假设 $\displaystyle\sum_{n=1}^{\infty}b_n$ 发散矛盾.

习　题　7.2

1. (1) 发散； (2) 收敛； (3) 收敛； (4) 收敛； (5) 收敛； (6) 发散； (7) 发散；

(8) 收敛； (9) 收敛 $\left(因为\ 0<\int_0^{\frac{1}{n}}\dfrac{\sqrt{x}\,\mathrm{d}x}{1+x^2}\leqslant\int_0^{\frac{1}{n}}\sqrt{x}\,\mathrm{d}x=\dfrac{2}{3}\dfrac{1}{n^{\frac{3}{2}}}\right)$；

(10) 当 $a>1$ 时,收敛；当 $0<a\leqslant1$ 时,发散； (11) 收敛； (12) 收敛.

2. (1) 收敛； (2) 收敛； (3) 收敛； (4) 收敛； (5) 收敛；

(6) 当 $0<x<\mathrm{e}$ 时收敛，当 $x\geqslant\mathrm{e}$ 时发散.

3. 当 $\lambda>0$ 时级数收敛；当 $\lambda\leqslant0$ 时级数发散.

4. (1) 绝对收敛； (2) 发散(通项不趋于零)； (3) 条件收敛； (4) 发散(通项不趋于零)；

(5) 绝对收敛； (6) 条件收敛； (7) 条件收敛.

习　题　7.3

1. (1) $R=2,(-2,2)$； (2) $R=1,(-1,1)$； (3) $R=+\infty,(-\infty,+\infty)$；

(4) $R=2,[-2,2)$； (5) $R=2,(-1,3)$； (6) $R=1,[4,6)$.

2. (1) $\dfrac{1}{(1-x)^2}\quad(-1<x<1)$；

(2) $\dfrac{1}{4}\ln\dfrac{1+x}{1-x}+\dfrac{1}{2}\arctan x-x\quad(-1<x<1)$；

(3) $\dfrac{1+x}{(1-x)^2}\quad(-1<x<1)$；

(4) $s(x)=\begin{cases}1+\dfrac{1-x}{x}\ln(1-x) & 当\ x\in[-1,0)\cup(0,1)\\ 0 & 当\ x=0\\ 1 & 当\ x=1\end{cases}$；

(5) $\ln4-\ln[4-(x-1)^2]\quad(-1<x<3)$；

(6) $s(x)=x\mathrm{e}^{x^2}\quad(-\infty<x<+\infty)$.

习　题　7.4

1. (1) $\displaystyle\sum_{n=1}^{\infty}\dfrac{x^{2n-1}}{(2n-1)!}\quad(-\infty,+\infty)$；

(2) $\ln a+\displaystyle\sum_{n=1}^{\infty}\dfrac{(-1)^{n-1}}{na^n}x^n\quad(-a,a]$；

(3) $\displaystyle\sum_{n=0}^{\infty}(-1)^n\dfrac{\ln^n a}{n!}x^n\quad(-\infty,+\infty)$；

(4) $\displaystyle\sum_{n=1}^{\infty}\dfrac{(-1)^{n-1}}{(2n-1)!2^{2n-1}}x^{2n-1}\quad(-\infty,+\infty)$；

(5) $1+\displaystyle\sum_{n=1}^{\infty}(-1)^n\dfrac{2^{2n-1}}{(2n)!}x^{2n}\quad(-\infty,+\infty)$；

(6) $x+\displaystyle\sum_{n=2}^{\infty}\dfrac{(-1)^n}{n(n-1)}x^n\quad(-1,1]$；

(7) $\displaystyle\sum_{n=1}^{\infty}\dfrac{nx^{n-1}}{(n+1)!}\quad(-\infty,0)\cup(0,+\infty)$；

(8) $\displaystyle\sum_{n=1}^{\infty}\dfrac{(-1)^{n+1}}{n^2}x^n\quad(-1,1)$；

(9) $\displaystyle\sum_{n=1}^{\infty}\dfrac{x^{2n-1}}{2n-1}\quad(-1,1)$；

(10) $\displaystyle\sum_{n=1}^{\infty}\dfrac{1+(-1)^{n+1}2^n}{3}x^n\quad\left(-\dfrac{1}{2},\dfrac{1}{2}\right)$；

(11) $\displaystyle\sum_{n=0}^{\infty}\dfrac{(n+1)(n+2)}{2}x^n\quad(-1,1)$；

(12) $x+\displaystyle\sum_{n=1}^{\infty}(-1)^n\dfrac{(2n-1)!!}{(2n+1)n!2^n}x^{2n+1}\quad[-1,1]$；

(13) $\displaystyle\sum_{n=0}^{\infty}\dfrac{(-1)^n x^{2n+1}}{(2n+1)!}\quad(-\infty,+\infty)$.

2. (1) $\dfrac{1}{\ln10}\displaystyle\sum_{n=1}^{\infty}\dfrac{(-1)^{n-1}}{n}(x-1)^n\quad(0,2]$；

(2) $\displaystyle\sum_{n=1}^{\infty}n(x+1)^{n-1}\quad(-2,0)$；

(3) $\sum\limits_{n=0}^{\infty}\left(\dfrac{1}{2^{n+1}}-\dfrac{1}{3^{n+1}}\right)(x+4)^n$ $(-6,-2)$;

(4) $1+\dfrac{3}{2}(x-1)+\dfrac{3\cdot1}{2^2\,2!}(x-1)^2+(-1)^n\dfrac{3(2n-5)!!}{2^n n!}(x-1)^n+\cdots$ $(0,2)$;

(5) $\dfrac{1}{2}\sum\limits_{n=0}^{\infty}(-1)^n\left[\dfrac{\left(x+\dfrac{\pi}{3}\right)^{2n}}{(2n)!}+\dfrac{\sqrt{3}\left(x+\dfrac{\pi}{3}\right)^{2n+1}}{(2n+1)!}\right]$ $(-\infty,+\infty)$.

3. $\dfrac{200!}{50!}$. **4.** (1) 1.6487; (2) 0.9994; (3) 0.4940; (4) $\sum\limits_{n=0}^{\infty}(-1)^n\dfrac{x^{2n}}{2n+1}$, 0.49.

习　题　7.5

1. (1) $1-x^2=\dfrac{11}{12}+\dfrac{1}{\pi^2}\sum\limits_{n=1}^{\infty}\dfrac{(-1)^n}{n^2}\cos 2n\pi x,\ x\in\mathbf{R}$;

(2) 当 $x\neq0,\pm2$ 时，$f(x)=\dfrac{k}{2}+\dfrac{2k}{\pi}\left(\sin\dfrac{\pi x}{2}+\dfrac{1}{3}\sin\dfrac{3\pi x}{2}+\dfrac{1}{5}\sin\dfrac{5\pi x}{2}+\cdots\right)$,

当 $x=0,\pm2$ 时，右端级数收敛于 $\dfrac{k}{2}$.

2. (1) 当 $x\neq(2k+1)\pi$ $(k=0,\pm1,\cdots)$ 时，$\mathrm{e}^{2x}=\dfrac{2\sinh2\pi}{\pi}\left[\dfrac{1}{4}+\sum\limits_{n=1}^{\infty}\dfrac{(-1)^n}{n^2+4}(2\cos nx-n\sin nx)\right]$,

当 $x=(2k+1)\pi$ $(k=0,\pm1,\cdots)$ 时，右端级数收敛于 $\dfrac{\mathrm{e}^{-2\pi}+\mathrm{e}^{2\pi}}{2}$;

(2) $\pi-|x|=\dfrac{\pi}{2}+\sum\limits_{n=1}^{\infty}\dfrac{4}{(2n-1)^2\pi}\cos nx$ $(-\infty,+\infty)$;

(3) 当 $-\pi<x<\pi$ 时，$2\sin\dfrac{x}{3}=\dfrac{18\sqrt{3}}{\pi}\sum\limits_{n=1}^{\infty}\dfrac{(-1)^{n-1}n}{9n^2-1}\sin nx$,

当 $x=\pm\pi$ 时，右端级数收敛于 0;

(4) $\cos\dfrac{x}{2}=\dfrac{2}{\pi}+\dfrac{4}{\pi}\sum\limits_{n=1}^{\infty}\dfrac{(-1)^{n-1}}{4n^2-1}\cos nx$ $[-\pi,\pi]$.

3. (1) 当 $-\pi<x<\pi$ 时，$x^2=\dfrac{2}{\pi}\sum\limits_{n=1}^{\infty}\left[-\dfrac{2}{n^3}+(-1)^n\left(\dfrac{2}{n^3}-\dfrac{\pi^2}{n}\right)\right]\sin nx$,

当 $x=\pm\pi$ 时，右端级数收敛于 0;

(2) 当 $x\in[0,\pi]$ 时，$x^2=\dfrac{\pi^2}{3}+4\sum\limits_{n=1}^{\infty}\dfrac{(-1)^n}{n^2}\cos nx$;

(3) $\dfrac{\pi^2}{12}$.

4. $s(x)=\begin{cases}x & \text{当 }|x|<1\\0 & \text{当 }1<|x|\leqslant2\\\dfrac{1}{2} & \text{当 }x=1\\-\dfrac{1}{2} & \text{当 }x=-1\end{cases}$；$s(1)=\dfrac{1}{2}$.

综合习题 7

1. (1)(D)；(2)(A). (3)(A)；(4)(A)；(5)(C). **2.** (1) 收敛；(2) 发散. **3.** (1) 1.

5. 条件收敛. **8.** $R=4$, $(-5,3)$. **9.** (1) $R=3$, $(-2,4)$；(2) 绝对收敛. **10.** $(1,5]$.

11. (1) $(-l,l)$,其中 $l=\min\left\{\dfrac{1}{a},\dfrac{1}{b}\right\}$；(2) $(-1,1)$；(3) $[-3,3)$；(4) $[0,+\infty)$.

12. (1) 4; (2) $\dfrac{5}{8} - \dfrac{3}{4}\ln 2$; (3) $\dfrac{11}{27}$; (4) $\cosh x$.

13. $s(x) = \dfrac{1}{2}\ln\dfrac{1+x}{1-x}$ $|x| < 1$; $\dfrac{1}{2\sqrt{2}}\ln(3 + 2\sqrt{2})$. **14.** $s(x) = \dfrac{1+x}{(1-x)^3}$ $|x| < 1$; $\dfrac{4}{27}$.

15. $(-1,1)$; $s(x) = \dfrac{x^2}{1+x^2} + 2x\arctan x - \ln(1 + x^2)$. **16.** (2) $y = xe^{x^2}$.

17. $f(x) = \displaystyle\sum_{n=1}^{\infty} \dfrac{(-1)^{n+1} - 2^n}{n}x^n$ $\left[-\dfrac{1}{2}, \dfrac{1}{2}\right)$.

18. $f(x) = 1 + 2\displaystyle\sum_{n=1}^{\infty} \dfrac{(-1)^n}{1 - 4n^2}x^{2n}$; $\displaystyle\sum_{n=1}^{\infty} \dfrac{(-1)^n}{1 - 4n^2} = \dfrac{\pi}{4} - \dfrac{1}{2}$.

19. $-\dfrac{1}{12}$, $\displaystyle\sum_{n=0}^{\infty} \dfrac{x^{2n+1}}{(2n+1)\cdot n!} + C$. **20.** $\dfrac{3}{4}$. **21.** $\dfrac{\pi^2}{2}$.

22. $-\displaystyle\sum_{n=1}^{\infty} \dfrac{8}{\pi^2(2n+1)^2}\cos\dfrac{(2n+1)\pi}{2}x$, $0 \leqslant x \leqslant 2$. **23.** $1 - \dfrac{\pi^2}{3} + \displaystyle\sum_{n=1}^{\infty} \dfrac{4(-1)^{n+1}}{n^2}\cos nx$; $\dfrac{\pi^2}{12}$.

第 8 章

习 题 8.1

1. $yy' + 2x = 0$; **2.** $2xyy' = y^2 - x^2$, $y(1.5) = 1.5$.

习 题 8.2

1. (1) $y = e^{Cx}$;   (2) $\arcsin y = \arcsin x + C$;

(3) $\dfrac{1}{y} = a\ln|x + a - 1| + C$;   (4) $\tan x \tan y = C$;

(5) $3^{-y} + 3^x = C$;   (6) $(e^x + 1)(e^y - 1) = C$;

(7) $e^y = \dfrac{1}{2}(e^{2x} + 1)$;   (8) $\cos x - \sqrt{2}\cos y = 0$;

(9) $2y^3 + 3y^2 = 2x^3 + 3x^2 + 5$.

2. (1) $y + \sqrt{y^2 - x^2} = Cx^2$;   (2) $\ln y = \ln x + Cx + 1$;

(3) $y^3 = x^2(2\ln|x| + C)$;   (4) $y = -\dfrac{x}{2} + \dfrac{C}{x}$;

(5) $(y - x + 1)^2(y + x - 1)^5 = C$;   (6) $y = \dfrac{x(C + 1 - \ln|x|)}{C - \ln|x|}$;

(7) $\ln[4y^2 + (x-1)^2] + \arctan\dfrac{2y}{x-1} = C$;   (8) $3y - x = \ln|x + y - 1| + C$.

3. (1) $y = e^{-x}(x + C)$;   (2) $y = (x + C)e^{-\sin x}$;

(3) $y = C\cos x + \sin x$;   (4) $y = C\cos x - 2\cos^2 x$;

(5) $x = e^{y^2}(y^2 + C)$;   (6) $y = \sec x(C + \tan x)$;

(7) $x = Cy - \dfrac{y^2}{2}$;   (8) $y = \csc x(C - 5e^{\cos x})$.

4. (1) $\dfrac{1}{y} = -\sin x + Ce^x$;   (2) $\dfrac{3}{2}x^2 + \ln\left|\dfrac{y+3}{y}\right| = C$;

(3) $\sqrt{xy} = x + C$;   (4) $\dfrac{x^2}{y^2} = C - \dfrac{2}{3}x^3\left(\dfrac{2}{3} + \ln x\right)$.

5. (1) 是; $x^3 + \dfrac{4}{3}y^3 + 3x^2y^2 = C$.   (2) 是; $xe^y + y^4 = C$.

(3) 是；$x\sin y + y\cos x = C$. (4) 是；$y(1 + \mathrm{e}^{2x}) = C$.

(5) 不是.

6. (1) 积分因子 y^{-2}；$\dfrac{x^2}{2}y - 3xy^2 = Cy + 1$ 及 $y = 0$.

(2) 积分因子 $\dfrac{1}{x+y}$；$x - y = \ln|x + y| + C$ 及 $x + y = 0$.

(3) 积分因子 $\dfrac{1}{x^2 + y^2}$；$x^2 + y^2 = C\mathrm{e}^{2x}$.

(4) 积分因子 $\dfrac{x}{y^2}$；$x^2 - x^3 y = Cy$ 及 $y = 0$.

7. (1) $x + y = 2\arctan(x + C)$； (2) $(x - y)^2 = C - 2x$；

(3) $xy = \mathrm{e}^{Cx}$； (4) $y = 1 - \sin x - \dfrac{1}{x + C}$；

(5) $2x^2 y^2 \ln|y| - 2xy - 1 = Cx^2 y^2$. (6) $\ln|x| + \displaystyle\int \dfrac{g(v)\,\mathrm{d}v}{v[f(v) - g(v)]} = C$，$v = xy$.

8. $f(x) = \dfrac{2}{3}x + \dfrac{1}{3\sqrt{x}}$.

习 题 8.3

1. $y = \dfrac{x^6}{120} - \sin x + \dfrac{C_1}{2}x^2 + C_2 x + C_3$； **2.** $y = -\ln|\cos(x + C_1)| + C_2$；

3. $y = C_1 \ln|x| + C_2$； **4.** $y = C_2 - \ln|1 - C_1 \mathrm{e}^x|$.

5. $y^2 - x^2 = 1$； **6.** $y = -\dfrac{1}{a}\ln(ax + 1)$.

习 题 8.4

1. (1) $y = \left(C_1 \cos\dfrac{\sqrt{3}}{2}x + C_2 \sin\dfrac{\sqrt{3}}{2}x\right)\mathrm{e}^{-\frac{x}{2}}$； (2) $y = (C_1 + C_2 x)\mathrm{e}^{\frac{5}{2}x}$；

(3) $y = C_1 \mathrm{e}^{-x} + C_2 \mathrm{e}^{-2x}$； (4) $y = (C_1 + C_2 x)\mathrm{e}^{3x}$；

(5) $y = C_1 \mathrm{e}^x + C_2 \mathrm{e}^{-x} + C_3 \cos x + C_4 \sin x$； (6) $y = (C_1 + C_2 x)\cos x + (C_3 + C_4 x)\sin x$；

(7) $y = C_1 \mathrm{e}^{2x} + C_2 \mathrm{e}^{-2x} + C_3 \cos 3x + C_4 \sin 3x$.

2. (1) $y = C_1 \mathrm{e}^{\frac{x}{2}} + C_2 \mathrm{e}^{-x} + \mathrm{e}^x$； (2) $y = C_1 \cos ax + C_2 \sin ax + \dfrac{\mathrm{e}^x}{1 + a^2}$；

(3) $y = C_1 + C_2 \mathrm{e}^{-\frac{5}{2}x} + \dfrac{x^2}{10} - \dfrac{2}{25}x$； (4) $y = C_1 \mathrm{e}^{-x} + C_2 \mathrm{e}^{-2x} + \left(\dfrac{3}{2}x^2 - 3x\right)\mathrm{e}^{-x}$；

(5) $y = (C_1 + C_2 x)\mathrm{e}^{3x} + \dfrac{x^2}{2}\mathrm{e}^{3x}$； (6) $y = C_1 \cos 2x + C_2 \sin 2x + \dfrac{1}{3}x\cos x + \dfrac{2}{9}\sin x$；

(7) $y = C_1 \cos x + C_2 \sin x + \dfrac{\mathrm{e}^x}{2} + \dfrac{x}{2}\sin x$； (8) $y = C_1 \mathrm{e}^x + C_2 \mathrm{e}^{-x} - \dfrac{1}{2} + \dfrac{1}{10}\cos 2x$；

(9) $y = -\cos x - \dfrac{1}{3}\sin x + \dfrac{1}{3}\sin 2x$； (10) $y = -5\mathrm{e}^x + \dfrac{7}{2}\mathrm{e}^{2x} + \dfrac{5}{2}$；

(11) $y = \mathrm{e}^x - \mathrm{e}^{-x} + \mathrm{e}^x(x^2 - x)$.

3. (1) $y''' + y'' - y' - y = 0$. $y = C_1 \mathrm{e}^{-x} + C_2 x\mathrm{e}^{-x} + C_3 \mathrm{e}^x$；

(2) $y'' - 4y' + 4y = 4(x - 1)$， $y = (C_1 + C_2 x)\mathrm{e}^{2x} + x$.

4. (1) $y = C_1 x + \dfrac{C_2}{x}$； (2) $y = x(C_1 + C_2 \ln|x|) + x\ln^2|x|$；

(3) $y = C_1 x^2 + \dfrac{C_2}{x^2} + \dfrac{1}{5}x^3$.

(4) $y = C_1 x + x[C_2\cos(\ln x) + C_2\sin(\ln x)] + \dfrac{1}{2}x^2(\ln x - 2) + 3x\ln x.$

*5. (1) $\begin{cases} x = C_1 e^{\lambda t} + C_2 e^{\mu t} + \dfrac{2}{11}e^t + \dfrac{e^{2t}}{6}, \\ y = -(4+\sqrt{15})C_1 e^{\lambda t} - (4-\sqrt{15})C_2 e^{\mu t} - \dfrac{1}{11}e^t - \dfrac{7}{6}e^{2t} \end{cases}$,其中 $\lambda = -1+\sqrt{15}$,$\mu = -1-\sqrt{15}$.

(2) $\begin{cases} x = 4\cos t + 3\sin t - 2e^{-2t} - 2e^{-t}\sin t, \\ y = \sin t - 2\cos t + 2e^{-t}\cos t. \end{cases}$

习　题　8.5

1. $t = -0.0305h^{\frac{5}{2}} + 9.64$；流完约需 10 s.

2. $\left(\dfrac{1}{u} - \dfrac{2u}{1+u^2}\right)du = \dfrac{dx}{x}$, $x^2 + y^2 = 5y$.

3. $mv' = -kv^2$, $v(0) = 200\text{m/s}$, $x(0) = 0$; $\quad t_1 = \dfrac{1}{2000\ln 2} \approx 7.2 \times 10^{-4}$ (s).

4. $x = \dfrac{v_0}{\sqrt{k_2^2 + 4k_1}}\left(1 - e^{-\sqrt{k_2^2+4k_1}\,t}\right)e^{-\frac{k_2}{2}t + \frac{t}{2}\sqrt{k_2^2+4k_1}}.$

5. (1) $t = \sqrt{\dfrac{10}{g}}\ln(5 + 2\sqrt{6})$ (提示:使链条运动的合力为"长段"与"短段"的重力之差(以钉子为分界点),且 注意整个链条都在运动);

(2) $t = \sqrt{\dfrac{10}{g}}\big[\ln(19 + 4\sqrt{22}) - \ln 3\big]$ s.

6. $x'' + \dfrac{g}{a}x = 0$, $x(0) = a$, $x'(0) = 0$; $\quad x = a\cos\sqrt{\dfrac{g}{a}}\,t.$

综合习题 8

1. (B). 　　2. $f(x) = e^{\pm x}$. 　　4. $y + \sqrt{x^2+y^2} = x^2$. 　　5. $\varphi(x) = \dfrac{1}{2}(\cos x + \sin x + e^x)$.

6. $f(x) = e^{2x} - \sin x$; $2ye^{2x} - y\cos x + \cos y = C$. 　　7. $f(x) = (x+1)e^x - 1$, $x > 0$.

8. $f_n(x) = \dfrac{x^n}{n}e^x$, $\displaystyle\sum_{n=1}^{\infty} f_n(x) = -e^x\ln(1-x)$, $-1 \leqslant x < 1$. 　　9. $y = x - \dfrac{75}{124}x^2$.

10. $f(x) = \dfrac{x}{1+x^3}$. 　　11. $f(x) = \dfrac{e^{2x}-e^x}{x}$. 　　12. $f(x) = (1+x)e^{-x}$.

13. $(-\infty, +\infty)$; $\quad s(x) = e^{\frac{x^2}{2}}\displaystyle\int_0^x e^{-\frac{t^2}{2}}dt$.

14. (1) $y = e^{\cos x}[\varPhi(x) + C]$; (2) 当 $\displaystyle\int_0^{2\pi}\varphi(x)dx = 0$ 时,方程有以 2π 为周期的解.

15. $f(x) = \ln(1+x)$. 　　16. $y'' = -[1+(y')^2]$, $y'(0) = 1, y(0) = 1$; $y_{极大} = y\left(\dfrac{\pi}{4}\right) = 1 + \dfrac{\ln 2}{2}$.

17. $f(x) = 2\cos x + \sin x + x^2 - 2$; $\quad y(\cos x - 2\sin x + 2x) + \dfrac{1}{2}x^2y^2 = C$.

18. (1) $y(x) = \dfrac{2}{3}e^{-\frac{x}{2}}\cos\dfrac{\sqrt{3}}{2}x + \dfrac{e^x}{3}$; (2) $I = y(1)$. 　　19. $\dfrac{1+e^\pi}{1+\pi}$.

20. $f(x) = \dfrac{1}{4}x^2\cos x + \dfrac{3}{4}x\sin x$.

21. $y = C_1 x + C_2 x\ln x + \dfrac{x}{6}\ln^3 x$ 　*22. $y = C_1 e^x + C_2(2x+1)$.

*23. $y = C_1 x + C_2 x^2 + x^3$. 　*24. $y = C_1 x + C_2 x\ln x + \dfrac{1}{2}x\ln^2 x$.